AF881010

Martina Gaisch
Isabella Mader

NEXT GENERATION DIGITAL

AI Ethics
&
Human Factors in AI

NEXT GENERATION DIGITAL

AI Ethics & Human Factors in AI

Martina Gaisch

Isabella Mader

© 2025 Martina Gaisch, Isabella Mader

Herausgeber:in: Excellence Edition, Wien. www.excellence-edition.com
Illustration: Martina Gaisch, Isabella Mader, Victoria Kaiselgruber
Umschlaggestaltung: Midjourney AI (ursprüngliche, später veränderte Illustration), Isabella Mader (Prompt, Umschlagdesign), SD Studio (Grafische Umsetzung)
Layout: Adeosun Caleb Boluwaji (Bolu Book)
Lektorat / Korrektorat: Alexandra Hermann
weitere Mitwirkende: Ing. Mag. Daniel Eder (rechtliche Unterstützung zum EU AI Act)

Druck und Vertrieb im Auftrag der Autorinnen:
Buchschmiede von Dataform Media GmbH
Julius-Raab-Straße 8
2203 Großebersdorf
Österreich

www.buchschmiede.at - Folge deinem Buchgefühl!
Kontaktadresse nach EU-Produktsicherheitsverordnung:
info@buchschmiede.at

ISBN:
978-3-99139-433-4 (Softcover)
978-3-99139-430-3 (E-Book)

Printed in Austria

PRINTED IN AUSTRIA

Das Werk, einschließlich seiner Teile, ist urheberrechtlich geschützt. Jede Verwertung ist ohne Zustimmung des Verlages und der Autorinnen unzulässig. Dies gilt insbesondere für die elektronische oder sonstige Vervielfältigung, Übersetzung, Verbreitung und öffentliche Zugänglichmachung.

Inhalt

Teil 2

Danksagung

Dieses Buch wäre ohne die Unterstützung und Ermutigung vieler Menschen nicht möglich gewesen. Unser besonderer Dank gilt den Professoren und KI-Experten der FH Oberösterreich, Fakultät für Informatik, Kommunikation und Medien in Hagenberg, FH-Prof. Univ.-Doz. DI Dr. Ulrich Bodenhofer, FH-Prof. PD DI Dr. Stephan Winkler und FH-Prof. DI Dr. Eckehard Hermann deren wertvolle Anregungen und fachliche Expertise maßgeblich zur Qualität dieses Werkes beigetragen haben.

Er gilt auch den Datenwissenschaftlerinnen Sandra Wartner, MSc und Anna-Christina Glock, MSc sowie unserer Lektorin Mag. Alexandra Hermann; Victoria Rammelmüller, MMA für die grafische Unterstützung und für die rechtliche Begutachtung von Kapitel 7.2.1. zu AI Act geht unser Dank an Ing. Mag. Daniel Eder, MSc.

Unser Dank gilt auch allen Leserinnen und Lesern, die sich mit diesem Thema auseinandersetzen und so zu einer lebendigen Diskussion beitragen. Dieses Buch ist für Sie.

Einführung

Warum dieses Buch?

Stellen Sie sich eine Zukunft vor, in der Technologie nicht nur die Welt verändert, sondern unsere Menschlichkeit stärkt und schützt. Dieses Buch möchte Sie einladen, innezuhalten und mit uns eine Reise zu beginnen – eine Reise in die faszinierende, aber auch herausfordernde Welt der Künstlichen Intelligenz (KI). Dabei geht es darum, die entscheidenden Fragen zu stellen, die unsere Zukunft prägen werden: Welche Rolle spielen menschliche Werte, Ethik und Verantwortung in einer von Maschinen mitgestalteten Welt? Wie können wir KI so gestalten, dass sie uns nicht entfremdet, sondern uns näher zu dem bringt, was uns als Menschen ausmacht?

Dieses Buch beleuchtet die vielfältigen Facetten der Künstlichen Intelligenz in unserer zunehmend digitalisierten Welt und setzt sich mit ihren Potenzialen ebenso auseinander wie mit ihren Risiken. KI eröffnet immense Chancen: Effizienzsteigerungen in der Gesundheitsversorgung, personalisierte Lernwege in der Bildung, und Automatisierung, die Raum für kreatives Arbeiten schafft. Doch all das gelingt nur, wenn Empathie, Fairness und Transparenz in ihrer Entwicklung und Anwendung zu unverzichtbaren Bestandteilen werden. Die Entscheidungen, die wir heute treffen, werden weitreichende Folgen haben – für Individuen, Gemeinschaften und die globale Gesellschaft.

Dieses Werk will Denkanstöße liefern und Diskussionen anregen, nicht nur in der Fachwelt, sondern in der breiten Gesellschaft. Die Zukunft der KI geht uns alle an. Wenn wir heute die richtigen Fragen stellen und die Weichen klug setzen, können wir eine Welt gestalten, in der Technologie nicht nur effizient, sondern auch ethisch und menschenzentriert ist. Eine Zukunft, in der KI-Systeme uns nicht entmenschlichen, sondern dabei helfen, menschliche Werte wie Empathie und Fairness zu bewahren. Nur durch gemeinsame Reflexion und verantwortungsvolle Entscheidungen können wir die Potenziale der KI zum Wohl aller nutzen.

Warum dieser Titel?

Der englische Titel „AI Ethics & Human Factors" wurde bewusst gewählt, obwohl das Buch auf Deutsch verfasst ist, um auf den internationalen Kontext und die globalen Herausforderungen hinzuweisen, die KI mit sich bringt. Künstliche Intelligenz ist ein weltweit relevantes Thema, dessen ethische Implikationen nicht an Landesgrenzen Halt machen. Der Begriff Human Factors etwa ist in der internationalen Forschung und Technologieentwicklung fest verankert und beschreibt die Berücksichtigung menschlicher Bedürfnisse und Fähigkeiten im Design technologischer Systeme (Meister 2018).

Ein englischer Titel signalisiert zudem eine Offenheit für eine globale Leserschaft und betont, dass die in diesem Buch behandelten Themen von allgemeiner Bedeutung sind, unabhängig von Sprache und Kultur. Er lädt auch nicht-deutschsprachige Expertinnen und Experten ein, die Konzepte und Ansätze zu diskutieren und so einen interkulturellen Austausch zu fördern.

AI Ethics & Human Factors verbindet also den Anspruch, sich kritisch mit den ethischen Fragen unserer zunehmend digitalisierten Welt auseinanderzusetzen, und weist zugleich darauf hin, dass die Berücksichtigung menschlicher Werte – wie Empathie, Fairness und Transparenz – ein universelles Anliegen ist. Gerade in einer Zeit, in der KI-Systeme grenzüberschreitend Einfluss auf unser Leben haben, ist ein Titel in einer global verständlichen Sprache ein bewusster Schritt, um zur internationalen Diskussion über die ethische und menschenzentrierte Gestaltung von Technologie beizutragen.

Warum gerade jetzt?

Die Dringlichkeit, sich mit dem Thema Künstliche Intelligenz auseinanderzusetzen, hat in den letzten Jahren deutlich zugenommen. KI ist längst nicht mehr ein theoretisches Konzept oder ein experimentelles Laborprojekt, sondern eine Technologie, die bereits tief in unser Leben eingreift. Doch nun stehen wir an einem entscheidenden Wendepunkt: Weltweit arbeiten Regierungen, Unternehmen und Organisationen daran, Rahmenbedingungen und Gesetze zu schaffen, um den Einsatz von KI zu regulieren. Die Europäische Union hat im August 2024 mit dem AI Act[1] einen bedeutenden Schritt in diese Richtung unternommen. Doch diese Gesetze und Richtlinien gründen auf den ethischen Überlegungen, die wir heute formulieren.

> Verpassen wir es jetzt, klare Prinzipien zu definieren – etwa in Bezug auf Transparenz, Fairness und den Schutz der Menschenrechte –, laufen wir Gefahr, eine Zukunft zu schaffen, in der technologische Effizienz über ethische Verantwortung gestellt wird.

Eine weitere Herausforderung stellt die immense Machtkonzentration im Bereich der KI-Entwicklung dar, die sich zunehmend auf wenige große Technologieunternehmen fokussiert. Diese Konzentration kann zwar Innovationen vorantreiben, birgt aber zugleich das Risiko, soziale und ökonomische Ungleichheiten zu verstärken. Wenn der Zugang zu diesen fortschrittlichen Technologien ungleich verteilt bleibt, könnte das die bestehenden Unterschiede weiter vertiefen.

Aus all diesen Gründen ist es jetzt von essenzieller Bedeutung, über die ethischen Fragen zu diskutieren, die die KI-Entwicklung prägen. Dieses Buch versteht sich nicht nur als Weckruf, sondern auch als fundierte Informationsquelle, um den Blick über technologische Errungenschaften hinaus auf die menschlichen und gesellschaftlichen Implikationen zu lenken. Es geht nicht nur darum, was KI leisten kann, sondern vor allem auch darum, was sie leisten sollte. Mit klaren Analysen und praxisnahen Beispielen zeigt dieses Werk auf, wie wir die Weichen für eine verantwortungsvolle und gerechte KI-Nutzung stellen können. Die Zeit zum Handeln ist jetzt, denn die kommenden Jahre werden entscheidend dafür sein, wie wir als Gesellschaft mit dieser transformativen Technologie umgehen – und ob wir es schaffen, sie im Sinne des Gemeinwohls zu gestalten.

---

1 https://artificialintelligenceact.eu/ai-act-explorer/

Begriffliche Klärung

Bevor wir tiefer in die Thematik einsteigen, ist es wichtig, die zentralen Begrifflichkeiten kurz zu beleuchten. Ein solides Verständnis dieser grundlegenden Konzepte bildet die Basis für eine fundierte Diskussion über die ethischen Implikationen der KI-Entwicklung. Im Folgenden betrachten wir daher die vier Schlüsselbegriffe, die das Fundament dieses Buches bilden: Ethik, insbesondere KI-Ethik (Kapitel 8), Bias (Kapitel 6) und Human Factors (Kapitel 5).

ⓘ Ethik

Ethik ist ein grundlegender Bereich der Philosophie, der sich mit den Prinzipien des guten und schlechten Verhaltens befasst und die moralischen Werte und Normen, die das Handeln von Individuen und Gesellschaften leiten, untersucht. Ethik kann in verschiedene Unterkategorien unterteilt werden, darunter Metaethik, normative Ethik, angewandte Ethik und deskriptive Ethik.

Während die Metaethik die Grundlagen und das Wesen ethischer Prinzipien untersucht und dabei Fragen nach der Bedeutung moralischer Begriffe und Urteile aufwirft, konzentriert sich die normative Ethik auf die Frage, wie Menschen handeln sollten. Sie entwickelt und bewertet verschiedene ethische Theorien, die unterschiedliche Ansätze bieten, um festzulegen, was als moralisch richtig oder falsch gilt.

Angewandte Ethik befasst sich mit der Anwendung ethischer Prinzipien auf konkrete, oft kontroverse Themen. Beispiele sind die Medizinethik, die Umweltethik, die Wirtschaftsethik oder die Technik- und KI-Ethik. Angewandte Ethik hilft, praktische Lösungen für moralische Dilemmata in bestimmten Bereichen zu finden.

Deskriptive Ethik befasst sich mit dem, was tatsächlich als moralisch richtig oder falsch angesehen wird. Sie ist empirisch orientiert und bedient sich der Methoden der Sozialwissenschaften, insbesondere der Anthropologie, Soziologie und Psychologie, um moralische Phänomene zu untersuchen und zu beschreiben.

Ethik ist ein dynamischer Bereich, der sich ständig weiterentwickelt, um auf neue gesellschaftliche Herausforderungen zu reagieren. In diesem Kontext gewinnt die Ethik der Künstlichen Intelligenz zunehmend an Bedeutung. Als Spezialgebiet der angewandten Ethik widmet sie sich den moralischen Fragen und Implikationen, die sich aus der Entwicklung und Anwendung von KI-Systemen ergeben. Da KI-Technologien immer tiefer in unser tägliches Leben eindringen, wird es entscheidend, ihre ethischen und gesellschaftlichen Auswirkungen nicht nur zu verstehen, sondern auch aktiv zu gestalten und zu regulieren.

ⓘ KI-Ethik (AI Ethics)

Die KI-Ethik befasst sich mit Prinzipien und Herausforderungen der KI-Entwicklung und -Anwendung, um menschliche Werte zu respektieren und gesellschaftliche Verantwortung zu fördern. Ein zentrales Anliegen ist der Umgang mit Verzerrungen und Diskriminierung, da vorurteilsbehaftete Datensätze zu unfairen Entscheidungen führen können (siehe Kapitel 6 Bias). Dabei sind Transparenz und Erklärbarkeit essenziell, um Vertrauen und Verantwortlichkeit zu gewährleisten, da KI-Modelle oft als „Black Boxes" fungieren. Ebenso wichtig ist der Schutz der Privatsphäre, da die Verarbeitung großer Mengen personenbezogener Daten Datenschutzrisiken birgt. Ein verantwortungsvoller Umgang mit Daten verhindert Missbrauch und Vertrauensverlust.

ⓘ Bias

Bias bezeichnet eine systematische Verzerrung oder Abweichung, die zu fehlerhaften oder unfairen Ergebnissen führen kann. In der Statistik führt Bias zu fehlerhaften Ergebnissen, da die Daten oder Methoden nicht repräsentativ sind oder systemische Fehler enthalten. In der Kognitionspsychologie beschreibt Bias Denkfehler, die unser Urteilsvermögen beeinflussen, wie etwa den Bestätigungsfehler. Bei der KI-Entwicklung können Verzerrungen zu unfairen Entscheidungen führen, beispielsweise in Bewerbungsprozessen oder Prognosen. Eine sorgfältige Überprüfung der Daten und Modelle ist daher essenziell, um diskriminierende Tendenzen zu vermeiden. Kapitel 6 widmet sich diesem Thema ausführlich.

Human Factors

bezeichnet einen interdisziplinären Ansatz, der sowohl in der Technikentwicklung als auch in der Wissenschaft Anwendung findet. Dieser Ansatz untersucht das Zusammenspiel zwischen Mensch und Technologie mit dem Ziel, Systeme zu gestalten, die den menschlichen Fähigkeiten und Bedürfnissen gerecht werden. In der Künstlichen Intelligenz bedeutet dies, Systeme so zu entwickeln, dass sie nützlich, verständlich und sicher für den Menschen sind. Kapitel 5 widmet sich diesen Human Factors und analysiert Unterschiede, Gemeinsamkeiten und Schnittstellen zwischen Mensch und Technologie.

Icons

Im Buch sind zahlreiche Textboxen enthalten, die durch verschiedene Icons strukturiert und hervorgehoben werden. Diese Icons bieten eine klare Orientierung und erleichtern das Verständnis der Inhalte.

Ausrufezeichen: steht für Definitionen, um wichtige Begriffe klar zu erklären.

Infozeichen: steht für weiterführende Informationen

Buch: steht für Zusammenfassungen, die Kernaussagen prägnant wiedergeben.

Sprechblase: markiert Beispiele, Case Studies oder Studien, die praktische Anwendungen veranschaulichen.

Glühbirne: weist auf Tipps und Empfehlungen hin.

Was erwartet Sie?

Dieses Buch versteht sich als ein Wegweiser durch die komplexe und vielschichtige Landschaft der KI, fokussiert auf die ethischen Herausforderungen und den menschlichen Faktor, der oft im Schatten technischer Innovationen steht. Es wird Ihnen nicht nur helfen, die Risiken und Chancen dieser transformativen Technologie zu begreifen, sondern auch dabei kritisch über ihre Rolle in unserer Gesellschaft nachzudenken. Das Buch legt den Fokus auf zentrale Fragen wie: Was sind die Potenziale und Gefahren der KI, und welchen Beitrag sollte KI leisten? Es möchte einen Diskurs anstoßen, der gerechte, transparente und menschenfreundliche Lösungen fördert.

Um das Thema in seiner Tiefe und Breite zu erkunden, ist das Buch in acht Kapitel gegliedert, die Sie durch verschiedene Facetten der KI-Ethik und der menschlichen Interaktion mit dieser Technologie führen werden. Es kann zudem als Lehrbuch genutzt werden, da es neben theoretischen Konzepten auch praxisorientierte

Fallstudien, Handlungsanweisungen und zusätzliche Materialien enthält, die zum vertieften Lernen und zur Anwendung des Gelernten anregen.

Kapitelübersicht

Das Buch ist in zwei Hauptabschnitte gegliedert, die das Thema Künstliche Intelligenz aus zwei unterschiedlichen, aber komplementären Perspektiven beleuchten:

Maschinenlogik umfasst die ersten vier Kapitel und der Mensch am Steuer steht im Fokus der zweiten vier Kapitel.

Teil 1 widmet sich der Funktionsweise und den Fähigkeiten von Künstlicher Intelligenz und untersucht sowohl ihre Potenziale als auch ihre Grenzen. In den Kapiteln „KI SICHTET", „KI DICHTET", „KI RICHTET" und „KI VERNICHTET" werden verschiedene Aspekte der KI analysiert – von ihrer Fähigkeit, Daten effizient zu durchforsten und Muster zu erkennen, über ihr kreatives Potenzial bis hin zu ihren Einsatzmöglichkeiten bei Entscheidungen und den damit verbundenen ethischen Dilemmata. Dabei wird verdeutlicht, wie KI in der Lage ist, gewaltige Mengen an Informationen zu verarbeiten, gleichzeitig aber auch das Risiko birgt, unethische Entscheidungen zu automatisieren oder soziale Ungleichheiten zu verschärfen.

Teil 2 richtet den Fokus auf die menschliche Seite und nimmt mit den Kapiteln „Der Mensch DENKT", „Der Mensch ERKENNT", „Der Mensch LENKT" und „Der Mensch BEDENKT" eine menschzentrierte Perspektive ein. Hier wird erörtert, wie essenzielle menschliche Werte wie Empathie, Verantwortungsbewusstsein und Urteilsvermögen in der Entwicklung und Steuerung von KI-Systemen und Anwendungen eingebettet bleiben müssen. Jedes Kapitel thematisiert eine wesentliche Fähigkeit des Menschen – von der Fähigkeit zu reflektieren und zu verstehen, über das aktive Steuern und Kontrollieren von Technologien, bis hin zur Verantwortung, langfristige Auswirkungen ethisch abzuwägen. Diese

Kapitel betonen die unersetzliche Rolle des Menschen als Entscheidungsträger und ethische Instanz im Umgang mit KI.

Durch diese Zweiteilung bietet das Buch eine umfassende und tiefgehende Erörterung der technischen Aspekte von KI auf der einen Seite und der ethischen sowie menschlichen Implikationen auf der anderen. Dieser strukturierte Aufbau erlaubt es, die Herausforderungen und Chancen von KI aus beiden Perspektiven parallel zu betrachten und einen ausgewogenen Diskurs über die Zukunft der KI und ihre gesellschaftlichen Auswirkungen zu führen.

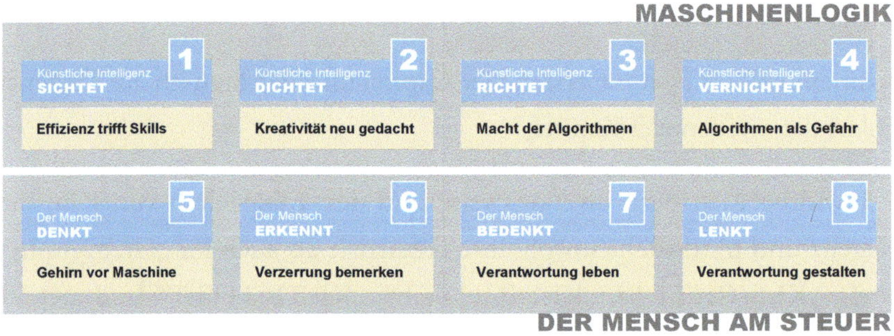

Abb. 1: Die Kapitel dieses Buches in der Übersicht.

ⓘ **Teil 1: Maschinenlogik: Die Welt durch die Augen der KI**

Kapitel 1: KI SICHTET– Sammeln, Verarbeiten, Analysieren: Effizienz trifft Skills

Dieses Kapitel widmet sich der Fähigkeit von KI, immense Datenmengen zu erfassen und auszuwerten. Durch ihre präzise Mustererkennung kann die KI wertvolle Erkenntnisse gewinnen, die dem menschlichen Auge oft verborgen bleiben. Doch während KI sichtet und Effizienz schafft, ist es der Mensch, der durchblickt – denn am Ende braucht es den menschlichen Verstand, um diese Ergebnisse zu prüfen, einzuordnen und verantwortungsvolle Entscheidungen zu treffen. Effizienz allein reicht nicht, wenn es um das komplexe Zusammenspiel von Daten und

Kontext geht. Deshalb ist es unerlässlich, Menschen mit den passenden Schlüsselkompetenzen auszustatten, damit sie KI sinnvoll nutzen und als verantwortungsvolle Kontrollinstanz fungieren können.

Kapitel 2: KI DICHTET– Kreativität neu gedacht

Maschinen als Künstler? Kann KI kreativ sein? In diesem Abschnitt wird die Fähigkeit der KI, Texte, Bilder oder Musik zu generieren, unter die Lupe genommen. Während sie Kreativität imitiert, stellt sich die Frage: Welchen Platz haben Kunstschaffende in einer Welt, in der Maschinen die Kunst übernehmen? Doch diese Frage betrifft nicht nur das kreative Schaffen selbst. Wenn KI in der Lage ist, kreative Prozesse zu automatisieren, stellt sich auch die drängende Frage nach den gesellschaftlichen Auswirkungen. Was bedeutet es für Menschen, wenn Algorithmen beginnen, Aufgaben zu übernehmen, die einst einzigartig menschlich waren?

Kapitel 3: KI RICHTET– Automatisierte Entscheidungen: Macht der Algorithmen

Von der Justiz über das Gesundheitswesen bis hin zur Finanzwelt – KI trifft heute schon Entscheidungen, die tief in das Leben von Menschen eingreifen. Dieses Kapitel beleuchtet die moralischen und rechtlichen Aspekte von KI-gesteuerten Urteilen, insbesondere in Bezug auf Gerechtigkeit, Transparenz und Verantwortlichkeit. Es behandelt kritische Themen wie Social Scoring und Massenüberwachung, die im AI Act ausdrücklich verboten sind, da sie grundlegende Freiheitsrechte verletzen. Zudem wird die Frage der Kompetenzüberschreitung durch KI erörtert – wo die Grenzen von Maschinen gezogen werden müssen und welche Entscheidungen ausschließlich in menschlicher Hand bleiben dürfen.

Kapitel 4: KI VERNICHTET– Wenn Algorithmen zur Gefahr werden

Ob Deepfakes, Cyberkriminalität, Social Bots, autonome Waffensysteme oder wirtschaftliche Umwälzungen – die destruktiven Potenziale von KI sind unverkennbar. Dieses Kapitel wirft einen kritischen Blick auf die Risiken, die aus einer unkontrollierten und verantwortungslosen Nutzung von KI resultieren können. Es behandelt nicht nur Sicherheitsfragen und ethische Grenzen, sondern auch den erheblichen Ressourcenverbrauch und den ökologischen Preis, den diese Technologien mit sich bringen. Hier werden die Schattenseiten der KI aufgezeigt und die Notwendigkeit betont, klare Regelungen und verantwortungsvolle Ansätze zu entwickeln, um diese Bedrohungen zu minimieren.

> ⓘ **Teil 2: Die menschenzentrierte Perspektive: Der Mensch am Steuer**

Kapitel 5: Der Mensch DENKT– Das Gehirn hinter der Maschine

Was unterscheidet den Menschen von der Maschine? Dieses Kapitel widmet sich der menschlichen Kognition und den komplexen Mechanismen des Denkens und Entscheidens. Im Mittelpunkt stehen die Fragen, ob die Beziehung zwischen Mensch und KI auf Kooperation oder Konkurrenz basiert und wie diese Interaktion gestaltet werden sollte. Themen wie neuronale Netze und die Rolle der Sprache als Grundlage von KI werden ebenso beleuchtet wie die Macht der Sprache selbst, die sowohl für menschliches Denken als auch für KI-Modelle entscheidend ist. Darüber hinaus wird die Theory of Mind erörtert – die Fähigkeit, sich in andere hineinzuversetzen, sowie die Frage, wie der Mensch denkt und was Bewusstsein und Emotionen ausmacht. Hier wird untersucht, ob und inwieweit diese einzigartig menschlichen Eigenschaften jemals von Maschinen nachvollzogen werden können

Kapitel 6: Der Mensch ERKENNT– Mustererkennung & Bias: Verzerrungen bemerken

Kapitel 6 untersucht, wie Bias in KI-Systeme gelangt und welche Verantwortung der Mensch trägt, diese Verzerrungen zu erkennen und zu beheben. Da Algorithmen nur das verarbeiten, was ihnen beigebracht wurde, können Verzerrungen im Code die Realität verzerren. Das Kapitel zeigt auf, dass Bias in verschiedenen Phasen der KI-Entwicklung – von der Datenauswahl über das Modelltraining bis hin zur Implementierung – entstehen kann und beschreibt 32 identifizierte Bias-Typen, die in diesen Phasen auftreten. Zudem wird das AI Bias Check-Modell (AIBC) vorgestellt, das entwickelt wurde, um Bias in den verschiedenen Entwicklungsphasen systematisch zu adressieren, um verantwortungsvollere KI-Systeme zu schaffen. Letztlich liegt die Verantwortung bei den Menschen, die Perspektiven zu schärfen und Ungerechtigkeiten im System aktiv zu korrigieren.

Kapitel 7: Der Mensch BEDENKT-Verantwortung übernehmen

Dieses Kapitel beleuchtet die ethischen und rechtlichen Rahmenbedingungen für einen verantwortungsvollen Einsatz von KI. Dabei liegt der Fokus auf Guidelines, Werkzeugen und Richtlinien, die speziell dafür entwickelt wurden, um faire und transparente KI-Systeme zu fördern. Der AI Act wird als zentrales Regulierungselement der EU detailliert beschrieben und seine Bedeutung für die europäische KI-Entwicklung hervorgehoben. Zusätzlich werden internationale Initiativen und Regularien vorgestellt, die den globalen Umgang mit KI prägen. Leuchtturmprojekte und bewährte Praxisbeispiele zeigen schließlich, wie verantwortungsvolle KI-Entwicklung konkret umgesetzt werden kann.

Kapitel 8: Der Mensch LENKT– Ethik & Werte: Verantwortung gestalten

Kapitel 8 untersucht die ethischen Dimensionen menschlichen Handelns in Bezug auf KI. Es diskutiert Prinzipien, Werte und Tugenden der KI-Ethik und stellt die Frage: Wie kommt Ethik in die Maschine? Das PRISMA AI Framework wird als Modell für eine moralische Perspektive in der KI vorgestellt. Zudem wird die Verantwortung des Menschen bei der Entwicklung und Anwendung von KI thematisiert, mit einem Fokus auf konkrete Maßnahmen zur Minimierung von Bias in der KI-Entwicklung.

Zusammenfassend lässt sich festhalten, dass die duale Struktur des Buches – die Gegenüberstellung von „KI“ und „Mensch“ – gezielt genutzt wird, um die Synergien und Spannungen zwischen künstlicher Intelligenz und menschlicher Ethik herauszuarbeiten. Diese Struktur bietet eine tiefgehende und ganzheitliche Betrachtung des Themas und schafft für die Leserschaft eine fundierte Grundlage, um die ethischen Herausforderungen und Potenziale von KI zu erkennen und verantwortungsvoll zu gestalten.

Mehr als Technik – die digitale Transformation im Fokus

In einer zunehmend digitalisierten Welt, in der Technologien wie Algorithmen und maschinelles Lernen unseren Alltag dominieren, ist es von entscheidender Bedeutung, Begriffe wie Digitalisierung, Digitale Transformation und Künstliche Intelligenz zu verstehen und richtig zu verorten. Viele dieser Aspekte greifen nicht nur technische Prozesse auf, sondern auch die tiefgreifende Umgestaltung unserer Gesellschaft, Wirtschaft und ethischen Grundsätze. Ohne dieses Verständnis riskieren wir, passive Empfänger dieser Entwicklungen zu sein, anstatt aktiv ihre Gestaltung mitzubestimmen.

ⓘ

In der englischsprachigen Welt wird der Begriff der **Digitalisierung** mit zwei Konzepten verknüpft: ***digitization*** und ***digitalization***. Dabei bezeichnet *digitization* die Umwandlung analoger Daten in digitale Form, wie es etwa bei der Digitalisierung von Dokumenten oder in Datenbanken der Fall ist (Cheng & Zhang 2023). *Digitalization* hingegen umfasst die weitreichende Nutzung digitaler Technologien, um Prozesse zu optimieren, die Effizienz von Unternehmen zu steigern und neue Geschäftsmodelle sowie Märkte zu erschließen (Ahmad & Mokal 2023).

Die digitale Transformation geht noch weiter und bezieht sich auf die Neugestaltung von Geschäftsmodellen, die Optimierung von Prozessen und die Erweiterung von Kompetenzen, wobei eine umfassende Vernetzung aller Akteure erforderlich ist (Schallmo et al. 2024; Hinterhuber et al. 2021). Diese Transformation ist mehr als die bloße Digitalisierung von Daten, Prozesse und Abläufen – sie verändert die gesamte organisatorische Struktur.

(!)

Die digitale Transformation bezeichnet einen weitreichenden Wandel, der tiefgreifende strukturelle Veränderungen in Organisationen bewirkt und sich auf nahezu alle Lebensbereiche erstreckt. Von der Wirtschaft über das Gesundheitswesen bis hin zu öffentlichen Institutionen verändert sie nachhaltig sowohl gesellschaftliche Strukturen als auch individuelle Lebensweisen (Spiekermann-Hoff et al. 2021).

Im Zentrum dieser Entwicklungen steht die KI, die mit Technologien wie Machine Learning, Big Data und neuronalen Netzen in der Lage ist, komplexe Aufgaben zu automatisieren und zu optimieren (Loebbecke & Picot 2015; Burchardt & Aschenbrenner 2023). Trotz ihrer Leistungsfähigkeit sind KI-Systeme jedoch keine autonomen Akteure, sondern vielmehr Werkzeuge, die auf Grundlage von Daten und Algorithmen trainiert werden. Ihr Erfolg und ihre verantwortungsvolle Anwendung hängen maßgeblich von der kontinuierlichen Zusammenarbeit zwischen Entwicklerteams, Anwenderinnen und dem Management ab. Diese Zusammenarbeit ist entscheidend, um sicherzustellen, dass KI-Systeme ethisch und effektiv implementiert werden und den Anforderungen an Sicherheit, Transparenz und Fairness gerecht werden (Burchardt & Aschenbrenner, 2023).

KI hat das Potenzial, unser Leben erheblich zu verbessern, birgt jedoch zugleich erhebliche Risiken. Ein zentrales Problem ist das sogenannte Black-Box-Phänomen (Castelvecchi 2016; Rai 2020). Dabei handelt es sich um die Intransparenz vieler KI-Entscheidungen, da die zugrunde liegenden Algorithmen und Entscheidungswege oft für Außenstehende kaum nachvollziehbar sind (Bélisle-Pipon et al. 2023). Besonders bei komplexen Systemen, wie tiefen neuronalen Netzen, ist es schwierig zu verstehen, wie bestimmte Ergebnisse zustande kommen. Diese mangelnde Transparenz führt zu erheblichen ethischen und rechtlichen Herausforderungen, insbesondere in sensiblen Bereichen wie dem Gesundheitswesen, der Strafverfolgung oder bei Personalentscheidungen, wo nachvollziehbare und gerechte Entscheidungen unverzichtbar sind.

Rechtlich gesehen bieten die Artikel 15 und 22 der Datenschutz-Grundverordnung (DSGVO) wichtige Schutzmechanismen gegen die Intransparenz von KI-Entscheidungen. Sie geben Bürgerinnen und Bürgern das Recht, Informationen über automatisierte Entscheidungen und die zugrunde liegende Logik einzufordern.

Dies ist von zentraler Bedeutung, da KI-Systeme oft Verzerrungen und Vorurteile aus den Daten übernehmen, mit denen sie trainiert wurden, und somit unbewusste oder systematische Diskriminierungen verstärken und reproduzieren können. Indem die Entscheidungsprozesse offengelegt werden, wird nicht nur die Einhaltung rechtlicher Vorgaben sichergestellt, sondern auch die Basis für eine gerechtere und verantwortungsvollere Nutzung von KI geschaffen.

Der tiefere Zusammenhang wird klar, wenn man die umfassenden Veränderungen betrachtet, die sowohl die Digitalisierung als auch die digitale Transformation mit sich bringen. Diese Prozesse betreffen nicht nur technologische Fortschritte, sondern haben weitreichende ethische und gesellschaftliche Auswirkungen. Die wachsende Integration von KI in allen Lebensbereichen verlangt ein tiefes Verständnis der zugrundeliegenden Mechanismen, der potenziellen Risiken und der rechtlichen Rahmenbedingungen. Nur wenn wir diese Dimensionen in Einklang bringen, kann die digitale Transformation verantwortungsvoll und im Interesse der Gesellschaft gestaltet werden. Ethik, Transparenz und regulatorische Rahmenwerke spielen hierbei eine Schlüsselrolle, um sicherzustellen, dass KI nicht nur funktional, sondern auch fair und gerecht in unsere Systeme integriert wird.

Um die Potenziale der Digitalisierung sinnvoll zu nutzen, ist der Einsatz von KI als Werkzeug essenziell – ein Werkzeug, das, richtig eingesetzt, den Menschen unterstützt und entlastet. KI kann riesige Datenmengen in kürzester Zeit durchforsten, Muster erkennen und Vorschläge machen, die Effizienz und Produktivität steigern. In der Arbeitswelt ermöglicht KI, Routineaufgaben zu automatisieren, sodass sich der Mensch auf kreative und strategische Aufgaben konzentrieren kann. Damit die „sichtende" Kraft der KI jedoch ihr volles Potenzial entfalten kann, bedarf es gezielter Kompetenzen im Umgang mit diesen Technologien – Kompetenzen, die es ermöglichen, KI verantwortungsvoll, kritisch und effektiv einzusetzen. Kapitel 1 widmet sich deshalb den essenziellen Fähigkeiten, die erforderlich sind, um KI als wirkungsvolles, ethisch gesichertes Werkzeug zu nutzen und damit die Zukunft der digitalen Arbeitswelt aktiv mitzugestalten.

> Digitale Transformation ist kein Wettlauf
> zwischen Mensch und Maschine - es ist ein Tanz,
> bei dem KI das Tempo vorgibt, doch der Mensch den Takt hält!

Teil 1

1

Künstliche Intelligenz SICHTET

Kapitel 1 beleuchtet die zunehmende Präsenz und Bedeutung von Künstlicher Intelligenz in unserem Alltag. Während KI leistungsstarke Werkzeuge bereitstellt, um unsere Effizienz zu steigern und in Bereichen wie Medizin, Bildung und öffentliche Sicherheit wegweisende Innovationen zu ermöglichen, bleibt sie dennoch abhängig vom menschlichen Verstand. Der Mensch muss die Ergebnisse der KI überprüfen, interpretieren und schließlich über ihre Anwendbarkeit entscheiden.

Die Analyse verdeutlicht, dass Produktivität und Effizienz allein nicht ausreichen – der Mensch bleibt als unverzichtbare Kontrollinstanz entscheidend. Eine verantwortungsvolle Nutzung von KI erfordert eine kontinuierliche Entwicklung von Kompetenzen, insbesondere in den 4K-Fähigkeiten: Kreativität, kritisches Denken, Kommunikation und Kollaboration, gepaart mit einer ausgeprägten Bereitschaft zu lebenslangem Lernen. Unternehmen sind gefordert, in individuell zugeschnittene Qualifizierungsprogramme zu investieren, um ihre Mitarbeitenden optimal auf die Herausforderungen der digitalen Transformation vorzubereiten.

1. Künstliche Intelligenz SICHTET

KI sichtet, doch der Mensch durchblickt. Effizienz allein reicht nicht, es braucht den menschlichen Verstand, der prüft und entscheidet.

Künstliche Intelligenz erweist sich zunehmend als mächtiges Werkzeug, das unser Leben in vielerlei Hinsicht verändert und verbessert, uns aber auch vor neue Herausforderungen stellt. Ihre Bedeutung lässt sich mit historischen Innovationen wie dem Rechenschieber, dem Taschenrechner oder dem Personal Computer vergleichen, die einst revolutionäre Hilfsmittel waren und uns heute selbstverständlich erscheinen (Garfinkel 2022).

Trotz der disruptiven Kraft von KI sollte der Gedanke an Veränderung keine Angst auslösen. Jede technologische Neuerung bringt anfängliche Unsicherheiten mit sich, die jedoch Teil eines normalen Entwicklungsprozesses sind. So wie der Übergang von manuellem Rechnen zum Taschenrechner die Art und Weise revolutionierte, wie wir mit Zahlen umgehen, fordert uns KI heraus, neue Kompetenzen zu entwickeln und uns an veränderte Prozesse anzupassen. Veränderung ist ein natürlicher Bestandteil des Fortschritts und bietet auch Chancen, unsere Fähigkeiten zu erweitern und bestehende Aufgaben effizienter zu gestalten. Indem wir die KI als Sparringpartnerin begreifen und ihre Entwicklungen mit kritischem Bewusstsein begleiten, können wir ihre Potenziale gewinnbringend nutzen.

KI erleichtert unseren Arbeitsalltag, indem sie komplexe Berechnungen in Sekundenbruchteilen durchführt, riesige Datenmengen analysiert und Muster erkennt, die dem menschlichen Auge verborgen bleiben. Sie übernimmt zeitintensive Routinen und entlastet uns dadurch, liefert präzise Einblicke und ermöglicht fundierte Entscheidungen in kürzester Zeit.

Sie steigert unsere Effizienz in unzähligen Bereichen, sei es in der Medizin durch präzisere Diagnosen (Kasparick et al. 2019), in der Wirtschaft durch optimierte Lieferketten (Bueno-Pascual 2024) oder im Alltag durch individualisierte Empfehlungen (Krepych & Spivak 2021). Darüber hinaus fungiert KI als wertvolle Impulsgeberin und Quelle der Inspiration: Sie unterstützt bei der Entscheidungsfindung, hilft kreative Prozesse zu inspirieren und ermöglicht es uns, unzählige Daten zu sichten und zu verdichten.

Zusätzlich zur Effizienzsteigerung und Entscheidungsunterstützung eröffnet KI neue Möglichkeiten im Bereich der Automatisierung und vorausschauenden Wartung. In der Industrie überwachen KI-gestützte Systeme Maschinen in Echtzeit und erkennen frühzeitig Anzeichen für potenzielle Ausfälle, was zu geringeren Wartungskosten und weniger Ausfallzeiten führt (Zhou et al. 2022).

Auch in der Landwirtschaft hilft KI dabei, Erntezyklen zu optimieren, den Pestizideinsatz zu minimieren und auf Wetterbedingungen angepasst zu reagieren, was die Erträge nachhaltig steigern kann (Kamilaris & Prenafeta-Boldú 2018). Durch solche Anwendungen verbessert KI nicht nur unsere Arbeitsabläufe, sondern trägt auch zur Ressourcenschonung und zu einem präziseren Umgang mit natürlichen Ressourcen bei.

Ein zusätzlicher Vorteil der KI zeigt sich im Bereich der Gesundheitsvorsorge. KI-gestützte Systeme ermöglichen eine tiefgehende Personalisierung, die sowohl die Prävention als auch die Behandlung von Erkrankungen verbessern kann. In der Gesundheitsvorsorge analysiert KI Daten aus Wearables und Gesundheits-Apps, um individuelle Risikofaktoren zu erkennen und präventive Maßnahmen zu empfehlen. Dadurch lassen sich Gesundheitsprobleme früher identifizieren und behandeln, was die Lebensqualität verbessert und langfristig Kosten im Gesundheitssystem senkt (Smith et al. 2023).

KI kann zudem im Bildungsbereich Lernende unterstützen, indem sie personalisierte Lernwege ermöglicht und wichtige Kompetenzen für das Zeitalter der Künstlichen Intelligenz fördert. KI-basierte Bildungssysteme sollten dabei nicht nur Inhalte anpassen und Wissen vermitteln, sondern Lernende auch befähigen, kritisch und reflektiert mit KI-Technologien umzugehen, um sie auf eine zunehmend digitalisierte Welt vorzubereiten (Gašević et al. 2023).

Ein weiterer Bereich, in dem KI zunehmend unterstützt, ist die öffentliche Sicherheit. KI-Systeme analysieren große Datenmengen aus Überwachungskameras, sozialen Medien und anderen Quellen, um potenzielle Bedrohungen und kriminelle Aktivitäten frühzeitig zu erkennen. Durch Mustererkennung und Verhaltensanalysen können Sicherheitsbehörden schneller und präziser reagieren. Dabei muss der Einsatz von KI in der Kriminalprävention sorgfältig gestaltet sein, um den Grundsatz des fairen Verfahrens und die Rechte der Betroffenen zu schützen (Blount 2024).

Trotz ihrer beeindruckenden Fähigkeiten sind KI-Systeme nicht frei von Schwächen. So können sie unter bestimmten Umständen sogenannte „Halluzinationen“ erzeugen, bei denen falsche oder irreführende Informationen generiert werden, die keine reale Grundlage haben. Dieser Aspekt stellt eine Herausforderung dar, da die User darauf angewiesen sind, dass KI-basierte Entscheidungen und Empfehlungen zuverlässig und nachvollziehbar sind.

> Halluzinationen entstehen durch die Art und Weise, wie KI-Modelle trainiert werden – sie verarbeiten große Datenmengen und treffen Vorhersagen auf Basis von Mustern, die sie gelernt haben. Wenn diese Muster jedoch unvollständig oder verzerrt sind, können die Ergebnisse unzuverlässig oder sogar gefährlich sein und bestehende Stereotype verstärken.

Gerstenberg (2024) argumentiert, dass der Begriff „Halluzination" ursprünglich aus der menschlichen Psychologie stammt und für maschinelle Prozesse möglicherweise unpassend ist. Die Übertragung dieses menschlichen Konzepts auf KI könnte den Eindruck vermitteln, KI-Systeme funktionierten ähnlich wie das menschliche Denken oder begingen bewusst „Fehler." Dies könnte dazu führen, dass Nutzende die Fähigkeiten von KI-Systemen überschätzen oder missverstehen (vgl. auch Testoni & Bernardi, 2021).

Hier ein typischer Test, um Halluzinationen bei einem LLM auszulösen (ursprüngliche Idee von Matthew Berman, YouTube-Kanal). Fragen Sie ChatGPT, wie viele Wörter die Antwort auf diese Frage beinhaltet. Sie werden eine willkürliche Zahl erhalten - 11 oder 17 - auf jeden Fall eine Halluzination. In solchen Fällen liefert das Modell oft eine Antwort, die nicht mit der ursprünglichen Benutzeranweisung (Prompt) übereinstimmt.

Diese Phänomene hängen stark vom Datenbestand und Kontext ab, auf dem das Modell trainiert wurde, und treten häufiger auf, wenn spezifische Informationen fehlen oder der Prompt mehrdeutig ist.

Ein bekannter Fall von KI-Halluzination ereignete sich in den USA, als ein Flugpassagier eine Fluggesellschaft verklagte, nachdem er von einem Servierwagen angefahren worden war. Doch die Anwälte wurden skeptisch, als sie die Klageschrift prüften: Die zitierten Präzedenzfälle existierten nicht – in ihren Unterlagen war dazu nichts zu finden, berichtete die *New York Times*[2] im Mai 2023. Selbst als sie auf Nachfrage Auszüge und Aktenzeichen erhielten, blieb die Suche erfolglos. Bald stellte sich heraus, dass die Klageschrift und die angeblichen Akten vollständig von einer künstlichen Intelligenz erstellt worden waren. Die KI, von der Klägerseite als Recherchehilfe genutzt, hatte sich jedoch als „unzuverlässige Quelle" erwiesen, so der Anwalt gegenüber der *New York Times*.

Auch der folgende Fall lässt sich als eine Art „Halluzination" verstehen – jedoch geht es hier nicht um erfundene Inhalte, sondern um die Reproduktion und Verstärkung bestehender Vorurteile. Ein Beispiel dafür sind Bildgenerierungs-KIs, die auf voreingenommenen Datensätzen trainiert wurden. In einem Experiment, in dem KI-Modelle den neutralen Begriff „Führungskräfte" visualisieren sollten, zeigten die meisten Bilder weiße Männer, was die bestehenden gesellschaftlichen Vorurteile verdeutlicht (Buolamwini & Gebru 2018). KI-Systeme spiegeln also nicht nur Vorurteile wider, sondern verstärken und verbreiten diese durch verzerrte Trainingsdaten (Krishan et al. 2020).

Die Herausforderung besteht darin, eine Balance zwischen den Vorteilen der KI und den Risiken ihres Einsatzes zu finden. Der Mensch muss als unverzichtbare Kontrollinstanz für ethische und sicherheitstechnische Standards berücksichtigt werden. Dazu bedarf es umfassender Aus- und Weiterbildung, die sowohl technisches Verständnis von KI als auch die Fähigkeit umfasst, Entscheidungen kritisch zu hinterfragen und potenzielle Verzerrungen zu erkennen (Usher & Barak 2024).

2 https://www.nytimes.com/2023/05/27/nyregion/avianca-airline-lawsuit-chatgpt.html

Neben Fachwissen (I-shape), das fundierte Spezialkenntnisse in einem spezifischen Bereich abdeckt, und dem generalistischen Wissen (T-shape), das zusätzlich bereichsübergreifende Kompetenzen wie unternehmerisches Denken, Problemlösung, Teamarbeit, interkulturelle Fähigkeiten sowie die 4Ks (Kommunikation, Kreativität, Kollaboration und kritisches Denken) umfasst, gewinnt die Fähigkeit, Wissen neu zu strukturieren, kreativ zu verknüpfen und flexibel anzupassen, zunehmend an Bedeutung (Z-shape). Dies erfordert die Bereitschaft, verfestigte Denkmuster bewusst zu hinterfragen, veraltetes Wissen loszulassen und durch aktuelles, praxisrelevantes Wissen zu ersetzen (Gaisch 2021).

Z-shape-Kompetenzen verlangen eine proaktive Bereitschaft, tradierte Denkweisen kritisch zu hinterfragen und veraltete Annahmen konsequent aufzugeben. Dies ist entscheidend, um die Agilität zu fördern, die notwendig ist, um auf die Herausforderungen der digitalen Transformation adäquat zu reagieren. In einer Welt, die sich rasant verändert, insbesondere durch technologische Entwicklungen und KI, ist es nicht ausreichend, lediglich neues Wissen anzuhäufen. Vielmehr muss auch die Fähigkeit entwickelt werden, bestehendes Wissen dynamisch zu bewerten, ungenutzte Potenziale zu erkennen und Altes bewusst loszulassen, um Raum für innovative Ansätze und kontinuierliches Lernen zu schaffen. Nur so lassen sich zukunftsweisende Lösungen entwickeln, die in einer komplexen und sich schnell wandelnden Umgebung bestehen können (vgl. Gaisch 2021).

1.1. Human in the Loop: Der Mensch als Kontrollinstanz

Bei all diesen Kompetenzen bleibt jedoch ein wesentliches Element im Hinblick auf KI immer im Fokus – und das ist der Mensch als fundamentale Überwachungsinstanz von KI-Systemen, der sicherstellt, dass ethische Grundsätze eingehalten und potenzielle Risiken rechtzeitig erkannt werden.

Der Begriff „Human in the Loop" (HITL) beschreibt ein wertebasiertes Konzept in der KI, das betont, dass menschliche Interaktion erforderlich ist, um die Leistung und Zuverlässigkeit technischer Systeme sicherzustellen und gleichzeitig ethische und sicherheitstechnische Standards einzuhalten. Durch kontinuierliche Rückmeldungen wird eine fortlaufende Feedbackschleife („Loop") geschaffen, die sicherstellt, dass die Systeme präzise arbeiten, und menschliche Autonomie, Fairness sowie Inklusion respektieren. Dieser Ansatz fördert die menschliche Kontrolle und Übersicht über die Prozesse, um ethische und technische Vorgaben zu erfüllen (Wu et al. 2022).

Im Kern geht es darum, dass Menschen in verschiedenen Phasen der Entwicklung, Implementierung und Nutzung von KI-Systemen aktiv beteiligt sind. Die Gewährleistung einer solchen menschenzentrierten Interaktion garantiert, dass die Systeme nicht nur technisch einwandfrei funktionieren, sondern auch ethischen und sicherheitstechnischen Vorgaben entsprechen. Ein Beispiel für die Beteiligung des Menschen an der Trainings- und Testphase eines Algorithmus ist die Schaffung einer kontinuierlichen Feedbackschleife, um den Prozess zu optimieren (daher „Loop"). Ein solcher Ansatz setzt Respekt für menschliche Autonomie, Fairness und Inklusion voraus und dient dem Erhalt menschlicher Kontrolle und Übersicht.

Die Integration des Menschen in den Prozess der KI-Entwicklung und -Anwendung ist aus mehreren Gründen von entscheidender Bedeutung. Zunächst ist die Sicherstellung der Genauigkeit zu nennen, die ohne menschliches Eingreifen nicht gewährleistet werden kann. Algorithmen können Fehler aufweisen oder unerwartete Ergebnisse liefern, sodass eine menschliche Überwachung erforderlich ist, um derartige Fehler zu identifizieren und zu korrigieren. Darüber hinaus ist sicherzustellen, dass KI-Systeme ethische Standards einhalten, um eine verantwortungsvolle Anwendung zu gewährleisten (Zanzotto 2019).

Mit den notwendigen Kompetenzen können Menschen ethische Dilemmata erkennen und moralisch fundierte Entscheidungen treffen. Eine besondere Herausforderung ist die Vermeidung von Verzerrungen, da Algorithmen oft auf fehlerhaften Daten basieren.

Geschulte Personen sind in der Lage, solche Verzerrungen zu erkennen und für eine ausgewogene Datenbasis zu sorgen. Sie hinterfragen KI-Entscheidungen kritisch, erkennen Fehler und prüfen zugrunde liegende Annahmen. Ein gründlicher Faktencheck, der die ethische und wissenschaftliche Fundiertheit der Daten überprüft, sichert die Verlässlichkeit der KI-Informationen. Die Letztverantwortung bleibt beim Menschen, der für Entscheidungen auf Basis von KI-Ergebnissen einstehen und bei Fehlern eingreifen muss (Smith 2021).

1.2. A Fool with a Tool

Diese Redewendung wird oft in Diskussionen über den Nutzen von Technologien, insbesondere Software, verwendet. Sie bringt auf den Punkt, dass ein Werkzeug allein keinen Unterschied macht, wenn es nicht kompetent eingesetzt wird. Doch der Spruch lässt sich auch umkehren: Ein Narr bleibt ein Narr, auch ohne Werkzeug. Dieser Gedanke verdeutlicht, dass sowohl die Fähigkeiten der User als auch die richtigen Werkzeuge entscheidend sind, um sinnvolle Ergebnisse zu erzielen.

A fool with a tool is still a fool verdeutlicht treffend, dass der bloße Einsatz von KI keine besseren Ergebnisse garantiert, wenn den Nutzenden die erforderlichen Kompetenzen fehlen, um das System korrekt anzuwenden, die Resultate kritisch zu bewerten und potenzielle Fehler oder Verzerrungen zu erkennen. Werkzeuge entfalten nur dann ihr volles Potenzial, wenn sie von Menschen mit den richtigen Fähigkeiten und dem notwendigen Urteilsvermögen bedient werden.

Der Erfolg im Umgang mit KI hängt weniger von der Technologie selbst ab als von der Expertise und dem Urteilsvermögen der Anwenderinnen und Anwender (Popa et al. 2024). KI generiert, strukturiert und interpretiert Daten auf Basis vorgegebener Muster, wodurch kritisches Denken, tiefes Datenverständnis und fokussierte Interaktion unverzichtbar werden. Technische Fähigkeiten allein reichen jedoch nicht aus; ebenso wichtig ist die menschliche Intuition, um digitale Inhalte angemessen zu veredeln und zu kontrollieren. Nur durch die Kombination von technischer Kompetenz und menschlichem Urteilsvermögen kann KI verantwortungsvoll und effektiv eingesetzt werden (Gaisch & Kerschbaumer 2018).

Ein ganzheitlicher Ansatz, der technologische Expertise mit kritischem Denken und intuitiver Entscheidungsfindung verbindet, gewährleistet, dass KI nicht bloß als Werkzeug, sondern als effektives Instrument zur optimalen Nutzung technologischer Potenziale eingesetzt wird. Hierfür sind kognitive Flexibilität, Agilität, kontextuelles Verständnis sowie die Fähigkeit zur sorgfältigen Faktenprüfung und fundierten Quellenbewertung notwendig, ergänzt durch Data Literacy und einem ausgeprägten Verantwortungsbewusstsein.

In der dynamischen Technologielandschaft ist eine Kultur der kontinuierlichen Weiterbildung und des lebenslangen Lernens (LLL) unverzichtbar (Gaisch et al. 2020). Nur durch stetige Kompetenzentwicklung lässt sich KI verantwortungsvoll im Sinne von Gesellschaft, Wirtschaft und Umwelt nutzen. Der Schlüssel liegt in der Balance zwischen technologischer Innovation und menschlichem Urteilsvermögen – letztlich entscheiden Menschen, wie KI gestaltet und eingesetzt wird. Während KI bei der Informationsanalyse unterstützt, bleibt die kritische Einordnung der Ergebnisse unsere Aufgabe. Im folgenden Abschnitt werden die hierfür erforderlichen Kompetenzen vorgestellt.

1.3. Schlüsselkompetenzen für die Nutzung von KI

Kotsiou et al. (2022) bieten eine umfassende Übersicht über Future-Skills-Modelle und identifizieren etwa 100 Frameworks sowie knapp 350 verschiedene Fähigkeiten, Einstellungen und Wissensarten. Sie kritisieren diesen Wildwuchs an Modellen sowie die fehlende Systematik und theoretische Fundierung von Future Skills. Sie heben die Bedeutung einer evidenzbasierten Herangehensweise hervor und warnen davor, Fachwissen zu unterschätzen, da übergreifende Kompetenzen auf soliden Wissensgrundlagen aufbauen müssen. Zudem regen die Autorinnen einen Wertediskurs an und stellen die Alternativlosigkeit von Future Skills infrage, indem sie betonen, dass auch andere Ansätze und Werte berücksichtigt werden sollten.

Angesichts dieser Fülle an Kompetenzen, Skills, Fähigkeiten, Haltungen und Einstellungen werden in diesem Abschnitt jene herausgegriffen, die für die Autorinnen bei der Nutzung von KI am essenziellsten erscheinen.

> Die „21st Century Skills", die im deutschsprachigen Raum auch als „4Ks" (Kreativität, Kritisches Denken, Kommunikation und Kooperation) bekannt sind, gelten als wesentliche Kompetenzen, um in der zunehmend komplexen und technologiegetriebenen Arbeitswelt von morgen erfolgreich zu sein.

Diese Fähigkeiten sind das Fundament für kreative Problemlösungen, innovative Ideen und effektive Zusammenarbeit in dynamischen, digitalisierten Umfeldern.

Bildung und Weiterbildung sollten daher gezielt darauf ausgerichtet sein, diese Kompetenzen zu stärken und Fachkräfte optimal auf die Chancen und Herausforderungen der digitalen Transformation vorzubereiten (Thornhill-Miller et al. 2023).

Die Studie von McKinsey und dem Stifterverband aus dem Jahr 2018 stellt eine fundierte Analyse dar, die detailliert aufzeigt, welche Kompetenzen künftig unverzichtbar sein werden, um die Herausforderungen der deutschen Arbeitswelt erfolgreich zu meistern. Sie identifiziert 18 Future Skills, die in drei wesentliche Kategorien unterteilt sind:

Technologische Fähigkeiten
wie UX-Design, Datenanalyse und Blockchain-Entwicklung, die für die direkte Arbeit mit digitalen Technologien erforderlich sind;

Digitale Grundkompetenzen
wie agiles Arbeiten, digitale Interaktion und ethische Verantwortung im Umgang mit Technologien, die für ein sicheres und reflektiertes Navigieren im digitalen Umfeld notwendig sind; und

Klassische Fähigkeiten
wie Problemlösungsvermögen, Anpassungsfähigkeit und Durchhaltevermögen, die eine nachhaltige persönliche und berufliche Entwicklung unterstützen (Kirchherr et al. 2018).

Diese Skills sind entscheidend, um den Anforderungen der digitalen Transformation gerecht zu werden und die Lücke von etwa 700.000 Technologiefachkräften sowie den Weiterbildungsbedarf von rund 2,4 Millionen Erwerbstätigen in Deutschland zu schließen.

Die zunehmend digitalisierte Arbeitswelt erfordert ein breites Spektrum an Kompetenzen. Hier haben wir einige exemplarisch ausgewählt und sie durch Sprichwörter, Metaphern und praktische Beispiele veranschaulicht, um ihren Nutzen für eine durchdachte und verantwortungsvolle Nutzung von KI verständlich zu machen.

Die folgenden neun Beispiele verdeutlichen, welche Fähigkeiten aus unserer Sicht besonders relevant für die Arbeit mit KI und anderen intelligenten Technologien sind. Sie umfassen kritische Bewertungskompetenz, interdisziplinäres Denken und das Bewusstsein für kognitive Verzerrungen sowie Anpassungsfähigkeit, Offenheit für Neues, Agilität, technologische Grundkenntnisse, Verantwortungsbewusstsein und ethisches Bewusstsein. Diese Kompetenzen stellen sicher, dass Mitarbeitende über rein technische Fähigkeiten hinaus auch die ethischen und sozialen Dimensionen der digitalen Transformation berücksichtigen.

1.3.1. Die Erkenntnis-Schwelle: Was der Mensch nicht kennt, das nutzt er nicht

Häufig lehnen Menschen Neues einfach nur deshalb ab, weil sie es nicht gut genug kennen, weil es ihnen fremd ist. Wenn wir erst einmal mit einem Tool, einer Person oder Sache zu tun hatten, beurteilen wir sie aus dieser Erfahrung heraus. Die erste Erfahrung ist meist prägend und generiert das sogenannte „Priming" (kurz: der erste Eindruck als Grundlage).

Priming beschreibt den Effekt, dass unser erster Eindruck unser späteres Verhalten und unsere Wahrnehmung unbewusst beeinflusst. Dieser erste Kontakt aktiviert bestimmte Denkmuster, die zukünftige Bewertungen lenken.

Priming wird als impliziter Gedächtnisprozess verstanden, der ohne bewusste Erinnerung funktioniert und neuronale Aktivierungsmuster verändert, was die Leistung verbessert (Schacter & Buckner 1998). Daher sind Schulungen bei der

Einführung neuer Tools entscheidend, da sie fundiertes Wissen vermitteln und das Interesse der Teilnehmenden wecken. Solche Trainings fördern positive Priming-Effekte, indem sie Wissen verankern und die Anwendung der Tools effizienter und intuitiver machen.

Die Keynote-Sprecherin Monika Herbstrith-Lappe erzählte dazu bei einem Vortrag vor einigen Jahren, wie sie ihre betagte Mutter für Recherchen im Internet begeisterte. An sich lag die Mutter zwischen einer Abneigung und Desinteresse – und die Tochter trat an, das zu ändern. ‚Wo ist denn unsere Großmutter aufgewachsen?" ‚In Eggendorf." ‚Wie sah es dort damals aus?" Die Mutter beschreibt einige Details, gibt aber zu, sich nicht an sehr vieles zu erinnern. Wo das Haus von Onkel Franz war, wusste sie auch nicht mehr. ‚Das könnten wir im Internet recherchieren." ‚Ach", winkte die Mutter ab. Eine kurze Recherche brachte mehrere Ansichten von Eggendorf, darunter das Elternhaus der Mutter und das Haus von Onkel Franz. ‚Interessant! Ja, da ist auch der große Kirschbaum, den ich so mochte." Natürlich wollte die Mutter dann weiter recherchieren. ‚Kannst du einmal den Nachbarort suchen – dort bin ich zur Schule gegangen." Mission erfolgreich!

Dieses Beispiel macht deutlich, dass kognitive Flexibilität, Offenheit und Neugierde entscheidende Voraussetzungen sind, um die Bereitschaft zu entwickeln, sich mit Künstlicher Intelligenz auseinanderzusetzen. Diese Offenheit ist besonders wichtig, da neue Technologien oft komplex und ungewohnt erscheinen, aber gleichzeitig enorme Chancen bieten. Wer sich darauf einlässt, gestaltet die Zukunft aktiv mit, anstatt vor ihr zurückzuschrecken. So wird nicht nur technisches Verständnis gefördert, sondern auch die Fähigkeit, ethische und gesellschaftliche Implikationen kritisch zu hinterfragen. In einer immer stärker von Technologie geprägten Welt wird es entscheidend sein, wer sich am besten an die neuen Entwicklungen anpasst – somit wird Fortschrittsfähigkeit der Schlüssel zum Erfolg (siehe auch Gröneweg et al. 2015).

Ein treffendes Beispiel für (kognitive) Flexibilität ist die oft missverstandene Metapher *‚Survival of the fittest"* aus Charles Darwins Evolutionstheorie. Sie wird häufig als „Überleben des Stärksten" interpretiert, bezieht sich jedoch nicht auf physische Stärke, sondern auf Anpassungsfähigkeit. „Fittest" beschreibt jene, die am besten in der Lage sind, sich an veränderte Umweltbedingungen anzupassen. In der Evolution überleben nicht unbedingt die stärksten oder dominantesten Organismen, sondern die flexibelsten.

Im Kontext der digitalen Transformation und des Einsatzes von KI bedeutet dies: Wer flexibel genug ist, sich auf neue Technologien wie generative KI einzulassen und sie sinnvoll in bestehende Prozesse zu integrieren, wird langfristig erfolgreicher sein als jene, die an veralteten Strukturen festhalten. Neben Anpassungsfähigkeit sind Innovationskraft, kritisches Denken und die Bereitschaft zur kontinuierlichen Weiterbildung entscheidend. Nicht die Stärksten, sondern diejenigen, die handeln und sich weiterentwickeln, bestehen in der technologischen Welt erfolgreich (Gaisch et al. 2020). Dieses Potenzial entfalten nur jene, die bereit sind, mit den Unsicherheiten neuer Entwicklungen umzugehen und mutig neue Möglichkeiten zu erkunden. Anpassungsfähigkeit ist daher ein entscheidender Erfolgsfaktor im Umgang mit KI.

1.3.2. Ohne Grundstein kein Bauwerk: KI ohne technologische Grundkompetenz bleibt nur ein Konzept

Technologische Grundkompetenz ist der Schlüssel, um die Potenziale und Grenzen von KI und moderner Technologie zu verstehen und verantwortungsvoll anzuwenden. Ein solides technisches Fundament hilft, die Funktionsweise von KI und datenbasierten Systemen zu verstehen, Fehlinterpretationen zu vermeiden und unkritisches Vertrauen in maschinelle Entscheidungen zu hinterfragen.

Diese Grundkompetenz umfasst ein Verständnis von maschinellem Lernen, Datenverarbeitung und grundlegende Programmierkenntnisse, was den Zugang zu Datenprojekten erleichtert und Anpassungen ermöglicht. Technisches Wissen befähigt zudem zur Fehleranalyse und Optimierung – zentrale Fähigkeiten zur effektiven Steuerung und Verbesserung von KI-Systemen.

Schulen, Hochschulen und berufliche Fortbildungen sollten technologische Grundlagen in allen Bildungsstufen vermitteln, um eine informierte Gesellschaft zu fördern, die KI-Entwicklungen kritisch reflektiert und aktiv mitgestaltet. Ein solides Fundament an technologischem Wissen bildet die Basis für den verantwortungsvollen Umgang mit KI – ohne dieses gleicht jede Interaktion mit KI dem Bau eines Hauses auf Sand: instabil und unzuverlässig. Santana und Díaz-Fernández (2023) betonen, dass technisches Wissen kontinuierlich aktualisiert werden muss, um KI-Systeme nicht nur zu verstehen und anzuwenden, sondern auch deren Grenzen zu hinterfragen. Nur so kann man die digitale Zukunft aktiv gestalten.

1.3.3. Stillstand bedeutet Rückschritt: Agilität und Lernbereitschaft als Motor

In der rasanten Welt der digitalen Transformation zählt nicht mehr bloß, wer am größten oder stärksten ist – sondern wer am schnellsten mitzieht. Unternehmen, die Agilität leben, sich ständig neu erfinden und mutig neue Technologien wie generative KI testen, scheinen sich damit den entscheidenden Vorsprung zu sichern.

Agilität bedeutet mehr als nur technologische Neuerungen zu integrieren; es geht darum, kulturelle und organisatorische Strukturen aufzubrechen, um Raum für echte Innovation zu schaffen. Wer diesen Wandel aktiv vorantreibt, wird nicht nur effizienter, sondern auch wettbewerbsfähiger und kundenorientierter. So wird Anpassung zur Evolution – und das ist der wahre Wettbewerbsvorteil (Schlömer 2022).

Doch echter Fortschritt verlangt nach ständiger Weiterentwicklung, die nur mit dem nötigen Wissen und entsprechenden Kompetenzen aktiv gestaltet werden kann. Wer über dieses Know-how verfügt, bleibt handlungsfähig und kann Veränderungen gezielt beeinflussen. Hier gilt das Sprichwort: „A rolling stone gathers no moss" – stetige Bewegung und kontinuierliches Lernen, bekannt als Lebenslanges Lernen (LLL).

In modernen Wissensgesellschaften befähigt Lebenslanges Lernen Individuen, sich kontinuierlich an technologische, soziale und wirtschaftliche Veränderungen anzupassen und ihre Kompetenzen zu erweitern. Es umfasst alle Lernaktivitäten über die gesamte Lebensspanne hinweg – von formaler Bildung bis zu informellen Lernprozessen im Alltag (Hof 2009).

Ein zentraler Bestandteil modernen Lernens ist die Fähigkeit, flexibel auf neue Anforderungen zu reagieren und technologische Entwicklungen zu nutzen. Der Erwerb von KI-Wissen, formal oder informell, ist unerlässlich, um in einer dynamischen Welt agil und handlungsfähig zu bleiben. Investitionen in kontinuierliche Weiterbildung und eine Kultur der Offenheit fördern Agilität im Unternehmen. Flexible Arbeitsweisen motivieren Mitarbeitende, ihre Fähigkeiten stetig weiterzuentwickeln. Lernbereitschaft wird so zum Motor der Agilität, besonders in Zeiten ständig neuer Tools und Methoden (Hübler 2018). Doch Agilität stößt an ihre Grenzen, wenn Veränderungen erzwungen und nicht proaktiv gestaltet werden.

Erzwungener Wandel kann Unternehmen verlangsamen, da stiller Widerstand und Unsicherheiten auftreten. Deshalb ist es entscheidend, eine Kultur der psychologischen Sicherheit zu schaffen, in der Mitarbeitende Neues ausprobieren und Fehler als Lernchancen begreifen (vgl. Edmondson 2018). Unternehmen, die eine solche Kultur des lebenslangen Lernens fördern, stärken nicht nur die Innovationskraft ihrer Belegschaft, sondern auch ihre eigene Wettbewerbsfähigkeit.

Studien zeigen, dass kontinuierliches Lernen und Anpassungsfähigkeit auch wesentliche Faktoren für die Innovationsfähigkeit von Organisationen sind (Reeves & Deimler 2012; Chen et al. 2020). Diese Kombination aus Lernbereitschaft und Agilität versetzt Unternehmen in die Lage, proaktiv auf Herausforderungen zu reagieren, neue Chancen zu erkennen und die Potenziale der Künstlichen Intelligenz voll auszuschöpfen. Innovativ denkende und handelnde Organisationen können dadurch nicht nur mithalten, sondern selbst Trends setzen und die Spielregeln neu definieren. Denn wer stetig lernt, bleibt nicht nur im Spiel, sondern gestaltet es aktiv mit.

1.3.4. Kontext ist der Code, der das Programm zum Laufen bringt

Kontext ist der entscheidende Schlüssel für den erfolgreichen Einsatz von Technologie, insbesondere bei der Entwicklung von KI-Lösungen. Im Systemdesign (siehe 8.3.1) spielt Kontextwissen eine unverzichtbare Rolle, da es ermöglicht, die Anforderungen, Ziele und den erwarteten Nutzen präzise zu definieren. Zwei entscheidende Akteure sind dabei gefragt: Zum einen sind es die Domänenexpertinnen und -experten – wie etwa Ärztinnen und Ärzte im Gesundheitsbereich – die ihr tiefes Fachwissen und ihre Erwartungen klar formulieren müssen, damit ein

KI-System entstehen kann, dass ihren Erwartungen und Wünschen gerecht wird. Nur durch die präzise Kommunikation der benötigten Features kann eine KI-Lösung entstehen, die den Anforderungen der Endnutzerinnen und Nutzer gerecht wird. Dabei geht es nicht nur um explizite Anforderungen, sondern auch um das oft schwer fassbare, implizite Wissen, das klar und verständlich vermittelt werden muss.

> Kontextwissen ist heute der entscheidende Schlüssel, um in einer komplexen Welt nicht nur zu bestehen, sondern aktiv zu gestalten. Wer die Zusammenhänge versteht, kann fundierte Entscheidungen treffen, flexibel auf neue Herausforderungen reagieren und innovative Lösungen entwickeln, die den Anforderungen einer dynamischen und sich stetig wandelnden Gesellschaft gerecht werden (Gaisch et al. 2020).

Gleichzeitig ist dieses kontextuelle Fachwissen besonders für KI-Expertinnen und -Experten von zentraler Bedeutung. Sie müssen die technischen Möglichkeiten und Grenzen transparent darlegen und klar aufzeigen, welche Leistungen die KI tatsächlich erbringen kann. Ohne diese enge Zusammenarbeit und das gegenseitige Verständnis der unterschiedlichen Perspektiven läuft man Gefahr, ein System zu entwickeln, das entweder ineffizient oder unnütz ist.

Selbst die fortschrittlichsten KI-Systeme können ihr volles Potenzial nur dann ausschöpfen, wenn sie in ihren spezifischen Anwendungskontext eingebettet sind. Hier zeigt sich, dass der Erfolg maßgeblich davon abhängt, wie gut die Bedürfnisse der Zielgruppe verstanden und in den Entwicklungsprozess integriert werden. Nur durch eine fundierte Bedarfsanalyse und eine frühzeitige, konsequente Berücksichtigung dieser Erkenntnisse lassen sich maßgeschneiderte Lösungen entwickeln, die echten Mehrwert bieten. Fehlt dieses Kontextwissen, führt das zu Fehlentwicklungen, erhöhten Kosten und Zeitverzögerungen.

Kontext ist somit das unverzichtbare Puzzleteil, das alles zusammenfügt. Erst wenn es an der richtigen Stelle sitzt, entfaltet sich das Gesamtbild – und die Technologie erfüllt ihren Zweck. Ohne dieses Verständnis bleibt selbst die fortschrittlichste Technologie ineffizient oder fehlgeleitet. Nur durch tiefes Kontextwissen können maßgeschneiderte, nutzerorientierte Lösungen entstehen, die nachhaltig wirken und echten Mehrwert schaffen.

So wird deutlich: Verantwortung beginnt nicht erst bei der Datenanalyse oder dem Nachtrainieren eines KI-Systems, sondern bereits bei der Definition der Anforderungen im Designprozess. Nur durch die Berücksichtigung der richtigen Informationen und des angemessenen Kontexts von Anfang an können KI-Systeme entwickelt werden, die nicht nur nachhaltig erfolgreich, sondern auch verantwortungsvoll eingesetzt werden.

1.3.5. Nicht alles, was glänzt, ist Gold – und nicht alles, was die KI liefert, ist wahr

Generative KI-Systeme bieten gegenüber herkömmlicher Software, wie Excel, einige einzigartige Stärken. Während Programme wie Excel für präzise und vorhersehbare Berechnungen und Analysen konzipiert sind, zeichnet sich generative KI durch ihre Fähigkeit aus, komplexe Inhalte und Zusammenhänge zu verarbeiten und auch „kreative" Ergebnisse zu liefern, insbesondere im Bereich der Sprachverarbeitung. Diese besonderen Stärken bringen jedoch auch neue Herausforderungen mit sich, wie beispielsweise die Kontrolle von Ergebnissen, die Interpretierbarkeit und potenzielle Verzerrungen in den generierten Inhalten.

Nutzerinnen und Nutzer müssen die Ergebnisse der KI nicht nur verwenden, sondern auch kritisch hinterfragen und bewerten, ob diese sinnvoll und zutreffend sind. Dies erfordert ein tiefes Verständnis der jeweiligen Fachdomäne, um fundiert beurteilen zu können, ob die Resultate plausibel und verlässlich sind.

Für uns Menschen bedeutet der Einsatz von KI eine neue Rolle: Statt nur auf exakte, vorgegebene Antworten zu vertrauen, wie es bei traditionellen Softwarelösungen der Fall ist, übernehmen wir die Verantwortung, KI-Systeme als Assistenzwerkzeuge zu steuern und kontinuierlich zu überwachen (Horowitz & Kahn 2024). Diese Rolle mag ungewohnt erscheinen, doch sie ist eine notwendige Erweiterung unserer Kompetenzen. Ein zu großes Vertrauen in KI birgt die Gefahr, automatisierten Systemen unkritisch zu folgen, was zu schwerwiegenden Fehlentscheidungen führen kann (Kahneman 2011). Oder anders gesagt: Wer blind vertraut, verliert die Kontrolle!

In diesem Zusammenhang wird das Prinzip „Verstand vor Vertrauen“ besonders relevant. Es betont die Notwendigkeit, die Ergebnisse von KI-Systemen kritisch zu hinterfragen, anstatt ihnen blind zu vertrauen. Es fordert den bewussten Einsatz menschlichen Urteilsvermögens, um algorithmische Entscheidungen zu prüfen, sie im richtigen Kontext zu betrachten und Verzerrungen zu erkennen. Blindes Vertrauen in KI erhöht das Risiko von Fehlurteilen. Deshalb ist es entscheidend, KI-Ergebnisse nicht als objektiv oder unfehlbar anzusehen, sondern sie stets kritisch zu reflektieren, um ethische Überlegungen und komplexe Sachverhalte richtig einzuordnen.

Aus diesem Grund wurde das Sprichwort für das KI-Zeitalter neu interpretiert: Nicht alles, was glänzt, ist Gold – und nicht alles, was die KI liefert, ist wahr. Selbst das modernste Assistenzsystem erfordert die wachsame Führung eines kritischen und reflektierten Menschen, um verlässliche und sinnvolle Ergebnisse zu erzielen.

Die Zukunft der KI liegt nicht nur im Rechnen, sondern auch darin, ihre eigenen Grenzen zu erkennen und im Zusammenspiel mit menschlichem Verstand verantwortungsvolle Entscheidungen zu ermöglichen.

In dieser Zusammenarbeit, in der Mensch und Maschine ihre jeweiligen Stärken vereinen, liegt das Potenzial, nicht nur unsere Arbeitswelt zu transformieren, sondern auch die Art, wie wir Herausforderungen begegnen. So bleibt die Zukunft in unserer Hand – gelenkt durch den wachen Verstand, der die Maschine stets mit Bedacht nutzt.

1.3.6. Objektivität als Kompass in einem Meer voll Meinungen

KI dient nicht nur dazu, kognitive Überlastung zu reduzieren und den Entscheidungsprozess in dynamischen Geschäftsumfeldern zu verbessern (Dietzmann & Duan 2022), sondern entwickelt sich zunehmend zu einer meinungsbildenden Instanz. In einer Ära der Informationsüberflutung, in der Echo-Kammern und Filterblasen den Diskurs dominieren, wird Objektivität zu einem unverzichtbaren Maßstab. Sie ist entscheidend, um Informationen kritisch zu bewerten und fundierte Entscheidungen zu treffen, die der Vielfalt an Perspektiven und der Wahrheit gerecht werden (Jeon et al. 2024).

Objektivität wird als Fähigkeit beschrieben, Bewertungen unabhängig von persönlichen Meinungen, Vorurteilen oder individuellen Einflüssen durchzuführen. Sie stellt sicher, dass Beurteilungen ausschließlich auf sachlichen Kriterien und festen Standards basieren, um faire und nachvollziehbare Entscheidungen zu ermöglichen (Hidayati & Yudiantoro 2023).

Inmitten der Flut an Daten und Informationen ist die Wahrung von Objektivität zu einer der größten Herausforderungen unserer Zeit geworden. Die schiere Menge an verfügbaren Informationen erschwert es, zwischen relevanten, verlässlichen Fakten und Meinungen oder Fehlinformationen zu unterscheiden. Diese Überforderung verleitet oft zu schnellen, oberflächlichen Schlüssen, anstatt Informationen sorgfältig und objektiv zu analysieren. Gleichzeitig wird der öffentliche Diskurs zunehmend polarisiert, emotionalisiert und von ideologischen oder politischen Ansichten geprägt, was die objektive Analyse zusätzlich erschwert (Eppler 2015).

Ein weiterer Faktor ist die Komplexität der Themen, die wir heute zu bewältigen haben. Ob Klimawandel, globale Wirtschaftsdynamiken oder technologische Entwicklungen – viele dieser Herausforderungen sind vielschichtig und erfordern tiefgehendes Fachwissen, um die sogenannten Wicked Problems[3] und Grand Challenges[4] wirklich zu verstehen (Gaisch & Rammer 2021). Vereinfachungen oder verkürzte Darstellungen, die oft verwendet werden, um solche Themen verständlich zu machen, bergen jedoch das Risiko von Verzerrungen. Zusätzlich spielen wirtschaftliche und politische Interessen eine immer größere Rolle in der

3 *Ein wicked problem* ist ein komplexes, schwer lösbares Problem mit vielen miteinander verknüpften Ursachen und widersprüchlichen Anforderungen. Solche Probleme haben oft keine eindeutige Lösung, da jeder Lösungsansatz neue Herausforderungen schaffen kann.

4 *Grand Challenges* sind globale Herausforderungen, die alle Gesellschaften betreffen und dringend gelöst werden müssen, etwa Klimawandel, Armut und Zugang zu sauberem Wasser. Die SDGs der Vereinten Nationen definieren diese komplexen Probleme, die interdisziplinäre Zusammenarbeit und innovative Lösungen erfordern.

Berichterstattung und Informationsverbreitung. Medien und andere Informationsquellen können selektiv Informationen präsentieren, um bestimmte Narrative zu stützen, was die Objektivität und Unparteilichkeit weiter untergräbt.

Auch Algorithmen tragen ihren Teil dazu bei, gesellschaftliche Vorurteile zu verstärken, da sie meist auf historischen Daten basieren. Werden diese Daten unkritisch verwendet, können Entscheidungen getroffen werden, die bestehende Ungerechtigkeiten nicht nur reproduzieren, sondern vertiefen.

Algorithmen, die Inhalte filtern und priorisieren, können unbewusst oder absichtlich bestehende Vorurteile verstärken und dadurch die Wahrnehmung verzerren. Besonders gefährlich wird dies durch den sogenannten Blindspot Bias, der beschreibt, dass wir unsere eigenen kognitiven Verzerrungen nicht erkennen, sie aber bei anderen leicht feststellen (Gluck 2020).

Blindspot Bias kann bei der Entwicklung und Nutzung von KI dazu führen, dass Verzerrungen in den Modellen nicht bemerkt werden, was fehlerhafte Entscheidungen und unethische Ergebnisse zur Folge haben und Fairness und Transparenz von KI-Systemen gefährden kann.

Darüber hinaus werden wir zunehmend durch isolierte Informationsräume, in denen nur bestätigende Inhalte präsentiert werden, beeinflusst. Algorithmen sozialer Medien und Suchmaschinen verstärken diese Tendenz, indem sie Inhalte basierend auf Präferenzen priorisieren, was zu einer einseitigen Verzerrung des Weltbildes führt, und die Fähigkeit einschränkt, komplexe Themen vollständig zu erfassen (Aynur 2020).

Besonders kritisch ist dies im IT-Sektor, wo ein Mangel an Heterogenität in Entwicklungsteams herrscht. Die homogene Zusammensetzung verstärkt die Gefahr, dass blinde Flecken und bestehende Vorurteile nicht hinterfragt werden. Ohne vielfältige Perspektiven kann es zu systemischen Verzerrungen kommen, die nicht nur zu unfairen Ergebnissen führen, sondern auch die Innovationskraft und die gesellschaftliche Akzeptanz der entwickelten Technologien gefährden.

Generative KI bietet hier eine Chance: Sie greift auf eine Vielzahl von Quellen zu und analysiert Informationen aus verschiedenen Perspektiven, was die Möglichkeit schafft, aus solchen Echokammern auszubrechen. Obwohl ihre Ergebnisse nicht immer fehlerfrei sind, können sie dazu beitragen, neue Einsichten zu gewinnen und den Wahrheitsgehalt von Informationen besser zu prüfen. Dies ist in Zeiten, in denen Fakten und Meinungen oft vermischt werden, von entscheidender Bedeutung.

In ihrem Buch Weapons of Math Destruction (2016) warnt Cathy O'Neil eindringlich vor den weitreichenden Risiken, die mit dem Verlust von Objektivität einhergehen – Risiken, die nicht nur individuelle Entscheidungen, sondern auch demokratische Prozesse gefährden können. Sie zeigt auf, dass die unreflektierte Abhängigkeit von Algorithmen und datenbasierten Modellen systematisch zu Verzerrungen führen kann, die soziale Ungleichheiten verstärken und den politischen Diskurs unterminieren. In einer Zeit zunehmender politischer Spaltung, wie sie sich auch im Vorfeld der Wahlen 2024 abzeichnet, gewinnen diese Warnungen an Brisanz.

Wenn Algorithmen blind vertraut wird und Menschen sich in Echo-Kammern isolieren, werden nicht nur einseitige Sichtweisen zementiert, sondern auch die Grundlage für fundierte, pluralistische Debatten gefährdet.

Diese Dynamik, geprägt von einseitigen Informationen und fehlender kritischer Reflexion, verstärkt die Polarisierung und kann zu Fehlentscheidungen führen, die das gesellschaftliche Miteinander und demokratische Strukturen nachhaltig beeinträchtigen. O'Neil mahnt daher, den Einsatz von Algorithmen kritisch zu hinterfragen und plädiert für eine transparente, verantwortungsbewusste Datennutzung, um die integrativen und partizipativen Prinzipien der Demokratie zu wahren.

Fundierte Entscheidungen setzen voraus, dass unterschiedliche Perspektiven berücksichtigt und die genutzten Quellen kritisch sowie objektiv hinterfragt werden. So lässt sich die Komplexität eines Themas umfassend erfassen, um langfristig tragfähige Lösungen zu entwickeln.

In einem Meer voller Meinungen ist Objektivität bei der Nutzung von KI unerlässlich, um Verzerrungen entgegenzuwirken, verlässliche Informationen zu gewährleisten und die Grundlage für ausgewogene, faktenbasierte Entscheidungen zu schaffen. Sie dient als Orientierungshilfe, um in einer zunehmend polarisierten Informationslandschaft den Überblick zu bewahren und die Qualität des Diskurses zu sichern. Es ist unsere Verantwortung, den Kurs zu setzen, Algorithmen als Unterstützung zu begreifen und nicht als Ersatz für eigenständiges Denken.

1.3.7. *Die Macht der Worte: Wie man fragt, so erhält man*

KI sollte nicht nur als technologische Innovation betrachtet werden, sondern auch in Bezug auf die weitreichenden Einflüsse auf unsere Kommunikationsprozesse. KI-Systeme treten zunehmend als eigenständige Akteure auf und verwischen die Grenze zwischen menschlicher und maschineller Kommunikation. Dies wirft neue ethische und philosophische Fragestellungen auf (Gunkel 2012).

Besonders in interdisziplinären und internationalen Teams ist die Kommunikation eine Herausforderung: Verschiedene Erwartungen, Sozialisierungen und Kommunikationsstile können sowohl bereichernd als auch konfliktträchtig sein. Berufliche Hintergründe – von Technik und Wirtschaft über Ethik bis hin zu Recht – prägen die Herangehensweise an Probleme und Entscheidungen und beeinflussen, wie Anforderungen an KI formuliert werden. Ebenso prägen kulturelle Unterschiede, wie Kommunikation als angemessen gilt, sei es direkt oder indirekt, formal oder informell, hierarchisch oder egalitär (Gaisch et al. 2020).

Kulturelle und disziplinäre Unterschiede können dabei Missverständnisse und Spannungen hervorrufen, insbesondere wenn klare Kommunikation in der Interaktion mit KI-Systemen übersehen wird. Zudem haben Fachleute oft unterschiedliche Vorstellungen über die Leistungsfähigkeit und den Einsatz von KI, was bei fehlendem Verständnis für die „Sprache" der anderen Seite zu Konflikten führen kann. Dies betrifft sowohl die technischen als auch die sozialen, ethischen und anwendungsorientierten Aspekte von KI.

Ein weiterer entscheidender Punkt ist der Kommunikationsstil innerhalb interdisziplinärer Teams. Technische Expertinnen und Experten bevorzugen häufig eine klare, faktenbasierte Kommunikation, während ethisch oder rechtlich orientierte Teammitglieder Wert auf Diskussionen und das Abwägen unterschiedlicher Standpunkte legen. Diese unterschiedlichen Herangehensweisen erfordern eine bewusste Anpassung und Sensibilität, um sicherzustellen, dass Entscheidungen fundiert und unter Einbeziehung aller Perspektiven getroffen werden.

Spezialisierte Fachkräfte, wie Entwicklerinnen und Entwickler oder Tech Translator, müssen in der Lage sein, komplexe technische Prozesse hinter KI-Ergebnissen verständlich und präzise für nicht-technische Stakeholder aufzubereiten. Dies erfordert fundiertes technisches Verständnis kombiniert mit exzellenten Kommunikationsfähigkeiten, um komplexe Informationen klar und nachvollziehbar zu vermitteln. Die Rolle dieser Fachkräfte geht über das bloße Vermitteln hinaus: Sie müssen Brücken zwischen der technischen Welt und den Bedürfnissen der Stakeholder bauen, Missverständnisse ausräumen und sicherstellen, dass alle Beteiligten fundierte Entscheidungen auf Basis der technischen Details treffen können.

Diese Fähigkeit zur klaren und präzisen Vermittlung technischer Prozesse ist auch beim Einsatz von modernen KI-Techniken wie dem Prompting entscheidend. Die Kunst, KI-Systeme durch gezielte Eingaben zu steuern, erfordert ein tiefes Verständnis sowohl der Funktionsweise der Modelle als auch der Art und Weise, wie Informationen verarbeitet werden. Somit beeinflusst ein sorgfältig ausgearbeiteter Prompt maßgeblich die Qualität der KI-Antworten. Im Sinne des Prinzips „garbage in, garbage out [5]" hängen die Ergebnisse direkt von der Genauigkeit und Klarheit der Eingaben ab.

Für effektives *Prompting* sind drei Aspekte zentral:

1. **Präzision und Kontext**: Ein klarer und detaillierter Prompt liefert präzisere Ergebnisse. Vage Anfragen sollten vermieden und relevanter Kontext stets bereitgestellt werden.

2. **Strukturierte Anfragen**: Eine klare Struktur und logische Abfolge der Anweisungen erhöhen die Effizienz. Komplexe Anfragen können in Abschnitten oder Listen organisiert werden, um die KI gezielt zu steuern.

---

5 *Garbage in, garbage out* (GIGO) beschreibt das Prinzip, dass schlechte oder fehlerhafte Eingabedaten zu unzuverlässigen oder falschen Ergebnissen führen. In der Informatik und besonders bei KI-Systemen bedeutet dies, dass die Qualität der Daten entscheidend für die Qualität der Ergebnisse ist.

3. **Iterationen und Optimierung**: *Prompt Engineering* ist ein dynamischer Prozess. Durch kontinuierliche Anpassungen und Tests lassen sich die Ergebnisse verbessern, indem unterschiedliche Formulierungen ausprobiert werden.

Damit wird klar, dass Prompt Engineering nicht einfach nur das Einfügen von Befehlen ist, sondern die bewusste Gestaltung von Fragen und Anweisungen, die die KI in die gewünschte Richtung lenken und die Qualität der Antworten hängt maßgeblich von der Klarheit und Struktur der Anfragen ab (Christian, 2020). Doch auch bei sorgfältig ausgearbeiteten Prompts ist nicht garantiert, dass die KI stets verlässliche Antworten liefert. Dies hängt eng mit der Art und Weise zusammen, wie die KI auf Mustererkennung angewiesen ist, um Informationen zu verarbeiten und Lücken zu schließen – ein Phänomen, das ebenso in der menschlichen Informationsverarbeitung bekannt ist: das Konfabulieren.

> Beim Menschen bezeichnet Konfabulieren das Phänomen, Gedächtnislücken unbewusst zu füllen und so eine kohärente Realität zu erschaffen, selbst wenn diese nicht der tatsächlichen Realität entspricht.

Anders als bei einer bewussten Täuschung glaubt die betroffene Person dabei an die Richtigkeit ihrer Aussagen. Das Gehirn nutzt dabei gezielt Effizienzstrategien, um Energie und Zeit zu sparen – etwa, indem es Informationen ergänzt oder abschätzt, statt sie präzise zu berechnen (Eagleman, 2012). Diese Neigung zur Anpassung und Ergänzung tritt im Alltag häufig auf und wird durch gesellschaftliche Normen und persönliche Erfahrungen beeinflusst, was dazu führen kann, dass Erinnerungen im Laufe der Zeit unbewusst verändert werden. Ähnlich verhält es sich bei KI-Systemen, die auf unzureichende oder widersprüchliche Daten treffen und in solchen Fällen oft „halluzinieren“: Sie erzeugen plausible, jedoch falsche Informationen, um Kohärenz zu schaffen.

Das als Pattern Matching bekannte Mustererkennen spart Energie und Rechenzeit und ist sowohl bei KI als auch beim Menschen eine effiziente, aber fehleranfällige Strategie (Ushmani, 2019). Da Maschinen jedoch weder Erfahrung noch Intuition nutzen, führen Unsicherheiten oder Datenlücken oft zu fehlerhaften Ergebnissen. Dies zeigt, dass verlässliche Ergebnisse nur durch die Kombination aus maschineller Schnelligkeit und menschlichem Urteilsvermögen möglich sind.

1.3.8. Data Literacy: Wer die Daten versteht, beherrscht die KI

Data Literacy ist eine unverzichtbare Zukunftskompetenz, die es Menschen ermöglicht, Daten nicht nur technisch zu verstehen, sondern auch kritisch zu hinterfragen und einzusetzen (Schüller et al. 2019). Neben technischem Know-how beinhaltet sie auch ethisches Bewusstsein und die Fähigkeit, datenbasierte Entscheidungen reflektiert zu bewerten (Gummer & Mandinach 2015).

Data Literacy ist die Fähigkeit, Daten zu sammeln, zu verstehen, kritisch zu analysieren und zur Entscheidungsfindung zu nutzen, unter Einbeziehung des Kontexts und potenzieller Auswirkungen. Sie umfasst auch das ethische Bewusstsein für Datenschutz, Bias-Vermeidung und die verantwortungsvolle Nutzung, um Transparenz, Fairness und soziale Verantwortung sicherzustellen.

Wer die Erhebung, Verarbeitung und Analyse von Daten versteht, kann Schwächen und potenzielle Verzerrungen in KI-Systemen erkennen. Unvollständige oder einseitige Daten führen häufig zu fehlerhaften oder voreingenommenen Ergebnissen – Risiken, die nur mit fundiertem Wissen über Datenqualität und zugrunde liegende Algorithmen vermieden oder behoben werden können. Besonders bei Generativer Künstlicher Intelligenz (GenAI) ist es wichtig, ein Bewusstsein für die Trainingsmethoden von Modellen und die Datenbasis ihrer Inhalte zu entwickeln (Annapureddy et al. 2024).

Dieses Verständnis der Datenverarbeitungsprozesse befähigt dazu, die Neutralität und Genauigkeit der Ergebnisse zu überprüfen. Es ermöglicht nicht nur eine differenzierte Analyse der Resultate, sondern auch deren Korrektur. Menschen, die wissen, wie Modelle trainiert werden und wie Datenverarbeitung funktioniert, können präzisere Prompts und Anfragen formulieren, was zu relevanteren Ergebnissen führt. Dies fördert eine effizientere Interaktion mit KI und ermöglicht eine qualifizierte Bewertung der erzeugten Daten. Fundiertes Wissen unterstützt eine fundierte Entscheidungsfindung – entscheidend im Umgang mit generativen KI-Systemen, da diese häufig auf komplexen, intransparenten Datenverarbeitungsprozessen basieren (Getz & Brodsky 2022; Herzog 2015).

Data- und AI-Literacy werden so zu zukunftsweisenden Schlüsselkompetenzen, die für alle gesellschaftlichen Gruppen zugänglich und erlernbar sein müssen. Diese Fähigkeiten sind essenziell, um in einer Welt, die zunehmend von Daten angetrieben wird, aktiv zu bleiben und soziale Ungleichheiten im Zugang zu technologischen Entwicklungen zu verringern (Schüller 2022). Data Storytelling eröffnet dabei neue Wege, um trockene Zahlen in lebendige Geschichten zu verwandeln, die Menschen inspirieren und verbinden – eine Kunst, die Brücken zwischen Daten und Verständnis schlägt und so die Teilhabe an einer datengetriebenen Welt für alle erleichtert.

1.3.9. Wer der KI Flügel verleiht, sollte auch ihr Gewissen programmieren

Mit der wachsenden Präsenz von KI-Systemen in nahezu allen Bereichen unseres Lebens wird es unverzichtbar, ihre Entscheidungen auf einem Fundament ethischer Prinzipien zu stützen. Technisches Know-how allein reicht nicht aus; es bedarf eines tiefen Verständnisses moralischer Werte, um KI verantwortungsvoll zu gestalten. Ohne eine solche Basis können KI-Systeme in problematische Bahnen geraten und gesellschaftlichen Schaden anrichten.

Ein Beispiel für die potenziellen Gefahren von KI-Systemen ohne ethische Grundlagen ist der Einsatz von KI in der Personalrekrutierung. In der Vergangenheit wurden Algorithmen entwickelt, um Bewerbungen automatisch zu sichten und zu bewerten.

Ein bekanntes Problem trat bei Amazon auf, dessen KI-System Bewerbungen anhand historischer Daten bewertete. Da die überwiegende Mehrheit der bisherigen erfolgreichen Bewerber Männer war, lernte das System, männliche Bewerber zu bevorzugen. Frauen wurden dadurch systematisch benachteiligt, da die KI unbewusst bestehende geschlechtsspezifische Vorurteile in den Daten verstärkte (Dastin 2022). Besonders problematisch war, dass Bewerbungen von Frauen, die Begriffe wie „female chess club" oder „female rugby team" enthielten, automatisch aussortiert wurden.

Eines der größten und am häufigsten unterschätzten Risiken in der Welt der KI ist der sogenannte Bias – jene tückische Verzerrung, die sich in Datensätzen und Algorithmen manifestieren kann. Oft bleibt Bias unsichtbar und schwer zu fassen, während er sich heimlich in die Entscheidungen von KI-Systemen einschleicht. Die Konsequenzen? Mitunter schwerwiegend. KI, die mit voreingenommenen oder lückenhaften Daten trainiert wird, reproduziert diese Verzerrungen in ihren Ergebnissen. Daher ist es entscheidend, Bias frühzeitig zu erkennen und zu verstehen, um gerechte und faire KI-Systeme zu schaffen. Kapitel 6 widmet sich dieser Herausforderung im Detail und bietet Einsichten in die unterschiedlichen Formen von Bias sowie konkrete Ansätze zur Risikominimierung, die in Kapitel 8 weiter vertieft werden.

Neben technischer Leistungsfähigkeit müssen KI-Systeme transparent, nachvollziehbar und ethisch vertretbar handeln. Dazu muss Ethik von Anfang an als integraler Bestandteil im Entwicklungsprozess integriert und nicht als nachträglicher Gedanke betrachtet werden. Sie bildet das Fundament, auf dem technologische Innovationen im Bereich der KI aufbauen, um den Einsatz der Technologie im Sinne des Gemeinwohls zu gewährleisten.

Wer einer KI Flügel verleiht, übernimmt die Verantwortung dafür, wie und wohin sie fliegt. Ethik sollte nicht als Hindernis, sondern als unverzichtbarer Bestandteil gesehen werden, der sicherstellt, dass technologischer Fortschritt verantwortungsvoll gestaltet wird. Die gewissenhafte Entwicklung – von der Sorgfalt im Systemdesign bis zur Auswahl der Trainingsdaten – beeinflusst maßgeblich den Einfluss eines KI-Systems auf die Reputation und den langfristigen Erfolg eines Unternehmens. Reputation, ein unschätzbarer und nicht versicherbarer Wert, lässt sich durch Sorgfalt und Compliance weitaus besser schützen als durch Innovation allein. Kapitel 8 wird sich daher intensiv mit der essenziellen Rolle der Ethik auseinandersetzen.

1.4. Qualifizierungsmaßnahmen – wie wir uns für das Zeitalter der KI rüsten

Die fortschreitende Automatisierung und die rapide Verbreitung von KI verändern nicht nur einzelne Arbeitsprozesse, sondern transformieren die gesamte Arbeitswelt grundlegend. Angesichts der enormen Datenmengen, die moderne KI-Systeme verarbeiten, ist es unverzichtbar, diese Daten reflektiert und kritisch zu sichten, zu verorten und fundiert zu analysieren – und das erfordert spezifische Kompetenzen.

Dabei besteht die wahre Herausforderung darin, diese Fähigkeiten nicht nur zu vermitteln, sondern sie nachhaltig in den Köpfen der Menschen zu verankern.

Traditionelle Weiterbildungsmaßnahmen greifen hier zu kurz; es braucht innovative Ansätze und zukunftsgerichtete Schulungsprogramme, um den komplexen Anforderungen der digitalen und KI-gestützten Welt gewachsen zu sein.

Um die Belegschaft auf die zukunftsorientierte New Work[6] vorzubereiten, sind maßgeschneiderte Qualifizierungsmaßnahmen entscheidend. Dazu zählen Upskilling (Erweiterung bestehender Kompetenzen) Side-Skilling (Erwerb von Fähigkeiten in verwandten Bereichen), Reskilling (Anpassung an neue Rollen) und Cross-Skilling (Erwerb disziplinübergreifender Kompetenzen) (Li 2022; Gruenewald 2024).

Upskilling bedeutet, vorhandene Fähigkeiten zu vertiefen und zu erweitern. Mitarbeitende lernen, ihre Expertise auf neue Technologien wie KI zu übertragen und so mehr aus ihrem Potenzial zu schöpfen. Ein Beispiel: Datenanalysten, die bisher klassische Methoden angewandt haben, könnten maschinelles Lernen nutzen, um aus denselben Datensätzen tiefere Einsichten zu gewinnen.

Side-Skilling beschreibt das Erwerben neuer, angrenzender Fähigkeiten, um flexibel in verwandten Bereichen zu agieren – eine wertvolle Strategie in einer Welt, in der sich Berufsfelder rasant wandeln. So könnten etwa Marketingfachleute lernen, KI-gestützte Tools einzusetzen, um personalisierte Kampagnen zu entwickeln oder automatisierte Analysen durchzuführen.

Reskilling ist der Weg, komplett neue Fähigkeiten zu erlernen, um in einem anderen Bereich Fuß zu fassen. Mit dem Vormarsch KI-basierter Prozesse werden manche Berufe überflüssig, während andere neu entstehen. Menschen brauchen daher die Chance, sich neu zu orientieren. Ein Beispiel: Produktionsmitarbeiten-

6 New Work ist ein modernes Arbeitskonzept, das Flexibilität, Autonomie und Sinnhaftigkeit in den Mittelpunkt rückt. Geprägt von Frithjof Bergmann, verfolgt es das Ziel, die Arbeitskultur zu transformieren und traditionelle Strukturen zu durchbrechen. Im Vordergrund stehen Selbstbestimmung, kreative Entfaltung und eine ausgewogene Work-Life-Balance (Bergmann 2020).

de könnten sich in Datenwissenschaft weiterbilden, um KI-gestützte Fertigungstechnologien zu überwachen und zu optimieren.

Cross-Skilling vereint Fähigkeiten aus unterschiedlichen Disziplinen, um Mitarbeitende in interdisziplinären Teams einsetzbar zu machen. Eine IT-Spezialistin könnte beispielsweise lernen, Projekte im Marketing oder Vertrieb zu unterstützen, indem sie technisches Wissen mit geschäftlichen Anforderungen kombiniert. Dies fördert die Anpassungsfähigkeit und Flexibilität in Unternehmen.

Deskilling ist der oft übersehene Nebeneffekt, bei dem Fähigkeiten verloren gehen, weil KI und Automatisierung komplexe Aufgaben übernehmen und Menschen entlasten. Während dies kurzfristig zu Erleichterung führt, muss darauf geachtet werden, dass Beschäftigte in Bereichen tätig bleiben, die nicht vollständig automatisiert werden können (siehe auch Abschnitt 2.6). Andernfalls droht langfristig der Verlust wichtiger Kompetenzen, da Fähigkeiten immer seltener oder gar nicht mehr genutzt werden.

Maßgeschneiderte Qualifizierungsmaßnahmen sind der Schlüssel, um sicherzustellen, dass die Belegschaft im Zuge der digitalen Transformation nicht abgehängt wird. Wer die Chancen und Potenziale von KI versteht und zielgerichtet einsetzt, sichert sich einen klaren Wettbewerbsvorteil. Kompetenzentwicklung stärkt nicht nur die Anpassungsfähigkeit und Widerstandsfähigkeit gegenüber Veränderungen, sondern ermöglicht es, den Umgang mit KI auch ethisch und verantwortungsvoll zu gestalten (Müller 2024).

Dabei wird es auch davon abhängen, wie gut es gelingt, Neugier zu entfachen und echte Begeisterung zu wecken. Lernen nach Vorschrift bleibt oft ohne Wirkung, besonders in diesen dynamischen Zeiten. Schulungsprogramme müssen so gestaltet sein, dass sie die Lernenden fesseln und aktiv einbinden. Nur durch inspirierende und nachhaltige Formate können die Kompetenzen gestärkt werden, die im digitalen Zeitalter den entscheidenden Unterschied ausmachen.

Kernpunkte im Fokus: KI SICHTET

KI als kongeniale Sparringpartnerin für Effizienzsteigerung

- KI entlastet durch automatisiertes Sortieren, Analysieren und Optimieren großer Datenmengen, steigert die Produktivität und schafft Raum für strategische Aufgaben.
- Sie unterstützt menschliche Entscheidungen, bietet tiefere Einblicke und ermöglicht personalisierte Ergebnisse, die sowohl im privaten als auch im professionellen Umfeld neue Möglichkeiten eröffnen.

Der Mensch als unersetzliche Kontrollinstanz und ethischer Kompass

- Der Mensch bleibt als letzte Instanz unverzichtbar: Er überprüft, interpretiert und trägt die Verantwortung für die richtige Anwendung der KI-Ergebnisse.
- Eine verantwortungsvolle Nutzung erfordert umfassende menschliche Kompetenzen und die Bereitschaft zur kritischen Reflexion, um sicherzustellen, dass KI-Erkenntnisse ethisch vertretbar und gesellschaftlich sinnvoll sind.

Qualifizierungsmaßnahmen als Schlüsselfaktor für eine verantwortungsvolle KI-Nutzung

- Technologische Grundkompetenzen wie Data Literacy, maschinelles Lernen und Datenanalyse sind essenziell, um KI sicher und kompetent einzusetzen.

- Die „4Ks „ – Kreativität, Kritisches Denken, Kommunikation und Kollaboration – bilden das Fundament für eine reflektierte Zusammenarbeit mit KI.

- Zusätzliche Fähigkeiten wie interdisziplinäres Denken, Agilität, Offenheit für Innovationen und ein starkes Verantwortungsbewusstsein ergänzen diese zentralen Kompetenzen.

- Eine Kultur des lebenslangen Lernens soll durch gezielte Programme gefördert werden: Upskilling, Reskilling, Side-Skilling und Cross-Skilling ermöglichen eine kontinuierliche Anpassung und den Erwerb von Fähigkeiten, die für die digitale Transformation unabdingbar sind.

Referenzen

Ahmad, Z. A. K. I., Mokal, M. N. (2023) An Overview of Economic Growth in The Era of Digitalization. Economics, Banking &, 37.

Annapureddy, R., Fornaroli, A., Gatica-Perez, D. (2024) Generative AI literacy: Twelve defining competencies. Digital Government: Research and Practice.

Avnur, Y. (2020) What's wrong with the online echo chamber: A motivated reasoning account. Journal of Applied Philosophy, 37(4), 578-593.

Bélisle-Pipon, J. C., Monteferrante, E., Roy, M. C., Couture, V. (2023) Artificial intelligence ethics has a black box problem. AI & SOCIETY, 1-16.

Bergmann, F. (2020). *Neue Arbeit, Neue Kultur*. Arbor Verlag.

Blount, K. (2024) Using artificial intelligence to prevent crime: implications for due process and criminal justice. AI & SOCIETY, 39(1), 359-368.

Bueno-Pascual, F. E. (2024) Forces Transforming Transport and Logistics into Smarter Sustainable Systems.

Buolamwini, J., Gebru, T. (2018) Gender shades: Intersectional accuracy disparities in commercial gender classification. In Conference on fairness, accountability and transparency (pp. 77-91). PMLR.

Burchardt, A., Aschenbrenner, D. (2023) Practical Guide AI= All Together and Interdisciplinary: Responsible Innovation for the Integration of Artificial Intelligence Applications into the World of Work. In Work and AI 2030: Challenges and Strategies for Tomorrow's Work (pp. 11-19). Wiesbaden: Springer Fachmedien Wiesbaden.

Castelvecchi, D. (2016) Can we open the black box of AI?. Nature News, 538(7623), 20

Chen, L., Chen, P., Lin, Z. (2020) Artificial intelligence in education: A review. Ieee Access, 8, 75264-75278.

Cheng, C., Zhang, M. (2023) Conceptualizing corporate digital responsibility: a digital technology development perspective. Sustainability, 15(3), 2319.

Christian, B. (2020) The Alignment Problem: Machine Learning and Human Values. W. W. Norton & Company, New York.

Dastin, J. (2022) Amazon scraps secret AI recruiting tool that showed bias against women. In Ethics of data and analytics (pp. 296-299). Auerbach Publications.

Dietzmann, C., Duan, Y. (2022) Artificial intelligence for managerial information processing and decision-making in the era of information overload.

Eagleman, D. (2012) Incognito: The Secret Lives of the Brain. Vintage/Random House, New York.

Edmondson, A.C. (2018) The Fearless Organization: Creating Psychological Safety in the Workplace for Learning, Innovation, and Growth. Hoboken, NJ: John Wiley & Sons.

Eppler, M. J. (2015) 11. Information quality and information overload: The promises and perils of the information age. Communication and technology, 5, 215.

Garfinkel, B, (2022)'The Impact of Artificial Intelligence: A Historical Perspective', in Justin B. Bullock, and others (eds), The Oxford Handbook of AI Governance, Oxford Handbook.

Gaisch, M., Kerschbaumer, B. (2018) Brave New Digital World: Warum der Einsatz von digitaler Technologie nicht alles ist in Schutti et al. TAGUNGSBAND „Digitale Lehre – Fluch oder Segen? Chancen, Fallstricke und Möglichkeiten des Einsatzes digitaler Medien in der Hochschullehre".

Gaisch, M. (2021) Steigende Heterogenität im Hochschulalltag: Aktuelle Entwicklungen, Trends und mögliche Differenzierungspfade für Hochschulen in Pausits, A., Aichinger, R. Unger, M. (Hrsg.) Rigour and Relevance: Hochschulforschung im Spannungsfeld zwischen Methodenstrenge und Praxisrelevanz. Studienreihe Hoschschulforschung Österreich. Waxmann Verlag. Münster.

Gaisch, M., Rammer, V., Preymann, S., Sterrer, S., Aichinger, R. (2020) The applicability of two graduate employability frameworks: How possession, position, integration and engagement shape graduate employability. In Universities as political institutions (pp. 287-310). Brill.

Gaisch, M., Preymann, S., Aichinger, R. (2020) Diversity management at the tertiary level: an attempt to extend existing paradigms. Journal of Applied Research in Higher Education, 12(2), 137-150.

Gaisch, M., Rammer, V. (2021) Can the New COVID-19 Normal Help to Achieve Sustainable Development Goal 4?. In Sustaining the Future of Higher Education (pp. 172-191). Brill.

Gašević, D., Siemens, G., Sadiq, S. (2023) Empowering learners for the age of artificial intelligence. Computers and Education: Artificial Intelligence, 4, 100130.

Gerstenberg, A. (2024) Hallucinations in automated texts–A critical view on the emerging terminology. AI-Linguistica. Linguistic Studies on AI-Generated Texts and Discourses, 1(1).

Getz, K, Brodsky, M. (2022) The Data Literacy Cookbook. Getz/Brodsky (Hrsg.), Association of College and Research Libraries, Chicago, IL.

Gluck, J. C. (2020) How searches fail: Cognitive bias in literature searching. Journal of Hospital Librarianship, 20(1), 27-37.

Gröneweg, C., Holtmann, D., Matiaske, W. (2015) Innovativität und Fortschrittsfähigkeit-Personalwirtschaftliche Implikationen.

Gruenewald, H. (2024) Qualifizierungsbedarf und-ansätze: Unterschiedliche Strategien zur Bewältigung der sich wandelnden Anforderungen an Arbeitskräfte. In Upskilling und Reskilling für die Personalentwicklung: Kompetenzen der Zukunft erkennen und Personal erfolgreich qualifizieren (pp. 15-39). Wiesbaden: Springer Fachmedien Wiesbaden.

Gummer, E. S., Mandinach, E. B. (2015) Building a conceptual framework for data literacy. Teachers College Record, 117(4), 1-22.

Gunkel, D. J. (2012) Communication and artificial intelligence: Opportunities and challenges for the 21st century. communication+ 1, 1(1).

Herzog, D. (2015) Data Literacy: A User's Guide. Sage Publications, Thousand Oaks, CA.

Hidayati, H. N., Yudiantoro, M. N. (2023) Increasing The Objectivity of Assessments Through Artificial Intelligence. In Proceeding of Annual International Conference on Islamic Education and Language (AICIEL) (pp. 669-671).

Hinterhuber, A., Vescovi, T., Checchinato, F. (2021) Managing Digital Transformation. Understanding the Strategic Process, 1st ed.; Routledge: London, UK.

Hof, C. (2009) Lebenslanges Lernen: Eine Einführung (Vol. 4). W. Kohlhammer Verlag.

Horowitz, M.C., Kahn, L. (2024) Bending the Automation Bias Curve: A Study of Human and AI-Based Decision Making in National Security Contexts, International Studies Quarterly, Volume 68, Issue 2, June 2024, sqae020. doi: 10.1093/isq/sqae020

Hübler, M. (2018) New Work: Menschlich-Demokratisch-Agil: Agilität mit Verantwortung. Walhalla Fachverlag.

Jeon, Y., Kim, J., Park, S., Ko, Y., Ryu, S., Kim, S. W., Han, K. (2024) HearHere: Mitigating Echo Chambers in News Consumption through an AI-based Web System. Proceedings of the ACM on Human-Computer Interaction, 8(CSCW1), 1-34.

Kahneman, D. (2011) Thinking, fast and slow. Macmillan US.

Kamilaris, A., Prenafeta-Boldú, F. X. (2018) A review of the use of convolutional neural networks in agriculture. The Journal of Agricultural Science, 156(3), 312-322.

Kasparick, M. et al. (2021) Improvement of SVD algorithm to increase the efficiency of recommendation systems. Advanced Information Systems, 5(4), 55-59.

Kirchherr, J. W., Klier, J., Lehmann-Brauns, C., & Winde, M. (2018). Future Skills: Welche Kompetenzen in Deutschland fehlen. *Future Skills-Diskussionspapier, 1.*

Kotsiou, A., Fajardo-Tovar, D. D., Cowhitt, T., Major, L., & Wegerif, R. (2022). A scoping review of Future Skills frameworks. *Irish Educational Studies, 41*(1), 171-186.

Krishnan, A., Almadan, A., Rattani, A. (2020) Understanding fairness of gender classification algorithms across gender-race groups. In 2020 19th IEEE international conference on machine learning and applications (ICMLA) (pp. 1028-1035). IEEE.

Li, L. (2022) Reskilling and upskilling the future-ready workforce for industry 4.0 and beyond. Information Systems Frontiers, 1-16.

Loebbecke, C., Picot, A. (2015) Reflections on societal and business model transformation arising from digitization and big data analytics: A research agenda. The journal of strategic information systems, 24(3), 149-157.

Meister, D. (2018) The history of human factors and ergonomics. CRC Press.

Müller, M. (2024) Systematisierung und Strukturierung von Re-und Upskillingmaßnahmen. In Upskilling und Reskilling für die Personalentwicklung: Kompetenzen der Zukunft erkennen und Personal erfolgreich qualifizieren (pp. 41-63). Wiesbaden: Springer Fachmedien Wiesbaden.

Neumuth, T. (2019) Enabling artificial intelligence in high acuity medical environments. Minimally Invasive Therapy & Allied Technologies, 28(2), 120-126.

O'Neil, C. (2016) Weapons of Math Destruction: How Big Data Increases Inequality and Threatens Democracy. Crown Publishing Group, New York.

Popa, I., Cioc, M. M., Breazu, A., Popa, C. F. (2024) Identifying sufficient and necessary competencies in the effective use of artificial intelligence technologies. Amfiteatru Economic, 26(65), 33-52.

Rai, A. (2020) Explainable AI: From black box to glass box. Journal of the Academy of Marketing Science, 48, 137-141.

Reeves, M., Deimler, M. (2012) Adaptability: The new competitive advantage. Own the future: 50 ways to win from the boston consulting group, 19-26.

Santana, M., Díaz-Fernández, M. (2023) Competencies for the artificial intelligence age: visualisation of the state of the art and future perspectives. Review of Managerial Science, 17(6), 1971-2004.

Schacter, D. L., Buckner, R. L. (1998) Priming and the brain. Neuron, 20(2), 185-195.

Schallmo, D. R., Kundisch, D., Lang, K., Hasler, D. (Eds.). (2024) Digitale Plattformen und Ökosysteme im B2B-Bereich: Fallstudien, Ansätze, Technologien und Tools. Springer-Verlag.

Schlömer, I. F. (2022) Agility as a Driver of Digital Transformation-a Literature Review. In Conference on e-Business, e-Services and e-Society (pp. 238-253). Cham: Springer International Publishing.

Schüller, K., Busch, P., Hindinger, C. (2019) Future skills: ein framework für data literacy. Hochschulforum Digitalisierung, 46, 1-128.

Schüller, K. (2022) Data and AI literacy for everyone. Statistical Journal of the IAOS, 38(2), 477-490.

Smith, H. (2021) Clinical AI: opacity, accountability, responsibility and liability. Ai & Society, 36(2), 535-545.

Smith, A. A., Li, R., Tse, Z. T. H. (2023) Reshaping healthcare with wearable biosensors. Scientific Reports, 13(1), 4998.

Testoni, A., Bernardi, R. (2021) "I've Seen Things You People Wouldn't Believe": Hallucinating Entities in GuessWhat?!. In Proceedings of the 59th Annual Meeting of the Association for Computational Linguistics and the 11th International Joint Conference on Natural Language Processing: Student Research Workshop (pp. 101-111).

Thornhill-Miller, B., Camarda, A., Mercier, M., Burkhardt, J. M., Morisseau, T., Bourgeois-Bougrine, S., ... & Lubart, T. (2023). Creativity, critical thinking, communication, and collaboration: assessment, certification, and promotion of 21st century skills for the future of work and education. Journal of Intelligence, 11(3), 54.

Usher, M., Barak, M. (2024) Unpacking the role of AI ethics online education for science and engineering students. International Journal of STEM Education, 11(1), 35.

Ushmani, A. (2019) Machine learning pattern matching. Computer. Science. Trends Technology 7, 4-7.

Wu, X., Xiao, L., Sun, Y., Zhang, J., Ma, T., He, L. (2022) A survey of human-in-the-loop for machine learning. Future Generation Computer Systems, 135, 364-381.

Zanzotto, F. M. (2019) Human-in-the-loop artificial intelligence. Journal of Artificial Intelligence Research, 64, 243-252.

Zednik, C. (2021) Solving the black box problem: A normative framework for explainable artificial intelligence. Philosophy & technology, 34(2), 265-288.

Zhou, X., Yang, Z., Hyman, M. R., Li, G., Munim, Z. H. (2022) Guest editorial: Impact of artificial intelligence on business strategy in emerging markets: a conceptual framework and future research directions. International Journal of Emerging Markets, 17(4), 917-929.

2
Künstliche Intelligenz DICHTET

Kapitel 2 widmet sich der kreativen Dimension der Künstlichen Intelligenz und beleuchtet, wie KI-Systeme in der Lage sind, Texte, Musik, Kunst und andere kreative Inhalte zu generieren. Die Untersuchung der technologischen Potenziale und Grenzen zeigt, dass KI zwar kreative Aufgaben durch die Analyse von Datenmustern simulieren kann, jedoch wesentliche Elemente wie emotionale Tiefe, kulturelles Verständnis und authentische Originalität zu kurz greifen. KI kann zwar kreativ wirken, besitzt aber nicht die gleiche kreative Intuition und den kulturellen Kontext eines Menschen. Auch die fehlende ethische Urteilsfähigkeit, der Mangel an Lebenserfahrung und die eingeschränkte Fähigkeit zur Improvisation stellen bedeutende Limitierungen der KI-generierten Kreativität dar.

Die ökonomischen und sozialen Auswirkungen der sogenannten „kreativen KI" sind vielfältig. Sie erstrecken sich von der Transformation kreativer Berufe und der Reduktion der menschlichen Rolle über die Einschränkung kreativer Entfaltungsmöglichkeiten bis hin zur Sorge vor Jobverlust durch Automatisierung. Gleichzeitig wird KI zunehmend als Co-Kreatorin gesehen, die in Zusammenarbeit mit dem Menschen neue kreative Horizonte eröffnet, statt ihn zu ersetzen. Abschließend wirft das Kapitel die Frage auf, wie eine Balance zwischen technologischer Innovation und dem Schutz kreativer Berufe gefunden werden kann, und fordert einen verantwortungsvollen Umgang mit der Technologie.

2. Künstliche Intelligenz DICHTET

Wo die KI berechnet, fühlt der Mensch – die Seele der Kunst entspringt aus Emotion, nicht aus Algorithmen. Kreativität, Inspiration und Empathie sind und bleiben unersetzliche menschliche Stärken.

Von der Automatisierung repetitiver Aufgaben bis hin zur Lösung komplexer Probleme hat die KI bereits viele Bereiche revolutioniert. Eine der faszinierendsten Entwicklungen ist jedoch die kreative Seite der KI: die Fähigkeit, Texte, Bilder und Musik zu generieren. Kann eine Maschine wirklich kreativ sein oder ist sie nur ein Spiegelbild menschlicher Eingaben und Vorurteile? Welche Verantwortung tragen wir bei der Schaffung und Nutzung solcher Technologien? Wir laden Sie ein, mit uns auf eine Reise zu gehen, die die Grenzen menschlicher und maschineller Kreativität auslotet und neue Perspektiven auf die Interaktion von Mensch und Maschine eröffnet.

2.1. Die „kreative" Seite der Künstlichen Intelligenz

In den letzten Jahren hat KI beeindruckende Fortschritte im kreativen Bereich erzielt und bewiesen, dass sie mehr ist als nur ein analytisches Werkzeug. Doch damit rückt die grundlegende Frage in den Fokus: Was genau ist Kreativität und wie lässt sich dieser Begriff definieren.

Kreativität wird häufig als die Fähigkeit beschrieben, etwas Neues und Überraschendes zu schaffen, das gleichzeitig nützlich oder wertvoll ist (Testor 2018). Diese Definition legt den Grundstein dafür, zu verstehen, warum es so herausfordernd ist, kreative Prozesse vollständig von Maschinen nachbilden zu lassen, da sie neben technischem Können auch Intuition und emotionales Empfinden erfordern.

Auf den ersten Blick lässt sich diese Definition auf KI zwar anwenden, da sie inzwischen Aufgaben in verschiedenen kreativen Bereichen übernehmen kann, wie zum Beispiel in Kunst, Musik und Literatur. Allerdings unterscheidet sich die Art der Kreativität von KI grundlegend von der des Menschen.

Obwohl KI kreative Prozesse durch Mustererkennung und Deep Learning imitieren kann, mangelt es ihr an emotionaler Tiefe, kulturellem Verständnis und persönlicher Lebenserfahrung – jene Elemente, die menschliche Kreativität ausmachen und unverwechselbar machen (Kirkpatrick 2023; Coeckelbergh 2017).

Denn echte Kreativität entsteht nicht nur durch Daten und Algorithmen, sondern aus dem reichen Reservoir menschlicher Erinnerungen, Erlebnisse und Empathie – Aspekte, die KI nicht eigenständig entwickeln kann.

Auch wenn KI beeindruckende Werke erschafft und Informationen innovativ kombiniert, bleibt die echte Originalität, die aus menschlichen Emotionen und Erfahrungen entspringt, für sie unerreichbar (Kirkpatrick 2023).

Ein besonderer Vorteil der KI zeigt sich in der Co-Kreation – in der Zusammenarbeit zwischen Mensch und Maschine. Hier wird deutlich, dass KI nicht die menschliche Kreativität ersetzt, sondern sie bereichert, indem sie neue Ideen und Ansätze liefert, die den kreativen Prozess inspirieren. Sie bleibt dabei ein Werkzeug, das den Menschen unterstützt, jedoch den emotionalen und kulturellen Kontext, der für viele kreative Akte unerlässlich ist, nicht ersetzen kann (Ivcevid & Grandinetti 2024).

Doch worin liegen die Hauptstärken der KI im kreativen Bereich und welche Potenziale bietet sie? Im Folgenden werden kreative Felder wie Kunst, Musik, Literatur, Film und Architektur näher beleuchtet, um die positiven Facetten und Möglichkeiten der KI aufzuzeigen. Es wird deutlich, dass KI dazu beitragen kann, neue künstlerische Horizonte zu eröffnen und kreative Prozesse zu beschleunigen. Dennoch bleibt der Mensch mit seiner unverzichtbaren emotionalen und kulturellen Tiefe unersetzbar.

2.1.1. Kunst und Design - Erweiterung menschlicher Kreativität

Künstliche Intelligenz, verkörpert durch Systeme wie DALL-E und DeepArt, definiert die Grenzen menschlicher Kreativität neu+. Indem sie riesige Datensätze visueller Kunst analysieren, generieren diese Systeme nicht nur beeindruckende Imitationen, sondern auch völlig neuartige visuelle Konzepte. Für Kunstschaffende bieten diese Technologien eine unerschöpfliche Quelle der Inspiration, die traditionelle Stilgrenzen überschreitet und neue ästhetische Dimensionen erschließt (O'Toole & Horvát 2024).

Die Demokratisierung der Kreativität ist ein weiterer Aspekt, der durch KI-gestützte Kunstförderung hervorgerufen werden könnte. Auch ohne formale künstlerische Ausbildung können Menschen nun mit Hilfe von KI beeindruckende visuelle Werke erschaffen. Diese Entwicklung verschiebt die Rolle der Kunstschaffenden: weg vom isolierten Genie hin zum Kurator und Regisseur von KI-generierten Kunstwerken. In dem Maße, wie KI die Kunstwelt durchdringt, wird aber auch die Frage nach der Authentizität und dem Urheberrecht von KI-Kunst zu einem zentralen Thema in der aktuellen Kunstdebatte. Zudem gibt es auch kritische Stimmen, die die kreative Beteiligung an KI-Technologien durch eine breite Bevölkerungsschicht zwar begrüßen, aber auch Spannungsfelder zwischen technologischen Fortschritt, Machtstrukturen und sozialer Gerechtigkeit aufzeigen (Murphy & Taylor 2024).

2.1.2. Musikkomposition – Inspiration und Werkzeug

KI revolutioniert auch die Musikkomposition[7]. Algorithmen wie Amper Music und OpenAIs MuseNet oder Suno sind in der Lage, aus umfangreichen Musikdatenbanken komplexe musikalische Strukturen zu lernen und auf dieser Grundlage neue Kompositionen zu generieren. Diese können sowohl als eigenständige Werke dienen als auch als Ausgangspunkt für menschliche Kreativität.

Die Zusammenarbeit zwischen Mensch und Maschine eröffnet neue Möglichkeiten in der Musikproduktion. Musikschaffende können KI-Tools nutzen, um Ideen schneller zu entwickeln, Harmonien zu generieren oder komplexe Arrangements zu erstellen, was oft zu überraschenden und innovativen Ergebnissen führt (Yang & Nazir 2022). KI-Systeme ermöglichen es zudem, musikalische Stile zu imitieren oder zu kombinieren, wodurch neue Genre-Fusionen entstehen. Gleichzeitig automatisiert KI bestimmte musikalische Aufgaben, wie das Generieren von Basslinien oder Rhythmen.

Allerdings wirft der Einsatz von KI auch ethische und politische Fragen auf, etwa inwieweit KI die Machtverhältnisse in der Musikindustrie verschiebt, und

7 https://ars.electronica.art/center/de/klavierzimmer/

unabhängige Kunstschaffende benachteiligt. Zudem wird diskutiert, ob die zunehmende Nutzung von KI zu einer Entfremdung der Künstler von ihrem Werk führt und die kulturelle Vielfalt gefährdet (Morreale 2021).

2.1.3. Texte und Literatur - Katalysator für neue literarische Formen

KI revolutioniert zunehmend auch das literarische Schaffen und verschiebt die Grenzen des Möglichen. Ihre Fähigkeit, eigenständig Texte zu generieren und dabei neue Stile und Erzählformen zu erforschen, eröffnet Autorinnen und Autoren völlig neue Horizonte für experimentelles Schreiben und die Entwicklung innovativer literarischer Strukturen, die zuvor kaum vorstellbar waren. Dabei bringt dieser Wandel sowohl Chancen als auch Herausforderungen mit sich: Einerseits erweitert KI den kreativen Spielraum und bietet neue Möglichkeiten, andererseits wirft sie Fragen zur Authentizität und künstlerischen Integrität auf (Setiawan et al. 2024).

Die Fähigkeit der KI, Texte zu erzeugen, die traditionelle Normen hinter sich lassen, eröffnet neue Erzählperspektiven, genreübergreifende Werke und innovative sprachliche Strukturen, die zuvor unerreichbar schienen. Durch die Analyse großer Textmengen erkennt sie Muster und leitet daraus neuartige Stilmittel ab, die Autorinnen und Autoren inspirieren können. Diese „Mustererkennung" und die Fähigkeit, daraus originelle Inhalte zu entwickeln, ermöglichen Narrative, die sich von konventionellen literarischen Formen abheben. Dennoch stößt die KI an ihre Grenzen, wenn es um echte Kreativität und tiefes Verständnis geht (Esling & Devis 2020; Bringsjord & Ferrucci 1999).

Die Nutzung von KI im literarischen Schaffen steht noch am Anfang, doch sie zeigt schon jetzt ihr enormes Potenzial als Katalysator für neue literarische Formen. Es ist denkbar, dass in der Zukunft literarische Werke entstehen, die interaktiv sind, sich in Echtzeit verändern oder auf den individuellen Leser zugeschnitten werden. Die durch KI geförderte Verschmelzung von Literatur, Technologie und Kreativität könnte die klassische Vorstellung von Autorschaft und Text radikal verändern. So könnte eine neue Ära des Schreibens eingeläutet werden, in der der

Mensch gemeinsam mit der Maschine eine Symbiose eingeht, um die Grenzen der Literatur immer weiter hinauszuschieben.

2.1.4. Film, Video und Animation - Erweiterung kreativer Möglichkeiten

KI hat auch die Film-, Video- und Animationsbranche grundlegend verändert und neue kreative Möglichkeiten eröffnet (Momot 2022). Von der Vor- bis zur Postproduktion bereichert KI den kreativen Prozess mit Werkzeugen, die nicht nur unterstützen, sondern auch automatisieren und beschleunigen. So können KI-basierte Systeme beim Schreiben von Drehbüchern helfen, indem sie Ideen entwickeln, Dialoge verfeinern oder komplette Szenarien entwerfen. In der Produktionsphase sorgen KI-Tools für eine effizientere Bearbeitung des Filmmaterials, automatisieren Routineaufgaben und schaffen beeindruckende visuelle Effekte (Reddy et al. 2024). Besonders in der Animation bietet KI neue Wege, um Charaktere, Bewegungen und ganze Szenen zu generieren, was die Produktion von Inhalten vereinfacht und Kosten senkt. Doch diese technologische Revolution birgt auch Risiken: Die Gefahr der inhaltlichen Standardisierung und der potenzielle Verlust menschlicher Kontrolle im kreativen Prozess werfen Fragen auf (Momot 2022).

2.1.5. Spieleentwicklung – mehr Dynamik und individuelle Anpassung

Künstliche Intelligenz hat auch die Spieleentwicklung auf ein völlig neues Niveau gehoben und schafft dynamische, immersive Spielerlebnisse. In modernen Spielen wie The Witcher 3 sorgen KI-gestützte Non-Playing Characters (NPCs) für realistisches Verhalten, indem sie komplexen Tagesabläufen folgen, Beziehungen pflegen und auf die Aktionen der Spielenden reagieren. Ob als Gegner, Handelspartner oder treue Begleiter – diese NPCs verleihen der Spielwelt Komplexität und Lebendigkeit. Die fortschrittliche Interaktion lässt jede Begegnung einzigartig erscheinen und verleiht dem Spielgeschehen eine unvorhersehbare Dynamik. Gleichzeitig machen KI-gesteuerte Gegner das Gameplay immersiver und anspruchsvoller, indem sie menschliche Strategien nachahmen und sich an den Fortschritt der Spielenden anpassen. Dies sorgt für eine gesteigerte Langzeitmotivation und hält die Spannung hoch (Quadir & Khder 2022).

Ein weiterer Vorteil von KI in Videospielen ist die Möglichkeit, das Spielerlebnis durch adaptive Systeme zu personalisieren. KI analysiert das Verhalten der Spielenden und passt den Schwierigkeitsgrad dynamisch an deren Fähigkeiten an. Dies führt zu einem maßgeschneiderten, herausfordernden und motivierenden Erlebnis, das Immersion und Spielspaß steigert. Yannakakis und Togelius (2018) zeigen, wie KI in Spielen genutzt wird, um genau diese Personalisierung zu ermöglichen und langfristig die Spielerfahrung zu verbessern.

KI ermöglicht auch die prozedurale Generierung von Spielinhalten, wie in No Man's Sky, wodurch einzigartige Welten entstehen, die bei jedem Durchgang anders sind. Zudem verbessern KI-gestützte Chatbots die Interaktion mit NPCs, indem sie flüssige und natürliche Gespräche ermöglichen, was die Immersion und Realitätsnähe der Spielwelten erhöhten. Die prozedurale Inhaltserstellung automatisiert die Generierung von Welten, Levels und Charakteren und macht Spiele dadurch dynamischer, vielfältiger und wiederholbar, was zu einer individuelleren Spielerfahrung führt (Shaker et al. 2016).

Neben der Unterhaltungsbranche finden KI-Technologien zunehmend Einsatz in bildungsorientierten Spielen und Simulations- sowie Trainingsanwendungen – auch als Serious Games bezeichnet.

Serious Games sind Spiele, die über den reinen Spaß hinaus Bildungs- oder Trainingsziele verfolgen. KI entwickelt dabei individuelle Lernpfade und personalisierte Feedbackschleifen für die Spielenden. Ein Beispiel sind simulationsbasierte Lernspiele, die in der Medizin und im Gesundheitsbereich eingesetzt werden, wo KI-gesteuerte Gamification das Potenzial hat, die Motivation zu steigern und langfristige Gesundheitsziele zu fördern (Tolks et al. 2024).

KI ermöglicht in Serious Games die Gestaltung realistischer, interaktiver Szenarien, die dynamisch auf das Verhalten der Spielenden reagieren und eine risikofreie Lernumgebung schaffen. Diese Systeme analysieren Stärken und Schwächen der Lernenden und passen das Training individuell an, um optimale Ergebnisse zu erzielen (Kamal et al. 2021). So fördern sie nicht nur einen spannenden, sondern auch effektiven Lernprozess und stärken das kritische Denken sowie die Problemlösungsfähigkeiten.

2.1.6. Mode und Produktdesign – Personalisierung und Optimierung

Auch die Mode- und Produktdesignbranche wird von KI maßgeblich beeinflusst. Durch die Analyse großer Datenmengen können KI-Algorithmen Trends erkennen, Farbpaletten vorschlagen und neue Designkonzepte entwickeln. Im Produktdesign optimiert KI Funktionalität, Ästhetik und Nachhaltigkeit, während generative Algorithmen vielfältige Designoptionen erstellen.

Guo et al. (2023) zeigen, dass KI den Designprozess in der Modebranche durch kreative Unterstützung, Trendanalyse und Automatisierung komplexer Aufgaben transformiert. Sie steigert die Effizienz und ermöglicht innovative, personalisierte Mode. KI-basierte Systeme bieten zudem maßgeschneiderte Kleidung und virtuelle Anproben, was die Kaufentscheidung erleichtert (Evangelista 2019). Zudem fördern intelligente, KI-entwickelte Materialien nachhaltige Produkte. Dennoch bleibt es entscheidend, die Rolle der menschlichen Designer zu bewahren, da Kreativität, kulturelle Sensibilität und emotionale Verbindung Aspekte sind, die KI allein nicht erfassen kann.

2.1.7. Architektur und Stadtplanung – Nachhaltigkeit und Ressourcenschonung

Durch generative Designtechnologien ist es heute möglich, komplexe und organische Strukturen entwerfen, die früher kaum vorstellbar waren. KI-Algorithmen erzeugen eine Vielzahl an Designoptionen, die auf spezifische Kriterien wie Statik, Materialeffizienz und Ästhetik abgestimmt sind. Dies ermöglicht eine nie dagewesene Vielfalt und Komplexität in der Architektur und eröffnet neue gestalterische Freiheiten (Adio-Moses et al. 2016). Darüber hinaus fördert KI die Planung nachhaltiger Städte. Durch die Simulation von Szenarien wie Verkehrsfluss, Energieverbrauch und Umweltbelastung können in der Stadtplanung die besten Lösungen für eine ressourcenschonende Infrastruktur entwickelt werden.

So lässt sich der optimale Standort von Gebäuden und Verkehrswegen bestimmen, um Ressourcen zu sparen und die Lebensqualität zu steigern (Son et al. 2023). Dies unterstützt eine nachhaltige Stadtentwicklung, indem Technologien zur Reduzierung von Umweltauswirkungen und zur Verbesserung der Gesundheitsversorgung eingesetzt werden (Wu 2021).

2.1.8. Personalisierte Kreativität und Co-Kreation – eine neue Ära der Kreativität

Unabhängig von der Branche ist eines sicher: KI verändert grundlegend, wie wir kreativ arbeiten. Sie kann durch die Analyse großer Datenmengen individuelle Vorlieben und Stile präzise erkennen und ermöglicht so die Erstellung maßgeschneiderter Inhalte, die auf die Bedürfnisse jedes einzelnen zugeschnitten sind (Zhou & Lee 2024).

Die Co-Kreation mit KI entfaltet ein völlig neues Spektrum an Möglichkeiten. Als kreative Partnerin bringt KI frische Ideen ins Spiel, verfeinert Entwürfe und übernimmt die Automatisierung komplexer Aufgaben. Dadurch gewinnen Menschen den Freiraum, sich auf die intuitiven und emotionalen Facetten ihrer Arbeit zu fokussieren. Das Zusammenspiel von menschlicher Intuition und der analytischen Kraft der KI erzeugt eine Symbiose, die zu innovativen und oft überraschenden Ergebnissen führt – eine kreative Fusion, die bisher undenkbare Wege eröffnet (Murphy & Taylor 2023).

Während sich KI in Bereichen wie Ideenfindung und Automatisierung als hilfreich erweist, bleibt der menschliche Beitrag in der Kunst und Kreativbranche unverzichtbar, um authentische, originelle und sinnstiftende Werke zu schaffen und kulturellen Nuancen und persönlichen Erfahrungen zu replizieren (Kurmi et al. 2024).

2.1.9. Fazit: Die kreative Symbiose von Mensch und Maschine

Die rasante Entwicklung generativer KI-Technologien hat erwartungsgemäß disruptive Auswirkungen auf die Kreativbranche. Viele Kreative erkennen in der Technologie zwar das Potenzial, ihre Arbeit zu inspirieren und die Effizienz zu steigern, doch die Bedenken sind ebenso groß. Vor allem wird befürchtet, dass kreative KI-Dienste in Zukunft von wenigen großen Firmen kontrolliert werden könnten, was zu einer Monopolisierung führt, und die Wertschätzung kreativer Arbeit verringern könnte (Kind & Hilde 2024).

Dabei eröffnet KI der Kreativität neue Dimensionen und beschleunigt nicht nur bestehende Prozesse, sondern fungiert auch als Katalysator für innovative Ideen und unkonventionelle Lösungsansätze. Durch die Analyse großer Datenmengen und das Erkennen von Mustern, die dem menschlichen Auge verborgen bleiben, kann KI kreative Prozesse bereichern und neue Perspektiven eröffnen. Doch trotz dieser beeindruckenden Fähigkeiten bleibt der Mensch der entscheidende Faktor. Die menschliche Kreativität, geprägt von Emotionen, kulturellen Kontexten und ethischen Überlegungen, verleiht den KI-generierten Ergebnissen erst die Tiefe und Relevanz, die sie für den Menschen so wertvoll machen.

Während KI die Grenzen des Machbaren neu definiert, stößt sie auch an ihre eigenen. In Bereichen wie der Entwicklung komplexer sozialer Interaktionen oder der Erschaffung wahrhaft origineller und einzigartiger Ideen bleibt sie hinter der menschlichen Schöpfungskraft zurück. Diese Grenzen werfen wichtige Fragen auf, die in den folgenden Abschnitten untersucht werden: Wo endet die künstliche Kreativität, und welche Herausforderungen müssen in der Zusammenarbeit von Mensch und Maschine gemeistert werden?

2.2. Einschränkungen der KI im Kreativbereich

Es wurde deutlich, dass die KI in vielen kreativen Bereichen beeindruckende Fortschritte gemacht hat, aber auch auf fundamentale Grenzen stößt, die ihre Fähigkeit zu wahrhaft origineller und tiefgründiger Kreativität einschränken. Diese Grenzen resultieren größtenteils aus der Art und Weise, wie KI funktioniert: Sie basiert auf der Analyse und Rekombination von Mustern aus bestehenden Daten, anstatt bewusste, eigenständige kreative Entscheidungen zu treffen. Dies führt zu einer Vielzahl von Herausforderungen, die sowohl die Qualität der KI-generierten Werke als auch ihre ethischen Implikationen betreffen. An dieser Stelle werden wesentliche Schwachstellen der KI im Kreativbereich aufgeführt.

2.2.1. Fehlende Originalität und Innovation

Eine der größten Schwächen von KI im kreativen Bereich liegt in ihrer eingeschränkten Fähigkeit, wirklich originelle Ideen zu entwickeln. Da KI-Modelle auf großen Datensätzen trainiert werden, sind ihre Kreationen oft nur Variationen oder Kombinationen von bereits existierenden Mustern. Ihre vermeintliche Kreativität basiert auf der Rekombination bekannter Elemente, wodurch echte Innovation und das Schaffen von etwas völlig Neuem nahezu unmöglich sind. Anders als der Mensch, der durch persönliche Erlebnisse, Emotionen und einen bewussten, intuitiven Prozess zu einzigartigen Ideen gelangt, bleibt die KI in einer

Schleife der Nachahmung gefangen (Kwasek et al. 2024). Dies führt dazu, dass ihre Werke zwar technisch beeindruckend, aber oft seelenlos oder mechanisch wirken.

2.2.2. Begrenztes kulturelles und soziales Verständnis

Ein wesentlicher Schwachpunkt von KI-Systemen im Bereich der Kreativität ist ihr mangelndes Verständnis für kulturelle und soziale Kontexte. Kreativität ist stark mit menschlichen Erfahrungen, historischen Ereignissen und gesellschaftlichen Normen verknüpft – komplexe Zusammenhänge, die von KI nur schwer erfasst werden können (Isaac 2023). Dies führt oft zu Ergebnissen, die zwar technisch korrekt, aber inhaltlich unangemessen oder sogar beleidigend sind.

> !
>
> Ein prominentes Beispiel ist der Twitter-Bot ‚Tay', der durch Interaktionen mit Nutzenden schnell rassistische und beleidigende Aussagen adaptierte und dadurch negative Schlagzeilen machte. Bereits nach 24 Stunden musste der Bot abgeschaltet werden.

Das Beispiel des Chatbots ‚Tay' veranschaulicht, wie KI durch unzureichende Überwachung und dynamisches Lernen problematische Inhalte aus Nutzerinteraktionen adaptieren und verstärken kann. Dadurch wird verdeutlicht, dass KI-Modelle, die ohne ausreichende Kontrolle und ohne ein tiefes soziales Verständnis arbeiten, anfällig dafür sind, problematische Inhalte aus Trainingsdaten oder Interaktionen zu übernehmen und weiter zu verbreiten (Zemčík 2021).

2.2.3. Fehlende emotionale Tiefe und Intuition

Kreative Werke zeichnen sich primär durch ihre emotionale Tiefe und die intuitive Schaffenskraft der Kunstschaffenden aus. Menschliche Kreativität entspringt einem komplexen Zusammenspiel von Emotionen, persönlichen Erfahrungen und unbewussten Prozessen, die für die Erschaffung von Kunstwerken essenziell sind. Während KI in der Lage ist, Emotionen bis zu einem gewissen Grad zu simulieren oder emotionale Muster in Texten und Kunstwerken zu erkennen und zu reproduzieren, bleibt ihr die authentische emotionale Erfahrung und Intuition verwehrt (Salah 2020).

Ein Gedicht oder Gemälde, das von einer KI erzeugt wird, kann formal korrekt und ästhetisch ansprechend sein, doch fehlt ihm oft die emotionale Tiefe und Authentizität, die menschliche Kunstwerke so besonders und bewegend machen. Ohne diese tiefere Verbindung wirken KI-Kreationen häufig mechanisch oder seelenlos und können nicht die gleiche emotionale Resonanz beim Betrachter auslösen, die menschliche Kunstwerke schaffen.

2.2.4. Mangelnde ethische Urteilsfähigkeit und unvorhersehbare Konsequenzen von KI-Kreationen

Ein zentrales Problem der kreativen Nutzung von KI sind die ethischen Herausforderungen, die durch die Automatisierung entstehen. Da KI-Systeme keine moralische Urteilsfähigkeit besitzen, können sie neben kulturell unsensiblen und beleidigenden auch rechtlich problematischen Inhalten generieren.

Ohne sorgfältige Überwachung und ethische Leitlinien besteht das Risiko von Urheberrechtsverletzungen und Plagiaten. Da KI auf statistischer Analyse beruht, sind unerwartete, fragwürdige Ergebnisse möglich (King 2021; Paul et al. 2024). Die Verantwortung für KI-Inhalte liegt bei den Entwicklerinnen und Entwicklern, die sicherstellen müssen, dass ethische Standards eingehalten, Inhalte überwacht und kulturelle Insensibilitäten sowie schädliche Stereotype vermieden werden.

2.2.5. Fehlende Lebenserfahrung und persönliche Perspektive

Eine grundlegende Schwäche der KI im kreativen Bereich ist ihr fehlender Zugang zu me Eine der größten Schwächen der KI im kreativen Bereich ist ihr fehlender Zugang zu menschlicher Lebenserfahrung und individueller Perspektive. Während menschliche Kreativität aus Emotionen, Erinnerungen und einzigartigen Erlebnissen hervorgeht, bleibt der KI dieser reiche Erfahrungsschatz verwehrt (Zhou & Lee 2024). Sie kann keine persönlichen Reflexionen einfließen lassen, was ihre Fähigkeit zu wahrhaft originellen Ideen einschränkt. Zwar kann KI Muster und Stile meisterhaft nachahmen, doch fehlt es ihren Schöpfungen oft an der emotionalen Tiefe, die menschliche Werke so besonders macht. Zudem reproduziert sie häufig Inhalte, ohne die dahinterliegende Bedeutung oder den emotionalen Kontext zu erfassen, und zeigt aufgrund fehlender Empathie Schwierigkeiten, eine echte moralische Entscheidungsfähigkeit zu entwickeln (Barosa & Costa 2024).

2.2.6. *Begrenzte Fähigkeit zur Langzeitplanung und narrativen Kohärenz*

Während KI in der Lage ist, überzeugende Abschnitte von Texten oder kurze kreative Inhalte zu erstellen, hat sie Schwierigkeiten, langfristige Handlungsstrukturen und narrative Kohärenz in größeren Projekten zu entwickeln (Grigis & De Angeli 2024). Das Erstellen durchdachter Handlungsstränge, die sich über mehrere Kapitel, Episoden oder Szenen erstrecken, erfordert ein tiefes Verständnis für Dramaturgie, Charakterentwicklung und thematische Konsistenz – Aspekte, die für KI besonders herausfordernd sind. Ihre Unfähigkeit zur Langzeitplanung und zur Schaffung kohärenter Erzählbögen führt dazu, dass komplexe, längerfristige Projekte wie Romane, Serien oder Filme oft an Tiefe und innerem Zusammenhang verlieren (Tecks et al. 2024).

2.2.7. *Unzureichende Fähigkeit zur Improvisation*

Kreativität erfordert die Fähigkeit zur Improvisation und spontanen Problemlösung, die Menschen durch Intuition und flexibles Denken meistern. KI hingegen folgt festen Algorithmen und kann nur innerhalb gelernten Mustern agieren, was ihre Fähigkeit zur echten kreativen Innovation einschränkt. Während der Mensch aus Erfahrungen schöpft und originelle Ideen entwickelt, bleibt die KI auf vorhersehbare Reaktionen und Datenmuster beschränkt, wodurch ihre Kreativität limitiert wird (Baum 2021). Zudem fehlt KI die interdisziplinäre Kreativität: Sie kann

Disziplinen wie Kunst, Wissenschaft oder Kultur nicht auf unerwartete Weise verbinden, wie es dem Menschen gelingt (Saunders & Gemeinboeck 2022).

In diesem Zusammenhang ist der Medici-Effekt besonders relevant, da er zeigt, wie die Verknüpfung unterschiedlicher Disziplinen Innovation und Unternehmertum vorantreibt (Lee et al. 2024). An diesen Schnittstellen entstehen unkonventionelle Ideen und Lösungen, die innerhalb isolierter Fachgebiete oft verborgen bleiben.

In Anlehnung an die Renaissance, in der die Familie Medici die interdisziplinäre Zusammenarbeit förderte, wird deutlich, dass die Kombination von Wissen aus verschiedenen Bereichen zu neuartigen Ideen, Lösungen und Ansätzen führt. Diese multidisziplinäre Perspektive inspiriert zu kreativen Problemlösungen und ermöglicht Innovationen, die innerhalb einer einzelnen Disziplin kaum entstehen würden.

Ein anschauliches Beispiel ist die Sängerin Shakira, die durch die Verschmelzung arabischer und lateinamerikanischer Musikstile neue Genres schuf. Sie zeigt, wie kulturelle Überschneidungen kreative Vielfalt und Innovation hervorbringen. Diese kreative Synthese verkörpert den Medici-Effekt und verdeutlicht, wie das Zusammenspiel unterschiedlicher Perspektiven zu einzigartigen künstlerischen und unternehmerischen Entwicklungen führen kann.

Der Medici-Effekt und vor allem auch das Beispiel von oben erinnern uns daran, dass wahre Kreativität dort entsteht, wo unterschiedliche Welten aufeinandertreffen – ein Raum, den nur der Mensch mit seiner Fähigkeit zu verbinden, zu improvisieren und zu inspirieren vollständig ausfüllen kann.

2.2.8. *Fazit: Die unverzichtbare Rolle des Menschen in der kreativen KI-Nutzung*

Die größten Sorgen jener Menschen, die in der Kreativbranche arbeiten, betreffen die Veränderungen in der Wertschöpfungskette, die zu erheblichen Einnahmeverlusten oder gar zur Gefährdung der Existenzgrundlagen von Kreativschaffenden führen könnten (Kind & Hilde 2024).

> Diese Existenzängste manifestierten sich eindrucksvoll im Jahr 2023, als Drehbuchautoren, Schauspielerinnen und Schauspieler in Hollywood mehrere Monate streikten. Ihr Protest verdeutlichte die Unsicherheit, die KI und Automatisierung in der Kreativbranche hervorrufen können.

Der Streik zeigte, dass die Branche vor der dringenden Herausforderung steht, einen fairen Ausgleich zwischen technologischen Fortschritten und der Sicherung menschlicher Kreativität zu finden. Der Vorfall machte auch deutlich, dass die Kreativbranche nicht nur neue Geschäftsmodelle, sondern auch klare ethische Leitlinien und Schutzmechanismen braucht, um die Balance zwischen technologischer Effizienz und dem Wert menschlicher Arbeit zu wahren.

In diesem Kontext werden die Grenzen und Potenziale von KI besonders sichtbar. Die Stärken der KI liegen vor allem in der Analyse und Rekombination bestehender Muster, während sie in der Schaffung wahrhaft neuer und innovativer Ideen sowie interdisziplinärer Verbindungen an ihre Grenzen stößt. Kreative Prozesse, die stark von Intuition, Emotionen und persönlichen Erfahrungen geprägt sind, bleiben für KI nach wie vor schwer nachvollziehbar.

Dennoch kann KI eine wertvolle Ergänzung im kreativen Schaffensprozess sein, wenn sie verantwortungsvoll genutzt wird. Als unterstützendes Werkzeug eröffnet sie Kunstschaffenden neue Perspektiven und hilft, technische Hürden zu überwinden. Die zentrale Rolle bleibt jedoch beim Menschen, der die essenziellen ethischen, emotionalen und kulturellen Dimensionen einbringt. Diese fruchtbare Symbiose zwischen Mensch und Maschine nutzt die Stärken der KI, ohne die unverzichtbaren menschlichen Qualitäten zu vernachlässigen.

Trotz der Chancen, die diese Zusammenarbeit bietet, bleibt die Frage nach den langfristigen Auswirkungen des zunehmenden KI-Einsatzes auf kreative Berufe offen.

!

Während KI zeitaufwändige und technisch anspruchsvolle Aufgaben übernimmt, können Menschen sich verstärkt auf tiefere, konzeptionelle und emotionale Aspekte ihrer Arbeit konzentrieren. Dies deutet auf eine Transformation der Arbeitslandschaft hin, in der kreative Berufe nicht verschwinden, sondern sich um neue Fähigkeiten erweitern und weiterentwickeln.

Diese Verschiebung betrifft jedoch nicht nur die Kreativbranche. In vielen anderen Bereichen übernehmen Menschen zunehmend repetitive, von KI gesteuerte Aufgaben, während die Wertschöpfung mehr und mehr durch die Technologie selbst erfolgt. Der folgende Abschnitt beleuchtet, wie dieser Prozess in der gesamten Arbeitswelt stattfindet und welche Risiken entstehen, wenn menschliche Arbeit auf reine Automatisierung reduziert wird, ohne die kreativen, intellektuellen und sozialen Aspekte zu berücksichtigen.

2.3. Digitale Ausbeutung und digitales Fließband

Digitalisierung hat in den letzten Jahrzehnten viele neue Arbeitsformen hervorgebracht. Während einige dieser neuen Jobs Flexibilität und neue Einkommensmöglichkeiten bieten, gibt es auch eine Kehrseite: die digitale Ausbeutung.

Insbesondere im Bereich von Crowd Work bzw. über Freelancer-Plattformen sowie im Bereich des Datenmanagements haben sich digitale Sweatshops[8] und digitale Fließbandarbeit etabliert.

Digitales Fließband beschreibt eine Situation, in der Arbeitsprozesse durch digitale Technologien so stark standardisiert und automatisiert werden, dass die Mitarbeitenden ihre Aufgaben nur noch in vordefinierten Abläufen und ohne größere Entscheidungsfreiheit erledigen. Es handelt sich um eine Analogie zur klassischen Fließbandarbeit, bei der der Mensch mechanisch wiederkehrende Tätigkeiten verrichtet – nur dass dies im digitalen Kontext durch KI, Algorithmen und Automatisierung geschieht (Kämpf et al. 2015).

Diese Entwicklungen führen dazu, dass menschliche Arbeit zunehmend in automatisierte und vorgegebene Abläufe eingebunden wird, wodurch die Autonomie und kreative Entfaltung der Mitarbeitenden eingeschränkt werden können. In diesem Kontext spricht man auch von digitaler Ausbeutung, bei der Beschäftigte durch den Einsatz von Technologien in stark überwachte und standardisierte Arbeitsprozesse gezwungen werden.

Dabei wird der Mensch auf die Rolle eines ausführenden Werkzeugs reduziert, während der Großteil der Wertschöpfung von Maschinen und Algorithmen getragen wird. Dies kann nicht nur die kreative Entfaltung einschränken, sondern auch zu einer Entfremdung vom Arbeitsprozess führen (Caspar 2023).

Eine wichtige Frage, die oft zu wenig Beachtung findet, lautet: Sind die neu entstandenen Arbeitsplätze in unsichere, schlecht bezahlte und rechtlich unzureichend geschützte Beschäftigungsverhältnisse abgerutscht?

---

8 *Ein Sweatshop ist eine* Fabrik oder Werkstatt mit schlechten Arbeitsbedingungen, in der Arbeiterinnen und Arbeiter unter extrem niedrigen Löhnen, langen Arbeitszeiten und oft unsicheren oder gesundheitsschädlichen Bedingungen beschäftigt sind.

Tatsächlich zeigen Daten aus den USA, dass bereits seit 2015 rund 40 Prozent der Beschäftigten in prekären Arbeitsverhältnissen tätig sind – eine alarmierend hohe Zahl, die auf tiefgreifende strukturelle Probleme im Arbeitsmarkt hinweist (Pofelt 2015).

Nachdem die Auswirkungen der KI auf kreative Berufe beleuchtet wurden, wird augenscheinlich, dass die digitale Transformation weit über die Kunst- und Kulturbranche hinausgeht. Sie verändert grundlegende Arbeitsstrukturen und bringt Herausforderungen mit sich, die in anderen Sektoren ebenso gravierend sind. m Folgenden werden mehrere Beispiele vorgestellt, die verdeutlichen, wie sich digitale Ausbeutung und prekäre Arbeitsbedingungen durch den Einsatz von Plattformen und KI weltweit manifestieren.

2.3.1. Amazon Mechanical Turk (MTurk)

Amazon Mechanical Turk, häufig als MTurk bezeichnet, ist eine von Amazon betriebene Crowdsourcing-Plattform, die es Unternehmen ermöglicht, eine Vielzahl von Aufgaben an eine große Zahl von Menschen weltweit auszulagern. Diese Aufgaben, als „Human Intelligence Tasks" (HITs) bekannt (siehe Abschnitt 2.2), umfassen Tätigkeiten wie die Datenetikettierung, Transkription, einfache Forschungsaufgaben und andere, die für Computer schwieriger zu bewältigen sind. Doch diese Aufgaben werden oft zu extrem niedrigen Löhnen vergeben – in vielen Fällen erhalten die Arbeitenden gerade einmal einen Dollar pro Stunde, weit unter den Mindestlöhnen in den USA und anderen Ländern.

> Studien belegen, dass Plattformen wie MTurk zwar flexible Einkommensmöglichkeiten bieten, gleichzeitig aber auch ein erhebliches Maß an Arbeitsausbeutung fördern. Weltweit, und auch in den USA, wo der gesetzliche Mindestlohn über 7 USD pro Stunde liegt, arbeiten Hunderttausende Menschen unter prekären Bedingungen. Diese „Turker" agieren meist als unabhängige Auftragnehmer, was bedeutet, dass sie keine Sozialversicherungsleistungen, Kündigungsschutz oder andere rechtliche Absicherungen genießen (Kamila et al. 2024; Fowler et al. 2023).

Besonders problematisch ist dies in Regionen des Globalen Südens, wo viele Menschen auf diese Plattformen angewiesen sind, um ihren Lebensunterhalt zu verdienen. In diesen digitalen „Fabriken" arbeiten Menschen unter immensem Zeitdruck für eine minimale Entlohnung. Aufgaben wie die Moderation von Online-Inhalten oder das Annotieren von Daten für KI-Systeme, die häufig monoton und psychisch belastend sind, werden meist zu Löhnen weit unter dem Mindestlohn erledigt. Diese Entwicklung zeigt, dass moderne Formen der Ausbeutung zunehmend algorithmisch gesteuert sind und auf der Unsichtbarkeit dieser digitalen Arbeit basieren.

MTurk steht somit sinnbildlich für die Dualität der digitalen Transformation: Einerseits bietet sie globale Einkommensmöglichkeiten, andererseits verstärkt sie Unsicherheiten und Abhängigkeiten in der Arbeitswelt, insbesondere für Menschen in vulnerablen Regionen (Kamila et al. 2024; Fowler et al. 2023).

2.3.2. Content Moderation für Social Media Plattformen

Content-Moderatoren überprüfen im Auftrag von Social-Media-Plattformen wie Facebook, YouTube und Twitter Inhalte auf Verstöße gegen die Gemeinschaftsrichtlinien und entfernen anstößige oder unangemessene Beiträge. Häufig als Subunternehmer beschäftigt, sind sie regelmäßig verstörendem Material wie Gewalt, Missbrauch und anderen extremen Inhalten ausgesetzt, was zu erheblichen psychischen Belastungen führt (Spence et al. 2023; Steiger et al. 2021).

Diese Belastungen können sich in Form von Compassion Fatigue[9] oder sekundärer Traumatisierung äußern. Trotz der hohen Anforderungen und Risiken erhalten viele Moderatoren nur wenig Unterstützung und werden schlecht entlohnt. Zudem sind Schutzmaßnahmen und psychologische Betreuung unzureichend, was die Langzeitfolgen und die psychische Belastung weiter verschärft.

2.3.3. Click-Farmen

Click-Farmen sind Betriebe, in denen Beschäftigte gegen geringe Bezahlung und oft unter prekären Bedingungen digitale Aufgaben übernehmen, wie das Klicken auf Werbeanzeigen oder das Liken von Social-Media-Beiträgen, um künstlich Popularität zu generieren. Diese Praxis dient der Manipulation von Rankings und Sichtbarkeit im digitalen Raum.

Die Arbeitsbedingungen in diesen Einrichtungen sind monoton und bieten keine sozialen Absicherungen oder langfristige Perspektiven für die Angestellten, wodurch diese Form der Arbeit als moderne digitale Ausbeutung betrachtet wird. Solche Arbeitsmodelle verdeutlichen die systemische Ungleichheit in der digitalen Ökonomie (Altenried 2022).

In diesem Kontext zeigen auch Grohmann et al. (2022), dass Click-Farm-Plattformen zur Prekarisierung digitaler Arbeit beitragen. Arbeiterinnen und Arbeiter werden unter schlechten Bedingungen eingesetzt, um künstliche Interaktionen wie Likes und Klicks zu erzeugen, ohne ausreichenden rechtlichen Schutz. Dies illustriert die Ausbeutung und Unsichtbarkeit, die in der informellen digitalen Wirtschaft herrschen.

9 Die ständige Exposition gegenüber emotional aufwühlendem Material kann zu einem Zustand der emotionalen Erschöpfung und Abstumpfung führen – dem, was als Compassion Fatigue bekannt ist.

2.3.4. Data Labeling für Machine Learning und KI

Data Labeling ist eine zentrale Aufgabe für das Training von KI-Systemen, da Algorithmen große Mengen an manuell gelabelten Daten benötigen, um Muster zu erkennen und zu lernen. Plattformen wie Appen und Figure Eight (ehemals CrowdFlower) beschäftigen weltweit Arbeiterinnen und Arbeiter, um Bilder, Videos und Texte zu annotieren – essenziell für Anwendungen in Bereichen wie Computer Vision und Natural Language Processing, die etwa in autonomen Fahrzeugen, medizinischen Diagnosesystemen oder Sprachassistenten verwendet werden.

Auch die Arbeitsbedingungen im Data Labeling sind häufig prekär. Viele Beschäftigte arbeiten als unabhängige Auftragnehmende ohne soziale Absicherung und erhalten niedrige Löhne, insbesondere in Niedriglohnländern. Diese Tätigkeiten sind oft monoton und stehen unter hohem Zeitdruck, was zu erheblichen kognitiven und psychischen Belastungen führt (Spencer et al. 2023). Data Labeling repräsentiert digitale Microwork[10] „ die stark standardisiert und schlecht entlohnt ist, während die Vorteile der Automatisierung auf der unsichtbaren Arbeit dieser globalen Crowdworker basieren (Muldoon et al. 2024).

2.3.5. Digitale Plattformarbeit und Compliance-Herausforderungen

Plattformen wie Amazon Mechanical Turk, Content-Moderation-Jobs, Click Farms und Data Labeling-Dienste verdeutlichen, wie Technologie genutzt wird, um Arbeitskräfte unter oft prekären Bedingungen und fehlender sozialer Absicherung zu beschäftigen. In Europa rücken neue Compliance-Regelungen, wie die geplante EU-Plattformarbeitsrichtlinie (PWD - Platform Work Directive[11]), die Verbesserung der Arbeitsbedingungen in den Fokus.

---

10 Microwork umfasst in der Regel wiederholbare, einfache Tätigkeiten, die durch eine große Anzahl von Menschen bearbeitet werden, die geografisch verteilt sind und häufig keinen direkten Bezug zum Unternehmen haben, für das sie arbeiten.

11 https://www.consilium.europa.eu/en/policies/platform-work-eu/

Ziel ist es, die Rechte von Plattformarbeitern und -arbeiterinnen zu stärken und den sozialen Schutz zu gewährleisten. Diese Richtlinien fordern Unternehmen auf, die Arbeitsbedingungen entlang ihrer Wertschöpfungsketten im digitalen Raum genau zu überprüfen.

International stellt die digitale Ausbeutung weiterhin ein drängendes Problem dar, das im Rahmen der globalen Nachhaltigkeitsberichterstattung an Bedeutung gewinnt.

> Insbesondere die EU-Vorgaben zur Nachhaltigkeit, wie die ESG-Kriterien (Environmental, Social, and Governance), die CSRD (Corporate Sustainability Reporting Directive) und die CS3D (Corporate Sustainability Due Diligence Directive), legen einen besonderen Schwerpunkt auf die soziale Dimension der Nachhaltigkeit. Für Unternehmen wird es zunehmend schwerer, prekäre Arbeitsverhältnisse in ihren Lieferketten zu rechtfertigen, ohne dabei Risiken in Bezug auf Compliance und Reputationsschäden einzugehen.

Unternehmen, die internationale Arbeitskräfte unter fragwürdigen Bedingungen beschäftigen, laufen Gefahr, nicht nur den gesetzlichen Anforderungen der EU zu widersprechen, sondern auch die sozialen Nachhaltigkeitsziele zu verfehlen. Dies könnte langfristig auch ihre Berichterstattung im Rahmen von ESG und anderen regulatorischen Anforderungen untergraben und erhebliche Auswirkungen auf ihre Glaubwürdigkeit und Marktstellung haben.

Um die vollen Dimensionen aktueller Veränderungen der digitalen Transformation zu begreifen, ist es notwendig, den Blick über kreative Berufe hinaus zu richten und die umfassendere Rolle von Automatisierung und KI in der modernen Arbeitswelt zu beleuchten. Hierbei ist es entscheidend, weitverbreitete Missverständnisse und unrealistische Erwartungen im Zusammenhang mit diesen Technologien aufzuklären.

2.4. Automatisierung und KI in der modernen Arbeitswelt

Automatisierung und KI besitzen die Kraft, die Arbeitswelt tiefgreifend zu transformieren, doch sie unterscheiden sich grundlegend in ihrer Funktionsweise.

> Automatisierung ist auf das präzise Abarbeiten programmierter, wiederholbarer Aufgaben beschränkt und folgt starren Abläufen ohne Anpassungsfähigkeit. KI hingegen nutzt Algorithmen und Daten, um Muster zu erkennen, sich anzupassen und aus Erfahrungen zu lernen, was ihr Flexibilität und Autonomie verleiht.

Diese Fähigkeit ermöglicht es KI, komplexe Probleme zu lösen und Entscheidungen in unvorhersehbaren Situationen zu treffen, während Automatisierung in vordefinierten Bahnen bleibt. Johannessen (2020) hebt hervor, dass KI nicht nur zur Automatisierung beiträgt, sondern auch neue Fähigkeiten schafft, indem sie selbstständig lernt und sich weiterentwickelt. Dies bedeutet, dass nicht nur Routinearbeiten, sondern auch anspruchsvollere Aufgaben von KI umgestaltet werden.

Trotz dieser Entwicklungen bleiben Human Intelligence Tasks (HIT), wie kreative Problemlösung und fundierte Entscheidungsfindung, unersetzlich. Diese Aufgaben werden auch in Zukunft am besten von Menschen gemeistert, während andere Tätigkeiten zunehmend an KI übergehen.

Um die Rolle von Automatisierung und KI in der modernen Arbeitswelt besser zu verstehen, lohnt sich ein Blick auf typische Automatisierungs-Kandidaten – Tätigkeiten und Prozesse, die besonders anfällig für den Einsatz dieser Technologien sind.

2.4.1. Automatisierungs-Kandidaten

KI und Automatisierung haben bereits viele manuelle und repetitive Aufgaben übernommen, die zuvor von Menschen ausgeführt wurden. Tätigkeiten, die sich durch klar definierte, wiederholbare Prozesse auszeichnen, sind besonders anfällig für frühe Automatisierung. Denken Sie an den Einsatz früher Technologien wie Lochkarten, die in den Anfängen der Automatisierung zur Datenverarbeitung eingesetzt wurden. Heute hat sich die Automatisierung in vielen Bereichen weiterentwickelt:

1. **Datenverarbeitung und -analyse**: KI-Systeme übernehmen komplexe Datenanalysen, erkennen Muster und generieren Vorhersagen. Dies ermöglicht Unternehmen, schnellere und fundiertere Entscheidungen zu treffen.
2. **Standardisierte administrative Aufgaben**: Automatisierung erleichtert Routineaufgaben wie Terminplanung, Dokumentenverwaltung und Dateneingabe, wodurch der administrative Aufwand reduziert und Fehler minimiert werden.
3. **Qualitätskontrollen in der Fertigung**: KI-gestützte Systeme prüfen Produkte in Echtzeit auf Fehler und Abweichungen, was zu höherer Effizienz und Genauigkeit führt und den Bedarf an menschlicher Überwachung verringert.
4. **Logistik und Lagerhaltung**: Automatisierte Systeme und Roboter übernehmen Aufgaben wie Verpacken, Sortieren und Kommissionieren von Waren, wodurch Lagerprozesse optimiert und manuelle Arbeiten in großen Lagerhäusern reduziert werden.
5. **Kundendienst und Support**: Chatbots und virtuelle Assistenten bearbeiten routinemäßige Kundenanfragen und bieten schnelle Lösungen, was die menschlichen Mitarbeitenden entlastet.
6. **Finanz- und Buchhaltungsaufgaben**: Automatisierte Systeme verarbeiten Rechnungen, Transaktionen und Steuerdokumente, wodurch repetitive Tätigkeiten effizienter und schneller erledigt werden.
7. **Medizinische Diagnosen**: KI-Systeme analysieren medizinische Bilder, wie Röntgenaufnahmen und MRTs, und unterstützen Ärzte und Ärztinnen dabei, präzise Diagnosen in kürzerer Zeit zu stellen.
8. **Transportwesen**: Autonome Fahrzeuge und Logistiksysteme übernehmen zunehmend Transportaufgaben ohne menschliches Eingreifen, was effizientere Lieferketten und Verkehrsmanagement ermöglicht.

Trotz der Fortschritte bei der Automatisierung bleibt der Wert von Human Intelligence Tasks (HIT) unersetzlich. Diese Aufgaben erfordern menschliche Kreativität, Intuition und soziale Kompetenz – Aspekte, die Maschinen nicht vollständig nachbilden können.

2.4.2. HIT (Human Intelligence Tasks)

Es gibt viele Aufgaben, bei denen menschliche Intelligenz, Kreativität und soziale Fähigkeiten der Automatisierung und Künstlichen Intelligenz weiterhin überlegen sind.

> Eine Human Intelligence Task (HIT) ist eine klar abgegrenzte Aufgabe, die menschliche Intelligenz erfordert und häufig über Crowdsourcing-Plattformen vergeben wird. Diese Aufgaben, die für Menschen meist leicht zu bewältigen, für Computer jedoch schwierig umzusetzen sind, umfassen Tätigkeiten wie Bildklassifizierung, Sentimentanalyse oder Transkription (Mo et al. 2013).

Diese Aufgaben fordern oft komplexes Denken, Empathie und Fachwissen und lassen sich in verschiedene Kategorien einteilen:

1. **Komplexe Problemlösungen und Innovation**
   - Aufgaben, die kreative Denkansätze und das Lösen komplexer Herausforderungen erfordern.
2. **Empathische und soziale Interaktionen**
   - Tätigkeiten, die emotionale Intelligenz, das Generieren von Vertrauen und die Fähigkeit zur Einfühlung verlangen, wie etwa Pflegeberufe, Beratung und zwischenmenschliche Interaktionen.
3. **Handwerkliche Tätigkeiten mit Fachwissen und Erfahrung**
   - **Reparaturarbeiten**: Das Reparieren von Rohrbrüchen, Toiletten und Fahrzeugen erfordert praktische Erfahrung und Flexibilität.

- **Montagearbeiten**: Das Aufstellen und Montieren von Möbeln, wie z. B. Kleiderschränken oder das Zusammenbauen von Möbeln allgemein.
- **Design- und Umsetzungsaufgaben**: Das Erstellen funktionsfähiger Webseiten beim Hosting-Partner der Wahl.
- **Installation und Bauarbeiten**: Das Einbauen von Klimaanlagen oder das Verlegen und Verfugen von Fliesen, insbesondere in schwierigen Bereichen wie Ecken.

4. **Einfache, aber immer noch unverzichtbare Arbeiten**
   - **Content-Moderation**: Das Durchsehen von YouTube-Videos auf verbotenen Inhalt, was weiterhin menschliche Urteilsfähigkeit erfordert.
   - **Lieferdienste**: Trotz technologischer Fortschritte sind Lieferdienste noch stark auf menschliche Arbeitskräfte angewiesen.
5. **Pflegeberufe**
   - Die Pflege von Menschen verlangt nicht nur medizinisches Fachwissen, sondern auch Empathie, Geduld und die Fähigkeit, auf die emotionalen und körperlichen Bedürfnisse der Patienten einzugehen.
6. **Bildung und Pädagogik**
   - **Emotionale Unterstützung**: Pädagoginnen, Pädagogen und Lehrkräfte fördern nicht nur Wissen, sondern auch kritisches Denken und emotionales Wohlbefinden ihrer Schüler durch direkte, menschliche Interaktionen.

Hier zeigt sich, dass menschliche Intelligenz und Kreativität in vielen Bereichen unverzichtbar bleiben, insbesondere dort, wo soziale, emotionale und handwerkliche Fähigkeiten gefragt sind.

2.4.3. *Aussicht auf Entlastung: ‚Die KI nimmt uns die Arbeit ab!" ‚Hoffentlich!"*

Die zunehmende Automatisierung und der Einsatz von KI bieten entscheidende Vorteile, besonders vor dem Hintergrund des Arbeitskräftemangels und der wachsenden Informationsflut. Angesichts der immer komplexer werdenden Arbeitswelt wird der Einsatz von KI unverzichtbar: Sie bewältigt die Informationsflut, entschärft den Arbeitskräftemangel und steigert die Produktivität nachhaltig. Im Folgenden werden die Aspekte Informationsvermehrung, Arbeitskräftemangel und Produktivitätsgewinne näher beleuchtet.

Informationsmengenvermehrung:

Wissensarbeitende stehen heute vor einer enormen Herausforderung: Sie bearbeiten das 80-fache der Informationsmengen im Vergleich zu den 1970er Jahren. Trotz einer Verdoppelung der Beschäftigten klagen viele über strukturelle Überlastung und Stress, da niemand mehr genug Zeit hat, die Flut an Daten zu bewältigen (Mader 2024).

Hier kann KI entscheidend dazu beitragen, Informationen effizient zu verarbeiten und zu filtern. Technologien wie Enterprise Search ermöglichen eine nutzerrechtskonforme Dokumentensuche, während Intelligent Document Processing große Dokumentenmengen vergleicht und passende Lösungen vorschlägt. Zudem können Protokolle und Transkripte erstellt werden und durch Automatisierung spürbar zur Entlastung beitragen.

Doch nicht nur die Menge an Informationen ist ein Problem: Unterbrechungen und Informationsüberflutung verschlechtern die Entscheidungsqualität erheblich (Laker 2015). Unterbrechungen verzögern Entscheidungen und erhöhen die Fehleranfälligkeit, während die schiere Menge an Informationen die Verarbeitung relevanter Daten erschwert. Dies verdeutlicht, wie dringend die Unterstützung durch KI in der heutigen Wissensarbeit benötigt wird, um Arbeitsprozesse zu optimieren und die kognitive Belastung der Mitarbeitenden zu reduzieren.

Arbeitskräftemangel:

In vielen Industrienationen gibt es trotz des Einsatzes von Automatisierung und KI einen zunehmenden Arbeitskräftemangel, insbesondere in Bereichen wie Pflege, Baugewerbe und IT. In diesen Branchen übersteigt die Nachfrage nach qualifizierten Fachkräften das Angebot deutlich. Obwohl HIIT gerade in der Pflege wesentlich ist, kann KI hier dennoch eine wertvolle Unterstützung bieten, indem sie nicht nur einfache, repetitive oder gefährliche Aufgaben übernimmt, sondern auch Prozesse optimiert, die die Effizienz der menschlichen Arbeitskräfte steigern (Wahl & Wilhelm 2024).

Dadurch können Unternehmen ihre vorhandenen Fachkräfte bedarfsgerechter einsetzen und deren Kapazitäten für strategische oder kreative Aufgaben nutzen. In Kombination mit Automatisierung trägt KI dazu bei, Engpässe im Arbeitsmarkt abzumildern und gleichzeitig die Produktivität zu sichern.

Produktivitätsgewinne:

Durch den Einsatz von KI in Bereichen wie Datenanalyse, Kundenservice und Produktionsprozessen können erhebliche Produktivitätssteigerungen erreicht werden. KI kann große Datenmengen in Echtzeit verarbeiten und fundierte Entscheidungsgrundlagen liefern, was Unternehmen dabei hilft, schneller und präziser zu agieren. Im Kundenservice ermöglichen Chatbots und automatisierte Systeme rund um die Uhr Unterstützung, was zu einer verbesserten Kundenzufriedenheit führt. In der Produktion wiederum sorgen Automatisierung und KI-gestützte Maschinen für effizientere Abläufe, weniger Ausfallzeiten und höhere Qualität. Diese Produktivitätsgewinne sind nicht nur notwendig, um den steigenden Anforderungen gerecht zu werden und wettbewerbsfähig zu bleiben, sondern auch, um auf globaler Ebene mit der fortschreitenden Digitalisierung Schritt zu halten und neue Wachstumschancen zu nutzen.

Durch Automatisierung repetitiver Aufgaben, datenbasierte Entscheidungsoptimierung und Echtzeitanalysen großer Datenmengen ermöglicht KI Unternehmen, schneller auf Marktveränderungen zu reagieren, Kosten zu senken und ihre

Wettbewerbsfähigkeit zu steigern. Strategischer KI-Einsatz fördert nachhaltiges Wachstum und Anpassungsfähigkeit (Huang 2024).

2.4.4. Die Evolution von IT und KI: Von Automatisierung zu umfassender Optimierung

Die Entwicklung von Informationstechnologie und künstlicher Intelligenz verdeutlicht, dass der eigentliche Wert dieser Technologien weit über einfache Kosteneinsparungen hinausgeht. Während die frühen Phasen der Automatisierung auf Effizienzsteigerungen durch Großrechner und PCs ausgerichtet waren, steht heute die bewusste Optimierung und Produktivitätssteigerung im Vordergrund. KI hat die Kraft, menschliche Fähigkeiten nicht nur zu ergänzen, sondern sie auf ein völlig neues Niveau zu heben.

Die grafische Darstellung dieser Entwicklung in Abbildung 2 zeigt sechs Phasen von den 1950er Jahren bis weit über 2025 hinaus. In den ersten beiden Phasen bis zum Jahr 2000 lag der Fokus auf der Automatisierung und Effizienzsteigerung. Zwischen 2000 und 2010 veränderten das Internet und soziale Medien die Geschäftsmodelle grundlegend.

Ab 2010 bis 2022 veränderte IT zunehmend die Märkte, mit einem starken Fokus auf mobile Technologien, Cloud-Dienste und datengetriebene Geschäftsmodelle. Von 2023 bis 2025 steht die generative KI im Mittelpunkt und birgt das Potenzial, Wissen breiter zugänglich zu machen und dabei sowohl neue Chancen als auch Risiken zu schaffen. Ab 2025 wird erwartet, dass KI weit über Prozessoptimierung hinausgeht und eine tiefgreifende Transformation in nahezu allen Bereichen ermöglicht, unterstützt von bahnbrechenden Technologien wie Quantum Computing und No-Code-Entwicklungsplattformen. Das Ziel ist es, den Menschen in eine neue Ära der Produktivität und Effizienz zu führen. Dabei müssen die erheblichen Risiken dieser Entwicklungen stets bedacht werden, da sie nicht nur neue Möglichkeiten schaffen, sondern auch ein sorgfältiges Abwägen potenzieller Gefahren und Herausforderungen erfordern.

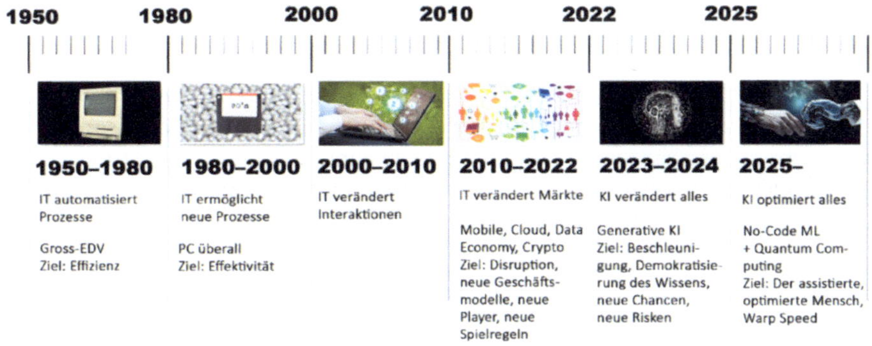

Abb. 2: Phasen der Automatisation (Mader 2024a)

2.5. Echte Gefahr: Deskilling (Verdummung)!

Neben der Angst vor Massenarbeitslosigkeit durch KI sollten subtilere Risiken wie Deskilling, das schleichende Verlernen von Fähigkeiten (Green 2019), und der Automation Bias, die unkritische Abhängigkeit von automatisierten Systemen (Strauß 2021), stärker beachtet werden. Qualitativ hochwertige Expertise bleibt entscheidend, um KI-Ergebnisse kritisch zu prüfen und zu validieren. Menschen müssen weiterhin in der Lage sein, Systemfehler zu erkennen und kreative, intuitive Lösungen zu entwickeln, da KI diese Fähigkeiten nicht ersetzen kann. Der Automation Bias verstärkt das Risiko, automatisierten Entscheidungen blind zu vertrauen, was menschliche Verantwortung unterminiert. Ein kritisches Bewusstsein für die Grenzen von KI ist daher unerlässlich, um die Balance zwischen technologischer Effizienz und menschlichem Urteilsvermögen zu wahren.

2.6. Das neue Hybrid – Mensch und KI in Symbiose

Trotz der Herausforderungen, die Automatisierung mit sich bringt, bietet Künstliche Intelligenz eine bedeutende Chance: die Augmentation.

> Augmentation im Kontext der KI bezeichnet die Erweiterung menschlicher Fähigkeiten durch Technologie. Dabei unterstützt KI den Menschen, ohne ihn zu ersetzen, und ermöglicht eine effiziente Zusammenarbeit, die Produktivität und Innovation steigert, indem menschliche Kreativität und technologische Leistung kombiniert werden.

Hassani et al. (2020) sprechen in diesem Zusammenhang von intelligenter Augmentation (IA) Dabei ergänzt KI den Menschen, anstatt ihn zu ersetzen, und ermöglicht so eine symbiotische Zusammenarbeit, die zu neuen Formen von Produktivität und Innovation führt.

2.6.1. Unterschied zwischen KI und Erweiterter Intelligenz

Die Begriffe Künstliche Intelligenz und Erweiterte Intelligenz (Augmented Intelligence) werden oft synonym verwendet, unterscheiden sich jedoch im Ansatz:

> KI agiert autonom, trifft Entscheidungen auf Basis erlernter Daten und ersetzt teilweise menschliches Handeln (Yau et al. 2021). Erweiterte Intelligenz hingegen betont die Zusammenarbeit von Mensch und Maschine, um komplexe Probleme zu lösen. Sie kombiniert die Datenverarbeitungskapazität der Maschine mit menschlicher Kreativität, Empathie und Urteilsvermögen, wobei die Entscheidungsgewalt beim Menschen bleibt.

Diese Methode fördert Effizienz und Qualität, insbesondere in Bereichen wie Gesundheitswesen und Bildung, indem sie auf Vertrauen und Verbesserung menschlicher Fähigkeiten setzt (Hassani et al. 2020).

In diesem Sinne, hebt Erweiterte Intelligenz hervor, dass technologische Unterstützung nicht den Menschen ersetzt, sondern ihn befähigt, fundiertere und kreativere Entscheidungen zu treffen, was langfristig zu einer nachhaltigen Verbesserung komplexer Prozesse führt.

2.6.2. *Produktivität durch Augmentation*

Forschungsergebnisse zeigen, dass Unternehmen, die KI zur Augmentation nutzen, produktiver und wettbewerbsfähiger sind (Jarrahi 2022; Dellermann et al. 2021). Dabei analysieren KI-Systeme große Datenmengen und geben Empfehlungen, während die finale Interpretation und Entscheidung dem Menschen obliegt. Diese Zusammenarbeit zeigt sich besonders im Gesundheitswesen und bei kreativen Berufen, wo KI primär repetitive Aufgaben übernimmt, während der Mensch weiterhin die entscheidende Rolle bei strategischen Entscheidungen und der Anwendung von Fachwissen spielt. Laut Studien entstehen durch KI-gestützte Augmentation neue Arbeitsfelder, die komplexes, kreatives und technisches Wissen erfordern (Dègallier-Rochat et al. 2022).

2.6.3. *Augmentation in verschiedenen Branchen*

Im Gegensatz zur vollständigen Automatisierung, die menschliche Eingriffe minimiert, dient die Augmentation dazu, den Menschen aktiv bei der Entscheidungsfindung und Problemlösung zu unterstützen. In der Fertigungsindustrie helfen KI-gestützte Tools, Designs zu optimieren, Produktionspläne effizienter zu gestalten und potenzielle Risiken frühzeitig zu erkennen.

Ein weiteres Beispiel für die transformative Kraft der Augmentation findet sich im Finanzsektor. Hier analysieren KI-Systeme große Datenmengen, um Markttrends zu erkennen und Risikoanalysen zu verbessern. Finanzexperten nutzen diese datenbasierten Einblicke, um präzisere Entscheidungen zu treffen und strategische Investitionen zu planen.

Im Gesundheitswesen zeigt sich die Augmentation besonders deutlich. KI-gestützte Systeme unterstützen medizinische Fachkräfte, indem sie Diagnosen aus großen Datenmengen präzisieren, komplexe Bildanalysen durchführen und personalisierte Therapiepläne vorschlagen.

In der Kreativbranche erweitert die Augmentation die Möglichkeiten von Künstlerinnen und Designern. KI-Tools wie DALL·E oder Midjourney generieren basierend auf Textanweisungen visuelle Inhalte, die als Inspirationsquelle oder zur Umsetzung erster Entwürfe dienen.

Dieser Paradigmenwechsel erfordert eine umfassende Neuausrichtung der Qualifikationen, eine Anpassung der Arbeitsweisen und die Etablierung einer neuen Unternehmenskultur, in der Mensch und Maschine partnerschaftlich agieren.

2.6.4. Ein positiver Ausblick – Eine neue Ära der Augmentation

Der Schlüssel zur erfolgreichen Integration von KI liegt in der Augmentation, die den Menschen unterstützt statt ersetzt. Während KI mit ihrer Rechenleistung beeindruckt, bleibt die Stärke des Menschen in Kreativität, Intuition und emotionaler Intelligenz. Diese Symbiose steigert nicht nur die Effizienz, sondern fördert neue Innovationen und Geschäftsmodelle (Alfieri et al. 2024). Besonders in kreativen Bereichen übernimmt KI zeitaufwändige Aufgaben, sodass Menschen sich auf strategische und kreative Prozesse konzentrieren können (Dégallier-Rochat et al. 2022).

> Neue Berufe, die technische und kreative Kompetenzen vereinen, entstehen, während klassische Arbeitsprofile durch den Einsatz von KI an Wert gewinnen (El-Farr 2024). Diese Transformation schafft eine dynamische Arbeitswelt, in der Flexibilität und der souveräne Umgang mit neuen Technologien zu essenziellen Qualifikationen avancieren.

Langfristig schafft die Mensch-Maschine-Synergie neue Ansätze zur Problemlösung und verändert das Verständnis von Arbeit nachhaltig (Renkema 2021). KI agiert in kreativen Prozessen als Partner und Katalysator, der den menschlichen

Erfindergeist zu neuen Höhen hebt und Raum für radikale Innovationen eröffnet (Anantrasirichai & Bull 2022).

2.7. Kernpunkte im Fokus: KI DICHTET

KI als kreative Impulsgeberin

- KI unterstützt kreative Prozesse durch automatisierte Generierung von Ideen, Texten, Bildern und Musik, die menschliche Kreativität anregen und neue künstlerische Möglichkeiten eröffnen.

- Durch Mustererkennung und Deep Learning rekombiniert sie vorhandene Inhalte auf innovative Weise und kann bei hoher Datenqualität als wertvolle Inspirationsquelle dienen.

Grenzen der KI im kreativen Schaffen

- Wahre Originalität, die aus menschlichen Emotionen, Kontextverständnis, persönlichen Erfahrungen und Interpretationsfähigkeit hervorgeht, bleibt für KI unerreichbar.

- KI mag kreative Muster und Prozesse nachahmen, doch es fehlt ihr an tiefem Verständnis und emotionaler Resonanz, die menschliche Kreativität einzigartig machen.

KI und die Transformation kreativer Berufe

- KI kann kreative Berufe entlasten, indem sie zeitaufwändige oder technisch komplexe Aufgaben übernimmt und den Menschen Raum für konzeptionelle und emotionale Aspekte ihrer Arbeit eröffnet.

- Statt kreative Berufe zu verdrängen, bietet KI das Potenzial für eine Weiterentwicklung: Kreative Tätigkeiten könnten sich durch neue Fähigkeiten und die Zusammenarbeit mit KI erweitern.

- Doch die ethische Grundlage dieser Transformation wird durch digitale Ausbeutungspraktiken wie Click-Farmen und Daten-Labeling herausgefordert. Eine verantwortungsvolle Weiterentwicklung kreativer Berufe setzt faire Bedingungen entlang der gesamten digitalen Wertschöpfungskette voraus.

- Erweiterte Intelligenz unterstützt das menschliche Denken, indem sie datenbasierte Analysen und kreative Impulse liefert, während die Entscheidungsgewalt beim Menschen verbleibt. So kann die Zusammenarbeit zwischen Mensch und KI innovative Ergebnisse erzielen und dabei die menschliche Kontrolle und Verantwortung bewahren.

Referenzen

Adio-Moses, D., Asaolu, O. S. (2016) Artificial intelligence for sustainable development of intelligent buildings. In Proceedings of the 9th CIDB Postgraduate Conference, At University of Cape Town, South Africa (Vol. 1, No. 2, p. 2016).

Agger, D. G. (1964) THE TRIPLE REVOLUTION. Cybernation, Weaponry, Human Rights. The Ad Hoc Committee on the Triple Revolution. Liberation, April 1964, S. 9-15.

Alfieri, C., De Sanctis, M., Donati, D., Inverardi, P. (2024) In Search of Clarity: Discerning Between Human Replacement and Augmentation. In HHAI 2024: Hybrid Human AI Systems for the Social Good (pp. 36-45). IOS Press.

Altenried, M. (2022) The digital factory: The human labor of automation. In The Digital Factory. University of Chicago Press.

Anantrasirichai, N., Bull, D. (2022) Artificial intelligence in the creative industries: a review. Artificial intelligence review, 55(1), 589-656.

Barbosa, E., Costa, T. A. (2024) The heart of an AI: agency, moral sense, and friendship. Filosofia Unisinos, 25(1), e25111.

Baum, S. D. (2021) Artificial interdisciplinarity: Artificial intelligence for research on complex societal problems. Philosophy & Technology, 34(Suppl 1), 45-63.

Bringsjord, S., Ferrucci, D. (1999) Artificial intelligence and literary creativity: Inside the mind of brutus, a storytelling machine. Psychology Press.

Caspar, J. (2023) Wir Datensklaven: Wege aus der digitalen Ausbeutung| Manifest für mehr Freiheits-und Gleichheitsrechte/Wie wir eine demokratische Digitalisierung und informationelle Integrität erreichen können. Ullstein Buchverlage.

Coeckelbergh, M. (2017) Can machines create art? Philosophy & Technology, 30(3), 285-303.

Dégallier-Rochat, S., Kurpicz-Briki, M., Endrissat, N., Yatsenko, O. (2022) Human augmentation, not replacement: A research agenda for AI and robotics in the industry. Frontiers in Robotics and AI, 9, 997386.

Dellermann, D., Calma, A., Lipusch, N., Weber, T., Weigel, S., Ebel, P. (2021) The future of human-AI collaboration: a taxonomy of design knowledge for hybrid intelligence systems. arXiv preprint arXiv:2105.03354.

El-Farr, H. (Ed.). (2024) The Changing Landscape of Workplace and Workforce. BoD–Books on Demand.

Esling, P., & Devis, N. (2020). Creativity in the era of artificial intelligence. *arXiv preprint arXiv:2008.05959.*

Evangelista, P. N. (2019) Artificial intelligence in fashion: how consumers and the fashion system are being impacted by AI-powered technologies.

Fowler, C., Jiao, J., Pitts, M. (2023) Frustration and ennui among Amazon MTurk workers. Behavior Research Methods, 55(6), 3009-3025.

Gaisch, M., Rammer, V., Preymann, S., Sterrer, S., Aichinger, R. (2020) The applicability of two graduate employability frameworks: How possession, position, integration and engagement shape graduate employability. In Universities as political institutions (pp. 287-310). Brill.

Green, B. P. (2019) Artificial intelligence, decision-making, and moral deskilling. Markkula Center for Applied Ethics website.

Grigis, P., De Angeli, A. (2024) Playwriting with Large Language Models: Perceived Features, Interaction Strategies and Outcomes. In Proceedings of the 2024 International Conference on Advanced Visual Interfaces (pp. 1-9).

Grohmann, R., Aquino, M. C., Rodrigues, A., Matos, É., Govari, C., Amaral, A. (2022) Click farm platforms. Work Organisation, Labour & Globalisation, 16(2), 7-20.

Hassani, H., Silva, E. S., Unger, S., TajMazinani, M., Mac Feely, S. (2020) Artificial intelligence (AI) or intelligence augmentation (IA): what is the future?. Ai, 1(2), 8.

Huang, H. (2024) Artificial Intelligence and Productivity Improvement in the Digital Economy. Finance & Economics, 1(5).

Hughes, J. J. (2017) What is the job creation potential of new technologies?. Surviving the Machine Age: Intelligent Technology and the Transformation of Human Work, 131-145.

Kirkpatrick, K. (2023) Can AI demonstrate creativity?. Communications of the ACM, 66(2), 21-23.

Kurmi, R. K., Maurya, A., Pujari, N. M. (2024) Nexus of Artificial Intelligence and Human Creativity: Exploring Opportunities and Challenges. Journal of Drug discovery and Health Sciences, 1(01), 34-39.

Issac, A. L. (2023) Intelligence with Al Marketing: Connecting. Building AI Driven Marketing Capabilities: Understand Customer Needs and Deliver Value Through AI, 259.

Ivcevic, Z., Grandinetti, M. (2024) Artificial intelligence as a tool for creativity. Journal of Creativity, 34(2), 100079

Jarrahi, M. H., Lutz, C., Newlands, G. (2022) Artificial intelligence, human intelligence and hybrid intelligence based on mutual augmentation. Big Data & Society, 9(2), 20539517221142824.

Johannessen, J. A. (2020) Artificial intelligence, automation and the future of competence at work. Routledge.

Kamal, O., Mehdi, T., Kamar, O., Mohamed, B. (2021) Artificial intelligence a major asset for serious games. EasyChair, 5283.

Kamila, M. K., Jasrotia, S. S., Kushwaha, P. S. (2024) Understanding digital sweatshops: A qualitative investigation of workers' perspectives. Asian Journal of Business Ethics, 1-25.

Kämpf, T., Langes, B., Lühr, T., Marrs, K., Ziegler, A. (2015) Zwischen Empowerment und digitalem Fließband: Das Unternehmen der Zukunft in der digitalen Gesellschaft. Das demokratische Unternehmen: Neue Arbeits-und Führungskulturen im Zeitalter digitaler Wirtschaft, 57.

Keynes, J.M. (1932) Economic Possibilities for our Grandchildren. In: Essays in Persuasion. New York: Harcourt Brace, 1932, 358-373

Kind, S., Hille, M. (2024) Künstliche Intelligenz in der Kreativwirtschaft. Büro für Technikfolgen-Abschätzung beim Deutschen Bundestag (TAB).

King, L. L. (2021) „ The Algorithm Did It": Legal Responsibility and the Regulation of Artificial Intelligence. Salve Regina University.

Kwasek, A. G., Kocot, M., Protasowicki, I. P., Blaszczak, B., Gontarek, I. (2024) Negative Faces of Artificial Intelligence in the Conditions of the Knowledge-Based Economy. European Research Studies Journal, 27(2), 465-477.

Laker, L. F. (2015) The Effects of Interruptions and Information Overload on Decision-Making Performance in Knowledge-Work. University of Cincinnati.

Lee, Y. et al. (2024) The Medici effect: multidisciplinary insights for entrepreneurship research. New England Journal of Entrepreneurship, 27(1), 2-8.

Lollia, F. (2021) Digital transformation: A literature review of the integration of artificial intelligence into the company's organisational strategy. In International Workshop. An International and Interdisciplinary Perspective on Digital Transformation: The Case of Developing and Emerging Economies.

Mader, I. (2024a) Next Generation Digital: Digitalisierung und KI strategisch einsetzen. Excellence Edition/Buchschmiede, Wien.

Mader, I. (2024b) Massenarbeitslosigkeit durch Technologie: Ein Mythos? Excellence Series, Excellence Research, Wien.

Mo, L., et al. (2013) Optimizing plurality for human intelligence tasks. In Proceedings of the 22nd ACM international conference on Information & Knowledge Management (pp. 1929-1938).

Momot, I. (2022) Artificial intelligence in filmmaking process: future scenarios.

Muldoon, J., Cant, C., Wu, B., Graham, M. (2024) A Typology of AI Data Work. Big Data and Society.

Murphy, J. W., Taylor, R. R. (2023) To democratize or not to democratize AI? That is the question. AI and Ethics, 1-7.

O'Toole, K., Horvát, E. Á. (2024) Extending human creativity with AI. Journal of Creativity, 34(2), 100080.

Paul, B. S., Anuradha, A. (2024) Artificial Intelligence in Different Business Domains: Ethical Concerns. In Exploring the Ethical Implications of Generative AI (pp. 13-33). IGI Global.

Pofelt, Elaine (2015) Shocker: 40% of Workers Now Have 'Contingent' Jobs, Says U.S. Government. Forbes, 25 May 2015. https://www.forbes.com/sites/elainepofeldt/2015/05/25/shocker-40-of-workers-now-have-contingent-jobs-says-u-s-government/

Quadir, A. M., Khder, M. A. (2022) Exploring the potential of AI-driven opponents in video games. In 2022 ASU International Conference in Emerging Technologies for Sustainability and Intelligent Systems (ICETSIS) (pp. 464-469).

Reddy, V. S., Kathiravan, M., Reddy, V. L. (2024) Revolutionizing animation: unleashing the power of artificial intelligence for cutting-edge visual effects in films. Soft Computing, 28(1), 749-763.

Renkema, M. (2021) AI, Digitalisation, and HRM: Foundations, Extensions, and New Directions on AI, Digitalisation, and HRM. In New Directions in the Future of Work (pp. 77-96). Emerald Publishing Limited.

Salah, W. (2020) The effect of using intelligence on the effectiveness of digital marketing methods. Egyptian Journal of Public Opinion Research, 19(3), 485-530.

Saunders, R., Gemeinboeck, P. (2022) Creative AI, Embodiment, and Performance. In The Language of Creative AI: Practices, Aesthetics and Structures (pp. 191-206). Cham: Springer International Publishing.

Setiawan, R., Nurhidayah, S., Karman, A. (2024) Voices of Literature Academics Toward The Rise of AI-Generated Literature. Jurnal Onoma: Pendidikan, Bahasa, dan Sastra, 10(3), 3358-3370.

Shaker, N., Togelius, J., Nelson, M. J. (2016) Procedural content generation in games.

Son, T. H., Weedon, Z., Yigitcanlar, T., Sanchez, T., Corchado, J. M., Mehmood, R. (2023) Algorithmic urban planning for smart and sustainable development: Systematic review of the literature. Sustainable Cities and Society, 94, 104562.

Spence, R., Bifulco, A., Bradbury, P., Martellozzo, E., DeMarco, J. (2023) The psychological impacts of content moderation on content moderators: A qualitative study. Cyberpsychology: Journal of Psychosocial Research on Cyberspace, 17(4).

Steiger, M., Bharucha, T. J., Venkatagiri, S., Riedl, M. J., Lease, M. (2021) The psychological well-being of content moderators: the emotional labor of commercial moderation and avenues for improving support. In Proceedings of the 2021 CHI conference on human factors in computing systems (pp. 1-14).

Strauß, S. (2021) Deep automation bias: how to tackle a wicked problem of AI?. Big Data and Cognitive Computing, 5(2), 18.

Tecks, A., Peschlow, T., Vigliensoni, G. (2024) Explainability Paths for Sustained Artistic Practice with AI. arXiv preprint arXiv:2407.15216.

Testor, Karl (2018) Kognitionstheoretische Grundlagen der Kreativität: Wie Neues im Gehirn entsteht und dadurch kreatives Denken erklärbar wird. Springer, Wiesbaden.

Tolks, D., Schmidt, J. J., Kuhn, S. (2024) The role of AI in serious games and gamification for health: scoping review. JMIR Serious Games, 12(1), e48258.

Wahl, F., Wilhelm, S. (2024) Sensorik und künstliche Intelligenz in der Pflege. In Digitale Innovationen in der Pflege (pp. 307-324) Berlin, Heidelberg: Springer Berlin Heidelberg.

Wu, Q. (2021) Optimization of AI-driven communication systems for green hospitals in sustainable cities. Sustainable Cities and Society, 72, 103050.

Yannakakis, G. N., Togelius, J. (2018) Artificial intelligence and games (Vol. 2, pp. 2475-1502). New York: Springer.

Yang, T., Nazir, S. (2022) A comprehensive overview of AI-enabled music classification and its influence in games. Soft Computing, 26(16), 7679-7693.

Yau, K. L. A., Lee, H. J., Chong, Y. W., Ling, M. H., Syed, A. R., Wu, C., Goh, H. G. (2021) Augmented intelligence: surveys of literature and expert opinion to understand relations between human intelligence and artificial intelligence. IEEE Access, 9, 136744-136761.

Zemčík, T. (2021) Failure of chatbot Tay was evil, ugliness and uselessness in its nature or do we judge it through cognitive shortcuts and biases?. AI & SOCIETY, 36, 361-367.

Zhou, E., Lee, D. (2024) Generative artificial intelligence, human creativity, and art. PNAS nexus, 3(3), pgae052.

3

Künstliche Intelligenz RICHTET

Kapitel 3 untersucht, wie Künstliche Intelligenz in sensiblen Entscheidungsprozessen verantwortungsvoll eingesetzt werden kann, ohne die Entscheidungsautorität des Menschen zu gefährden. Es werden Szenarien aus Justiz, Gesundheitswesen und Personalmanagement beleuchtet, in denen KI bereits zum Einsatz kommt, und die damit verbundenen ethischen Risiken wie der Verlust menschlicher Empathie, Urteilsfähigkeit und mangelnder Transparenz analysiert.

Das Kapitel hebt die dringende Notwendigkeit ethischer Leitlinien und regulatorischer Vorgaben hervor, um Diskriminierung und algorithmische Verzerrungen zu verhindern. Am Beispiel des Risikobewertungssystems COMPAS wird deutlich, wie wichtig klare Rahmenbedingungen sind. Dabei zeigt sich, dass die Grenzen maschineller Entscheidungen präzise festgelegt sein müssen, damit in komplexen und wertebasierten Fragen die Letztentscheidung beim Menschen verbleibt. Abschließend plädiert das Kapitel für eine ausgewogene Balance zwischen dem Einsatz von KI und dem Schutz der menschlichen Entscheidungsfreiheit.

3. Künstliche Intelligenz RICHTET

Verantwortung und die Letztentscheidung müssen immer beim Menschen bleiben. Bedenken wir die Alternativen.

Mit der zunehmenden Durchdringung unseres Lebens durch KI gewinnt eine entscheidende Frage immer mehr an Bedeutung: Wie lässt sich diese mächtige Technologie rechtlich und ethisch verantwortungsvoll lenken? Inmitten dieses technologischen Wandels stehen wir vor der Herausforderung, nicht nur mit der Innovation Schritt zu halten, sondern auch den Rahmen für eine faire, sichere und gerechte Nutzung von KI zu schaffen.

Doch was bedeutet es, wenn Maschinen über Schuld oder Unschuld, Strafen oder Freispruch, oder gar über die Vergabe von Krediten entscheiden? Kann eine KI tatsächlich gerecht urteilen, wenn ihr menschliches Urteilsvermögen und Einfühlungsvermögen fehlen? Ist das Prinzip der „Gerechtigkeit" überhaupt ein geeigneter Maßstab für KI-gestützte Entscheidungen?

Wie Hans Kelsen betonte, ist Gerechtigkeit ein moralischer Begriff mit variierender Interpretation, selbst innerhalb eines Kulturkreises. Dies zeigt, dass feste Gesetze und die menschliche Verantwortung für deren Anwendung unverzichtbar bleiben. Die moralische Dimension von Gerechtigkeit lässt sich nicht in starre, mathematische Modelle übertragen, was die Grenzen und Risiken des KI-Einsatzes in sensiblen Bereichen verdeutlicht.

Kapitel 2 beleuchtet nicht nur die aktuellen Anwendungen von KI in Bereichen wie Justiz, Gesundheitswesen und Personalentscheidungen, sondern widmet sich auch den ethischen Herausforderungen, die mit der erweiterten Nutzung von KI einhergehen. Dabei wird die Bedeutung menschlicher Faktoren im Entscheidungsprozess hervorgehoben und die Risiken beleuchtet, die entstehen, wenn diese vernachlässigt werden. Eine zentrale Frage ist: Wie kann gewährleistet werden, dass der Einsatz von KI in lebensverändernden Entscheidungen fair, gerecht und menschenwürdig bleibt? Zur Verdeutlichung werden einige besonders kritische Anwendungsfälle näher betrachtet.

3.1. Heikle Einsatzszenarien von Künstlicher Intelligenz

Der Einsatz von KI wird besonders heikel, wenn diese Systeme nicht nur über Ressourcen, sondern auch über das Schicksal von Menschen entscheiden. In solchen Fällen geht es um weit mehr als technologische Effizienz – es steht die Wahrung grundlegender Menschenrechte auf dem Spiel. KI, die in Bereichen wie der Ressourcenverteilung, Personalentscheidungen oder gar in rechtlichen Prozessen eingesetzt wird, übernimmt zunehmend eine wertende und damit auch richtende Funktion. Dabei besteht die Gefahr, dass bestehende Ungleichheiten zementiert oder neue Ungerechtigkeiten geschaffen werden. Im Folgenden werden unter anderem Beispiele aufgeführt, in denen KI-Systeme richtend tätig waren und dabei ethische Grenzen überschreiten.

3.1.1. Einsatz in der Justiz

KI wird zunehmend genutzt, um gerichtliche Urteile vorherzusagen oder Strafempfehlungen auszusprechen. So wurde das US-amerikanische System COMPAS (Correctional Offender Management Profiling for Alternative Sanctions) entwickelt, um das Rückfallrisiko von Straftätern einzuschätzen und damit die Strafvollzugsbehörden bei der Entscheidung über Kautionsanträge, Bewährungsauflagen und andere justizielle Maßnahmen zu unterstützen. Die Rückfallwahrscheinlichkeit von Straftätern wurde anhand historischer Daten berechnet. Dabei geriet COMPAS unter Beschuss, weil es verzerrte Daten über bestimmte Bevölkerungsgruppen lieferte. Dies führte zu massiven Bedenken hinsichtlich der Fairness und Diskriminierungsfreiheit solcher KI-Systeme.

Kritische Stimmen argumentierten, dass COMPAS bestehende Vorurteile in den Daten reproduzierte und damit die Ungleichbehandlung von bestimmten Bevölkerungsgruppen verstärkte, was die Diskussion über ethische Prinzipien wie Transparenz und Gerechtigkeit in der Anwendung von KI im Justizwesen befeuerte.

Eine Untersuchung von ProPublica im Jahr 2016 zeigte, dass das COMPAS-System afroamerikanische Personen systematisch mit einem höheren Rückfallrisiko einstufte als weiße Personen, selbst bei ähnlichen kriminellen Hintergründen und Faktoren. Diese Analyse führte zu einer breiten Diskussion über algorithmische Voreingenommenheit und Diskriminierung in KI-basierten Systemen (Larson et al. 2016).

Der Konflikt um COMPAS offenbart nicht nur technische Schwächen von Algorithmen, sondern zeigt auch die vielschichtigen ethischen und rechtlichen Herausforderungen ihres Einsatzes auf. Er verdeutlicht die Notwendigkeit von Transparenz, Nachvollziehbarkeit und einer sorgfältigen Prüfung auf mögliche Diskriminierung (Washington 2018). Während der Einsatz solcher Algorithmen in den USA bereits Realität ist, stellt sich im deutschsprachigen Raum die Frage, ob und in welcher Form KI in die Rechtsprechung integriert werden könnte. Dabei ist die Situation hier deutlich anders:

Im deutschen Rechtsraum ist die richterliche Gewalt natürlichen Personen vorbehalten, die ihre Entscheidungen eigenverantwortlich und mit sozialer Kompetenz treffen müssen. § 9 Nr. 4 DRiG legt fest, dass Richterinnen und Richter die erforderliche soziale Kompetenz besitzen müssen, und § 38 Abs. 1 DRiG[12] verpflichtet sie, „nach bestem Wissen und Gewissen" zu handeln. Diese Vorschriften unterstreichen, dass richterliche Entscheidungen nicht von Maschinen oder automatisierten Systemen getroffen werden können, sondern menschliches Urteilsvermögen und Verantwortungsbewusstsein erfordern.

Der Einsatz von KI-Systemen in der Justiz ist in Europa streng reguliert, um Grundrechte und richterliche Unabhängigkeit zu schützen. KI kann unterstützend wirken, etwa bei der Analyse von Massenklagen oder der Dokumentenverwaltung. Wichtig ist, dass menschliche Richter die endgültigen Entscheidungen treffen und die Verantwortung nicht an automatisierte Systeme abgegeben wird. Die Europäische Ethik-Charta des Europarats fordert, dass KI in der Justiz transparent, fair und unter menschlicher Aufsicht genutzt wird. Bei Massenklagen kann KI helfen, ein Gesamtbild zu erstellen, Textvorschläge zu liefern und Arbeitsprozesse effizienter zu gestalten, ohne die richterliche Verantwortung zu ersetzen.

12 Das deutsche Richtergesetz sichert die richterliche Unabhängigkeit und Integrität und stellt sicher, dass richterliche Entscheidungen sowohl fachlich fundiert als auch sozial und ethisch verantwortungsvoll sind.

Das KI-System OLGA (Oberlandesgerichtsassistent), von IBM, wird in der deutschen Justiz eingesetzt, um insbesondere bei der Bearbeitung von Massenverfahren, wie den Dieselabgasverfahren am Oberlandesgericht Stuttgart, zu unterstützen. OLGA extrahiert relevante Informationen aus umfangreichen Schriftsätzen und kategorisiert Fälle anhand dieser Daten.

In Europa, insbesondere in Deutschland, besteht ein breiter Konsens darüber, dass der Einsatz von KI in der Justiz klar reguliert werden muss, damit die Verantwortung für rechtliche Entscheidungen bei menschlichen Akteuren bleibt. KI-Systeme wie OLGA dienen der Optimierung von Routineaufgaben und der Steigerung der Effizienz, ohne das rechtliche Urteilsvermögen und die soziale Kompetenz von Richterinnen und Richtern zu ersetzen. Der Einsatz solcher Systeme ist darauf ausgerichtet, die Arbeit zu erleichtern und die Bearbeitung von Fällen zu unterstützen, ohne die Entscheidungsfindung zu automatisieren.

3.1.2. Einsatz im Gesundheitssystem

KI-Systeme wie IBM Watson und Google DeepMind finden zunehmend Anwendung in der Diagnose komplexer Krankheiten. Sie sind in der Lage, große Mengen medizinischer Daten – einschließlich Patientenakten, Forschungsartikeln und klinischen Studien – zu analysieren, um präzisere und schnellere Diagnosen zu ermöglichen.

IBM Watson wurde insbesondere im Bereich der Onkologie für seine Fähigkeit hervorgehoben, personalisierte Behandlungspläne für Krebspatientinnen und Patienten auf Basis von Genomdaten zu erstellen und Informationen aus einer Vielzahl wissenschaftlicher Quellen, einschließlich klinischer Studien und Publikationen, zu extrahieren. Dieses System sollte Ärzte bei der Entscheidungsfindung unterstützen. Trotz großer Erwartungen konnte Watson jedoch nicht die erhofften Verbesserungen in den klinischen Abläufen erzielen, was Zweifel an der praktischen Anwendbarkeit und Effizienz von KI in der Krebsbehandlung aufwarf (Schmidt 2017).

Bei solchen KI-Systemen steht die Frage im Mittelpunkt, wie sicher und fair der Einsatz von KI in der Medizin gestaltet werden kann. Ein zentrales Problem besteht darin, dass bestimmte Bevölkerungsgruppen benachteiligt werden können, wenn die zugrunde liegenden Trainingsdaten nicht repräsentativ sind. Studien zeigen, dass insbesondere bei nicht-weißen Patientinnen und Patienten die Genauigkeit von KI-Diagnosen aufgrund unzureichender Datenrepräsentation nachweislich geringer ist. Dies birgt ein erhebliches Risiko für die Qualität der medizinischen Versorgung. Auch Datenschutz ist von zentraler Bedeutung, da Gesundheitsdaten zu den sensibelsten persönlichen Informationen gehören und deren Verarbeitung durch KI-Systeme den höchsten Sicherheitsstandards entsprechen muss.

Dies wird auch bei diesem Beispiel deutlich:

Google DeepMind hat in der bildbasierten Diagnostik große Fortschritte erzielt, insbesondere bei der frühzeitigen Erkennung von Augenkrankheiten und Nierenschäden. In Zusammenarbeit mit medizinischen Einrichtungen entwickelten die Algorithmen eine diagnostische Präzision, die menschlichen Experten gleichkommt oder sie sogar übertrifft. Powles und Hodson (2017) weisen jedoch auf erhebliche ethische und datenschutzrechtliche Bedenken hin. Sie argumentieren, dass trotz der diagnostischen Vorteile von KI-Systemen wie DeepMind Fragen zu Datenschutz und Transparenz geklärt werden müssen, um eine verantwortungsvolle Nutzung im Gesundheitswesen zu gewährleisten.

Die Erfolge von DeepMind illustrieren eindrucksvoll das Potenzial, das in der Integration von KI in die Medizin steckt. Diese Fortschritte rücken jedoch auch eine Vielzahl ungelöster Herausforderungen in den Fokus, die weit über die rein technischen Aspekte hinausgehen. Denn obwohl präzise Diagnosen Millionen von Menschen zugutekommen könnten, bringt die Implementierung solcher Systeme auch erhebliche Risiken mit sich. Insbesondere stellt sich die Frage, wie der Schutz sensibler Gesundheitsdaten mit der Effizienz und Leistungsfähigkeit von KI-Systemen in Einklang gebracht werden kann.

Um diesen Risiken zu begegnen, wurde in Europa der Critical Entities Resilience (CER)-Rahmen geschaffen. Dieser legt strenge Anforderungen an Risikobewertungen und Berichtspflichten fest, um die Sicherheit und Resilienz kritischer Infrastrukturen, einschließlich des Gesundheitswesens, zu gewährleisten. Dadurch sollen potenzielle Gefahren frühzeitig erkannt und durch geeignete Schutzmaßnahmen die Funktionsfähigkeit dieser Infrastrukturen sichergestellt werden.

Ergänzend dazu unterliegen KI-Anwendungen im medizinischen Bereich den strikten Vorschriften des AI Act, die den Schutz sensibler Gesundheitsdaten sicherstellen und Risiken, wie etwa durch unzureichend trainierte Systeme, minimieren sollen. Damit werden sowohl die Sicherheit der Infrastruktur als auch ethische und datenschutzrechtliche Aspekte des KI-Einsatzes umfassend adressiert.

3.1.3. Einsatz im Personalwesen

Auch im Personalwesen setzen Unternehmen zunehmend KI ein, um Bewerbungsprozesse effizienter zu gestalten und Mitarbeiterbewertungen durchzuführen.

Ein prominentes Beispiel für KI-gestützte Systeme im Rekrutierungsprozess ist HireVue, das Videointerviews analysiert und auf Basis von Sprache, Mimik und Gestik Entscheidungen über die Eignung von Bewerberinnen und Bewerbern trifft. Dieses System kann große Mengen von Bewerbungen in kurzer Zeit verarbeiten und ermöglicht objektive Bewertungen. Allerdings gibt es auch kritische Stimmen, die vor einer möglichen Verstärkung von Vorurteilen und Intransparenz bei der Entscheidungsfindung warnen.

Romeo (2021) zeigt, dass HireVue den Rekrutierungsprozess bei Tetra Pak durch schnellere Bearbeitungszeiten und standardisierte Bewertungen effizienter gestaltet. Allerdings werden auch ethische Bedenken hinsichtlich Transparenz und potenzieller algorithmischer Verzerrungen identifiziert, was die Notwendigkeit klarer ethischer Standards und regulatorischer Maßnahmen für Fairness und Nachvollziehbarkeit in Rekrutierungsprozessen betont.

3.1.4. Einsatz bei Kreditvergabe

Mit der zunehmenden Digitalisierung setzen immer mehr Banken und Finanzinstitute auf KI, um Kreditentscheidungen zu automatisieren. KI-Systeme versprechen eine schnellere und objektivere Bewertung von Kreditwürdigkeit, indem sie große Datenmengen in kurzer Zeit analysieren. KI zur Automatisierung von Routineaufgaben, zur Verbesserung der Entscheidungsfindung durch Datenanalyse und zur Personalisierung von Kundenerfahrungen, was letztlich die betriebliche Effizienz steigert und das Risiko von Betrug verringert (Kochar et al. 2019).

Trotz dieser Fortschritte zeigen sich jedoch auch im Bankensektor problematische Tendenzen.

Ein bemerkenswertes Beispiel ist der Fall von Janet Hill, der Ehefrau des Apple-Mitbegründers Steve Wozniak. Trotz identischer finanzieller Voraussetzungen und eines gemeinsamen Bankkontos erhielt Hill ein deutlich niedrigeres Kreditlimit als Wozniak – ein Beispiel dafür, wie algorithmische Entscheidungen bestehende Geschlechterungleichheiten nicht nur widerspiegeln, sondern verschärfen können (Wozniak 2019).

Dieser Fall zeigt eindrucksvoll, wie der Einsatz von KI in der Kreditvergabe bestehende Geschlechterungleichheiten nicht nur widerspiegelt, sondern verschärfen kann. Trotz moderner Technik bleiben KI-gestützte Bewertungssysteme anfällig für Verzerrungen, die tief in den zugrunde liegenden Daten verankert sind. Dies wirft dringende Fragen zur Transparenz auf: Welche Daten und Algorithmen bestimmen die Entscheidungen? Ohne Einblicke in die Funktionsweise bleibt es Betroffenen schwer, diskriminierende Entscheidungen anzufechten.

3.2. Social Scoring und Massenüberwachung im EU AI Act

Die verbotenen Systeme im Rahmen des EU AI Act[13] bieten einen klaren Einblick in gesellschaftlich unerwünschte Einsatzszenarien von KI, da sie ethische Grenzen setzen, die in Europa allgemein anerkannt sind. Während in manchen Bereichen, wie etwa bei autonomen Waffensystemen, weitgehend Konsens besteht, gibt es bei anderen Technologien, wie Social Scoring oder biometrischer Massenüberwachung, erhebliche Meinungsunterschiede, sowohl innerhalb Europas als auch international (Loefflad & Grossklags 2024; Loefflad et al. 2023).

13 https://artificialintelligenceact.eu/ai-act-explorer/

Social Scoring bewertet menschliches Verhalten in verschiedenen Lebensbereichen, wie im sozialen oder finanziellen Kontext. Ein prominentes Beispiel ist Chinas Sozialkredit-System, das auf Handlungen basierende Bewertungen vergibt: Positive führen zu Vorteilen, negative zu Sanktionen. Befürworter sehen darin eine Förderung von Stabilität und Vertrauen durch erwünschtes Verhalten.

In Europa gilt Social Scoring als Eingriff in Persönlichkeitsrechte und Privatsphäre, da es den europäischen Werten und der DSGVO widerspricht. Der EU AI Act verbietet es ausdrücklich, um Menschenwürde, Freiheit und Schutz vor Diskriminierung zu sichern.

Ein weiterer umstrittener Bereich ist die biometrische Massenüberwachung. Während sie in Großbritannien, etwa in London, zur Kriminalitätsbekämpfung eingesetzt wird, sehen andere europäische Länder darin einen massiven Eingriff in die bürgerlichen Freiheiten (Raposo 2023).

]Biometrische Massenüberwachung bezeichnet den großflächigen Einsatz von Technologien zur Erfassung und Analyse biometrischer Merkmale, wie Gesichts-, Stimm- oder Gangmuster, um Personen in öffentlichen oder digitalen Räumen automatisiert zu identifizieren oder zu verfolgen.

Diese Technologien ermöglichen Überwachung und Kontrolle, was Eingriffe in Privatsphäre und Persönlichkeitsrechte bedeutet (De Hert & Bouchagiar 2022). Kritiker (Barkane 2022; Naranjo 2020) warnen in diesem Zusammenhang vor Diskriminierung, besonders bei Minderheiten. Der EU AI Act setzt klare Grenzen, um Missbrauch zu verhindern und individuelle Rechte zu schützen, fungiert als technologische Richtlinie und ethisches Leitbild, um die Vereinbarkeit von KI-Systemen mit europäischen Werten zu gewährleisten.

3.2.1. Social Scoring

Social Scoring ist im Rahmen des EU AI Act verboten[14]. Das Verbot basiert auf den folgenden Bedenken:

1) Diskriminierung und soziale Ungleichheit

Social Scoring-Systeme können Menschen diskriminieren, indem sie ihre Daten auf voreingenommene Weise bewerten. Dies führt potenziell zu ungleichen Behandlungsmethoden auf der Grundlage von sozialem Verhalten oder sozioökonomischem Status. Dies verstärkt bestehende Ungleichheiten und soziale Spaltungen.

2) Verletzung der Grundrechte

Social Scoring wird als Verstoß gegen die Grundrechte angesehen, insbesondere das Recht auf Privatsphäre, Menschenwürde und Schutz personenbezogener Daten wird dadurch verletzt. Es kann Menschen dazu zwingen, ihr Verhalten auf der Grundlage von Angst vor Strafen oder negativen Bewertungen zu ändern, wodurch individuelle Freiheit und Selbstbestimmung unangemessen einschränkt werden.

3) Mangelnde Transparenz und Kontrolle

Da Social Scoring oft auf Algorithmen basiert, besteht ein erhebliches Risiko für Intransparenz und mangelnde Kontrolle darüber, wie die Bewertungssysteme funktionieren. Bürger und Bürgerinnen können in der Regel nicht verstehen oder beeinflussen, wie ihre Bewertungen zustande kommen, was das Vertrauen in solche Systeme untergräbt.

4) Gefahr von Manipulation und Missbrauch

Die Verwendung eines Social Scoring-Systems könnte zu Manipulationen führen, insbesondere wenn Unternehmen oder Regierungen es als Mittel zur sozialen Kontrolle missbrauchen. Es besteht das Risiko, dass soziale Normen und Verhal-

14 https://artificialintelligenceact.eu/article/5/

tensweisen gezielt gesteuert werden, um bestimmte politische oder wirtschaftliche Ziele zu fördern.

5) **Verstärkung von Vorurteilen durch algorithmischen Bias**

Da viele Scoring-Systeme auf KI und maschinellem Lernen basieren, könnten sie bestehende Vorurteile und Diskriminierung verstärken. Dies kann dazu führen, dass bereits benachteiligte Gruppen weiter marginalisiert werden.

3.2.2. Massenüberwachung

Die systematische und großflächige Überwachung von Personen durch staatliche oder private Akteure, oft unter Einsatz fortschrittlicher Technologien wie Kameras, biometrischer Erkennung oder Kommunikationsüberwachung bringt das Sammeln und Analysieren einer enormen Menge an Daten über die Aktivitäten, Bewegungen, Gespräche und das Verhalten von Menschen mit sich.

Verbot im EU AI Act

Im Rahmen des EU AI Act[15] sind bestimmte Formen der Massenüberwachung, insbesondere die biometrische Überwachung im öffentlichen Raum in Echtzeit, grundsätzlich verboten (siehe 7.3.1.3). Der EU AI Act stuft solche Anwendungen als „unzulässiges Risiko“ ein, basierend auf folgenden wesentlichen Gründen

1) **Verletzung der Grundrechte**

Massenüberwachung greift tief in die Privatsphäre der Menschen ein. Die Bürgerinnen und Bürger könnten sich in ihrer Bewegungsfreiheit und ihrem Verhalten eingeschränkt fühlen, da sie ständig überwacht werden.

2) **Unverhältnismäßigkeit**

In demokratischen Gesellschaften wird argumentiert, dass Massenüberwachung unverhältnismäßig ist, da sie die Daten aller Menschen überwacht, nicht nur der-

---

15 https://artificialintelligenceact.eu/article/5/

jenigen, die eines Verbrechens verdächtigt werden. Die flächendeckende Erfassung von Daten stellt eine übermäßige, pauschale Maßnahme dar, die das Prinzip der Verhältnismäßigkeit missachtet.

3) Falsche Identifizierungen und Fehleranfälligkeit

Biometrische Überwachungstechnologien wie Gesichtserkennung sind nicht fehlerfrei und neigen zu falschen Identifizierungen, insbesondere bei marginalisierten Gruppen. Man unterscheidet dabei False Positives (falsche Erkennung) und False Negatives (falsche Nichterkennung). Zum Umgang mit diesem Phänomen siehe 7.1.2 sowie 3.3.3. Fehler könnten dazu führen, dass unschuldige Menschen zu Unrecht ins Visier von Strafverfolgungsbehörden geraten oder diskriminierende Konsequenzen erleiden.

London: Beispiel flächendeckender biometrischer Massenüberwachung Gesichtserkennung wird auch in großflächigen Überwachungssystemen eingesetzt. Besonders effizient dabei ist die Polizei in London, deren biometrische Kameras ein flächendeckendes Überwachungsnetz bilden, mit dem KI gestützt Personen durch die ganze Stadt verfolgt werden können. In Irland wird nach Ausschreitungen befürchtet, dass biometrische Gesichtserkennung in der Massenüberwachung auf Dublin ausgerollt werden könnte (Nash 2023).

Die Polizei Großbritanniens (speziell von London), aber auch anderer Großstädte (O'Neill 2024) schwört auf biometrische Videoüberwachung - und belegt das auch immer wieder mit Zahlen, die von den zahlreichen Kritikern der Systeme immer wieder angefragt werden, weil dort viele Millionen Menschen anlasslos in der Öffentlichkeit überwacht werden. Dafür wurde sogar ein eigenes "Office of the Biometrics and Surveillance Camera Commissioner" geschaffen, das regelmäßige Berichte liefert (Sampson 2024).

Die flächendeckende biometrische Überwachung in London verdeutlicht den fortgeschrittenen Einsatz von Gesichtserkennungstechnologien, mit denen die Polizei KI-gestützt Personen in der ganzen Stadt verfolgen kann. Während dies als wirksames Mittel zur Kriminalitätsbekämpfung gilt, stößt die massenhafte, anlasslose Überwachung von Millionen Menschen auf erhebliche Kritik. Diese Entwicklungen werfen grundlegende Fragen zur ethischen Weiterentwicklung der Biometrie als KI-Disziplin auf, um Potenziale zu nutzen, ohne ethische Standards zu verletzen. Trotz ihres Potenzials erfordert die Biometrie weitere Entwicklungsarbeit, um Missbrauch zu verhindern und ihre Anwendung sicher und effizient zu gestalten.

3.3. Systemimmanente Zielkonflikte und Herausforderungen

Im Kontext von KI entstehen häufig Zielkonflikte, die sowohl individuelle als auch kollektive Gerechtigkeit betreffen. Diese Spannungen verdeutlichen, dass Gerechtigkeit im KI-Bereich nicht nur eine technische Herausforderung ist, sondern auch tief in gesellschaftlichen und ethischen Überlegungen verwurzelt ist.

3.3.1. Individuelle Gerechtigkeit vs. Gruppen-Gerechtigkeit

Der Begriff der Gerechtigkeit scheint klar, das ist allerdings nur im individuellen Verständnis so. Gerechtigkeit hat keine einheitlich verstandene Definition. Der österreichische Jurist Hans Kelsen, einer der Hauptarchitekten der österreichischen Bundesverfassung von 1920, war bekannt für seine Haltung, dass der Begriff der Gerechtigkeit nicht eindeutig definierbar sei und deshalb in einer Verfassung vermieden werden sollte. Kelsen vertrat die Ansicht, dass das Recht als eine systematische Ordnung verstanden werden sollte, die ohne Bezug auf moralische oder ethische Kategorien wie „Gerechtigkeit“ auskommt. Kelsen war ein Vertreter des sogenannten Rechtspositivismus, der davon ausgeht, dass Recht unabhängig von moralischen Werturteilen betrachtet werden soll. Für ihn war Recht ein normatives System, das auf formal-logischen Strukturen basierte, und eben nicht auf moralischen Vorstellungen. Deshalb hat er bewusst auf die Einfügung des Begriffs „Gerechtigkeit“ in die österreichische Bundesverfassung verzichtet. Der Begriff

„Gerechtigkeit“ fand erst später durch den rechtspolitischen Diskurs Einzug in die Verfassung.

Barocas et al. (2019) unterscheiden dazu den Konflikt zwischen individueller Gerechtigkeit und Gruppen-Gerechtigkeit, der nie gänzlich aufgelöst werden kann. Es bedarf einer bewussten Entscheidung für die eine oder andere Präferenz.

1. Individuelle Gerechtigkeit

Individuelle Gerechtigkeit bedeutet, dass Personen mit ähnlicher Qualifikation, ähnlichem Wissen usw. ähnliche Ergebnisse erhalten sollten. Dabei wird betont, dass individuelle Merkmale und Leistungen ausschlaggebend sein sollten, um faire und gleiche Chancen auf Erfolg zu gewährleisten, unabhängig von äußeren Faktoren wie Herkunft, Geschlecht oder sozialem Status.

Beispiel: Zwei Bewerbungen mit gleicher Qualifikation sollten die gleiche Chance haben, eingestellt zu werden, unabhängig von ihrer Herkunft oder ihrem Geschlecht. Die Studie von Jacquemet & Yannelis (2012) untersucht ethnische Diskriminierung auf dem Arbeitsmarkt in Chicago anhand eines Korrespondenztests. Sie finden heraus, dass Bewerbungen mit ausländisch klingenden Namen systematisch benachteiligt werden, unabhängig von Qualifikationen oder anderen Bewerbungsmerkmalen. Diese Form der Diskriminierung ist „indiscriminant,“ das heißt, sie trifft alle ethnischen Gruppen gleichermaßen, ohne spezifische Vorurteile gegenüber bestimmten Ethnien. Dies deutet darauf hin, dass eine allgemeine Präferenz für Bewerber mit typisch amerikanischen Namen besteht, was auf ethnische Homophilie hinweist – die Tendenz, Personen ähnlicher Herkunft zu bevorzugen.

Der Konflikt bei individueller Gerechtigkeit in Bezug auf KI entsteht oft durch sogenannte Repräsentationsschäden, die auf den Trainingsdaten basieren, welche die KI nutzt. Obwohl zwei Bewerbungen gleiche Qualifikationen haben, kann eine KI aufgrund verzerrter oder unvollständiger Daten unbewusst eine Präferenz für eine bestimmte Person entwickeln. Beispielsweise könnten historische Verzerrungen in den Daten – etwa Benachteiligungen bestimmter Geschlechter in der Vergangenheit – dazu führen, dass die KI-Bewerbungen aufgrund dieser Merkmale unterschiedlich behandelt, selbst wenn die Qualifikationen identisch sind.

Dieser Zielkonflikt zwischen individueller Gerechtigkeit und den systemischen Vorurteilen in den Daten verdeutlicht, dass auch gut gemeinte KI-Systeme zu Diskriminierung führen können, wenn die zugrunde liegenden Daten nicht divers oder repräsentativ genug sind.

2. Gruppen-Gerechtigkeit

Gruppen-Gerechtigkeit bedeutet, dass unterschiedliche Gruppen, z.B. nach Herkunft oder Geschlecht, ähnliche Ergebnisse erhalten sollten. Dies setzt voraus, dass nicht nur Chancengleichheit gegeben ist, sondern auch strukturelle Barrieren abgebaut werden, um sicherzustellen, dass alle Gruppen fair behandelt werden und vergleichbare Erfolgsmöglichkeiten haben.

Beispiel: Ein ML[16] -Modell, das Anti-Diskriminierungsrichtlinien berücksichtigt, könnte darauf trainiert werden, sicherzustellen, dass der Prozentsatz der angenommenen Bewerberinnen und Bewerber für verschiedene Gruppen ähnlich ist.

Konflikt: Die Optimierung beispielsweise auf Gruppen-Gerechtigkeit bedeutet hier, dass unter Umständen Individuen mit deutlich unterschiedlichen Leistungen aufgenommen werden – oder eine Person mit besserem Ergebnis abgelehnt wird, während eine Person mit schlechterem Ergebnis akzeptiert wird. Umgekehrt kann dies auch bei Modellen passieren, die auf individuelle Gerechtigkeit optimiert sind.

16 ML: Machine Learning (maschinelles Lernen)

3.3.2. *Verteilungsschaden vs. Repräsentationsschaden*

Ethik-Schäden können in KI- und ML-Systemen auf verschiedene Weise auftreten und haben oft tiefgreifende soziale und individuelle Auswirkungen. Zwei der wichtigsten Arten von Ethik-Schäden sind Verteilungsschäden und Repräsentationsschäden (Barocas et al. 2019; Crawford 2024).

1. Verteilungsschaden (Allocative Harm)

Verteilungsschaden tritt auf, wenn bestimmte Personen oder Gruppen von der Nutzung oder Teilhabe an Ressourcen, Dienstleistungen oder Möglichkeiten ausgeschlossen werden. Dies führt zu ungleichen Chancen und verstärkt soziale Ungleichheiten, indem bestimmten Bevölkerungsgruppen der Zugang zu wesentlichen Vorteilen wie Bildung, Gesundheitsversorgung oder wirtschaftlicher Teilhabe verwehrt bleibt.

Hier drei Beispiele für Verteilungsschaden:

-Es wurde kein Alt-Text für[17] Sehbehinderte vorgesehen: Sehbehinderte Menschen werden dadurch von der Nutzung der betroffenen Online-Inhalte ausgeschlossen.

-Unterschiedliche Kreditlimits nach Geschlecht: Frauen erhalten bei vergleichbaren finanziellen Profilen niedrigere Kreditlimits als Männer, was sie wirtschaftlich benachteiligt.

-(Nicht-)Zulassung zu Interviews: Bewerber und Bewerberinnen aus bestimmten sozialen oder ethnischen Gruppen erhalten keine Einladungen zu Vorstellungsgesprächen, obwohl sie ähnliche Qualifikationen wie andere haben.

17 Alt-Text steht für „Alternativer Text", der als Beschreibung typischerweise von Bildern ermöglicht, dass auch Sehbehinderte auf diese Weise auch den Inhalt von Bildern erfassen können.

2. Repräsentationsschaden (Representational Harm)

Repräsentationsschaden entsteht, wenn bestimmte Personen oder Gruppen auf eine ungerechte Weise dargestellt oder kategorisiert werden, was Vorurteile und Stereotype verstärkt. Dies trägt dazu bei, bestehende soziale Ungleichheiten zu verschärfen und marginalisierte Gruppen sowohl in der gesellschaftlichen Wahrnehmung als auch in zentralen Lebensbereichen wie Bildung, Arbeitsmarkt und Strafjustiz weiter zu benachteiligen.

Die Darstellung dunkelhäutiger Personen und Frauen in untergeordneten Rollen sowie die Zuweisung von Führungspositionen an weiße Männer spiegeln gesellschaftliche Vorurteile wider und können diese weiter zementieren. Diese Beispiele illustrieren typische Repräsentationsschäden, bei denen KI-Modelle bestehende Stereotype verstärken.

Ebenso tragen Sprachmodelle und bildgenerierende KI, die Frauen in traditionellen, stereotypen Berufen zeigen, zur Verfestigung geschlechtsspezifischer Rollenbilder bei. Diese Verzerrungen entstehen oft durch die zugrunde liegenden Daten, die solche gesellschaftlichen Muster enthalten. Der Umgang mit dem Zielkonflikt zwischen Verteilungsschaden und Repräsentationsschaden wird über die Phasen der Systementwicklung in Kapitel 8 eingehend thematisiert.

3.3.3. Equal Error Rate: Falsch-Positive und Falsch-Negative

Die Equal Error Rate (EER) ist eine Schlüsselmetrik in der biometrischen Authentifizierung und Mustererkennung, die den Punkt markiert, an dem die Fehlerrate von falsch positiven und falsch negativen Ergebnissen gleich ist. Das bedeutet, dass die Wahrscheinlichkeit, eine korrekte Übereinstimmung fälschlicherweise abzulehnen (falsch negativ), und die Wahrscheinlichkeit, eine falsche Übereinstimmung zu akzeptieren (falsch positiv), identisch sind. Je niedriger der EER-Wert, desto präziser ist das System, da sowohl die Häufigkeit von Fehlalarmen als auch die Anzahl der verpassten Erkennungen minimiert werden (Poh & Bengio 2004).

Die Equal Error Rate ist der Punkt, an dem die Rate der falsch positiven und falsch negativen Ergebnisse in einem biometrischen System gleich hoch ist. Sie dient als Maß für die Genauigkeit eines Systems und ermöglicht den direkten Vergleich verschiedener Technologien. Je niedriger die EER, desto präziser und verlässlicher arbeitet das System.

Der EER ist besonders nützlich für den Vergleich verschiedener biometrischer Systeme, insbesondere in sicherheitskritischen Anwendungen wie Überwachung oder Zugangskontrollen. Er beschreibt den „Sweetspot", an dem ein System ausgewogen arbeitet und die Balance zwischen strikter Überprüfung und Fehlertoleranz findet.

In der Praxis verdeutlicht ein Beispiel die Herausforderung: Bei der Überwachung von einer Million Menschen kann eine Fehlerrate von nur 1 % dazu führen, dass 10.000 Personen zu Unrecht identifiziert werden, was schwerwiegende Folgen wie ungerechtfertigte Anklagen oder Freiheitsentzug nach sich ziehen kann. Dieser Aspekt zeigt, dass der EER nicht nur eine theoretische Größe ist, sondern reale Auswirkungen auf das Leben von Menschen haben kann.

Besonders kritisch wird es, wenn KI-Systeme in Bereichen eingesetzt werden, die über bloße Überwachung hinausgehen, etwa bei rechtlichen Entscheidungen. In solchen Szenarien können systematische Verzerrungen oder Fehler in den Trainingsdaten schwerwiegende Konsequenzen haben, weshalb eine sorgfältige menschliche Kontrolle und ethische Regulierung essenziell sind, um Gerechtigkeit und den Schutz individueller Rechte zu gewährleisten.

3.4. Kompetenzüberschreitung der KI – Was Maschinen nicht entscheiden sollen

Das Potenzial von künstlicher Intelligenz verleitet dazu, Verantwortung zu delegieren. Eine Verlockung, der der Mensch nicht erliegen sollte, wird in der jüngeren Geschichte bereits mit mehreren spektakulären Fällen illustriert. Einige davon werden hier als Beispiele vorgestellt.

> Der Kindergeld-Skandal in den Niederlanden illustriert, welche katastrophalen Folgen Systeme mit inhärentem Bias und der Abgabe menschlicher Verantwortung verursachen können. Diese beispiellose Diskriminierung durch einen Algorithmus führte nicht nur zu einer menschlichen Tragödie, sondern auch zum Rücktritt der Regierung.

Letztlich bleibt Verantwortung beim Menschen – ein Weckruf, Systeme von Beginn an so zu gestalten, dass sie dem Menschen dienen und Schaden verhindern. Der Kindergeld-Skandal erstreckte sich über Jahre, doch 2022 räumte die niederländische Regierung ein, dass systematische Diskriminierung in der Steuer- und Zollverwaltung eine wesentliche Rolle spielte.

CASE: Ein Fall beispielloser Ungerechtigkeit

Die niederländische Steuer- und Zollverwaltung erstellte Risikoprofile für Antragsteller, wobei Merkmale wie „fremd klingende Namen" und „doppelte Staatsangehörigkeit" als Betrugsindikatoren verwendet wurden. Dies führte dazu, dass Tausende Familien, meist mit niedrigem bis mittlerem Einkommen, fälschlicherweise des Betrugs beschuldigt und zur Rückzahlung gesetzlicher Gelder gezwungen wurden. Die Folgen waren verheerend: Schulden, Armut, der Verlust von Häusern und Arbeitsplätzen und sogar die Trennung von über 1.000 Kindern von ihren Familien. Die tatsächliche Zahl könnte höher liegen (Dutch News 2021):

Die niederländische Regierung reagierte zunächst gar nicht und später nur zögerlich auf die Warnungen und Appelle aus der Gesellschaft. Betroffene mussten jahrelang um Anerkennung kämpfen. Dieser Skandal führte schließlich 2021 zum Rücktritt der Regierung. Erst am 25. Mai 2022 räumte die Regierung ein, dass institutioneller Rassismus in Teilen der Steuer- und Zollverwaltung die Ursache des Skandals war (Europäisches Parlament 2022; Amaro 2021).

Obwohl den betroffenen Familien nach dem Rücktritt Entschädigungen zugesagt wurden, haben viele aufgrund der Komplexität des Falls bis heute keine erhalten. Einige Folgen, wie der Verlust von Kindern oder zerbrochene Beziehungen, sind unwiederbringlich (Europäisches Parlament 2022).

Dieser Fall unterstreicht auf eindrucksvolle Weise wie wesentlich es ist, ethische Grundsätze systematisch in den Entwicklungs- und Einsatzprozess von Künstlicher Intelligenz zu integrieren und die Berücksichtigung von Human Factors in der KI-Nutzung sicherzustellen. Ein zentrales Prinzip dabei ist die Beibehaltung der menschlichen Verantwortung. Die Delegation oder gar das Abwälzen von Entscheidungen auf KI-Systeme birgt erhebliche Risiken. Wenn sich Menschen ihrer Verantwortung entziehen, können schwerwiegende Konsequenzen die Folge sein – wie der Vorfall in den Niederlanden eindrucksvoll zeigt.

Menschen bringen somit die notwendige Erfahrung, Urteilsfähigkeit und ethisches Verständnis ein, das Maschinen fehlt. Dies bedeutet, dass, selbst wenn KI-Systeme präzise analysieren und vorhersagen, sie niemals die komplexe menschliche Entscheidungsfindung vollständig ersetzen können.

Entscheidungen mit rechtlichen oder ethischen Implikationen erfordern eine bewusste Abwägung von Kontext, Moral und gesellschaftlichen Werten – Aspekte, die tief im menschlichen Denken verwurzelt sind. Fehlt diese menschliche Verantwortung, kann der Einsatz von KI-Systemen zu schwerwiegenden und unvorhergesehenen Folgen führen, wie der niederländische Fall zeigt. Nur Menschen können den vollständigen Kontext einer Entscheidung erfassen und berücksichtigen, einschließlich technischer Analysen, moralischer Überlegungen und der spezifischen Umstände jedes Einzelfalls (Alvarez et al. 2024).

Rechtsprechung umfasst nicht nur die Anwendung von Gesetzen, sondern auch die Berücksichtigung von Gerechtigkeit, Empathie und gesellschaftlichen Kontexten. Während Menschen diese Faktoren in ihre Entscheidungen einfließen lassen können, basieren KI-Systeme lediglich auf statistischen Mustern und Algorithmen. Ohne die Berücksichtigung von Human Factors besteht die Gefahr, dass KI-Entscheidungen unreflektiert, unverhältnismäßig oder ungerecht ausfallen und schwerwiegende Folgen für die Betroffenen haben (Varona & Suárez 2022). Daher legt dieses Buch besonderen Wert auf die Einbindung menschlicher Fähigkeiten, ethischer Werte und Verhaltensweisen in den Design- und Einsatzprozess von KI.

Die Entscheidung, Verantwortung an KI-Systeme zu delegieren, birgt tiefgreifende ethische und gesellschaftliche Risiken. Obwohl KI-Systeme in der Lage sind, große Datenmengen effizient zu verarbeiten und Muster zu erkennen, bleiben sie statistische Werkzeuge ohne Verständnis für menschliche Werte, Empathie oder den sozialen Kontext (Alzubaidi et al. 2023). Dies ist besonders problematisch, wenn KI in sensiblen Bereichen wie Justiz, Sozialleistungen oder Arbeitsmarktentscheidungen eingesetzt wird.

Algorithmen handeln ohne moralische Reflexion und berücksichtigen nicht die komplexen, oft nicht messbaren Dimensionen, die menschliche Entscheidungen prägen. Daher ist es für Maschinen unmöglich, Entscheidungen zu treffen, die auf der Abwägung ethischer Prinzipien und dem Verständnis für individuelle Lebenssituationen beruhen.

KI-Systeme haben das Potenzial, bestehende gesellschaftliche Ungleichheiten zu verschärfen, insbesondere wenn sie auf veralteten, voreingenommenen oder unvollständigen Trainingsdaten basieren (Shah & Sureja 2024). Die Folge sind oft diskriminierende Resultate, wie der niederländische Kindergeld-Skandal eindrucksvoll zeigte – mit Auswirkungen, die weit über einfache technische Korrekturen hinausgehen. Die intransparente Natur vieler KI-Modelle verstärkt das Problem zusätzlich, da sie die Nachvollziehbarkeit von Entscheidungen erschwert und das Risiko willkürlicher, ungerechter Behandlungen erhöht (Pagano et al. 2023).

Daher darf KI niemals die letzte Instanz für Entscheidungen sein, besonders nicht in rechtlichen, sozialen oder ethisch sensiblen Fragen. Diese Verantwortung muss beim Menschen bleiben, um sicherzustellen, dass moralische Abwägungen, Empathie und ein tiefes Verständnis des Kontextes nicht verloren gehen.

Letztlich brauchen wir Maschinen, die unser Denken erweitern, nicht solche, die es ersetzen. Sobald KI jedoch die Macht erhält, endgültige Entscheidungen über Menschen zu treffen, ist die Gefahr groß, dass zentrale menschliche Elemente übersehen werden – jene Faktoren, die uns zu einer gerechten und mitfühlenden Gesellschaft machen.

3.5. Kernpunkte im Fokus: KI RICHTET

Verantwortung und Entscheidungsgewalt des Menschen

- Entscheidungen in Justiz, Gesundheitswesen und Personalmanagement erfordern menschliche Empathie und soziale Kompetenz, die KI nicht leisten kann.
- KI kann Entscheidungsprozesse unterstützen, aber die finale Verantwortung und das ethische Urteilsvermögen müssen stets beim Menschen verbleiben.
- Die Gesellschaft muss klare ethische und rechtliche Rahmenbedingungen schaffen, um zu verhindern, dass KI unkontrollierte oder intransparente Entscheidungen trifft.

Ethik und Regulierung zur Vermeidung algorithmischer Verzerrungen

- Die Nutzung von KI in sensiblen Bereichen wie dem Strafrecht birgt Risiken von Diskriminierung, wie das Beispiel des COMPAS-Systems zeigt, das durch Verzerrungen in den Daten bestimmte Bevölkerungsgruppen benachteiligte.
- Ethikleitlinien und regulatorische Vorgaben sind entscheidend, um algorithmische Verzerrungen zu verhindern und sicherzustellen, dass KI-Systeme in sensiblen Bereichen den Menschenrechten und gesellschaftlichen Werten gerecht werden.
- Systeme wie IBM Watson in der Medizin und HireVue im Personalwesen verdeutlichen, dass nur durch Transparenz und stetige Überwachung die Fairness und Sicherheit dieser Technologien gewährleistet werden kann.

Kritische Auseinandersetzung mit Social Scoring und Massenüberwachung

- Der EU AI Act verbietet Social Scoring und Massenüberwachung als Eingriff in die Persönlichkeitsrechte und die Privatsphäre, da diese Systeme individuelle Freiheit und Menschenwürde bedrohen.

- Social Scoring und biometrische Überwachung führen zu einem potenziellen Missbrauch durch staatliche und private Akteure und können gesellschaftliche Ungleichheiten verstärken.

- Der Schutz vor algorithmischer Diskriminierung und die Wahrung der Privatsphäre sind wesentliche Grundsätze, die durch strikte Regulierungen gesichert werden müssen, um Missbrauch in diesen Bereichen zu verhindern.

Referenzen

Alvarez, J. M. et al. (2024 Policy advice and best practices on bias and fairness in AI. Ethics and Information Technology, 26(2), 31.

Alzubaidi, L. et al. (2023 Towards Risk-Free Trustworthy Artificial Intelligence: Significance and Requirements. International Journal of Intelligent Systems, 2023(1), 4459198.

Amaro, S. (2021) Dutch government resigns after childcare benefits scandal. CNBC, 15. Jan. 2021. https://www.cnbc.com/2021/01/15/dutch-government-resigns-after-childcare-benefits-scandal-.html

Barkane, I. (2022 Questioning the EU proposal for an Artificial Intelligence Act: The need for prohibitions and a stricter approach to biometric surveillance 1. Information Polity, 27(2), 147-162.

Barocas, S., Hardt, M., Narayanan, A. (2019 Fairness and Machine Learning: Limitations and Opportunities. The MIT Press, Cambridge/MA, London/GB.

Crawford, K. (2024 Atlas der KI: Die materielle Wahrheit hinter den neuen Datenimperien. [Englisches Original: Atlas of AI: Power, Politics, and the Planetary Costs of Artificial Intelligence]. C.H.Beck, München.

De Hert, P., Bouchagiar, G. (2022 Visual and biometric surveillance in the EU. Saying 'no'to mass surveillance practices? 1 2. Information Polity, 27(2), 193-217.

Dutch News (2021 Over 1,100 children of childcare benefit victims taken into care. Dutch News, 20. Okt. 2021. https://www.dutchnews.nl/news/2021/10/over-1100-children-of-childcare-benefit-victims-taken-into-care/

Europäisches Parlament (2022 The Dutch childcare benefit scandal, institutional racism and algorithms. Parlamentarische Anfrage O-000028/2022,

28. Juni 2022. https://www.europarl.europa.eu/doceo/document/O-9-2022-000028_EN.html

Jacquemet, N., Yannelis, C. (2012 Indiscriminate discrimination: A correspondence test for ethnic homophily in the Chicago labor market. Labour Economics, 19(6), 824-832.

Kochhar, K., Purohit, H., Chutani, R. (2019 The rise of artificial intelligence in banking sector. In The 5th international conference on educational research and practice (icerp) (Vol. 127).

Larson, J., Mattu, S., Kirchner, S., Angwin, J. (2016 How We Analyzed the COMPAS Recidivism Algorithm. 23. Mai 2016. https://www.propublica.org/article/how-we-analyzed-the-compas-recidivism-algorithm

Loefflad, C., Chen, M., Grossklags, J. (2023 Factors Influencing Perceived Legitimacy of Social Scoring Systems: Subjective Privacy Harms and the Moderating Role of Transparency.

Loefflad, C., Grossklags, J. (2024) How the Types of Consequences in Social Scoring Systems Shape People's Perceptions and Behavioral Reactions. In The 2024 ACM Conference on Fairness, Accountability, and Transparency (pp. 1515-1530).

Naranjo, D. (2020 Your face rings a bell. How facial recognition poses a threat for human rights.

Nash, J. (2023 Facial Recognition by Police could come to Ireland faster after Dublin Riots. Biometric Update, 27. Nov. 2023. https://www.biometricupdate.com/202311/facial-recognition-by-police-could-come-to-ireland-faster-after-dublin-riots

O'Neill, A. (2024 Croydon: Met Police to continue facial recognition despite concerns. BBC, 12. Feb. 2024. https://www.bbc.com/news/uk-england-london-68274090

Pagano, T. P. et al. (2023 Bias and unfairness in machine learning models: a systematic review on datasets, tools, fairness metrics, and identification and mitigation methods. Big data and cognitive computing, 7(1), 15.

Poh, N., Bengio, S. (2004 Evidences of equal error rate reduction in biometric authentication fusion.

Raposo, V. L. (2023 The use of facial recognition technology by law enforcement in Europe: a non-orwellian draft proposal. European Journal on Criminal Policy and Research, 29(4), 515-533.

Romeo, G. (2021 The impact of digital communication in the recruitment process: the case of HireVue at Tetra Pak.

Sampson, F. (2024 Biometrics and Surveillance Camera Commissioner: report 2022 to 2023. Commissioner for the Retention and Use of Biometric Material and Surveillance Camera Commissioner, 24. Jan. 2024. https://assets.publishing.service.gov.uk/media/65ae468c82fee9000d6f5fc5/E03010052_BSCC+ARA+22-23_Accessible.pdf

Schindler, E. (2024) Judicial systems are turning to AI to help manage vast quantities of data and expedite case resolution. Case Study. IBM Blog, 8.1.2024. Armonk/NY, USA. https://www.ibm.com/blog/judicial-systems-are-turning-to-ai-to-help-manage-its-vastquantities-of-data-and-expedite-case-resolution/ S

Schmidt, C. (2017 MD Anderson breaks with IBM Watson, raising questions about artificial intelligence in oncology.

Shah, M., Sureja, N. (2024 A Comprehensive Review of Bias in Deep Learning Models: Methods, Impacts, and Future Directions. Archives of Computational Methods in Engineering, 1-13.

Varona, D., Suárez, J. L. (2022 Discrimination, bias, fairness, and trustworthy AI. Applied Sciences, 12(12), 5826.

Washington, A. L. (2018 How to argue with an algorithm: Lessons from the COMPAS-ProPublica debate. Colo. Tech. LJ, 17, 131.

Wozniak, S. (2019 Twitter. https://twitter.com/stevewoz/status/1193330241478901760

4

Künstliche Intelligenz VERNICHTET

Kapitel 4 setzt sich intensiv mit den destruktiven Potenzialen der Künstlichen Intelligenz auseinander und analysiert die Folgen eines unregulierten und ethisch unkontrollierten Einsatzes. Die Fähigkeit der KI, soziale Strukturen zu destabilisieren, Individuen zu überwachen, Realitäten zu manipulieren und über Leben und Tod zu entscheiden, stellt eine erhebliche Gefahr für gesellschaftliche Stabilität und Demokratie dar. Techniken wie Deepfakes und Social Bots fördern gezielte Desinformation, Cybermobbing und automatisierte Hassbotschaften verstärken digitale Gewalt, und autonome Waffensysteme eröffnen eine neue Ära der Kriegsführung.

Auch die wirtschaftlichen Folgen – von Arbeitsplatzverlusten bis zur Monopolisierung durch Technologiekonzerne – verdeutlichen die Risiken eines tiefgreifenden Strukturwandels. Phänomene wie der „gläserne Mensch“ und fortschreitende KI-Überwachungstechnologien zeigen die Bedrohung für individuelle Freiheiten und den Schutz der Privatsphäre. Die zentrale Frage ist nicht, ob KI die Gesellschaft verändern wird, sondern auf welche Weise und zu welchem Preis. Der Balanceakt zwischen technologischen Fortschritten und dem Schutz grundlegender Werte wie Freiheit, Privatsphäre und Gerechtigkeit wird in den kommenden Jahren von entscheidender Bedeutung sein.

4. Künstliche Intelligenz VERNICHTET

Wenn wir die Kontrolle über die Maschinen verlieren, verlieren wir die Kontrolle über uns selbst.

Die Vorstellung, dass intelligente Maschinen unsere Entscheidungen beeinflussen, unsere Handlungen vorhersagen und sogar unsere Gedanken manipulieren könnten, mag zunächst wie Science-Fiction erscheinen. Doch mit dem rasanten technologischen Fortschritt rückt diese Realität immer näher. KI hat sich von einem bloßen Werkzeug zu einem mächtigen System entwickelt, das in den falschen Händen erhebliche Risiken birgt. Ohne klare gesetzliche Regelungen und ethische Leitplanken könnte sie leicht zum Instrument der Manipulation, Überwachung und gesellschaftlichen Destabilisierung werden.

Diese alarmierenden Entwicklungen verdeutlichen die Dringlichkeit strikter Regularien – seien es Gesetze, Ethikrichtlinien oder Compliance-Vorgaben. Ohne diese könnte KI zu einer zerstörerischen Kraft werden, die sowohl von Regierungen als auch von privaten Unternehmen oder kriminellen Akteuren als Machtinstrument missbraucht wird und schwerwiegende gesellschaftliche Verwerfungen nach sich zieht.

Die fehlende Transparenz von KI-Systemen und das Risiko, dass sie ohne ausreichende menschliche Kontrolle Entscheidungen treffen, haben das Potenzial, gesellschaftliche Strukturen zu destabilisieren (Gordon 2021; Brodnig 2024). Diese Bedenken verdeutlichen, warum die Verantwortung und Entscheidungsgewalt in sensiblen Bereichen immer beim Menschen bleiben müssen.

Darüber hinaus warnen Barnhizer und Barnhizer (2019), dass die Automatisierung durch KI nicht nur bestehende soziale Ungleichheiten verstärken, sondern auch traditionelle Arbeitsstrukturen unterminieren kann. Der Verlust von Arbeitsplätzen in bestimmten Sektoren und die Konzentration hochspezialisierter Positionen in der Tech-Branche könnten die wirtschaftliche Disparität verschärfen und den Zugang zu Wohlstand und sozialer Mobilität einschränken. Um diese potenziellen Folgen zu verhindern, ist es unerlässlich, rechtliche und ethische Rahmenbedingungen zu schaffen. Proaktive Maßnahmen sind notwendig, um die Integration von KI in Arbeitsprozesse sozial gerecht zu gestalten und langfristige Stabilität zu sichern.

> Coeckelbergh (2024) warnt, dass die Verbreitung von KI demokratische Grundprinzipien bedroht, indem sie Machtkonzentrationen fördert, Entscheidungsprozesse intransparent macht und die Autonomie der Bürgerinnen und Bürger einschränkt.

Um diesen Risiken entgegenzuwirken, plädiert er für eine stärkere Regulierung, klare ethische Leitplanken und eine umfassende öffentliche Debatte über die Rolle von KI in der Gesellschaft. Im Folgenden werden die zentralen Gefahren einer unregulierten KI-Nutzung eingehend analysiert. Die Relevanz jedes Phänomens, die damit verbundenen Risiken und die möglichen Konsequenzen für Gesellschaft und Demokratie werden strukturiert dargestellt und kritisch reflektiert.

4.1. Deep Fakes: Die Täuschung der Realität

Deepfakes, hyperrealistische Medien, die durch KI-Technologien wie Computer Vision und maschinelles Lernen erzeugt werden, verbinden Technologie mit Täuschung und stellen eine ernsthafte Bedrohung dar (Nguyen et al. 2022). Diese mittels Generative Adversarial Networks (GANs) erstellten Inhalte manipulieren Gesichter, Stimmen und Handlungen so täuschend echt, dass sie kaum von realen Aufnahmen zu unterscheiden sind. Deepfakes können politische Kampagnen sabotieren, Desinformation verbreiten und das Vertrauen in Institutionen untergraben (Brodnig 2024).

Labuz (2023) betont die Dringlichkeit strengerer Regulierungen, die im AI Act umgesetzt wurden, um Deepfake-Inhalte zu kennzeichnen und Missbrauch zu verhindern. Helmus (2022) weist jedoch darauf hin, dass bestehende Erkennungsmethoden oft unzureichend sind und fordert fortschrittlichere Technologien sowie internationale Kooperationen und Bildungsinitiativen. Im Folgenden werden die aktuellen Deep-Fake Detection Tools angeführt:

Reality Defender: Eine umfassende Plattform, die mittels eines patentierten Multimodell-Ansatzes Bilder, Videos, Audio und Text auf Deepfakes analysiert. Unternehmen und Regierungsbehörden setzen auf diese Lösung, um Bedrohungen in Echtzeit zu erkennen.

Sentinel: Eine in Europa etablierte KI-basierte Schutzplattform, die Verteidigungsbehörden und demokratische Institutionen bei der Abwehr von Deepfake-Bedrohungen unterstützt (Ali et al. 2022).

Attestiv: Ein innovatives Tool, das es Privatpersonen, Influencern und Unternehmen ermöglicht, Videos und Social-Media-Inhalte auf Manipulation zu prüfen. Angesichts der steigenden Risiken für Marktbewertungen und Wahlergebnisse ist diese Lösung besonders wertvoll.

FakeCatcher (Intel): Ein Echtzeit-Detektor mit 96%iger Genauigkeit, der gefälschte Videos in Millisekunden identifiziert. Die Technologie basiert auf Intel-Hardware und wurde in Kooperation mit der State University of New York entwickelt (Ciftci et al. 2020).

WeVerify: Ein Projekt, das Methoden zur Inhaltsüberprüfung und Desinformationsanalyse entwickelt. Mithilfe einer Blockchain-basierten Datenbank und modalübergreifender Tools werden erfundene Inhalte aufgedeckt und verifiziert.

Microsoft Video Authenticator: Ein leistungsfähiges Tool, das Standbilder und Videos analysiert, um subtile Manipulationen zu erkennen. Es bewertet die Authentizität des Mediums in Echtzeit anhand von Graustufen und Mischgrenzen, die für das menschliche Auge unsichtbar sind.

Phonem-Visem-Abgleich: Eine Technik, die von Forschern der Stanford University und der University of California entwickelt wurde. Sie deckt Unstimmigkeiten zwischen gesprochenen Phonemen und der Mundbewegung auf, ein typischer Schwachpunkt vieler Deepfakes.

Diese fortschrittlichen Erkennungsansätze bieten ein umfassendes Schutznetz gegen die wachsende Bedrohung durch synthetische Medien und tragen dazu bei, die Integrität digitaler Inhalte zu sichern. Sie ermöglichen es Unternehmen, Regierungen und Einzelpersonen, gezielt gegen Desinformation und Manipulation vorzugehen und Vertrauen in digitale Kommunikation wiederherzustellen.

4.1.1. Technologische Grundlagen und Bedrohungspotenzial

Mehrere fortschrittliche KI-Technologien tragen maßgeblich zur Entwicklung und Verfeinerung von Deep Fakes bei. Diese Technologien haben in den letzten Jahren rasante Fortschritte gemacht und ermöglichen es, immer realistischere und täuschend echte Fälschungen von Bild- und Videomaterial sowie Audioaufnahmen zu erzeugen (Dagar & Vishwakarma 2022).

Die folgenden Technologien sind entscheidend für die Erstellung von Deep Fakes:

Autoencoder sind spezialisierte neuronale Netzwerke, die darauf trainiert werden, Daten zu komprimieren und sie anschließend wieder zu rekonstruieren. Während dieses Prozesses lernen Autoencoder, zugrunde liegende Muster und Strukturen in den Daten zu erkennen. Diese Fähigkeit ermöglicht es, Bilder oder Videos so zu verändern, dass bestimmte Gesichter oder Objekte in einem neuen Kontext erscheinen. In Bezug auf Deep Fakes können Autoencoder verwendet werden, um das Gesicht einer Person in einem Video durch das Gesicht einer anderen Person zu ersetzen – oft mit so hoher Genauigkeit, dass die Manipulation kaum zu erkennen ist.

> Khattar et al. (2019) präsentieren den Multimodal Variational Autoencoder (MVAE) zur Erkennung von Fake News. Das Modell kombiniert Text- und Bilddaten, um durch die gleichzeitige Verarbeitung mehrerer Modalitäten die Genauigkeit der Falschnachrichten-Erkennung zu verbessern.

Convolutional Neural Networks (CNNs) sind besonders auf die Analyse und Verarbeitung visueller Inhalte spezialisiert. Diese Netzwerke sind in der Lage, Merkmale in Bildern zu erkennen und zu klassifizieren und bilden somit das Rückgrat vieler KI-gestützter Bildverarbeitungstechnologien. Ihre Fähigkeit, komplexe visuelle Muster zu erfassen, macht sie unverzichtbar bei der Erstellung von Deep Fakes, da sie es ermöglichen, Bewegungen von Gesichtern, die Textur der Haut und andere wichtige visuelle Merkmale präzise zu erfassen und zu replizieren. Gleichzeitig sind CNNs auch ein zentrales Instrument bei der Erkennung von Deep Fakes, indem sie kleinste Artefakte und Unstimmigkeiten im Bildmaterial analysieren.

Neben ihrer Anwendung im Bereich der Bildanalyse werden CNNs auch für die Verarbeitung von Textdaten genutzt. Kaliyar et al. (2020) stellten das Fake News Detection Network (FNDNet) vor, ein auf CNNs basierendes System, das speziell zur Erkennung von Fake News entwickelt wurde. FNDNet analysiert Texte und verwendet Deep Learning, um charakteristische Muster und Merkmale gefälschter Nachrichten zu identifizieren und so eine hohe Genauigkeit bei der Erkennung zu gewährleisten.

Generative Adversarial Networks (GANs) sind die Schlüsseltechnologie hinter den meisten Deep Fakes. Diese Netzwerke bestehen aus zwei neuronalen Netzwerken, einem Generator und einem Diskriminator, die in einem Wettstreit gegeneinander arbeiten. Der Generator erzeugt gefälschte Bilder oder Videos, während der Diskriminator versucht, diese Fälschungen zu erkennen. Durch diesen Prozess werden die Fälschungen immer realistischer, da der Generator kontinuierlich lernt, wie er den Diskriminator täuschen kann. GANs sind besonders effektiv bei der Erstellung von hyperrealistischen Gesichtsanimationen und der Synthese von Audioinhalten, die von echten Personen kaum zu unterscheiden sind.

Hiriyannaiah et al. (2020) entwickeln ein intelligentes Agentensystem zur Erkennung von Fake News, das auf GANs basiert. Das System nutzt GANs, um den Diskriminator durch das Erzeugen falscher Inhalte zu trainieren, Fake News von echten Nachrichten besser zu unterscheiden und die Genauigkeit der Erkennung zu erhöhen.

Natürliche Sprachverarbeitung (NLP): Während sich viele Deep Fake-Diskussionen auf visuelle Manipulationen konzentrieren, spielt auch die natürliche Sprachverarbeitung (NLP) eine entscheidende Rolle bei der Erstellung von gefälschten Audiodaten und Texten. Durch NLP-Modelle können Sprachmuster analysiert und synthetische Stimmen erzeugt werden, die den Sprechstil, Tonfall und Rhythmus einer realen Person perfekt imitieren. Diese Technologie ermöglicht es, gefälschte Sprachaufnahmen oder sogar vollständige Reden zu erstellen, die den Eindruck erwecken, als wären sie von der betroffenen Person selbst gesprochen worden.

Wolff (2024) betont, dass NLP bei der Erkennung von Desinformation von entscheidender Bedeutung sind. Durch die Analyse von sprachlichen Mustern und Textstrukturen kann NLP subtile Anomalien identifizieren, die auf gefälschte oder automatisierte Inhalte hinweisen. Dies macht NLP zu einem effektiven Werkzeug im Kampf gegen die Verbreitung von Fake News, insbesondere im Zusammenhang mit komplexen Technologien wie Deepfakes und Bio-Bots.

Stimm-Biometrie z.B. mit Deep Neural Networks (DNN): Anonymität ist mit der Identifikation über das individuelle Sprachmuster nicht mehr möglich. Aktuell wird Stimm-Biometrie zur Erkennung von Anrufern in Call-Center eingesetzt. Ist ein Kunde erst einmal im System angelegt, wird er bei erneuten Anrufen derzeit mit einer 90-prozentigen Erkennungsquote korrekt identifiziert. Einer der aktuell führenden Anbieter ist Nuance[18]. Stimm-Biometrie hat allerdings das Potenzial, auch in Videos und Tonaufnahmen Personen zu erkennen.

Gurunath et al. (2021) zeigen, dass Stimm-Biometrie in Kombination mit künstlichen neuronalen Netzwerken effektiv zur Erkennung manipulierter Nachrichten eingesetzt werden kann. Ihr Modell analysiert biometrische Sprachmerkmale, um subtile Abweichungen in Sprachmustern zu identifizieren, was sich besonders zur Aufdeckung gefälschter Inhalte und linguistischer Steganographie eignet.

Synthetische Medien wie Video- und Stimm-Klone, etwa die Erstellung von Avataren mit realistischen Gesichtern und Stimmen, sind bereits weit verbreitet. Diese Technologie ermöglicht es, täuschend echte Klone von Personen zu erzeugen, die mit der Stimme und dem Gesicht einer realen Person sprechen. Zwar lassen sich solche Fälschungen derzeit noch teilweise erkennen, doch können kleinere Unregelmäßigkeiten, etwa in Videokonferenzen, oft als technische Probleme wie eine schwache WLAN-Verbindung missinterpretiert und übersehen werden.

18 https://www.nuance.com/content/dam/nuance/en_us/collateral/enterprise/data-sheet/ds-nuance-gatekeeper-en-us.pdf

Tsfati et al. (2020) zeigen, dass synthetische Medien, durch KI generierte Inhalte, die Verbreitung von Fake News fördern, da sie täuschend echt wirken und die Erkennung erschweren. Diese Medien erhöhen die Glaubwürdigkeit von Falschinformationen und untergraben das Vertrauen in Mainstream-Medien, wodurch sie eine ernsthafte Herausforderung für die Medienintegrität darstellen.

Anbieter wie Synthesia[19] und ElevenLabs[20] haben bereits Deepfake-Prüfmechanismen in ihre Prozesse integriert (Mader 2024). Bevor Medieninhalte – ob Video oder Audio – zum Download freigegeben werden, werden sie von menschlichen Agenten überprüft, um ihre Authentizität sicherzustellen.

Allerdings gibt es weltweit zahlreiche Anbieter und Hersteller, die sich solchen Richtlinien nicht unterwerfen und gefälschte Videos weiterhin verbreiten. Bekannte Beispiele sind Videos von jungen Menschen, die deren Eltern oder Großeltern zugestellt werden oder mit Videocall gezeigt werden – und Eltern erkennen fälschlicherweise Ihr Kind und dessen Stimme – und überweisen beträchtliche Summen an Betrüger oder Betrügerinnen für die Freilassung, für den behaupteten Schaden.

Vereinbaren Sie deshalb in der Familie ein Codewort (das Sie nirgends aufschreiben!), welches Sie im Zweifel bei solchen Anrufen abfragen können (Mader 2024).

19 https://www.synthesia.io/

20 https://elevenlabs.io/voice-cloning

4.1.2. Fortschritte und Herausforderungen bei der Erkennung von Deep Fakes

Trotz der bemerkenswerten Fortschritte in der Erstellung von Deep Fakes haben sich auch die Erkennungstechnologien weiterentwickelt. Forschende arbeiten daran, automatisierte Systeme zu entwickeln, die subtile Anomalien und Artefakte in gefälschten Inhalten identifizieren können (Salvi et al. 2023). Zu den gängigen Erkennungsmethoden zählen:

Analyse von Artefakten: Bei der Manipulation von Bildern und Videos können durch die Bearbeitung häufig winzige Fehler oder Unstimmigkeiten entstehen. Diese Artefakte können beispielsweise in der Beleuchtung, den Schatten oder den feinen Details von Gesichtern auftreten. Algorithmen, die speziell darauf trainiert sind, solche Abweichungen zu erkennen, bieten eine effektive Möglichkeit zur Identifizierung von Deep Fakes.

Jadhav und Thepade (2019) konzentrieren sich in ihrer Arbeit auf die Identifikation von Fake News, indem sie subtile Anomalien in Textmustern analysieren. Ihre Methode verwendet Deep Structured Semantic Models (DSSM) und rekurrente neuronale Netzwerke (RNN), um Artefakte in der sprachlichen Struktur zu erkennen. Diese Artefakte sind feine Unstimmigkeiten in der Semantik und Syntax, die durch gefälschte Nachrichten entstehen, ähnlich wie visuelle Artefakte bei manipulierten Bildern und Videos. Diese Analyse ermöglicht es, gefälschte Nachrichten präzise von echten zu unterscheiden.

Analyse biometrischer Daten sind eine weitere Erkennungsmethode wie etwa der Bewegung von Augen, Lippen oder der Körperhaltung. Deep Fakes sind oft nicht in der Lage, diese Merkmale mit derselben Präzision wie in der Realität zu simulieren. Beispielsweise haben einige Erkennungssysteme Schwächen bei der Darstellung natürlicher Augenbewegungen oder des Lippensynchronismus aufgedeckt, die genutzt werden können, um Fälschungen zu identifizieren. Biometrie in Kombination mit KI gibt es für folgende Bereiche[21]: Gesicht, Augen, Stimme, Ohren, Fingerabdruck, Handflächen, Bewegungsmuster, Herzrhythmus, Keyboard-Strokes (das Muster beim Tippen auf einer Tastatur), Körpergeruch, Unterschrift, Venen (Hände und Handgelenk), DNA.

Morales et al. (2020) untersuchen die Anwendung von Tastenanschlags-Biometrie zur Erkennung von Fake News, insbesondere während globaler Krisen wie der Pandemie. Sie zeigen, dass biometrische Daten wie individuelle Tippmuster genutzt werden können, um Anomalien im Userverhalten zu erkennen, die auf die Verbreitung von Fake News hinweisen. Diese Methode analysiert die Art und Weise, wie User tippen, um verdächtiges Verhalten zu identifizieren, das typischerweise mit der Erstellung oder Weiterleitung von Falschinformationen assoziiert wird.

Bewegungsanalyse und physiognomische Unstimmigkeiten: Da Deep Fakes von Algorithmen erstellt werden, weisen sie oft unnatürliche Bewegungsmuster oder physiognomische/körperliche Unstimmigkeiten auf. Ein Beispiel hierfür könnte die unnatürliche Bewegung von Haaren oder Kleidung in einem manipulierten Video sein. Solche Diskrepanzen, die der menschlichen Wahrnehmung auf den ersten Blick möglicherweise entgehen, können von fortschrittlichen Algorithmen erfasst und analysiert werden.

21 https://www.biometricsinstitute.org/what-is-biometrics/types-of-biometrics/

Agarwal et al. (2023) präsentieren eine Methode zur Erkennung von Video-Fälschungen durch die Bewegungsanalyse von wortabhängigen Gesichtsbewegungen. Sie zeigen, dass bei gefälschten Videos oft eine Inkonsistenz zwischen den gesprochenen Wörtern und den natürlichen Gesichtsbewegungen auftritt. Ihre Methode identifiziert diese Diskrepanzen, indem sie analysiert, ob die Mimik mit den gesprochenen Wörtern übereinstimmt, und nutzt diese Abweichungen zur präzisen Erkennung von manipulierten Inhalten.

4.1.2.1. Herausforderungen und Handlungempfehlungen

Die Bekämpfung von Deepfakes bleibt trotz fortschrittlicher Technologien eine erhebliche Herausforderung. Moderne KI-Modelle wie GANs entwickeln sich stetig weiter und nutzen gezielt Schwächen bestehender Erkennungsmethoden aus. Besonders kritisch ist die Fähigkeit zur Echtzeit-Generierung und Verbreitung von Deepfakes, was eine rechtzeitige Erkennung und Eindämmung erschwert (Chesney & Citron 2019; Karnouskos 2020; Lanzino et al. 2024).

Hinzu kommt der Mangel an qualitativ hochwertigen Deepfake-Datensätzen, der die Effizienz von Erkennungssystemen einschränkt und ihre Übertragbarkeit auf verschiedene Szenarien erschwert (Stroebel et al. 2023). Trotz leistungsfähiger CNNs und RNNs bleibt die Weiterentwicklung der Deepfake-Technologien eine konstante Herausforderung, da viele Systeme Schwächen in ihrer Generalisierungsfähigkeit aufweisen (Mary & Edison 2023).

Vielversprechende Ansätze zeigen, dass die Kombination verschiedener Deep Learning-Techniken in Hybridmodellen die Genauigkeit und Zuverlässigkeit der Erkennung erheblich steigern kann. Die Integration unterschiedlicher Technologien kompensiert Schwächen einzelner Modelle und führt zu robusteren Systemen, was angesichts der schnellen Weiterentwicklung der Deepfake-Technologie entscheidend ist. Echtzeit-Erkennungsmethoden bieten zusätzlich die Möglichkeit, die Erstellung und Verbreitung gefälschter Inhalte frühzeitig zu stoppen

(Mary & Edison 2023). Der Zugang zu größeren, diverseren Datensätzen ist ebenso wichtig, um Erkennungsmodelle effizient zu trainieren (Stroebel et al. 2023).

Internationale Kooperationen zwischen Regierungen, Technologieunternehmen und Forschungseinrichtungen sind unverzichtbar, um rechtliche und technische Lösungen zur Eindämmung von Deepfakes zu entwickeln. Eine umfassende Strategie, die präventive Maßnahmen mit schnellen Reaktionen auf entdeckte Fälschungen kombiniert, ist notwendig, um dieser wachsenden Bedrohung wirksam zu begegnen (Alshamsi 2023).

4.2. Cybermobbing und Hate Speech: Digitale Gewalt ohne Grenzen

Die globale, anonyme Vernetzung ermöglicht rund um die Uhr Kommunikation, birgt jedoch Risiken wie Cybermobbing, das durch soziale Medien und KI-Algorithmen verstärkt wird (Peter & Petermann 2018).

> !
>
> Cybermobbing, (auch Internetmobbing oder Cyberbullying) bezeichnet die absichtliche und wiederholte Schädigung von Personen über digitale Plattformen wie soziale Netzwerke, Messenger-Dienste, Online-Spiele oder E-Mails. Täter nutzen diese Kanäle bewusst, um Opfer zu beleidigen, zu bedrohen, bloßzustellen oder auszugrenzen. Der Einsatz KI-gestützter Tools verschärft das Problem, indem er die Automatisierung von Angriffen erleichtert und die Anonymität der Täter erhöht (siehe auch Chun et al. 2020; Brodnig 2024).

Mit dem Wachstum sozialer Medien und dem zunehmenden Einsatz von KI-Algorithmen haben sich die Formen digitaler Gewalt weiterentwickelt und intensiviert. Während Cybermobbing bereits vor dem Aufstieg der KI existierte, haben moderne Algorithmen die Verstärkung und Verbreitung negativer Inhalte erheblich beschleunigt (Giumetti & Kowalski 2022). KI-Algorithmen analysieren das Nutzerverhalten, optimieren die Verbreitung von Inhalten und tragen so zur Systematisierung und Automatisierung von Hassbotschaften und Schikanen bei, wodurch digitale Gewalt in neuer Dimension ermöglicht wird.

Social Media-Plattformen setzen KI-basierte Algorithmen ein, um personalisierte Inhalte zu kuratieren. Diese Algorithmen analysieren das Verhalten und die Interaktionen der Nutzer und präsentieren Inhalte, die auf das bisherige Konsumverhalten abgestimmt sind. In der Praxis bedeutet dies, dass Algorithmen oft Inhalte hervorheben, die emotionale Reaktionen oder Konflikte auslösen, da solche Inhalte zu einer höheren Engagement-Rate führen. In Fällen von Cybermobbing oder Hassrede wird diese Dynamik besonders gefährlich, da schädliche Inhalte verstärkt werden (Al-Garadi et al. 2019).

Tufekci (2018) beschreibt, wie Algorithmen, insbesondere auf Plattformen wie YouTube, Inhalte mit hoher Interaktionsrate bevorzugen. Diese Logik der Popularität fördert die Verbreitung emotional aufgeladener, oft extremer Inhalte, wodurch schädliche und polarisierende Beiträge verstärkt werden, um die Userbindung zu maximieren.

Opfer digitaler Gewalt werden zunehmend ins Visier genommen, und die Viralität von Hassbotschaften nimmt zu. Besonders problematisch ist die Fähigkeit von Algorithmen, Profile basierend auf Online-Präferenzen und Verhalten zu erstellen, was Angreifern ermöglicht, gezielte Angriffe gegen Einzelpersonen oder Gruppen zu starten. Menschen, die bestimmten Merkmalen wie ethnischer Herkunft, Religion, politischen Ansichten oder sexueller Orientierung angehören, können so leichter Opfer von Hasskampagnen werden, die durch die algorithmische Verstärkung eine gefährliche Eigendynamik entwickeln.

4.2.1. Psychologische und soziale Auswirkungen & Gegenmaßnahmen

Die psychologischen Auswirkungen von Cybermobbing und Hate Speech sind tiefgreifend und schwerwiegend. Opfer leiden häufig unter Angstzuständen, Depressionen, Schlafstörungen und Verlust des Selbstwertgefühls. Da das Internet ständig verfügbar ist, gibt es keine klare Trennung zwischen physischer und digitaler Welt, was den Opfern das Gefühl vermittelt, dem Mobbing nicht entkommen zu können (Brodnig 2024; Güçlü-Aydogan et al. 2023).

Digitale Gewalt kann in verschiedenen Formen auftreten, wie Cybermobbing, Hate Speech, Stalking und Doxing[22], verstärkt durch digitale Vernetzung und Anonymität (Thull et al. 2021). Die emotionale Belastung der Opfer wird oft unterschätzt, und bestehende Schutzmechanismen werden als unzureichend beschrieben (Ramić 2024).

Gleichzeitig wird betont, dass zur Bekämpfung von digitaler Gewalt umfassende technologische und gesetzliche Maßnahmen erforderlich sind. Thull et al. (2021) plädieren für die Entwicklung von effektiven Präventionsmechanismen, einschließlich der Verbesserung von KI-gestützten Erkennungssystemen, um schädliche Inhalte frühzeitig zu identifizieren. Darüber hinaus fordern sie eine internationale Zusammenarbeit und die Etablierung strengerer gesetzlicher Regelungen, um digitale Gewalt wirksamer zu bekämpfen und Opfern besseren Schutz zu bieten.

22 Doxing bezeichnet das Veröffentlichen privater, oft sensibler persönlicher Informationen einer Person im Internet, ohne deren Zustimmung, mit dem Ziel, sie zu belästigen, bedrohen oder zu schikanieren.

Prasad (2021) zeigt, dass die Digitalisierung geschlechtsspezifischer Gewalt neue Formen wie Cyberstalking, Hassrede und die Verbreitung intimer Inhalte ermöglicht und verstärkt. Sie fordert umfassendere Interventionsstrategien und eine stärkere rechtliche Regulierung, um die Betroffenen besser zu schützen.

Ein weiteres Problem ist die soziale Isolation der Opfer, die sich oft aus Angst vor weiteren Angriffen aus ihrem sozialen Umfeld zurückziehen, was sie noch anfälliger für zukünftige Angriffe macht. Zudem hat Hate Speech eine stark polarisierende Wirkung auf die Gesellschaft, indem sie extremistisches Gedankengut und bestehende gesellschaftliche Spaltungen verstärkt. Durch algorithmisch verstärkte Inhalte und Echokammern finden radikalisierte Gruppen Bestätigung und Anhänger (Prusty & Ahmed 2023).

Es zeigt sich, dass es sowohl technologische als auch gesetzliche Maßnahmen benötigt, um Cybermobbing und Hate Speech einzudämmen. Auf technologischer Ebene müssen Algorithmen so überarbeitet werden, dass sie schädliche Inhalte erkennen und blockieren, ohne die Meinungsfreiheit übermäßig einzuschränken. Hierzu ist kontinuierliche Forschung erforderlich, um Algorithmen zu entwickeln, die kontextuelle Nuancen verstehen.

Darüber hinaus müssen auf internationaler Ebene klare rechtliche Standards geschaffen werden, um Plattformen und Täter zur Verantwortung zu ziehen. Eine stärkere Kooperation zwischen Regierungen und Technologieunternehmen ist notwendig, um Cybermobbing und Hate Speech effektiv zu bekämpfen. Regulierungsmechanismen sollten Plattformen verpflichten, proaktiv gegen digitale Gewalt vorzugehen und regelmäßig über ihre Maßnahmen zu berichten.

4.2.2. Opferschutz

Der Schutz der Opfer digitaler Gewalt muss im Mittelpunkt jeder Strategie zur Bekämpfung dieser Form von Kriminalität stehen.

> Plattformen tragen eine immense Verantwortung im Bereich des Opferschutzes und müssen Meldeverfahren entwickeln, die nicht nur einfach zugänglich, sondern auch effizient und nutzerfreundlich sind, um schikanierende Inhalte schnell zu identifizieren und zu entfernen (Berkah et al. 2023).

Doch der reine Zugang zu Meldesystemen reicht bei weitem nicht aus. Opfer digitaler Angriffe benötigen dringend umfassende Unterstützung – sowohl psychologisch als auch rechtlich –, um die oft gravierenden Auswirkungen von Cybermobbing, Hate Speech oder Deepfake-Angriffen zu bewältigen (Al-Majid 2023). Die zunehmende Verbreitung von KI-gestützten Algorithmen, die bewusst Hass und Missbrauch verstärken, verschärft diese Problematik. Ein nachhaltiger Schutz von Opfern erfordert daher nicht nur schnelle Reaktionsmechanismen, sondern auch präventive Maßnahmen, die bereits im Vorfeld verhindern, dass solche Angriffe überhaupt stattfinden. Dies schließt eine strikte Regulierung von Plattformen ein, um den Missbrauch durch algorithmische Verstärkung von Hassinhalten zu minimieren, sowie langfristige Programme zur Medienkompetenz und Sensibilisierung, um das Bewusstsein für digitale Gewalt zu schärfen (Berkah et al. 2023).

Studienergebnisse zeigen, dass diese Formen digitaler Gewalt das soziale Gefüge destabilisieren und das Vertrauen in digitale Plattformen zerstören könnten, wenn nicht rechtzeitig präventive und reaktive Maßnahmen ergriffen werden (Al-Majid 2023).

Es wird deutlich, dass der Kampf gegen digitale Gewalt nicht nur auf reaktive Maßnahmen wie die Entfernung schädlicher Inhalte beschränkt sein darf. Vielmehr müssen präventive Ansätze integriert werden, um Angriffe im Vorfeld zu verhindern und den Schutz der Betroffenen langfristig zu sichern. Eine effektive Strategie erfordert eine enge Zusammenarbeit zwischen Regierungen, Technologieunternehmen und zivilgesellschaftlichen Organisationen. Nur durch diese koordinierte Zusammenarbeit lassen sich umfassende Schutzmechanismen und Unterstützungsstrukturen schaffen, die sowohl unmittelbare Hilfe leisten als auch zukünftige Bedrohungen durch digitale Gewalt minimieren können. Diese Kooperation ist ebenso notwendig, um präventive Maßnahmen wie Aufklärung und zugängliche Meldewege zu etablieren, die Opfer schützen und künftige Gewalt verhindern (Pfirter 2022).

Meier und Ballon (2022) fokussieren sich speziell auf den Schutz von Frauen vor digitaler Gewalt. Auch sie betonen, dass eine verstärkte Zusammenarbeit zwischen staatlichen Akteuren, zivilgesellschaftlichen Organisationen und digitalen Plattformen erforderlich ist, um gezielte Unterstützung zu bieten und präventive Strukturen aufzubauen. Sie unterstreichen, dass diese Kooperationen die Grundlage für umfassende Schutzmechanismen bilden, die sowohl präventiv wirken als auch akute Hilfe leisten können.

Katzer (2023) betont, dass ein ganzheitlicher Ansatz zum Schutz der Opfer digitaler Gewalt unerlässlich ist. Dabei sind präventive pädagogische Maßnahmen wie die Aufklärung über digitale Gewalt und die Stärkung sozialer Kompetenzen unverzichtbar. Sie unterstreicht außerdem die Bedeutung sicherer digitaler Räume und einer kooperativen Intervention durch Schulen, Eltern und Fachkräfte, um die langfristigen Auswirkungen von Cybermobbing zu minimieren.

Abschließend lässt sich festhalten, dass der Schutz von Opfern digitaler Gewalt einen umfassenden, koordinierten Ansatz erfordert, bei dem staatliche Akteure, Zivilgesellschaft, Bildungseinrichtungen und digitale Plattformen eng zusammenarbeiten. Präventive Maßnahmen wie Bildungsprogramme und die Schaffung sicherer digitaler Räume sind ebenso entscheidend wie die schnelle rechtliche und psychologische Unterstützung der Betroffenen. Effiziente, benutzerfreundliche Meldeverfahren spielen dabei eine zentrale Rolle, um Opfern eine rasche Hilfe zu ermöglichen. Durch diese ganzheitliche Herangehensweise kann sowohl die Unterstützung von Opfern als auch die Verhinderung zukünftiger Gewalt gewährleistet werden.

4.3. Social Bots: Unsichtbare Manipulatoren der Meinungsbildung

In der vernetzten Welt des Internets haben sich soziale Medien zu einem mächtigen Werkzeug für Kommunikation und Information entwickelt. Doch neben ihren positiven Aspekten der digitalen Vernetzung bieten sie auch Raum für Manipulation und Beeinflussung. Gerade bei Themen wie politischer Meinungsmache, Desinformation und digitalem Mobbing spielt die automatisierte Verbreitung von Inhalten eine immer größere Rolle. Hier kommen Social Bots und Troll-Farmen ins Spiel, die gezielt eingesetzt werden, um öffentliche Diskussionen zu beeinflussen und Stimmung zu machen.

Social Bots sind automatisierte Programme, die in sozialen Netzwerken agieren, um bestimmte Inhalte zu verbreiten, Likes oder Kommentare zu generieren und so menschliches Verhalten nachzuahmen. Sie werden oft genutzt, um den Eindruck von Zustimmung oder Ablehnung zu erzeugen und Diskussionen zu manipulieren (siehe auch Grimme et al. 2017).

Doch während Social Bots vor allem durch ihre Automatisierung und schiere Anzahl auffallen, basiert eine andere, subtilere Form der Manipulation auf menschlicher Interaktion und gezielten Strategien:

Troll-Farmen sind organisierte Gruppen, die technische Mittel geschickt mit menschlichem Verhalten kombinieren, um ihre Einflussnahme effektiver und schwerer erkennbar zu machen (Petrik 2021). Sie betreiben gezielt Fake-Profile in sozialen Netzwerken und setzen massenhafte Kommentare und Beiträge ein, um Meinungen zu manipulieren oder Diskussionen zu stören. Oft arbeiten sie im Auftrag politischer oder wirtschaftlicher Interessengruppen, um gezielt Desinformation zu verbreiten und gesellschaftliche Spannungen zu schüren.

Diese Strategien stellen eine erhebliche Herausforderung für die Integrität der öffentlichen Debatte dar, da sie durch die Verbreitung von Desinformation oder absichtliche Störung von Diskussionen das Vertrauen in digitale Medien untergraben.

Fake News verbreiten sich sechsmal schneller als echte Informationen. Bei der US-Präsidentschaftswahl 2016 stammten 20 Prozent der Social Media Postings von Social Bots (Vosoughi et al. 2018) und führten zu einer schnellen und tiefen Verbreitung, die den öffentlichen Diskurs erheblich verzerrte (Himelein-Wachowiak et al. 2021).

Social Bots spielen eine immer größere Rolle in politischen Kampagnen, sei es, um Kandidatinnen und Kandidaten zu unterstützen oder gezielt zu diffamieren. Durch das massenhafte Teilen von Inhalten manipulieren sie Trends und lenken Diskussionen in eine gewünschte Richtung. Mithilfe von Algorithmen sind sie in der Lage, zielgruppenspezifische Inhalte zu erstellen und über organisierte Netzwerke gezielt bestimmte Themen zu pushen.

Das vielleicht gefährlichste Merkmal von Social Bots ist ihre Fähigkeit, sich als echte User auszugeben und sich nahtlos in menschliche Interaktionen einzufügen. Durch den Einsatz von KI und maschinellem Lernen imitieren sie menschliche Verhaltensmuster so präzise, dass ihre Beiträge auf den ersten Blick authentisch erscheinen. Diese vermeintliche Authentizität sorgt dafür, dass Nutzende unbewusst Desinformation weiterverbreiten, ohne zu merken, dass sie von Maschinen gelenkt wird.

Besonders besorgniserregend ist die Geschwindigkeit und das Ausmaß, mit denen Social Bots Fehlinformationen verbreiten. Indem sie gezielt Emotionen ansprechen und Diskussionen manipulieren, steigern sie die Glaubwürdigkeit ihrer Inhalte. Dadurch tragen sie erheblich dazu bei, dass falsche Informationen schnell und weitreichend Verbreitung finden, was nicht nur den öffentlichen Diskurs, sondern auch die Integrität demokratischer Prozesse gefährdet. Menschen werden in ihrer Meinungsbildung beeinflusst und getäuscht, was langfristige Konsequenzen für die Gesellschaft haben kann.

4.3.2.1. Die Notwendigkeit der Regulierung von Social Bots

Angesichts der zunehmenden Verbreitung und Wirkung von Social Bots ist die Regulierung dieser Technologien von entscheidender Bedeutung. Ohne klare gesetzliche Regelungen und effektive Gegenmaßnahmen droht die Gefahr, dass Social Bots weiterhin unkontrolliert die öffentliche Meinung beeinflussen und das Vertrauen in demokratische Prozesse weiter untergraben.

> Eine unregulierte Nutzung von Social Bots kann nicht nur zu massenhaften Fehlinformationen führen, sondern auch die Grundlage für manipulierte öffentliche Debatten schaffen, bei denen maschinell erzeugte Stimmen die Diskussion dominieren (Dürr 2024).

Es gibt bereits erste Ansätze, um der Bedrohung durch Social Bots entgegenzuwirken. Einige Social Media-Plattformen haben begonnen, automatisierte Systeme zu entwickeln, die verdächtige Bot-Profile erkennen und sperren. Diese Systeme analysieren unter anderem das Verhalten der Profile, etwa ihre Aktivitätshäufigkeit und Interaktionsmuster, um verdächtige Nutzerinnen und Nutzer zu identifizieren. Allerdings sind diese Maßnahmen bisher oft unzureichend, da Social Bots immer raffinierter werden und es zunehmend schwieriger wird, sie von echten Usern zu unterscheiden.

Auf politischer Ebene ist es essenziell, dass Regierungen weltweit zusammenarbeiten, um den Einsatz von Social Bots besser zu regulieren.

Der EU AI Act ist ein wichtiger Schritt in diese Richtung, da er Transparenzanforderungen enthält, die Plattformen verpflichten, den Einsatz von Social Bots eindeutig zu kennzeichnen. Dadurch sollen User erkennen können, ob sie mit einem Bot oder einer realen Person interagieren, was zur Eindämmung der Verbreitung von Fehlinformationen beiträgt.

Zusätzlich schafft der AI Act verbindliche Rahmenbedingungen, um den Missbrauch von KI-gestützten Systemen wie Social Bots zu verhindern, insbesondere im Kontext der Verbreitung von Fehlinformationen und Wahlmanipulationen (Doshi et al., 2024). Diese Regelungen fördern Transparenz und schützen die Integrität öffentlicher Debatten, indem sie Verantwortliche zur Rechenschaft ziehen.

Neben politischen Maßnahmen sind auch User gefordert, ihre Medienkompetenz und kritischen Denkfähigkeiten zu stärken, um Manipulationen zu erkennen. Schulen und Hochschulen sollten dabei nicht nur auf Effizienz und Digitalisierung setzen, sondern ethische Überlegungen und soziale Verantwortung in den Bildungsfokus rücken (Reisinger & Gaisch 2023). Eine offene Organisationskultur fördert Kreativität und die Entwicklung von KI-Innovationen, während starre Strukturen diesen Prozess eher hemmen (Gorzelany et al. 2021).

Der Ruf nach rechtlichen Konsequenzen ist berechtigt, jedoch bleiben zwei Probleme ungelöst: Die Einstufung als Fake News ist oft unklar und erfordert aufwendige Klärung. Zudem sind staatliche Organisationen in vielen privaten Online-Räumen, wie WhatsApp-Gruppen oder geschlossenen Foren, meist ausgeschlossen. Nutzerinnen und Nutzer müssen daher eigenständig kritisch denken und aufmerksam bleiben.

Eine pikante aktuelle Entwicklung dazu: Der Gründer der Messaging App „Telegram", der gebürtige Russe Pavel Durov, wurde kürzlich in Frankreich verhaftet, weil er sich weigerte, gegen illegale Inhalte auf Telegram vorzugehen und Content moderieren zu lassen (Sauer 2024).

Die Verhaftung von Durov unterstreicht die wachsenden Spannungen zwischen staatlichen Bemühungen zur Regulierung von Plattformen und den Versuchen, die Privatsphäre der User zu wahren. Seine Weigerung, gegen diese Inhalte vorzugehen, führte zu rechtlichen Konsequenzen, und seine Festnahme hat internationale Diskussionen über die Verantwortung von Plattformen und die Rolle von Regierungen in der Moderation digitaler Inhalte entfacht.

4.4. Überwachung: Der „Aufstieg" des gläsernen Menschen

Die rasante Verbreitung KI-gestützter Überwachungstechnologien verändert unsere Welt grundlegend. Systeme wie Gesichtserkennung, Verhaltensanalyse und Big Data bieten beispiellose Möglichkeiten zur Erfassung und Analyse menschlicher Aktivitäten. Während diese Technologien das Potenzial haben, Sicherheit und Effizienz zu erhöhen, bergen sie gleichzeitig erhebliche Risiken für die Privatsphäre und persönliche Freiheit. Der gläserne Mensch, dessen Handlungen und Gedanken zunehmend transparent werden, ist keine ferne Zukunftsvision mehr, sondern eine Realität, die unsere Gesellschaft tiefgreifend verändert.

Der Begriff gläserner Mensch bezeichnet ein Individuum, dessen Leben durch die umfassende Sammlung, Analyse und Transparenz persönlicher Daten zunehmend sichtbar und kontrollierbar wird. Er steht für die Erosion der Privatsphäre, da digitale Technologien es ermöglichen, nahezu alle Aspekte des Verhaltens und der persönlichen Informationen offenzulegen und zu überwachen.

Lück (2013) beschreibt den gläsernen Menschen als Metapher für die wachsende Sichtbarkeit und Transparenz des Individuums im digitalen Raum. Die Offenlegung persönlicher Daten in der Online-Kommunikation, verstärkt durch Überwachung, Datensammlung und Profilbildung, führt zu einer Erosion der Privatsphäre. Menschen werden zunehmend zu Objekten der digitalen Beobachtung und Kontrolle, was weitreichende ethische Implikationen in Bezug auf Autonomie, Privatsphärenschutz und die Würde des Einzelnen mit sich bringt.

Mainzer (2020) greift dieses Konzept auf und definiert den gläsernen Menschen als ein Individuum, dessen Leben durch digitale Technologien und Datenerfassung immer transparenter und kontrollierbarer wird. Diese Entwicklung stellt den Schutz der Privatsphäre in Frage, da persönliche Daten zu einem zentralen Kontrollinstrument der modernen Informationsgesellschaft werden.

Die Erfassung betrieblicher Daten und algorithmisches Management machen Beschäftigte zunehmend transparent. Arbeitgeber können Verhalten, Leistung und Interaktionen nahezu lückenlos überwachen, was die Kontrolle verstärkt und Eingriffe in die Privatsphäre ermöglicht, sowie das Risiko von Datenmissbrauch bei Personalentscheidungen erhöht (Christl 2021).

Mit dem technologischen Fortschritt haben sich auch Überwachungssysteme weiterentwickelt. Während früher Kameras und Mikrofone auf physische Präsenz angewiesen waren, ermöglichen heute KI-gesteuerte Systeme die automatische Erfassung und Analyse von Daten in Echtzeit. Besonders fortschrittlich ist die Verhaltensanalyse, bei der KI-gestützte Systeme Mimik, Gestik und Bewegungsmuster erkennen und auf Emotionen und zukünftige Handlungen schließen können (Kalyta et al. 2023). Diese Technologien werden von staatlichen und privaten Akteuren zunehmend zur Überwachung und Kontrolle genutzt.

Die fortschreitende Verbreitung dieser KI-Überwachungstechnologien hat tiefgreifende Auswirkungen auf das Verhältnis von Privatsphäre und Sicherheit. Der gläserne Mensch wird nicht nur überwacht, sondern auch in seinem Verhalten vorhergesagt und beeinflusst, was eine kritische Auseinandersetzung mit den ethischen, rechtlichen und sozialen Folgen dieser Technologien erfordert, um die Balance zwischen persönlicher Freiheit und Sicherheit zu wahren.

Die Konsequenzen für die Privatsphäre sind dabei gravierend: Die Möglichkeit, Menschen in nahezu allen Lebensbereichen zu beobachten, birgt das Risiko, dass persönliche Daten missbraucht oder für unvorhergesehene Zwecke verwendet werden.

4.4.1. Konsequenzen für die Privatsphäre

Die fortschreitende Entwicklung von KI-gestützter Überwachungstechnologie hat tiefgreifende Auswirkungen auf die Privatsphäre und individuelle Freiheit. Während Überwachung oft im Namen der öffentlichen Sicherheit gerechtfertigt wird, birgt sie auch ein erhebliches Missbrauchspotenzial. Besonders besorgniserregend ist das Konzept des Social Scoring, das im Abschnitt 3.2 schon im Detail diskutiert wurde.

Laut Hoffrage und Marewski (2020) bewertet Social Scoring das Verhalten und die sozialen Interaktionen von Individuen, was weitreichende Folgen für die gesellschaftlichen Strukturen hat. Es verstärkt die soziale Kontrolle und kann leicht zu Diskriminierung führen.

Geller (2022) warnt in ihrer Dissertation, dass staatliche Social Scoring-Systeme nicht nur die Überwachung und soziale Kontrolle intensivieren, sondern auch die Privatsphäre massiv einschränken und die autonome Lebensgestaltung gefährden. Sie fordert strenge Regulierungen, um den Missbrauch solcher Systeme zu verhindern.

Um die Konsequenzen für die Privatsphäre noch einmal deutlich zu machen, sei hier das chinesische Social Credit System als prominentes Beispiel genannt. Dieses System erfasst Daten aus verschiedenen Lebensbereichen und bewertet Bürgerinnen und Bürger anhand ihres Verhaltens. Diese Bewertungen beeinflussen den Zugang zu öffentlichen Dienstleistungen, Krediten oder Bildung (Xu et al. 2022).

In autoritären Regimen wird Social Scoring zudem genutzt, um politische Gegner und Dissidenten zu stigmatisieren und ihre Bewegungsfreiheit einzuschränken. Xu et al. (2022) betonen, dass viele Menschen die repressiven Eigenschaften solcher Systeme nicht vollständig erkennen und die Überwachung fälschlicherweise als Maßnahme zur Erhöhung der Sicherheit wahrnehmen.

Auch in demokratischen Staaten besteht die Gefahr, dass KI-gestützte Überwachung zur umfassenden sozialen Kontrolle führt. Unternehmen und Regierungen haben heute Zugang zu einer Fülle persönlicher Daten, die genutzt werden, um Verhalten vorherzusagen und zu bewerten. Social Scoring verstärkt diese Entwicklung, indem es permanentes Verhalten überwacht und auf zukünftige Handlungen schließt, was die Unschuldsvermutung gefährdet, und die Rechtsstaatlichkeit schwächt (Xu et al. 2022).

Diese Kombination aus umfassender Überwachung und Social Scoring bedroht die individuelle Freiheit und den sozialen Zusammenhalt. Menschen könnten ihr Verhalten anpassen, um negativen Konsequenzen zu entgehen, was zu einer konformen Gesellschaft führt, in der Abweichungen und Kritik sanktioniert werden und der öffentliche Diskurs eingeschränkt wird.

Ohne klare Regularien und effektiven Schutz der Privatsphäre droht der gläserne Mensch Realität zu werden, da KI-Überwachung und Social Scoring als Instrumente sozialer Kontrolle genutzt werden könnten, um das Verhalten ganzer Bevölkerungen zu beeinflussen (Leppert & Praemandat 2017).

4.4.2. Regulierung und die Zukunft des Datenschutzes

Die entscheidende Frage ist daher: Wie können wir uns vor einer solchen Zukunft schützen? Der Schutz der Privatsphäre muss in einer zunehmend vernetzten Welt höchste Priorität haben. Es braucht klare und durchsetzbare Regularien, die den Einsatz von KI-Überwachungstechnologien strikt begrenzen. Diese Regularien müssen sowohl auf nationaler als auch auf internationaler Ebene verankert sein, um zu verhindern, dass Staaten oder Unternehmen ihre Macht über die Privatsphäre des Einzelnen ausweiten.

Datenschutzgesetze wie die DSGVO[23] in Europa sind ein erster Schritt in diese Richtung, doch sie müssen kontinuierlich weiterentwickelt werden, um den Herausforderungen einer sich rasch verändernden technologischen Landschaft gerecht zu werden (Neuwirth 2023).

Transparenz ist hierbei der Schlüssel. Bürger und Bürgerinnen müssen darüber informiert werden, wie und zu welchem Zweck ihre Daten gesammelt und genutzt werden. Darüber hinaus müssen Mechanismen geschaffen werden, die es Individuen ermöglichen, die Kontrolle über ihre eigenen Daten zurückzugewinnen.

23 https://datenschutz-grundverordnung.eu/

Trotz ihres Fortschritts beim Schutz personenbezogener Daten benötigt die DSGVO Verbesserungen. Hauptkritikpunkte sind Durchsetzungsschwächen und die unzureichende Anpassung an neue technologische Entwicklungen. Experten fordern Klarstellungen und Optimierungen, um die DSGVO für moderne Datenverarbeitungsprozesse und den Einsatz algorithmischer Systeme wirksamer zu gestalten (Roßnagel & Geminn 2020).

Seit 2020 wurden zwar Fortschritte in der DSGVO erzielt, insbesondere durch verbesserte grenzüberschreitende Zusammenarbeit der Datenschutzbehörden, doch bleiben grundlegende Herausforderungen bestehen. Eine der größten ist die ungleiche Machtverteilung zwischen großen Tech-Konzernen und kleineren Akteuren. Trotz innovativer Maßnahmen wie der Datenschutz-Folgenabschätzung herrscht nach wie vor Rechtsunsicherheit, insbesondere im Umgang mit neuen Technologien wie KI und Big Data. Diese Entwicklungen machen eine Anpassung und Konkretisierung der Verordnung unerlässlich.

Ein Ausblick auf die Zukunft der DSGVO zeigt, dass umfassende Reformen notwendig sind, um die Verordnung an moderne Datenverarbeitungsprozesse anzupassen und den Schutz der Bürgerrechte zu stärken. Zielgerichtete Änderungen sollten klare Regeln schaffen, die den technologischen Wandel berücksichtigen und zugleich Rechtsunsicherheiten beseitigen.

Während die DSGVO den Datenschutz im Allgemeinen stärkt, bringt die rasante technologische Entwicklung, etwa bei autonomen Waffensystemen, zusätzliche ethische Herausforderungen mit sich. Klare Regulierungen sind hier unverzichtbar, um den Einsatz von KI in sicherheitskritischen Bereichen zu kontrollieren und Missbrauch zu verhindern. Der nächste Abschnitt beleuchtet diese Problematik.

4.5. Autonome Waffensysteme: Krieg in den Händen der Maschinen

Autonome Waffensysteme, die durch Künstliche Intelligenz gesteuert werden, stellen eine der bedeutendsten technologischen Entwicklungen und zugleich eine der größten Bedrohungen der modernen Kriegsführung dar. Diese Systeme sind in der Lage, ohne direktes menschliches Eingreifen Entscheidungen zu treffen, Ziele zu identifizieren und Angriffe durchzuführen. Sie operieren auf Basis von Algorithmen, die Daten in Echtzeit verarbeiten und komplexe Entscheidungsmuster anwenden, um zwischen Freund und Feind zu unterscheiden. Im Extremfall bedeutet dies, dass Maschinen autonom Entscheidungen über Leben und Tod treffen – eine Vorstellung, die sowohl ethische als auch sicherheitspolitische Fragen aufwirft (Horowitz 2021).

4.5.1. Technologische Grundlage, Funktionsweise und ethische Implikation

Autonome Waffensysteme haben in den letzten Jahren durch den rasanten Fortschritt in der Künstlichen Intelligenz und der Robotik erheblich an Bedeutung gewonnen. Sie repräsentieren eine neue Generation von Kriegsmaschinerie und stehen im Zentrum internationaler Diskussionen, da sie neben ihrer technischen Leistungsfähigkeit tiefgreifende ethische Fragen aufwerfen.

Diese neue Generation militärischer Technologie kann ohne direkte menschliche Steuerung operieren und wirft tiefgreifende ethische und sicherheitspolitische Fragen auf. Trotz ihrer Effizienz und Präzision birgt ihr Einsatz erhebliche Risiken, darunter die fehlende menschliche Kontrolle, die Eskalation von Konflikten und das Potenzial für Missbrauch durch nichtstaatliche Akteure oder Terroristen (Abaimov & Martellini 2020).

Besonders problematisch ist die Übergabe der Entscheidung über Leben und Tod an Maschinen, da diese weder moralische Maßstäbe noch langfristige Folgen berücksichtigen können. Aus diesen Gründen werden strenge internationale Regulierungen und Kontrollmechanismen gefordert, um diese Gefahren zu minimieren (Abaimov & Martinelli 2020).

> Autonome Waffensysteme basieren auf einer komplexen Kombination aus Sensortechnologie, fortschrittlichen Algorithmen und maschinellem Lernen, die es ihnen ermöglichen, ohne direkte menschliche Kontrolle zu agieren. Sie verarbeiten in Echtzeit große Datenmengen, wie z. B. Satellitenbilder und Drohnenaufnahmen, um taktische Entscheidungen zu treffen.

Dabei passen sich autonome Waffensysteme dynamisch an wechselnde Schlachtfeldbedingungen an und sind dadurch schneller und effizienter als menschliche Entscheidungsträger. Trotz dieser technologischen Vorteile bestehen erhebliche Risiken. Fehlerhafte Algorithmen oder unzureichend trainierte Systeme können katastrophale Fehlentscheidungen treffen, wie die fälschliche Identifizierung von Zivilisten als Feinde. Da Maschinen keine moralischen Maßstäbe kennen, treffen sie rein pragmatische Entscheidungen, ohne langfristige Folgen oder den menschlichen Kontext zu berücksichtigen. Diese Art der Entscheidungsfindung erhöht das Risiko für Unbeteiligte und gefährdet die regionale Stabilität.

> Autonome Waffensysteme bringen nicht nur ethische, rechtliche und sicherheitsrelevante Risiken mit sich, sie tragen auch zur Entmenschlichung von Kriegsentscheidungen und der Verwischung der Verantwortung bei automatisierten tödlichen Entscheidungen bei, was internationale Regulierungen und den Einsatz von Kontrollmechanismen benötigt, um die Gefahren autonomer Systeme zu minimieren (Grünwald & Kehl 2020).

Solch unbemannte Kampfsysteme stellen eine erhebliche Herausforderung für die internationale Sicherheitspolitik dar, da ihre Automatisierung unvorhersehbare Eskalationen auslösen und die globale Sicherheitsarchitektur destabilisieren könnte. Auch Lahl (2021) fordert daher internationale Abkommen, um diese Technologien zu regulieren und das Risiko von Konflikten zu verringern.

Bräuer (2024) erweitert die Diskussion auf den Weltraum, insbesondere durch autonome Killersatelliten. Er betont, dass solche Systeme die Sicherheit im All gefährden und unkontrollierbare Konflikte zwischen Staaten provozieren könnten. Auch er fordert internationale Regulierungen, um die friedliche Nutzung des Weltraums sicherzustellen.

Egal, ob auf der Erde oder im All, die ethischen Implikationen dieser Technologien sind tiefgreifend. Wenn Maschinen über Leben und Tod entscheiden, wird die moralische Verantwortung von den Menschen entkoppelt, was eine gefährliche Distanz zwischen militärischen Akteuren und den Konsequenzen ihrer Handlungen schafft (Righetti et al. 2018).

Automatisierte Kriegssysteme könnte die Hemmschwelle für den Einsatz von Gewalt senken und zu einem häufigeren und schnelleren Einsatz militärischer Mittel führen. Ein weiteres Dilemma betrifft die Haftung: Wer trägt die Verantwortung bei Fehlentscheidungen eines autonomen Systems? Um diese Verantwortungslücke zu schließen und Missbrauch zu verhindern, sind klare internationale Gesetze erforderlich, die verbindliche Standards und Haftungsregelungen festlegen (Wood 2023).

Der Einsatz autonomer Waffensysteme stellt zudem eine erhebliche Herausforderung für das humanitäre Völkerrecht dar. Da diese Systeme keine juristischen oder moralischen Abwägungen treffen können, ist eine Anpassung der Gesetze und die Schaffung klarer internationaler Rahmenbedingungen dringend notwendig. Nur umfassende Regularien können verhindern, dass autonome Waffen unkontrollierbar werden. Besonders problematisch ist, dass diese Technologien möglicherweise nicht zuverlässig zwischen Kombattanten und Zivilisten unterscheiden können. Die Automatisierung solcher Entscheidungen schafft rechtliche Unsicherheiten, insbesondere hinsichtlich der Verhältnismäßigkeit und der Unterscheidung im Kriegsrecht, weshalb internationale Regelungen unerlässlich sind (Scharre 2018).

4.5.2. KI und biologische Kriegsführung

Künstliche Intelligenz birgt ein enormes Potenzial, biologische Forschungsprozesse zu beschleunigen, zugleich besteht jedoch das Risiko ihres Missbrauchs für destruktive Zwecke, wie etwa die Entwicklung biologischer Waffen. Die Fähigkeit von KI, riesige genetische Datensätze zu analysieren, eröffnet die Möglichkeit, neuartige Krankheitserreger zu designen, die widerstandsfähiger und schwerer zu bekämpfen sind. Mithilfe von maschinellem Lernen und spezialisierten Algorithmen könnten Pathogene so optimiert werden, dass sie gegen bestehende Behandlungen resistent sind oder gezielt bestimmte Populationen oder Ethnien angreifen. Diese Entwicklung wirft nicht nur massive humanitäre Risiken auf, sondern auch tiefgreifende ethische und moralische Fragen (Kumar 2021).

> Die Gefahr biologischer Kriegsführung im Kontext hybrider Konflikte stellt ein erhebliches Risiko dar. Der Einsatz biologischer Agenzien, die Menschen, Tiere oder Pflanzen schädigen, birgt nicht nur schwerwiegende gesundheitliche Gefahren, sondern kann auch weitreichende gesellschaftliche und wirtschaftliche Folgen nach sich ziehen. Solche Angriffe könnten Versorgungs- und Gesundheitssysteme überlasten, soziale Unruhen auslösen und das Vertrauen in staatliche Institutionen erschüttern (Thiele 2023).

Technologischer Fortschritt, so Thiele, erleichtert die Entwicklung und Verbreitung dieser Waffen, was die Notwendigkeit internationaler Regulierungen und effektiver Präventionsmaßnahmen deutlich macht. So kann KI nicht nur die

Entwicklung solcher Waffen beschleunigen, sondern auch deren gezielte Steuerung ermöglichen, was das Risiko unvorhersehbarer globaler Katastrophen dramatisch erhöht. Insbesondere die Kombination von KI und biotechnologischen Fortschritten, wie genetisch modifizierten Organismen oder synthetischen Viren, eröffnet potenziell gefährliche Möglichkeiten, bestimmte Bevölkerungsgruppen oder Ökosysteme anzugreifen (Lennox 2023).

Lentzos (2022) betont, dass die Kombination von KI und Biotechnologie die Überwachung und Kontrolle dieser Technologien erheblich erschwert. Obwohl internationale Abkommen wie die Biowaffenkonvention den Einsatz biologischer Waffen verbieten, ist die Regulierung der zugrunde liegenden Technologien, die für deren Entwicklung genutzt werden könnten, unzureichend.

Zusätzlich warnt Khawaja (2023) vor den irreversiblen Folgen von KI-gestützten biologischen Waffen für die menschliche Gesundheit und das Ökosystem. Ein freigesetzter Virus könnte mutieren, sich unkontrolliert ausbreiten und selbst Bevölkerungen bedrohen, die ursprünglich nicht Ziel des Angriffs waren.

Die globale Vernetzung verschärft dieses Risiko, da Krankheiten sich schnell über Grenzen hinweg verbreiten können und durch KI optimierte Pathogene schwer einzudämmen oder zu behandeln wären. Um diesen Gefahren zu begegnen, sind nicht nur ethische Leitplanken notwendig, sondern auch internationale Kooperationen sowie umfassende Forschungsinitiativen. Diese müssen darauf abzielen, effektive Frühwarnsysteme und Abwehrmechanismen zu entwickeln, bevor diese Technologien in die falschen Hände geraten.

4.5.3. Internationale Regulierung und Wettrüsten

Der internationale Diskurs über autonome Waffensysteme hat begonnen, doch es mangelt weiterhin an umfassenden, verbindlichen Regularien, um den Einsatz dieser Technologien effektiv zu kontrollieren.

Großmächte wie die USA, China und Russland investieren stark in die Entwicklung autonomer Waffensysteme, um ihre militärischen Fähigkeiten zu automatisieren und strategische Vorteile zu erzielen. Dies erhöht das Risiko eines neuen Wettrüstens. Diese Entwicklungen könnten dazu führen, dass der Einsatz autonomer Waffensysteme zur Norm wird, was die menschliche Kontrolle über militärische Gewalt erheblich schwächen würde (Bo et al. 2022).

Die zunehmende Entwicklung und der Einsatz autonomer Waffensysteme bergen erhebliche Risiken für die globale Sicherheit, insbesondere wenn technische Fehlfunktionen oder Manipulationen zu unvorhersehbaren Eskalationen führen, die außerhalb menschlicher Kontrolle liegen. Solche Systeme, die eigenständig über Leben und Tod entscheiden können, stellen eine besondere Bedrohung dar.

Ahmad (2023) betont, dass das Wettrüsten in der KI-gestützten Kriegsführung die Dringlichkeit eines internationalen Regulierungsmechanismus verstärkt. Ohne klare Regeln für den ethischen Einsatz von KI in militärischen Anwendungen könnte es zu globaler Instabilität und unkontrollierbaren Konflikten kommen. Auch Sandels (2020) analysiert das Wettrüsten zwischen den USA und China als ein Sicherheitsdilemma, das die Gefahr von Missverständnissen und potenziellen Konflikten erhöht. Beide Nationen streben nach strategischen Vorteilen durch militärische KI, was das Risiko für weltweite Instabilität weiter verschärft. Er fordert multilaterale Zusammenarbeit, um diese Risiken zu minimieren.

Neben der physischen Kriegsführung warnen Taddeo und Floridi (2021) vor einem parallelen Cyber-Wettrüsten, das durch den Einsatz von KI in Cyberoperationen angetrieben wird. Da autonome Systeme schneller als Menschen Entscheidungen treffen, besteht ein erhöhtes Eskalationsrisiko in der digitalen Sphäre.

Alle diese Studien verdeutlichen die dringende Notwendigkeit, internationale Bemühungen zur Regulierung von KI in der Kriegsführung – sowohl in physischen als auch in digitalen Bereichen – entscheidend zu verstärken, um unkontrollierbare Eskalationen und globale Instabilität zu verhindern.

Ein weiteres Risiko besteht in der zunehmenden asymmetrischen Kriegsführung, da weniger entwickelte Staaten und nichtstaatliche Akteure durch den Einsatz autonomer Waffensysteme erheblich benachteiligt werden könnten. Dies könnte neue Konfliktherde schaffen und bestehende globale Ungleichheiten weiter verschärfen. Deshalb ist es entscheidend, dass internationale Regulierungen nicht nur die Kontrolle über diese Technologien, sondern auch die Förderung von Gerechtigkeit und Gleichheit im globalen Kontext berücksichtigen (Singer 2009).

Denn solche Ungleichheiten können dazu führen, dass sich weniger entwickelte Staaten oder nichtstaatliche Akteure auf unkonventionelle Taktiken, wie Guerillakriegsführung oder Terrorismus stützen, um gegen technologisch überlegene Gegner zu bestehen. Der Einsatz autonomer Waffensysteme könnte diese Ungleichgewichte verstärken und neue Konfliktlinien schaffen. Daher müssen Regulierungen für autonome Waffen nicht nur deren Einsatz kontrollieren, sondern auch sicherstellen, dass globale Ungleichheiten nicht weiter vertieft werden. Internationale Abkommen sollten allen Staaten, unabhängig von ihrer technologischen Entwicklung, einen fairen Zugang zu Sicherheits- und Verteidigungsmechanismen gewähren, um langfristige Stabilität und Frieden zu fördern.

4.6. Cyberkriminalität: Das wachsende Arsenal der digitalen Angriffe

Künstliche Intelligenz hat die Landschaft der Cyberkriminalität dramatisch verändert und das Arsenal der Angreifer auf eine beispiellose Weise erweitert. Was früher spezialisiertes Wissen und manuelle Arbeit erforderte, kann heute durch KI automatisiert und präzisiert werden.

Cyberkriminalität umfasst illegale Aktivitäten, die über das Internet oder durch den Missbrauch von Computersystemen und Netzwerken begangen werden. Dazu gehören Delikte wie Hacking, Identitätsdiebstahl, Online-Betrug, und die Verbreitung von Schadsoftware. Cybercrime ist dadurch gekennzeichnet, dass digitale Technologien als Werkzeug oder Ziel genutzt werden, um Verbrechen auf lokaler oder globaler Ebene auszuführen (Nussbaum & Udoh 2020).

Somit sind KI-basierte Systeme in der Lage, Sicherheitslücken in Software und Netzwerken zu analysieren und Schwachstellen in Rekordzeit zu identifizieren. Sie können Phishing-Angriffe anpassen, um personalisierte Nachrichten zu erstellen, die schwerer zu erkennen und effektiver sind. Diese personalisierten Angriffe nutzen Verhaltensmuster, Online-Aktivitäten und soziale Profile aus, um Menschen gezielt zu manipulieren, was die Erfolgsrate solcher Attacken erheblich erhöht.

Studien zufolge gehen große Teile des international bezahlten Lösegeldes zu 24% an Hackergruppen aus China und zu 15% an Hackergruppen aus Russland. Das Schadensausmaß übersteigt 2024 geschätzte 10 Trillionen USD (SecurityScorecard 2024), die von der Regelwirtschaft an die größte „Branche" der Welt – die kriminelle Branche – bezahlt werden. Verständlich, dass Regierungen beschlossen, Cybersecurity aus der Freiwilligkeit zu lösen und als Verpflichtung einzuführen (Mader 2024).

Siehe dazu auch Abschnitt 7.2.2.3 zu Cybersecurity-Regularien.

Besonders beunruhigend ist die Rolle von KI im Bereich der Malware-Entwicklung. Mit der Fähigkeit, sich kontinuierlich weiterzuentwickeln und Schutzmaßnahmen zu umgehen, könnte KI-gestützte Malware zu einer schwer vorhersehbaren und extrem anpassungsfähigen Bedrohung werden, die bestehende Sicherheitsstrategien herausfordert.

Malware (kurz für „malicious software") bezeichnet jede Art von bösartiger Software, die entwickelt wurde, um Computer, Netzwerke oder Endgeräte zu schädigen, zu stören oder unbefugt darauf zuzugreifen. Zu den häufigsten Arten gehören Viren, Würmer, Trojaner, Ransomware und Spyware. Malware wird oft verwendet, um Daten zu stehlen, Systeme zu sabotieren oder User zu überwachen (Aslan & Samet 2020).

Moderne Malware kann sich durch maschinelles Lernen an unterschiedliche Umgebungen anpassen und Erkennungssysteme umgehen, die auf herkömmliche Schutzmechanismen angewiesen sind. Diese intelligenten Schadprogramme sind in der Lage, ihren Code dynamisch zu verändern, um Antiviren-Software zu täuschen und unentdeckt zu bleiben. Zudem können sie Daten verschlüsseln oder stehlen, bevor die Sicherheitsmechanismen überhaupt Alarm schlagen. Diese

Selbstanpassungsfähigkeit macht es schwierig, präventive Schutzmaßnahmen zu implementieren, da traditionelle Sicherheitslösungen häufig auf spezifische Mustererkennungen angewiesen sind, die von KI-basierten Angriffen gezielt unterlaufen werden können (Alenezi et al. 2020).

KI-gestützte Angriffe: Phishing, Social Engineering, u.v.m.

Die Nutzung von Künstlicher Intelligenz zur Durchführung von Phishing- und Social Engineering-Angriffen stellt eine besonders gefährliche Entwicklung in der Cyberkriminalität dar (Apkan et al. 2022). KI kann das Verhalten und die Vorlieben von Zielpersonen analysieren, indem sie deren Online-Aktivitäten und soziale Medienprofile auswertet. Diese Informationen ermöglichen es Cyberkriminellen, hochgradig personalisierte Phishing-Nachrichten zu erstellen, die glaubwürdiger wirken als herkömmliche Phishing-Versuche.

> !
>
> Phishing ist eine betrügerische Methode, bei der Angreifer versuchen, durch gefälschte E-Mails, Websites oder Nachrichten an persönliche Daten wie Passwörter, Kreditkarteninformationen oder Zugangsdaten zu gelangen, indem sie sich als vertrauenswürdige Institutionen oder Personen ausgeben.

Dieser Cyberbetrug gehört zu den am häufigsten eingesetzten Social Engineering-Techniken. Personen versuchen durch täuschende E-Mails oder Websites vertrauliche Informationen zu stehlen, was zu finanziellen Verlusten, Identitätsdiebstahl und Datensicherheitsverletzungen führen kann. Dabei wird Phishing durch den Einsatz von KI und Automatisierung immer raffinierter. Zur Prävention wird eine Kombination aus Benutzerschulungen, technologischen Sicherheitslösungen wie KI-gestützten Erkennungssystemen sowie regelmäßigen Sicherheitsupdates empfohlen (Putra et al 2024).

Dieser fortschreitende Einsatz von KI lässt sich nicht nur im Phishing beobachten, sondern hat auch im Kontext von Terrorismus das Potenzial, Social Engineering auf eine gefährlichere Ebene zu heben. Durch die KI-gestützte Analyse großer Datenmengen können Terrororganisationen Schwachstellen identifizieren und personalisierte Manipulationsstrategien entwickeln, die für Desinformationskampagnen oder die Rekrutierung extremistischer Anhänger genutzt werden können (Bazarkina 2021).

> Social Engineering bezeichnet eine Manipulationstechnik, bei der Angreifer gezielt menschliche Psychologie ausnutzen, um vertrauliche Informationen zu erhalten oder Menschen zu bestimmten Handlungen zu verleiten. Dabei wird das Vertrauen der Zielpersonen missbraucht, um Sicherheitsmaßnahmen zu umgehen und Zugang zu sensiblen Daten oder Systemen zu erlangen.

Terrororganisationen nutzen zunehmend KI, um ihre Social Engineering-Techniken weiter zu optimieren und potenzielle Opfer noch gezielter zu manipulieren. Mit KI-basierten Algorithmen lassen sich personalisierte Angriffe entwickeln, die bewusst psychologische Schwachstellen ausnutzen, um Menschen für Desinformationskampagnen, Propaganda oder gar die Rekrutierung in extremistische Gruppen zu gewinnen.

> Expertinnen warnen, dass der Einsatz solcher Technologien die Gefahr von Radikalisierung erheblich verstärken könnte, da KI die Reichweite und Genauigkeit manipulativer Strategien drastisch skaliert (Bazarkina 2021).

In einem ähnlichen Kontext beschreiben Yu et al. (2024) die wachsende Bedrohung durch KI-gestütztes Social Engineering. Hierbei erleichtern fortschrittliche KI-Modelle, insbesondere im Bereich der natürlichen Sprachverarbeitung und Gesichtserkennung, die Manipulation von Individuen auf eine nie dagewesene

Weise. Diese Modelle ermöglichen hochgradig personalisierte Angriffe, die exakt auf die individuellen Schwächen und Verhaltensmuster der Opfer abgestimmt sind.

Bei der Analyse von Schwachstellen in der Cybersicherheit wurden menschliche Faktoren als fundamentale Angriffsfläche für Social Engineering identifiziert. Salama und Al-Turjman (2023) empfehlen, diese Risiken durch eine Kombination aus Bildungskampagnen, Sensibilisierungstrainings und technologischen Schutzmaßnahmen zu minimieren. Zudem betonen sie die Notwendigkeit einer kontinuierlichen Überwachung, um fortschrittliche Angriffstechniken wirksam zu bekämpfen. KI verschärft diese Bedrohung, indem sie Kommunikationsmuster täuschend echt imitiert und Phishing-Angriffe optimiert. Dadurch fällt es den Betroffenen schwerer, betrügerische Nachrichten zu erkennen, was zu schweren Konsequenzen wie Identitätsdiebstahl, Finanzbetrug oder Industriespionage führen kann. Gleichzeitig nutzt KI Schwachstellen in Netzwerken, um manipulative Botschaften zu verstärken, was die Effektivität solcher Angriffe erheblich erhöht.

KI-gestützte Botnetze stellen eine weitere erhebliche Gefahr dar, indem sie Distributed Denial of Service (DDoS)-Angriffe ermöglichen, bei denen Netzwerke durch massiven Datenverkehr von Tausenden Geräten überlastet werden. Besonders gefährdet sind kritische Infrastrukturen wie Stromnetze, Wasserversorgung und Krankenhäuser, die durch solche Angriffe lahmgelegt werden können. Kaur Chahal et al. (2019) unterstreichen die zunehmende Komplexität und Vielfalt von DDoS-Angriffen, die bestehende Sicherheitslösungen überfordern. Sie fordern fortschrittlichere Abwehrmechanismen, um Netzwerke vor den durch KI optimierten und besonders schwer abzuwehrenden Angriffen zu schützen.

Die fortschreitende Automatisierung von Cyberangriffen ermöglicht es auch weniger erfahrenen Kriminellen, auf hochentwickelte Angriffstechniken zuzugreifen. Dies führt zu einer Zunahme sowohl in der Anzahl als auch in der Komplexität der Angriffe, was die Verteidigungsressourcen erheblich strapaziert (Montasari 2024).

Um all diese Bedrohungen zu bekämpfen, ist eine Weiterentwicklung der Sicherheitsinfrastruktur notwendig. KI kann als Abwehrmittel dienen, indem sie unregelmäßige Netzwerkaktivitäten erkennt und in Echtzeit auf Bedrohungen reagiert. Doch es bedarf gesetzlicher Vorgaben und internationaler Kooperationen, um den Missbrauch von KI für kriminelle Zwecke einzudämmen und den grenzüberschreitenden Charakter der Cyberkriminalität bestmöglich zu adressieren.

4.7. Umwelt und KI: Der ökologische Preis der Technologie

KI stellt sowohl Chancen als auch Risiken für die Umwelt. Einerseits kann sie dazu beitragen, ökologische Herausforderungen effizienter zu bewältigen, indem sie Datenanalysen verbessert und innovative Technologien fördert. Andererseits wirft sie rechtliche Fragen auf, insbesondere in Bezug auf die Regulierung, den Datenschutz und die ethischen Implikationen der Automatisierung (Vasiliev et al. 2020). Sie birgt aber auch erhebliche Risiken für die Umwelt.

Der hohe Energiebedarf und die ökologischen Kosten, die mit der Entwicklung und dem Betrieb von KI-Systemen verbunden sind, stellen eine wachsende Herausforderung dar. Besonders maschinelles Lernen und Deep Learning-Modelle benötigen enorme Rechenkapazitäten, was zu einem gigantischen Stromverbrauch führt.

4.7.1. Ressourcenverbrauch und Umweltkosten

Der massive Energieverbrauch von KI-Systemen führt zu erheblichen Umweltbelastungen, wie Dhar (2020) betont. Obwohl KI vielfach als Lösung für gesellschaftliche Herausforderungen gilt, rückt ihr ökologischer Fußabdruck zunehmend in den Fokus. Insbesondere Rechenzentren großer Technologieunternehmen, die immer leistungsstärkere Server betreiben, verbrauchen nicht nur enorme Mengen an Energie, sondern auch große Wassermengen zur Kühlung. Diese Kühlprozesse tragen in wasserarmen Regionen zur Wasserknappheit bei und hinterlassen zusätzlich erhebliche Mengen an Elektroschrott. Die ökologischen Folgen, einschließlich der Erderwärmung und der Verschärfung von Ressourcenknappheit, werden oft unterschätzt und erfordern dringend nachhaltigere Lösungen.

Das Training großer KI-Modelle kann einen erheblichen CO_2-Fußabdruck hinterlassen – Schätzungen zufolge entspricht dieser dem von Hunderten bis Tausenden von Flugreisen. Ein Beispiel ist das Training von GPT-3, das etwa 502 Tonnen CO_2 verursacht, was den Emissionen von mehr als 100 Autos entspricht. Auch der Betrieb dieser Modelle (Inference) trägt weiterhin zu einem hohen Energieverbrauch bei, insbesondere wenn die Rechenzentren, in denen sie laufen, mit fossilen Brennstoffen betrieben werden (Wang et al. 2024).

Auch in anderen Sektoren ist der Energieverbrauch von KI problematisch. Bültemann et al. (2023) zeigen anhand einer Fallstudie im Bildungsbereich, dass der Betrieb von KI-Anwendungen, wie etwa in personalisierten Lernumgebungen, den Energieverbrauch deutlich steigern kann. Sie fordern deshalb die Entwicklung nachhaltigerer Lösungen, die die Effizienz der Systeme nicht beeinträchtigen.

Hidalgo et al. (2023) betonen ebenfalls die Notwendigkeit, KI nachhaltiger zu gestalten. Sie empfehlen den Einsatz effizienterer Algorithmen, eine Reduzierung der Modellkomplexität und den Umstieg auf umweltfreundlichere IT-Infrastrukturen. Diese Maßnahmen sollten von Beginn an in den Lebenszyklus von KI-Anwendungen integriert werden, um die negativen ökologischen Auswirkungen zu minimieren.

Neben dem erheblichen Energieverbrauch und den CO_2-Emissionen trägt auch die zunehmende Menge an Elektroschrott, die durch veraltete Hardware entsteht, zu den negativen Umweltfolgen von KI bei. Veraltete Server und Geräte müssen häufig ersetzt werden, was nicht nur zur Verschmutzung durch unsachgemäße Entsorgung, sondern auch zu weiteren Belastungen für natürliche Ökosysteme führt.

Zudem können Fehler in KI-Algorithmen bestehende Ungleichheiten in der Umweltgerechtigkeit verschärfen. Diese Probleme verdeutlichen die Dringlichkeit, auf erneuerbare Energien umzustellen, energieeffizientere Algorithmen zu entwickeln und nachhaltige Entsorgungspraktiken zu implementieren, um die ökologischen Auswirkungen von KI zu minimieren (Zhuk 2023). Es zeigt sich, dass neben der Entwicklung technologischer Innovationen auch die ökologische Verantwortung im Fokus stehen muss, um den wachsenden Herausforderungen gerecht zu werden.

4.7.2. Nachhaltige KI: Illusion oder Realität im Kampf gegen Umweltzerstörung

Während künstliche Intelligenz als eine der Schlüsseltechnologien des 21. Jahrhunderts gilt, die in vielen Bereichen erhebliche Fortschritte ermöglicht, steht ihre ökologische Nachhaltigkeit zunehmend im Mittelpunkt der Debatte. Der wachsende Energieverbrauch und die damit verbundenen CO_2-Emissionen werfen die Frage auf, ob KI tatsächlich einen positiven Beitrag zum Klimaschutz leisten kann oder ob sie nicht vielmehr ein weiterer Treiber der Umweltzerstörung ist. Zwar gibt es vielversprechende Ansätze, wie KI-Systeme genutzt werden können, um die Energieeffizienz in verschiedenen Branchen zu steigern oder nachhaltigere Lösungen für den globalen Klimawandel zu entwickeln, doch diese Potenziale stehen in starkem Kontrast zu den ressourcenintensiven Anforderungen der KI-Technologie selbst. Die Rechenleistung, die für das Training großer KI-Modelle erforderlich ist, sowie der Betrieb von Rechenzentren, stellt eine erhebliche Belastung für die Umwelt dar.

Studien wie die von Bültemann et al. (2023) und Wang et al. (2024) verdeutlichen, dass die Umweltbelastungen durch KI häufig unterschätzt werden. Während KI-Prozesse als ressourcenschonend gelten, kompensiert der hohe Energiebedarf für die Datenverarbeitung und das Training von Algorithmen oft die erzielten Effizienzgewinne. Hidalgo et al. (2023) betonen, dass die Lösung in der Entwicklung energieeffizienter Algorithmen und umweltfreundlicher IT-Infrastrukturen liegt.

Der Bereich der Green AI, der sich auf die Minimierung von Energieverbrauch und CO_2-Emissionen bei der Entwicklung und Nutzung von KI konzentriert, wächst stetig. Der Fokus liegt dabei auf der Optimierung von Algorithmen und Prozessen, insbesondere im energieintensiven Trainingsprozess von KI-Modellen (Verdecchia et al. 2023). Vielversprechende Ansätze, wie energieeffiziente Hardware und optimierte Algorithmen, tragen bereits zur Senkung des Energieverbrauchs bei.

Obwohl das Interesse an Green AI seit 2020 gestiegen ist, bleibt die Umsetzung in der Industrie hinter den Fortschritten der akademischen Forschung zurück. Um die breite Anwendung umweltfreundlicher KI-Techniken zu fördern, sind neben technologischen Innovationen auch politische und regulatorische Maßnahmen notwendig. Diese sollten klare Vorgaben für den Energieverbrauch und die CO_2-Bilanz von KI-Systemen schaffen und Forschungsergebnisse effektiv in die Praxis überführen (Bolón-Canedo et al. 2024; Zhu et al. 2021).

Verdecchia et al. (2023) weisen darauf hin, dass das Training von KI-Modellen einen erheblichen Teil des Energieverbrauchs ausmacht. Durch Optimierungstechniken wie die Anpassung von Hyperparametern können jedoch Energieeinsparungen von bis zu 115 % erreicht werden.

Ein weiterer wichtiger Aspekt im Zusammenhang mit KI und Nachhaltigkeit ist ihre Rolle bei der Überwachung und Analyse von Umweltfaktoren. KI-gestützte Systeme können in Bereichen wie der Klimadatenanalyse, Abfallwirtschaft und dem Ressourcenmanagement eingesetzt werden. Beispielsweise wird KI genutzt, um die Wasserbewirtschaftung in der Landwirtschaft zu verbessern oder die Energieeffizienz von Gebäuden zu steigern. Solche Anwendungen zeigen das Potenzial von KI, einen wesentlichen Beitrag zur Bekämpfung der Umweltzerstörung zu leisten.

Fang et al. (2023) untersuchen den Einsatz von KI in der Abfallwirtschaft von Smart Cities und belegen, dass KI-Technologien Prozesse wie Abfallsortierung, Recycling und Sammlung optimieren können. Durch maschinelles Lernen, Bilderkennung und automatisierte Datenanalysen lassen sich Abfallströme effizienter verwalten, was den Ressourcenverbrauch senkt und Umweltbelastungen reduziert.

Trotz dieser positiven Ansätze bleibt die Gefahr bestehen, dass die Verbreitung von KI-gestützten Systemen ohne klare Nachhaltigkeitsstrategien bestehende Umweltprobleme eher verschärft. Um das Potenzial von KI voll auszuschöpfen, bedarf es einer konsequenten Ausrichtung auf umweltfreundlichere Technologien und nachhaltige Strategien.

Zirkuläre Ansätze, die den gesamten Lebenszyklus von KI-Anwendungen – von der Entwicklung bis zur Hardware-Entsorgung – einbeziehen, könnten eine Schlüsselrolle für langfristige Nachhaltigkeit spielen.

Panu (2021) betont, dass KI zirkuläre Geschäftsmodelle fördern kann, indem sie Ressourcennutzung optimiert, Abfälle minimiert und Produktlebenszyklen verlängert, was Effizienz und Nachhaltigkeit steigert. Dies unterstützt nicht nur die Erreichung von Nachhaltigkeitszielen, sondern auch die Reduzierung von Kosten.

Ob nachhaltige KI jedoch Realität oder bloß eine Illusion im Kampf gegen Umweltzerstörung ist, hängt maßgeblich davon ab, ob technologische Innovationen mit ökologischer Verantwortung und klaren politischen Leitlinien verbunden werden. Nur durch dieses Zusammenspiel kann KI ihr volles Potenzial zur Bekämpfung von Umweltproblemen entfalten und ihren ökologischen Fußabdruck verringern.

4.8. Arbeitsmarkt im KI-Zeitalter: Transformation statt Dystopie

Das Narrativ über die Auswirkungen der KI auf den Arbeitsmarkt hat sich in den letzten Jahren dramatisch gewandelt. Anfangs herrschte die Annahme vor, dass KI nur einfache, repetitive Aufgaben übernehmen würde – Tätigkeiten, die Menschen durch Lebenslanges Lernen kompensieren könnten (Gaisch et al. 2020). In diesem Szenario wurde der Mensch als flexibel genug angesehen, sich durch kontinuierliche Weiterbildung den neuen Anforderungen anzupassen. Diese optimistische Sichtweise hat sich jedoch mit der rasanten Entwicklung von KI-Systemen deutlich verändert.

Heute sehen wir, dass KI nicht nur einfache, sondern auch hochkomplexe Aufgaben übernimmt, die einst als unverzichtbar menschlich galten. Tätigkeiten wie juristische Analysen, die früher als sicher vor der Automatisierung angesehen wurden, können nun von KI-Systemen effizient und präzise ausgeführt werden (Kryvytskyi 2021).

Bereits in den 1930er Jahren prägte John Maynard Keynes den Begriff der „technologischen Arbeitslosigkeit“ und äußerte die Sorge, dass technologische Fortschritte die Nachfrage nach menschlicher Arbeit langfristig senken könnten. Er erwartete aber auch, dass die gewonnene Freizeit es den Menschen ermöglichen würde, sich vermehrt nicht-materiellen Dingen wie Kunst und Wissen zu widmen, sobald wirtschaftliche Grundbedürfnisse erfüllt seien (Lenger 2016). Diese Überlegung hat in den folgenden Jahrzehnten immer wieder Beachtung gefunden, besonders in Bezug auf Automatisierung, Robotik und künstliche Intelligenz.

In den 1960er Jahren warnten Studien vor Massenarbeitslosigkeit durch technischen Fortschritt. Der Spiegel (1964) beschrieb die „jobmordende“ Wirkung, wies aber darauf hin, dass automatisierte Unternehmen letztlich mehr Beschäftigte einstellten. Auch ein TIME-Bericht (1965) zeigte, dass Computerisierung Berufe ersetzte, aber gleichzeitig neue technologiegetriebene Jobs schuf und die Transformation der Arbeitswelt betonte.

Die Diskussion über Massenarbeitslosigkeit durch Automatisierung wurde durch die Untersuchung des Committee on the Triple Revolution (1964) angefacht, die prognostizierte, dass technologische Fortschritte zu umfassenden Arbeitsplatzverlusten führen könnten. Diese Warnungen wurden auch in späteren Jahrzehnten aufgegriffen, etwa von David Noble (1984) und der bekannten Studie von Frey und Osborne (2013), die schätzte, dass bis zu 47 % aller Berufe von Automatisierung bedroht seien.

Die historische Entwicklung zeigt jedoch, dass technologische Innovationen oft die Arbeitsmärkte umgestalten. Analysen wie die von Acemoglu und Restrepo (2020) verdeutlichen, dass Automatisierung vor allem gering qualifizierte Arbeitsplätze ersetzt, gleichzeitig aber auch neue, spezialisierte Tätigkeiten schafft. Dieser Prozess wird als Skill Bias bezeichnet – eine systematische Verschiebung zugunsten hochqualifizierter Arbeitskräfte (Acemoglu & Restrepo 2020; Alkalay 2024).

Der Skill Bias beschreibt die steigende Nachfrage nach Arbeitskräften mit kreativen, analytischen und technologischen Fähigkeiten infolge technologischer Fortschritte, während Routine- und manuelle Tätigkeiten zunehmend automatisiert werden. Dadurch gewinnen hochqualifizierte Berufe an Bedeutung, während gering qualifizierte Tätigkeiten an Wert verlieren. Dies verstärkt die Ungleichheit auf dem Arbeitsmarkt, da spezialisierte Fachkräfte profitieren, während die Chancen für weniger qualifizierte Arbeitskräfte abnehmen.

Der Wandel des Arbeitsmarktes ist weniger ein bloßer Verlust von Arbeitsplätzen, sondern vielmehr eine Verschiebung, die neue Herausforderungen mit sich bringt: Während die Nachfrage nach hochqualifizierten Fachkräften wächst, verlieren andere Qualifikationen an Bedeutung. Um das Potenzial des technologischen Fortschritts voll auszuschöpfen, sind umfassende Umschulungs- und Weiterbildungsprogramme essenziell (siehe 1.4).

Dennoch hält sich seit Jahrzehnten die Vorstellung einer dystopischen Zukunft, in der die Automatisierung unzählige Arbeitsplätze in traditionellen Branchen vernichtet. Doch die Realität ist weitaus komplexer: Technologische Innovationen haben zwar tatsächlich zu einem Rückgang bestimmter Tätigkeiten geführt, gleichzeitig aber auch neue Berufsfelder geschaffen und bestehende Rollen transformiert. Die wahre Herausforderung besteht nicht nur im Schutz von Arbeitsplätzen, sondern in der Anpassung der Arbeitskräfte an die veränderten Anforderungen.

4.8.1. Von der Angst zur Realität: Massenarbeitslosigkeit durch KI bleibt aus

Es gab über die vergangenen Jahrzehnte immer wieder Studien, die Beschäftigungswachstum durch Automatisierung und Technologie prognostizierten, diese fanden jedoch kaum Eingang in den jeweils aktuellen Diskurs. Heute kann mit sicherer Distanz zu den Prognosen der letzten 75 Jahre gesagt werden: Keine einzige der dystopischen Vorhersagen ist eingetroffen. Geradezu das Gegenteil ist heute Realität.

> Die westlichen Industrienationen verzeichneten seit 1950 einen bemerkenswerten Anstieg der Beschäftigung. In den USA hat sich die Zahl der Beschäftigten um das 2,8-Fache erhöht, während Deutschland und Österreich nahezu eine Verdoppelung ihrer Beschäftigtenzahlen erreichten. Dieser kontinuierliche Anstieg wurde nur durch besondere Ereignisse wie die Wirtschaftskrise 2008/09 und die Pandemie vorübergehend unterbrochen. Diese Entwicklungen zeigen, dass technologische Fortschritte bislang keinen nachhaltigen Rückgang der Beschäftigung verursacht haben, sondern vielmehr zur Transformation und zum Wachstum der Arbeitsmärkte beitrugen (Mader 2024b).

Die Aufgaben und Jobs haben sich im Laufe der Zeit unmerklich verändert, sodass wir heute völlig andere Tätigkeiten ausüben – ohne revolutionäre Umbrüche. Viele Berufe der 1950er Jahre würden heute niemand mehr ausüben wollen und sind obsolet geworden. Der Arbeitsmarkt bietet heute eine Vielzahl an Jobs, sowohl für ungelernte Kräfte als auch für hochspezialisierte Experten, die häufig unbesetzt bleiben. Statt der vielfach prognostizierten Massenarbeitslosigkeit stehen wir vor einem Arbeits- und Fachkräftemangel.

Gleichzeitig hat sich die gesamt von allen Erwerbstätigen geleistete Stundenanzahl hingegen nur gering gesteigert, auch wegen einer ständig steigenden Teilzeitquote. In Österreich liegt darüber hinaus die durchschnittliche Wochenarbeitszeit seit 2022 bei genau 30 Stunden. Die Arbeitszeitverkürzung ist also bereits Realität (Mader 2024b).

Um die Zukunft erfolgreich zu gestalten, sollten wir uns an den tatsächlichen Fakten orientieren. Die letzten 75 Jahre seit dem Ende des Zweiten Weltkriegs haben gezeigt, dass der Bedarf an Arbeitskräften trotz zunehmender Automatisierung und Technologieeinsatz stetig gestiegen ist. Gleichzeitig wuchs der Bedarf an neuem Wissen und Kompetenzen. Heute haben nahezu alle Berufe digitale Komponenten – selbst in Bereichen wie Lieferdiensten, Taxifahrten oder der Reinigung. Der Wegweiser in die Zukunft deutet daher nicht auf Jobverlust, sondern auf Bildung hin (siehe Abschnitt 2.3.1) (Mader 2024b).

4.8.2. Monopolbildung und Machtkonzentration: Die Dominanz der Tech-Giganten

Neben den Herausforderungen auf dem Arbeitsmarkt droht die KI auch die wirtschaftliche Macht in die Hände weniger, großer Unternehmen zu legen.

Tech-Giganten wie Google, Amazon und Microsoft investieren Milliarden in die Weiterentwicklung von KI-Technologien und verschaffen sich dadurch einen deutlichen Vorsprung gegenüber kleineren Unternehmen. Neben ihren finanziellen Ressourcen verfügen sie über den entscheidenden Vorteil des Zugangs zu großen Datenmengen, die für die Optimierung von KI-Systemen unerlässlich sind. Diese Konzentration von Kapital und Daten in den Händen weniger Unternehmen birgt das Risiko einer wirtschaftlichen Monopolbildung, wie Mulligan und Godsiff (2023) warnen.

Gleichzeitig ermöglicht der Zugang zu Daten und fortschrittlichen Technologien großen Unternehmen, ihre Marktmacht weiter auszubauen. Diese Entwicklung führt zu einer verstärkten Marktkonzentration, wodurch kleinere Konkurrenten verdrängt und wirtschaftliche Ungleichheiten verschärft werden. Ohne wirksame Regulierung droht eine signifikante Beeinträchtigung der Wettbewerbsfähigkeit, was den Markt nachhaltig destabilisieren könnte (Zekos 2021).

Rikap und Lundvall (2022) beschreiben dieses Phänomen als Wissensprädation – einen strategischen Prozess, bei dem Big Tech-Unternehmen ihre Marktmacht nutzen, um nicht nur Daten zu monopolisieren, sondern auch den Zugang zu technologischem Wissen und Innovationen zu kontrollieren. Diese Unternehmen sichern sich technologische Fortschritte und schirmen dieses Wissen gezielt ab, um ihre Marktposition zu stärken und Wettbewerb zu verhindern.

Die Wissensprädation durch Big Tech-Unternehmen führt dazu, dass kleinere Akteure und Entwicklungsländer systematisch benachteiligt werden, da ihnen der Zugang zu zentralen Technologien und Innovationen verwehrt bleibt. Diese Konzentration von Wissen und Kapital hemmt die wirtschaftliche Entwicklung und verstärkt globale Ungleichheiten.

In diesem Zusammenhang warnen Rikap & Lundvall (2022), dass die Kontrolle weniger globaler Akteure die Innovationsfähigkeit und wirtschaftliche Diversität weltweit bedroht. Zudem betont Rikap (2023), dass digitale Monopole durch die Kontrolle von intellektuellem Eigentum und Daten entstehen, was Wettbewerb verhindert und die Marktmacht festigt. Dies schließt kleinere Akteure und Schwellenländer von technologischen Fortschritten aus, während mächtige Unternehmen Märkte und politische Regulierungen zu ihrem Vorteil beeinflussen und Innovationen blockieren können.

Greene (2019) zeigt in Silicon States auf, wie Big Tech-Unternehmen wie Google, Facebook und Amazon zunehmend politischen Einfluss und Kontrolle über gesellschaftliche Strukturen gewinnen. Sie warnt, dass deren Kontrolle über Daten und Technologien die Demokratie gefährdet, da sie wirtschaftliche Macht bündeln und ohne effektive Regulierung agieren.

In einem ähnlichen Kontext argumentieren Roff und Moyer (2016), dass die Delegation der Entscheidungsfindung an KI-Systeme in vielen Industrien die menschliche Kontrolle schrittweise schwächt. Die Abhängigkeit von Algorithmen könnte dazu führen, dass Unternehmen ihre Strategien und Produktionen ausschließlich auf Effizienz und Rentabilität ausrichten, während ethische Überlegungen vernachlässigt werden. Diese Entwicklung könnte die Menschlichkeit aus wirtschaftlichen Prozessen verdrängen und soziale Verantwortung dem reinen Gewinnstreben opfern. Langfristig birgt dies das Risiko, dass KI-gesteuerte Entscheidungen wirtschaftlich vorteilhaft, aber gesellschaftlich verheerend sind.

All diese Studien sind sich darin einig, dass große Tech-Unternehmen nicht nur Daten, sondern auch Wissen und Innovationen monopolisieren. Dies führt zu einer Behinderung des Wettbewerbs und verstärkt globale Ungleichheiten. Die zunehmende Konzentration von Macht und Ressourcen birgt zudem die Gefahr, dass nicht nur Märkte, sondern auch politische Regulierungen im Interesse dieser wenigen mächtigen Akteure gestaltet werden, was langfristig die wirtschaftliche und gesellschaftliche Vielfalt bedroht.

4.9. Innovation oder Zerstörung: KI zwischen Macht und Verantwortung

Kapitel 4 beleuchtet die erheblichen Risiken einer unregulierten und ethisch unkontrollierten KI-Nutzung und zeigt auf, wie gefährlich diese Entwicklungen werden können, wenn keine Schutzmaßnahmen existieren und die Macht bei wenigen Tech-Giganten konzentriert bleibt. Strenge ethische Richtlinien, internationale Abkommen und klare Rahmenbedingungen sind daher unerlässlich, um die Balance zwischen Innovation und Kontrolle zu gewährleisten.

Die zentrale Frage ist nicht, ob KI die Gesellschaft verändern wird, sondern wie und zu welchem Preis. Der Schutz von Werten wie Freiheit, Privatsphäre und Gerechtigkeit erfordert internationale Zusammenarbeit, gesetzliche Regelungen und die konsequente Einbindung ethischer Standards. Nur so kann sichergestellt werden, dass der technologische Fortschritt der Menschheit dient, anstatt sie zu gefährden. Der Balanceakt zwischen technologischen Fortschritten und der Wahrung grundlegender Werte wird in den kommenden Jahren von entscheidender Bedeutung sein.

4.10. Kernpunkte im Fokus: KI VERNICHTET

Zerstörungspotenzial von KI und gesellschaftliche Risiken

- KI kann soziale Strukturen destabilisieren und digitale Manipulation, Überwachung und Zensur unterstützen, was demokratische Prozesse und individuelle Freiheit gefährdet.
- Deepfakes, Social Bots und automatisierte Hassrede erschüttern das Vertrauen in digitale Inhalte und schaffen eine verstärkte Bedrohung durch Desinformation.
- Die unkontrollierte Nutzung von autonomen Waffensystemen und der Anstieg von Cyberkriminalität erhöhen das Risiko unvorhersehbarer Eskalationen und ethischer Konflikte, da Maschinen Entscheidungen ohne menschliche moralische Reflexion treffen.

Wirtschaftliche und ökologische Kosten der KI

- Die Kapital- und Datenkonzentration bei wenigen Technologiekonzernen birgt das Risiko wirtschaftlicher Monopole und erschwert den fairen Wettbewerb.
- Der immense Energieverbrauch und der ökologische Fußabdruck von KI-Systemen, insbesondere durch Deep Learning, belasten die Umwelt stark und machen dringend nachhaltige Lösungen zur Emissionsreduktion erforderlich.
- Ohne klare Nachhaltigkeitsstrategien verschärft KI bestehende Umweltprobleme – die Entwicklung hin zu „Green AI“ ist entscheidend, um den technologischen Fortschritt mit ökologischer Verantwortung zu verbinden.

Referenzen

Abaimov, S., Martellini, M. (2020) Artificial intelligence in autonomous weapon systems. 21st Century Prometheus: Managing CBRN Safety and Security Affected by Cutting-Edge Technologies, 141-177.

Acemoglu, D., Restrepo, P. (2020) Unpacking skill bias: Automation and new tasks. In AEA Papers and Proceedings (Vol. 110, pp. 356-361). 2014 Broadway, Suite 305, Nashville, TN 37203: American Economic Association.

Agarwal, S., Hu, L., Ng, E., Darrell, T., Li, H., Rohrbach, A. (2023) Watch those words: Video falsification detection using word-conditioned facial motion. In Proceedings of the IEEE/CVF Winter Conference on Applications of Computer Vision (pp. 4710-4719).

Ahmad, K. (2023) Arms Race of Artificial Intelligence: Need for International Regulating Mechanism. Pakistan JL Analysis & Wisdom, 2, 533.

Akpan, A. G., Ugah, J. O., Ezeano, V. N. (2022) Leveraging on Cyber Security for Digital Economy: Analysis of Emerging Cyber Security Threats and Attacks. International Journal of Scientific & Engineering Research, 13(7), 663-674.

Alenezi, M. N., Alabdulrazzaq, H., Alshaher, A. A., Alkharang, M. M. (2020) Evolution of malware threats and techniques: A review. International journal of communication networks and information security, 12(3), 326-337.

Al-Garadi, M. A. et al. (2019) Predicting cyberbullying on social media in the big data era using machine learning algorithms: review of literature and open challenges. IEEE Access, 7, 70701-70718.

Alkalay, S. (2024) From IT to AI: Analysis of Skill–Biased Technological Change in Europe.

Al-Majid, A. H. (2023) Challenges and Strategies to Minimize Cyberbullying of Minorities: A Comprehensive Analysis. Applied Research in Artificial Intelligence and Cloud Computing, 6(1), 21-33.x.

Alshamsi, M. S. (2023) The Future of Deep Fakes: Analyzing the Potential Future Consequences of the Widespread Use of Deepfakes on the Policing Sector. Rochester Institute of Technology.

Aslan, Ö. A., Samet, R. (2020) A comprehensive review on malware detection approaches. IEEE access, 8, 6249-6271.

Barnhizer, D., Barnhizer, D. (2019) The Artificial Intelligence Contagion: Can Democracy Withstand the Imminent Transformation of Work, Wealth and the Social Order?. SCB Distributors.

Bazarkina, D. (2021, November) Artificial Intelligence Enhancing Social Engineering in Terrorism: The new Threats. In Proceedings of the 3rd European Conference on the Impact of Artificial Intelligence and Robotics ECIAIR (pp. 19-25).

Berkah, R. S., Kusumawati, A., Atmadja, H. T. (2023) Legal Protection for Victims of Cyberbullying: An Assessment of the Role of Social Media and Responsibilities of Service Providers.

Bo, M., Bruun, L., Boulanin, V. (2022) Retaining human responsibility in the development and use of autonomous weapon systems: On accountability for violations of international humanitarian law involving AWS.

Bolón-Canedo, V., Morán-Fernández, L., Cancela, B., Alonso-Betanzos, A. (2024) A review of green artificial intelligence: Towards a more sustainable future. Neurocomputing, 128096.

Bräuer, R. (2024) Autonome Waffen und Künstliche Intelligenz im Weltraum–also selbstständige Killersatelliten im All?. In Strategischer Wettbewerb im Weltraum: Politik, Recht, Sicherheit und Wirtschaft im All (pp. 483-501). Wiesbaden: Springer Fachmedien Wiesbaden.

Brodnig, I. (2024) Wider die Verrohung: Über die gezielte Zerstörung öffentlicher Debatten: Strategien & Tipps, um auf Emotionalisierung und Fake News besser antworten können. Christian Brandstätter Verlag, Wien.

Bültemann, M., Rzepka, N., Junger, D., Simbeck, K., Müller, H. G. (2023) Energy consumption of ai in education: A case study.

Chesney, R., Citron, D. (2019) Deepfakes and the new disinformation war: The coming age of post-truth geopolitics. Foreign Aff., 98, 147.

Christl, W. (2021) Digitale Überwachung und Kontrolle am Arbeitsplatz. Von der Ausweitung betrieblicher Datenerfassung zum algorithmischen Management.

Chun, J., Lee, J., Kim, J., Lee, S. (2020) An international systematic review of cyberbullying measurements. Computers in human behavior, 113, 106485.

Ciftci, U. A., Demir, I., Yin, L. (2020) Fakecatcher: Detection of synthetic portrait videos using biological signals. IEEE transactions on pattern analysis and machine intelligence.

Coeckelbergh, M. (2024) Why AI Undermines Democracy and what to Do about it. John Wiley & Sons. Cresci, S. (2020) A decade of social bot detection. Communications of the ACM, 63(10), 72-83.

Dagar, D., Vishwakarma, D. K. (2022) A literature review and perspectives in deepfakes: generation, detection, and applications. International journal of multimedia information retrieval, 11(3), 219-289.

Der Spiegel (1964) Einzug der Roboter. Cover-Artikel. Der Spiegel, 14/1964. https://www.spiegel.de/politik/einzug-der-roboter-a-ec698c0f-0002-0001-0000-000046173388

Dhar, P. (2020) The carbon impact of artificial intelligence. Nat. Mach. Intell., 2(8), 423-425.. Während

Doshi, J. et al. (2024) Sleeper Social Bots: a new generation of AI disinformation bots are already a political threat.

Dürr, P. (2024) Social Bots: Digitale Manipulation und Verfassungsrecht (Vol. 32). Mohr Siebeck.

Frey, C. B., Osborne, M. A. (2017) The future of employment: How susceptible are jobs to computerisation?. Technological forecasting and social change, 114, 254-280.

Geller, A. (2022) Social Scoring durch Staaten (Doctoral dissertation, lmu).

Giumetti, G. W., Kowalski, R. M. (2022) Cyberbullying via social media and well-being. Current Opinion in Psychology, 45, 101314.

Gordon, J. S. (2021) AI and law: ethical, legal, and socio-political implications. ai & Society, 36, 403-404.

Gorzelany, J., Gorzelany–Dziadkowiec, M., Luty, L., Firlej, K., Gaisch, M., Dudziak, O., Scott, C. (2021) Finding links between organisation's culture and innovation. The impact of organisational culture on university innovativeness. Plos one, 16(10), e0257962.

Greene, L. (2019) Silicon states: The power and politics of big tech and what it means for our future. Catapult.

Grimme, C., Preuss, M., Adam, L., Trautmann, H. (2017) Social bots: Human-like by means of human control?. Big data, 5(4), 279-293.

Güçlü-Aydogan, M., Ünal-Aydın, P., Aydın, O. (2023) The Effects of Psychological Resilience, Self-efficacy and Metacognition on Cyberbullying Among Adolescents. Child and Adolescent Social Work Journal, 1-9. Grünwald, R., Kehl, C. (2020) Autonome Waffensysteme-Endbericht zum TA-Projekt.

Gurunath, R., Alahmadi, A. H., Samanta, D., Khan, M. Z., Alahmadi, A. (2021) A novel approach for linguistic steganography evaluation based on artificial neural networks. IEEE Access, 9, 120869-120879.

Helmus, T. C. (2022) Artificial intelligence, deepfakes, and disinformation. RAND Corporation, 1-24.

Hidalgo, I. et al. (2023) Sustainable Artificial Intelligence Systems: An Energy Efficiency Approach. Authorea Preprints.

Himelein-Wachowiak, M. et al. (2021) Bots and Misinformation Spread on Social Media: Implications for COVID-19. J Med Internet Res. 2021 May 20;23(5):e26933. doi: 10.2196/26933.

Hiriyannaiah, S., Srinivas, A. M. D., Shetty, G. K., Siddesh, G. M., Srinivasa, K. G. (2020) A computationally intelligent agent for detecting fake news using generative adversarial networks. In Hybrid Computational Intelligence (pp. 69-96). Academic Press.

Hoffrage, U., Marewski, J. N. (2020) Social Scoring als Mensch-System-Interaktion. Social Credit Rating: Reputation und Vertrauen beurteilen, 305-329.

Horowitz, M. C. (2021) When speed kills: Lethal autonomous weapon systems, deterrence and stability. In Emerging technologies and international stability (pp. 144-168). Routledge.

Jadhav, S. S., Thepade, S. D. (2019) Fake news identification and classification using DSSM and improved recurrent neural network classifier. Applied Artificial Intelligence, 33(12), 1058-1068.

Kalyta, O., Barmak, O., Radiuk, P., Krak, I. (2023) Facial emotion recognition for photo and video surveillance based on machine learning and visual analytics. Applied Sciences, 13(17), 9890.

Kaliyar, R. K., Goswami, A., Narang, P., Sinha, S. (2020) FNDNet–a deep convolutional neural network for fake news detection. Cognitive Systems Research, 61, 32-44.

Karnouskos, S. (2020) Artificial intelligence in digital media: The era of deepfakes. IEEE Transactions on Technology and Society, 1(3), 138-147.

Katzer, C. (2023) Cybermobbing: digitale Gewalt pädagogisch überwinden. Kohlhammer Verlag.

Kaur Chahal, J., Bhandari, A., Behal, S. (2019) Distributed denial of service attacks: a threat or challenge. New Review of Information Networking, 24(1), 31-103.

Khawaja, I. A. (2023) Invisible Warfare: The Psychological Impact of Biological Weapons in the Context of International Humanitarian Law. Society, Law and Policy Review, 2(1), 15-25.

Kryvytskyi, Y. (2021) Artificial Intelligence as a Tool of Legal Reform: Potential, Trends and Prospects. Scientific Journal of the National Academy of Internal Affairs, 26(2), 91.

Kumar, P. R. (2021) Biological Warfare: an Emerging Threat of the Future. CLAWS Journal, 14(1), 30-50.

Labuz, M. (2023) Regulating deep fakes in the artificial intelligence act. Applied Cybersecurity Internet Governance, 2(1), 1-42.

Lahl, K. (2021) Autonome Waffensysteme als Stresstest für internationale Sicherheitspolitik. Politikum, 7(1), 46-53.

Lanzino, R., Fontana, F., Diko, A., Marini, M. R., Cinque, L. (2024) Faster Than Lies: Real-time Deepfake Detection using Binary Neural Networks. In Proceedings of the IEEE/CVF Conference on Computer Vision and Pattern Recognition (pp. 3771-3780).

Lazer D.M.J. et al. (2018) The science of fake news. Science 359, 1094-1096 (2018) doi:10.1126/science.aao2998. https://www.science.org/doi/10.1126/science.aao2998.

Lenger, A. (2016) Keynes: Economic Possibilities for our Grandchildren. Muße. Ein Magazin, 2, 48-52.

Lennox, J. (2022) 2084: Künstliche Intelligenz und die Zukunft der Menschheit: Wie unsere Zukunft menschlich bleiben kann. SCM R. Brockhaus.

Lentzos, F. (2022) AI and biological weapons. In Armament, Arms Control and Artificial Intelligence: The Janus-faced Nature of Machine Learning in the Military Realm (pp. 91-100). Cham: Springer International Publishing.

Leppelt, P., Praemandat, A. (2017) Gläserner Mensch» mit ohne «Datenschutz Überwachung am Arbeitsplatz. Sozialpsychiatrische Informationen, 47(1), 48-50.

Lück, A. K. (2013) Der gläserne Mensch im Internet: Ethische Reflexionen zur Sichtbarkeit, Leiblichkeit und Personalität in der Online-Kommunikation. Kohlhammer Verlag.

Mary, A., Edison, A. (2023) Deep fake Detection using deep learning techniques: A Literature Review. In 2023 International Conference on Control, Communication and Computing (ICCC) (pp. 1-6). IEEE.

Morales, A., Acien, A., Fierrez, J., Monaco, J. V., Tolosana, R., Vera, R., Ortega-Garcia, J. (2020) Keystroke biometrics in response to fake news propagation in a global pandemic. In 2020 IEEE 44th Annual Computers, Software, and Applications Conference (COMPSAC) (pp. 1604-1609). IEEE.

Montasari, R. (2024) Introduction: Cyberspace, Cyberterrorism and the International Security in the Fourth Industrial Revolution: Threats, Assessment and Responses. In Cyberspace, Cyberterrorism and the International Security in the Fourth Industrial Revolution: Threats, Assessment and Responses (pp. 1-15). Cham: Springer International Publishing.

Mulligan, C. E., Godsiff, P. (2023) Datalism and Data Monopolies in the Era of AI: A Research Agenda. arXiv preprint arXiv:2307.08049.

Neuwirth, R. J. (2023) Prohibited artificial intelligence practices in the proposed EU artificial intelligence act (AIA). Computer Law & Security Review, 48, 105798.

Noble, D.F. (1984) Forces of Production. A Social History of Industrial Automation. 1. Auflage. 12. Juli 1984. Knopf, New York.

Nussbaum, B., Sebastian Udoh, E. (2020) Surveillance, surveillance studies, and cyber criminality. The Palgrave handbook of international cybercrime and cyberdeviance, 155-182.

Nguyen, T. T. et al. (2022) Deep learning for deepfakes creation and detection: A survey. Computer Vision and Image Understanding, 223, 103525.

Panu, J. (2021) The Potential of Artificial Intelligence in Utilizing Circular Business Models: A Systematic Literature Review.

Peter, I. K., Petermann, F. (2018) Cybermobbing im Kindes-und Jugendalter (Vol. 15). Hogrefe Verlag GmbH & Company KG.

Petrik, A. (2021) Corona-Verschwörungstheorien im Faktencheck. Entwurf einer wissenschaftspropädeutischen Problemstudie. GWP–Gesellschaft. Wirtschaft. Politik, 70(2), 35-36.

Pfirter, L. (2022) Gewalt im Netz: Zur Rolle der Zivilgesellschaft im Kampf gegen Hass und Hetze in Bayern.

Prasad, N. (2021) Digitalisierung geschlechtsspezifischer Gewalt. bff: Bundesverband Frauenberatungsstellen und Frauennotrufe/Prasad, Nivedita (Hg.): Geschlechtsspezifische Gewalt in Zeiten der Digitalisierung: Formen und Interventionsstrategien. Bielefeld: transcript, 17-46.

Prusty, A., Ahmed, R. (2023) Socialization and second nature in the digital age: New challenges and perspectives. Journal of Computational Social Dynamics, 8(2), 1-12.

Putra, F. P. E., Zulfikri, A., Arifin, G., Ilhamsyah, R. M. (2024) Analysis of Phishing Attack Trends, Impacts and Prevention Methods: Literature Study. Brilliance: Research of Artificial Intelligence, 4(1), 413-421.

Ramić, S. (2024) Research Report on Online Violence and Hate Speech Towards LGBTI Persons in Bosnia and Herzegovina. Human Rights edition of the Sarajevo Open Centre: 99.

Reisinger, G., Gaisch, M. (2023) Conflicting logics of the postpandemic university. On the Horizon: The International Journal of Learning Futures, 31(1), 47-53.

Righetti, L., Pham, Q. C., Madhavan, R., Chatila, R. (2018) Lethal autonomous weapon systems [ethical, legal, and societal issues]. IEEE Robotics & Automation Magazine, 25(1), 123-126.

Rikap, C., Lundvall, B. Å. (2022) Big tech, knowledge predation and the implications for development. Innovation and Development, 12(3), 389-416.

Roff, H. M., Moyes, R. (2016) Meaningful human control, artificial intelligence and autonomous weapons. In Briefing Paper Prepared for the Informal Meeting of Experts on Lethal Au-Tonomous Weapons Systems, UN Convention on Certain Conventional Weapons.

Roßnagel, A., Geminn, C. (2020) Datenschutz-Grundverordnung verbessern. Nomos Verlagsgesellschaft mbH & Co. KG.

Salama, R., Al-Turjman, F. (2023) Cyber-security countermeasures and vulnerabilities to prevent social-engineering attacks. In Artificial Intelligence of Health-Enabled Spaces (pp. 133-144). CRC Press.

Salvi, D., Liu, H., Mandelli, S., Bestagini, P., Zhou, W., Zhang, W., Tubaro, S. (2023) A robust approach to multimodal deepfake detection. Journal of Imaging, 9(6), 122.

Sandels, C. M. B. (2020) The beginning of Artificial Intelligence arms race: A China-USA security dilemma case study (Master's thesis, Universidade de Évora).

Sauer, P. (2024) The rise and fall of Pavel Durov. The Guardian Weekly, 6. September 2024, Vol. 211 No. 10.

Scharre, P. (2018) Army of None: Autonomous Weapons and the Future of War (Vol. 52). WW Norton & Company.

SecurityScorecard (2024) Davos 2024: Global Cyber Risk and GDP Closely Linked, New SecurityScorecard Research Reveal. SecurityScorecard, 15.1.2024. https://securityscorecard.com/company/press/cyber-resilience-scorecard

Singer, P. W. (2009) Wired for war: The robotics revolution and conflict in the 21st century. Penguin.

Stroebel, L., Llewellyn, M., Hartley, T., Ip, T. S., Ahmed, M. (2023) A systematic literature review on the effectiveness of deepfake detection techniques. Journal of Cyber Security Technology, 7(2), 83-113.

Taddeo, M., Floridi, L. (2021) Regulate artificial intelligence to avert cyber arms race. In Ethics, Governance, and Policies in Artificial Intelligence (pp. 283-287). Cham: Springer International Publishing.

TIME (1965) Technology: The Cybernated Generation. TIME, Leitartikel, April 2, 1965. https://time.com/archive/6874126/technology-the-cybernated-generation/

Thiel, R. (2023) Wettbewerb und Konflikt. In Hybride Kriegsführung: Zukunft und Technologien (pp. 1-9). Wiesbaden: Springer Fachmedien Wiesbaden.

Thull, B., Dinar, C., Ebner, F. (2021) Digitale Gewalt. In Supplementarische Informationen zum DiDaT Weißbuch (pp. 202-211). Nomos Verlagsgesellschaft mbH & Co. KG.

Tufekci, Z. (2018) YouTube, the great radicalizer. The New York Times, 10(3), 2018.

Van Wynsberghe, A. (2021) Sustainable AI: AI for sustainability and the sustainability of AI. AI and Ethics, 1(3), 213-218.

Vasiliev, A. A., Pechatnova, Y. V., Mamychev, A. Y. (2020) Digital ecology: Artificial intelligence impact on legal and environmental sphere. Ukrainian journal of ecology, 10(5), 150-154.

Verdecchia, R., Sallou, J., Cruz, L. (2023) A systematic review of Green AI. Wiley Interdisciplinary Reviews: Data Mining and Knowledge Discovery, 13(4), e1507.

Vosoughi, S. et al. (2018) The spread of true and false news online. Science 359,1146-1151(2018). doi: 10.1126/science.aap9559.

Wang, Q., Li, Y., Li, R. (2024) Ecological footprints, carbon emissions, and energy transitions: the impact of artificial intelligence (AI). Humanities and Social Sciences Communications, 11(1), 1-18.

Wolff, U. (2024) Wohin bewegen wir uns?–Von DeepFakes zu Bio-Bots. In Desinformationsangriffe auf Unternehmen abwehren: Das dunkle Geschäft mit Fake News & Co und wie man sie bekämpft (pp. 203-215). Wiesbaden: Springer Fachmedien Wiesbaden.

Wood, N. G. (2023) Autonomous weapon systems and responsibility gaps: a taxonomy. Ethics and Information Technology, 25(1), 16.

Woolley, S. C. (2016) Automating power: Social bot interference in global politics. First Monday.

Yu, J., Yu, Y., Wang, X., Lin, Y., Yang, M., Qiao, Y., Wang, F. Y. (2024) The Shadow of Fraud: The Emerging Danger of AI-powered Social Engineering and its Possible Cure.

Zekos, G. I. (2021) Economics and Law of Artificial Intelligence. Finance, Economic Impacts, Risk Management and Governance.

Zhu, S., Ota, K., Dong, M. (2021) Green AI for IIoT: Energy efficient intelligent edge computing for industrial internet of things. IEEE Transactions on Green Communications and Networking, 6(1), 79-88.

Zhuk, A. (2023) Artificial Intelligence Impact on the Environment: Hidden Ecological Costs and Ethical-Legal Issues. Journal of Digital Technologies and Law, 1(4), 932-954.

Teil 2

5

Der Mensch DENKT

Kapitel 5 beleuchtet die zentrale Rolle menschlicher Faktoren in der Entwicklung und Anwendung von KI-Systemen. Angesichts der zunehmenden Mensch-Maschine-Interaktion fokussiert es sich auf die Bedeutung menschlicher Fähigkeiten und Grenzen, um Sicherheit, Effizienz und Benutzerfreundlichkeit in KI-Anwendungen zu gewährleisten. Das Kapitel gibt Einblicke in das interdisziplinäre Feld der Human Factors und untersucht, wie Mensch und Technologie optimal zusammenwirken, indem es Unterschiede und Synergien zwischen menschlichem und maschinellem Lernen nutzt.

Im zweiten Teil werden die Unterschiede und Synergien zwischen menschlichem und maschinellem Lernen sowie die Funktionsweise neuronaler Netze analysiert. Dabei wird die einzigartige Anpassungsfähigkeit menschlicher neuronaler Netze im Vergleich zur algorithmischen Struktur maschineller neuronaler Netze hervorgehoben. Darüber hinaus wird die Theory of Mind und ihre Bedeutung für benutzerzentrierte Produktgestaltung erörtert, ebenso wie die ethischen und rechtlichen Implikationen eines möglichen KI-Bewusstseins.

5. Der Mensch DENKT: Human Factors in AI

KI denkt in Daten, der Mensch in Werten – zusammen legen sie den Grundstein für eine verantwortungsvolle Zukunft und nachhaltige Innovation.

Die Mensch-Maschine-Interaktion ist ein zentrales Thema der technologischen Entwicklung. Mit der Verbreitung von KI rücken Human Factors stärker in den Fokus, um Systeme so zu gestalten, dass menschliche Fähigkeiten und Grenzen berücksichtigt werden und Sicherheit, Effizienz sowie Benutzerfreundlichkeit maximiert werden (Chignell et al. 2023).

!

Human Factors ist ein interdisziplinäres Fachgebiet, das sich mit der Gestaltung und Optimierung von Systemen, Produkten und Arbeitsumgebungen beschäftigt, um die Leistung, Sicherheit und das Wohlbefinden von Menschen zu verbessern. Es umfasst die Analyse menschlicher Fähigkeiten, Verhaltensweisen und Einschränkungen im Zusammenhang mit der Interaktion mit Technologien, um Systeme benutzerfreundlicher, ergonomischer und sicherer zu gestalten.

5.1. Menschlich und KI: Kooperation oder Konkurrenz?

Die Mustererkennung ist eine Kernstärke des menschlichen Gehirns, die uns ermöglicht, komplexe Zusammenhänge intuitiv zu erfassen und evolutionäre Vorteile zu sichern. Doch mit der zunehmenden Dominanz von KI stellt sich die Frage nach der Relevanz dieser Fähigkeit. KI kann große Datenmengen effizient analysieren und Muster erkennen, die dem Menschen verborgen bleiben, während menschliche Intuition in unvorhersehbaren oder ethisch komplexen Situationen essenziell bleibt.

Eine optimale Zusammenarbeit erfordert eine durchdachte Aufgabenverteilung, bei der personalisierte Systeme intelligente Interaktionen ermöglichen und menschliche Stärken einbeziehen (Augstein et al. 2023). Eine Hürde dabei ist der Bias – unbewusste Vorurteile, die sowohl menschliches Denken als auch KI-Entscheidungen beeinflussen (siehe Kapitel 6). KI kann vorhandene Verzerrungen in Trainingsdaten reproduzieren und potenziell verstärken.

Der Mensch bleibt in einer automatisierten Welt aktiver Gestalter. Die Stärke der Mensch-Maschine-Kooperation liegt darin, dass Maschinen menschliche Intuitionsschwächen ausgleichen, während der Mensch ethische und kreative Entscheidungen einbringt. So entstehen KI-Systeme, die effizient, gerecht und verantwortungsbewusst agieren.

Ein tieferes Verständnis der Dynamik zwischen Mensch und KI liefert Sundar (2020) mit seinem Framework zur Untersuchung der Psychologie der Mensch-KI-Interaktion (HAII). Er betont, dass die zunehmende maschinelle Eigenständigkeit (Machine Agency) die Wahrnehmung und das Verhalten der User maßgeblich beeinflusst.

Die Autonomie von KI-Systemen führt zu neuen psychologischen Herausforderungen, insbesondere im Hinblick auf Kontrolle, Verantwortung und Vertrauen. Studien von Pelau et al. (2021) sowie von Li & Sung (2021) zeigen, dass die Akzeptanz von KI stark davon abhängt, wie menschlich diese Systeme wahrgenommen werden.

Anthropomorphe Merkmale, also das Zuweisen menschlicher Eigenschaften an Maschinen, verringern die psychologische Distanz und erhöhen die Akzeptanz und Nutzung von KI-Technologie. Forsythe (2001) argumentiert, dass die Entwicklung von KI zudem stark durch die kulturellen und sozialen Annahmen der meist männlichen Entwickler beeinflusst wird.

Sie zeigt, wie diese Technologien oft die Perspektiven und Vorurteile derjenigen widerspiegeln, die sie entwerfen, und kritisiert die eingeschränkte Berücksichtigung menschlicher Vielfalt. Sie untersucht, wie die Arbeit von KI-Forschern von ihren eigenen sozialen und kulturellen Kontexten geprägt ist, was zu einer Verzerrung bei der Gestaltung und Anwendung von KI führt. Diese Zuweisung menschlicher Merkmale an technische Systeme erfolgt oft unbewusst und spiegelt die menschlichen Vorstellungen und Erwartungen wider, die Entwickler in ihre Technologien einfließen lassen (Forsthe 2001).

Dang & Liu (2022) ergänzen diese Erkenntnisse durch ihre Untersuchung der sogenannten impliziten Theorien des menschlichen Geistes. Sie zeigen, dass Menschen, die an die Veränderlichkeit menschlicher Eigenschaften glauben, eher zu einer kooperativen Interaktion mit KI neigen, während diejenigen, die den Geist als unveränderlich betrachten, eher konkurrenzorientierte Reaktionen zeigen. Diese Überzeugungen prägen somit unser Verhalten im Umgang mit KI-Systemen.

Nachfolgend unternehmen wir eine Reise durch die menschlichen Fähigkeiten, Stärken und Schwächen, und jene der künstlichen Intelligenz – und beleuchten Herausforderungen, die sich sowohl an Schnittstellen zwischen Mensch und Maschine stellen, als auch jene, die im Gefolge der Mensch-Maschine-Zusammenarbeit stellen.

5.2. Lernen: Menschliches Lernen vs. Maschinelles Lernen

Das Lernen von Menschen und Maschinen mag auf den ersten Blick ähnlich erscheinen, unterscheidet sich jedoch grundlegend in den zugrunde liegenden Methoden sowie in der Art der Verarbeitung und Entscheidungsfindung.

> Menschen gewinnen Wissen durch Erfahrungen, Intuition und logische Schlussfolgerungen, während maschinelles Lernen auf statistischen Modellen und der Analyse großer Datenmengen basiert.

Diese Unterschiede prägen die spezifischen Stärken und Schwächen beider Ansätze und beeinflussen, wie sie in industriellen Kontexten eingesetzt werden können. Ansari et al. (2018) betonen, dass die Einführung von Industrie 4.0 einen Wandel im menschlichen Lernen erfordert. Mit der zunehmenden Automatisierung und Vernetzung verschiebt sich der Fokus weg von routinemäßigen, wiederholbaren Aufgaben hin zu höheren kognitiven Fähigkeiten wie Problemlösung und strategischer Entscheidungsfindung. In diesem Kontext müssen Menschen lernen, nicht nur effizient mit intelligenten Maschinen zu interagieren, sondern auch deren Potenzial zu nutzen, um komplexe Probleme zu lösen und Entscheidungen auf Basis maschinell generierter Daten zu treffen.

Der Paradigmenwechsel hin zu Industrie 4.0 macht kontinuierliches Lernen und die Entwicklung neuer Fähigkeiten unerlässlich. Die Zusammenarbeit zwischen Mensch und Maschine erfordert ein tiefes Verständnis dafür, wie maschinelles Lernen funktioniert, um die Stärken beider Ansätze zu kombinieren. Die Synergie zwischen menschlichem Wissen und maschinellem Lernen bietet somit eine Chance, komplexe industrielle Herausforderungen effizienter und innovativer zu bewältigen.

Gen AI/Machine Learning	vs.	Human Learning
Wendet statistische Methoden auf große Datensätze an		Wendet Erinnerungsvermögen und Prädisposition auf Ereignisse an
Kann große Datenmengen verarbeiten		Kann nur begrenzte Datenmengen verarbeiten
Konsistente Entscheidungen, basierend auf den Trainingsdaten*		Bemüht sich um konsistente Entscheidungen, lässt sich aber oft von Emotionen, Bias, Faulheit etc. leiten
Trifft nur datenbasierte Entscheidungen auf der Basis der Trainingsdaten*		Trifft meist heuristische Entscheidungen, die zu unseren mentalen Modellen passen
Assoziiert frei bzw. halluziniert/konfabuliert dort, wo keine Trainingsdaten vorliegen		Kann prinzipiell gesunden Menschenverstand bzw. Logik auf neue Ereignisse anwenden

**Trainingsdaten können falsch oder gebiased sein! Und je nach Einstellung sind Antworten mehr oder weniger "kreativ".*

Abb. 3: Gegenüberstellung maschinelles vs. menschliches Lernen

5.2.1. Maschinelles Lernen (Machine Learning / Generative AI)

Um maschinelles Lernen zu verstehen, muss zunächst die Bedeutung von Daten und Algorithmen im Kontext der KI geklärt werden. Daten sind die Grundlage für maschinelle Lernprozesse, da sie die „Erfahrungen“ liefern, aus denen Modelle lernen. Algorithmen dienen als Werkzeuge, die diese Daten analysieren und Muster erkennen, um fundierte Vorhersagen oder Entscheidungen zu treffen. Die Kombination aus Daten und Algorithmen ermöglicht es KI-Systemen, komplexe Aufgaben zu bewältigen, indem sie große Datenmengen nutzen, um Trends zu identifizieren und kontinuierlich genauer zu werden. Durch Feedback und neue Daten wird dieser Lernprozess fortlaufend verbessert, was die Präzision der Modelle erhöht (Alwahedi et al. 2024).

> Maschinelles Lernen, ein zentrales Teilgebiet der KI, nutzt Algorithmen, die aus großen Datenmengen lernen, um Muster zu erkennen und Vorhersagen zu treffen, ohne dabei explizit programmiert zu sein (El Naqa & Murphy 2015).

Der Prozess beginnt mit dem Training eines Modells anhand von Beispieldaten, um Muster zu erkennen. Anschließend wird das Modell schrittweise angepasst, um Fehler zu reduzieren und die Genauigkeit zu verbessern. Ein zentrales Prinzip ist die Verallgemeinerung: Ein gutes Modell muss nicht nur auf den Trainingsdaten, sondern auch bei neuen, unbekannten Daten zuverlässig arbeiten. Um dies zu gewährleisten, wird das Modell mit separaten Validierungs- und Testdatensätzen geprüft, um Überanpassung (Overfitting) zu vermeiden. Dieser iterative Prozess bildet die Grundlage für zahlreiche Anwendungen, etwa in der Bild- und Sprachverarbeitung, Medizin und Industrie.

Prinzipien des maschinellen Lernens: Maschinelles Lernen basiert auf statistischen Methoden zur Mustererkennung in großen Datensätzen, wodurch präzise Vorhersagen möglich sind. Maschinen analysieren mühelos riesige Datenmengen und liefern konsistente, wiederholbare Entscheidungen, deren Qualität von den Trainingsdaten abhängt. Da ihre Entscheidungsfindung strikt datenbasiert ist, kann es bei fehlenden oder unzureichenden Daten zu ungenauen oder realitätsfernen Ergebnissen kommen, wobei Maschinen Lücken durch frei assoziierende, oft unzuverlässige Lösungen füllen.

1) Statistische Methoden werden auf große Datensätze angewandt

Maschinen nutzen statistische Verfahren, um Muster in riesigen Datensätzen zu erkennen. Dies erlaubt es ihnen, präzise Vorhersagen zu machen oder Muster zu entdecken, die für den Menschen nicht direkt sichtbar sind.

2) Verarbeitung großer Datenmengen

Maschinen können problemlos riesige Mengen an Daten analysieren und daraus Erkenntnisse ziehen. Diese Fähigkeit macht sie besonders nützlich in Bereichen wie Big Data oder bei der Analyse und Verarbeitung von Sensorinformationen.

3) Konsistente Entscheidungen

Auf Basis ihrer Trainingsdaten treffen Maschinen Entscheidungen, die konsistent und wiederholbar sind. Die Qualität der Entscheidungen hängt allerdings grundlegend von der Qualität der Trainingsdaten ab. Fehlerhafte oder gebiaste Daten können zu falschen oder unerwünschten Ergebnissen führen.

4) Nur datenbasierte Entscheidungen

Maschinen können ausschließlich auf Daten reagieren, die ihnen vorliegen. Wenn sie auf Informationen stoßen, für die sie nicht trainiert wurden, können sie „halluzinieren“ oder konfabulieren – also Assoziationen oder Antworten generieren, die nicht auf realen Daten basieren:

5) Frei assoziierend

Bei fehlenden Trainingsdaten füllen Maschinen oft Lücken, indem sie „kreative“ Lösungen generieren, die jedoch manchmal realitätsfern oder falsch sein können.

5.2.2. Menschliches Lernen

Im Gegensatz zum maschinellen Lernen basiert das menschliche Lernen auf Erfahrungen, Gedächtnis und dem Gebrauch von Logik und Intuition. Menschen lernen durch die Interaktion mit ihrer Umwelt und durch das Reflektieren ihrer Erfahrungen.

In How We Learn: Why Brains Learn Better Than Any Machine... for Now (2020) beschreibt Stanislas Dehaene das Lernen als adaptive Funktion des Gehirns, das kontinuierlich Informationen integriert und anpasst. Er legt den Schwerpunkt auf die neurologischen Mechanismen, die diese Prozesse steuern, und verbindet aktuelle Erkenntnisse der Neurowissenschaft und Kognitionswissenschaft, ähnlich wie Ormrod und Davis (2004), jedoch mit stärkerem Fokus auf die biologischen Grundlagen.

Prinzipien des menschlichen Lernens: Menschen nutzen Erinnerungen und Muster zur Vorhersage und treffen fundierte Entscheidungen trotz begrenzter Informationen. Ihre Entscheidungen sind oft emotional und vorurteilsbehaftet, basieren aber auf Heuristiken, also mentalen Abkürzungen aus Erfahrung und Intuition. Sie reagieren flexibel auf neue Situationen dank gesundem Menschenverstand, ohne explizites Training.

1) Erinnerungsvermögen und Prädiktion (Vorhersage)

Menschen greifen auf Erinnerungen und das Erkennen von Mustern in vergangenen Ereignissen zurück. Sie nutzen ihre kognitive Fähigkeit, um Vorhersagen für zukünftige Ereignisse zu treffen, basierend auf früheren Erfahrungen.

2) Verarbeitung begrenzter Datenmengen

Menschen können nur eine begrenzte Menge an Informationen gleichzeitig verarbeiten. Doch die Tiefe und Qualität des menschlichen Verständnisses ermöglicht es, auch mit weniger Informationen fundierte Entscheidungen zu treffen.

3) Entscheidungen von Emotionen und Bias geprägt

Menschliche Entscheidungen sind oft inkonsistent und werden von Emotionen, Vorurteilen oder kognitiven Verzerrungen beeinflusst. Trotz dieser Schwäche besitzen Menschen jedoch die Fähigkeit, flexibel und adaptiv zu handeln, selbst wenn nur unvollständige Informationen vorliegen.

4) Heuristische und kreative Entscheidungen

Menschen neigen dazu, auf heuristische Weise zu entscheiden, indem sie mentale Abkürzungen nutzen, die aus Erfahrungen und Intuition abgeleitet sind. Diese Abkürzungen sind oft hilfreich, können aber auch zu Fehlern führen, wenn sie auf falschen Annahmen beruhen.

5) Anwendung von „gesundem Menschenverstand"

Menschen verfügen über den sogenannten „gesunden Menschenverstand", der es ihnen erlaubt, logisch auf neue und unbekannte Situationen zu reagieren. Sie können flexibel auf neue Umstände reagieren, auch wenn sie nicht explizit dafür trainiert wurden.

Der wesentliche Unterschied zwischen maschinellem und menschlichem Lernen liegt in der Flexibilität. Maschinen sind äußerst leistungsfähig, wenn es darum geht, große Datenmengen zu analysieren und auf deren Basis konsistente und wiederholbare Entscheidungen zu treffen. Sie können effizient Muster erkennen und Vorhersagen generieren, solange sie innerhalb der Grenzen ihrer Trainingsdaten agieren. Menschen hingegen zeichnen sich durch ihre Fähigkeit aus, kreative und logische Entscheidungen zu treffen, insbesondere in Situationen, in denen nur wenige Informationen vorliegen oder neue, unvorhergesehene Probleme auftreten.

Während maschinelle Lernsysteme auf klare Regeln und umfangreiche Daten angewiesen sind, bewegen sich Menschen in einer oft unvorhersehbaren und komplexen Welt mithilfe von Erfahrung, Intuition und gesundem Menschenverstand. Der Mensch kann flexibel auf unvollständige oder widersprüchliche Informationen reagieren und dabei kontextuelle Faktoren und ethische Überlegungen einbeziehen. Maschinen haben zwar eine immense Rechenkapazität, doch sie stoßen an ihre Grenzen, wenn es um den Umgang mit Ambiguität, Nuancen und moralischen Entscheidungen geht – Bereiche, in denen menschliche Intelligenz weiterhin unersetzlich ist. Diese Flexibilität macht den Menschen entscheidend für den erfolgreichen Einsatz und die Kontrolle von Künstlicher Intelligenz.

5.3. Neuronale Netze: Mensch versus KI

Der Unterschied zwischen neuronalen Netzen beim Menschen und bei Künstlicher Intelligenz ist signifikant, obwohl sie auf einer ähnlichen Grundlage basieren und ähnlich bezeichnet werden: Bei beiden geht es um die Verarbeitung von Informationen durch vernetzte Einheiten.

Sudmann (2020) beschreibt künstliche neuronale Netzwerke als „Black Boxes," weil die inneren Entscheidungsprozesse dieser Systeme oft undurchsichtig sind. Trotz ihrer Fähigkeit, komplexe Muster zu erkennen und präzise Vorhersagen zu treffen, bleibt unklar, wie genau sie zu ihren Ergebnissen kommen. Diese Intransparenz stellt eine Herausforderung dar, insbesondere bei sicherheitskritischen Anwendungen.

Künstliche neuronale Netzwerke sind rechnergestützte Modelle, die vom menschlichen Gehirn inspiriert sind. Sie bestehen aus Schichten von miteinander verbundenen „Neuronen" oder Knoten, die Daten verarbeiten und lernen, Muster in großen Datenmengen zu erkennen. Durch Anpassung der Verbindungen zwischen diesen Knoten können die Netzwerke Aufgaben wie Bilderkennung, Sprachverarbeitung und Vorhersagen ausführen.

Nachfolgend eine direkte Gegenüberstellung mit Ähnlichkeiten des menschlichen Gehirns und der KI und den wesentlichen Unterschieden.

Menschliche neuronale Netze sind biologisch, dynamisch und passen sich kontinuierlich durch Erfahrung an, während künstliche neuronale Netze mathematisch, strukturiert und in ihrer Anpassung auf das Training begrenzt sind.

Menschliche neuronale Netze:

- **Biologisch:** Die menschlichen neuronalen Netze bestehen aus Nervenzellen (Neuronen), die durch Synapsen miteinander verbunden sind.

Diese Neuronen kommunizieren über elektrische und chemische Signale.

- **Plastizität:** Menschliche Neuronen besitzen synaptische Plastizität, d. h., sie können durch Erfahrung und Lernen ihre Verbindungen und ihre Effizienz verändern. Dies ist ein dynamischer Prozess, der sich im Laufe des Lebens kontinuierlich anpasst.
- **Komplexität:** Das menschliche Gehirn besteht aus etwa 86 Milliarden Neuronen und einer unzähligen Anzahl an synaptischen Verbindungen. Diese enorme Komplexität und Dichte ermöglichen das Erleben von Bewusstsein, Emotionen und abstrakten Denkprozessen.

Künstliche neuronale Netze sind mathematisch definiert und in ihrer Anpassungsfähigkeit auf das Training begrenzt, während menschliche neuronale Netze dank biologischer Plastizität deutlich anpassungsfähiger sind.

Die Tiefe Hirnstimulation (DBS) ist eine Methode, die diese Plastizität gezielt moduliert und ursprünglich zur Behandlung von Parkinson entwickelt wurde. Sie bietet großes Potenzial für weitere neurologische und neuropsychiatrische Therapien, da sie komplexe neuronale Netzwerke präzise beeinflusst und neue therapeutische Ansätze ermöglicht (Okun 2014).

Neuronale Netze in der KI:

- **Künstlich:** Künstliche neuronale Netze (Artificial Neural Networks, ANN) bestehen aus mathematischen Modellen, die Schichten von Knoten oder „Neuronen" verwenden, um Eingabedaten zu verarbeiten. Sie basieren auf Algorithmen und simulieren die Arbeitsweise von biologischen Neuronen.

- **Strukturiert und festgelegt:** Diese Netzwerke haben eine festgelegte Struktur, die in mehreren Schichten organisiert ist (z. B. Eingabe-, versteckte und Ausgabeschicht). Sie lernen durch sogenannte Backpropagation, einen Prozess, bei dem Fehler korrigiert werden, indem Gewichtungen in den Verbindungen zwischen Knoten angepasst werden.
- **Begrenzte Plastizität:** Künstliche neuronale Netze passen ihre Verbindungen während des Trainings an, aber dies geschieht auf eine deterministische Weise, basierend auf vorher festgelegten Lernraten und Daten. Sie passen sich nach dem Training nicht dynamisch an, wie es biologische Neuronen tun.

Menschliches Lernen ist ein kontinuierlicher Prozess, der auf Erfahrungen und Emotionen basiert und bei dem sich das Gehirn flexibel an neue Situationen anpasst. Im Gegensatz dazu lernen KI-Modelle strukturiert und datengetrieben. Nach ihrem Training bleiben sie meist unverändert, es sei denn, es werden spezielle Verfahren eingesetzt, die eine fortlaufende Anpassung ermöglichen.

- **Erfahrung und Kontext:** Menschen lernen durch eine Kombination aus Erfahrung, Kontext, Interaktion mit der Umwelt und sozialem Lernen. Die Plastizität des Gehirns ermöglicht es, neue Verbindungen zu bilden, alte zu verändern und ungenutzte Verbindungen zu eliminieren. Dies ist ein kontinuierlicher, lebenslanger Prozess.
- **Multisensorisch und emotional:** Menschliches Lernen ist oft mit Emotionen, sozialen Interaktionen und multisensorischen Erfahrungen verbunden, was das Gedächtnis und die Verhaltensänderungen beeinflusst. Erlebnisse, die besonders emotional erlebt werden, bleiben stärker im Gedächtnis als etwa alltägliche Routinen und Erlebnisse.

Dastres & Soori (2021) zeigen, dass künstliche neuronale Netzwerke (KNN) hochpräzise Mustererkennungen, insbesondere in Bildverarbeitung und Robotik, ermöglichen. Verbesserte Trainingsalgorithmen, wie optimierte Backpropagation, steigern die Effizienz. Trotz der Fortschritte bestehen Herausforderungen wie hohe Rechenanforderungen und der Bedarf an großen Datensätzen, die den breiten Einsatz einschränken.

KI-Training:

- **Supervised Learning:** Künstliche neuronale Netze werden meist mit großen Mengen von Daten und Daten-Labels (Supervised Learning) trainiert. Der Lernprozess besteht darin, Muster in den Daten zu erkennen und den Output zu optimieren, indem die Fehler minimiert werden.

- **Batch-Verarbeitung und Wiederholung:** Das Training von KIs erfolgt in Batches, und der Lernprozess endet in der Regel nach dem Training, wobei das System dann auf neue Daten angewendet wird. Es gibt keine kontinuierliche Anpassung im Sinne von plastischen Veränderungen, wie sie im menschlichen Gehirn vorkommen.

Das menschliche Gehirn ist auf Überleben, Anpassung und komplexe Prozesse wie Bewusstsein und Selbstreflexion ausgerichtet, während neuronale Netze in der KI auf datenbasierte Optimierung und Vorhersage spezialisierte Aufgaben fokussiert sind, ohne Bewusstsein oder Selbstreflexion.

Menschliches Gehirn:

- **Ziel:** Überleben und Anpassung: Das menschliche Gehirn hat sich im Laufe der Evolution entwickelt, um den Organismus am Leben zu halten und sich an sich ändernde Umgebungen anzupassen. Dies erfordert Flexibilität, emotionale und soziale Intelligenz, Entscheidungsfindung, kreative Problemlösung und das Erleben von Bewusstsein.
- **Selbstreflexion und Bewusstsein:** Das menschliche Gehirn ermöglicht komplexe Prozesse wie Selbstbewusstsein, Empathie, kreative Problemlösung und abstraktes Denken. Dies sind Phänomene, die weit über die Mustererkennung und die rein datenbasierte Entscheidungsfindung hinausgehen.

Neuronale Netze in der KI:

- **Ziel:** Das Ziel von künstlichen neuronalen Netzen ist die Optimierung und Vorhersage bzw. Antizipation spezifischer Aufgaben, wie Mustererkennung, Sprachverarbeitung oder Prognosen auf Basis von Daten. Sie arbeiten deterministisch und basieren auf numerischer Optimierung.
- **Kein Bewusstsein oder Selbstreflexion:** Während KI-Systeme in der Lage sind, bestimmte Aufgaben auf hohem Niveau auszuführen, fehlt ihnen das subjektive Erleben, die Selbstreflexion oder die Fähigkeit, bewusst zu handeln. Sie analysieren Daten auf Grundlage mathematischer Modelle, ohne eine tiefere „Verständnis"-Ebene wie beim menschlichen Gehirn.

Künstliche neuronale Netze sind leistungsfähige Werkzeuge für spezielle Aufgaben, aber sie haben nicht die Fähigkeit zur Selbstreflexion, emotionalen Verarbeitung oder dynamischen Anpassung, die das menschliche Gehirn auszeichnet.

5.4. Sprache als Grundlage von KI

Sprache ist für den Menschen das primäre Kommunikationsmittel. Sie ermöglicht es uns, Gedanken, Gefühle und Informationen auszutauschen. Für Künstliche Intelligenz stellt Sprache jedoch eine Herausforderung dar, da sie sowohl Regeln (Syntax) als auch Bedeutungen (Semantik) umfasst. Natural Language Processing (NLP), also die Verarbeitung natürlicher Sprache durch Maschinen, basiert auf der Fähigkeit der KI, sowohl die formalen Regeln der Sprache als auch deren Bedeutung zu verstehen und nachzubilden (Nadkarni et al. 2011).

!

Natural Language Processing (NLP) ist ein Teilgebiet der Künstlichen Intelligenz, das sich mit der Interaktion zwischen Computern und menschlicher Sprache beschäftigt. Das Ziel von NLP ist es, Computern zu ermöglichen, natürliche Sprache in geschriebener oder gesprochener Form zu verstehen, zu verarbeiten und zu generieren. Es kombiniert Techniken aus der Linguistik, Informatik und maschinellem Lernen, um Systeme zu entwickeln, die in der Lage sind, menschliche Kommunikation zu analysieren und darauf zu reagieren.

Syntax: Die mathematische Struktur der Sprache

Abb. 4: Interpretation der KI Midjorney.

Die Syntax einer Sprache kann als eine Art „Regelwerk“ betrachtet werden, das die Struktur und Anordnung von Wörtern in einem Satz bestimmt. Diese Regeln sind vergleichbar mit einer mathematischen Formel: Wenn die Bestandteile korrekt angeordnet sind, ist der Satz syntaktisch korrekt.

Zum Beispiel folgt der Satz „Eine Kuh sieht den Himmel“ den Regeln der deutschen Sprache: Das Subjekt (eine Kuh), das Verb (sieht) und das Objekt (den Himmel) stehen in einer logischen Abfolge. KI-Systeme sind in der Lage, solche Strukturen mithilfe von Algorithmen zu erkennen und zu reproduzieren. Mit ausreichender Rechenleistung können Maschinen komplexe grammatikalische Muster verarbeiten, analysieren und sogar neue Sätze generieren, die diesen Mustern entsprechen.

Semantik: Der Bedeutungszusammenhang von Sprache

Abb. 5: Interpretation der KI Midjourney

Syntax allein reicht jedoch nicht aus, um Sprache sinnvoll zu verarbeiten. Die zweite, entscheidende Komponente ist die Semantik – die Bedeutung der Wörter und deren Beziehung zueinander. Während der Satz wie „Eine Kuh strickt den Himmel“ syntaktisch korrekt ist, fehlt ihm die semantische Logik: Eine Kuh kann nicht stricken, und schon gar nicht den Himmel. Die KI muss also in der Lage sein, neben der korrekten Anordnung von Wörtern auch deren Bedeutung zu erfassen und dann passend zu kombinieren, etwa zu „Eine Kuh sieht den Himmel.“

Semantik erfordert tiefes Verständnis der Bedeutungszusammenhänge und Kontexte, in denen Wörter verwendet werden. Dies wird oft durch maschinelles Lernen erreicht, bei dem große Textmengen analysiert werden, um festzustellen, welche Wörter häufig in welchem Zusammenhang stehen. So kann die KI Muster erkennen und eine semantisch sinnvolle Interpretation ableiten.

Konstruktion von Sprache durch NLP

Ein NLP-System nutzt eine Kombination aus syntaktischen und semantischen Analysen, um die Sprache zu verstehen. Zunächst identifiziert es die grammatikalischen Strukturen eines Satzes – Subjekt, Verb, Objekt, Zeitformen und so weiter. Anschließend wendet es semantische Modelle an, um die Bedeutung dieser Wörter in ihrem jeweiligen Kontext zu bestimmen.

Einfache NLP-Anwendungen, wie Chatbots oder Übersetzungsdienste, beruhen auf vortrainierten Modellen, die Syntax- und Semantikregeln aus großen Datensätzen ableiten. Fortgeschrittene KI-Systeme, wie etwa Sprachassistenten, gehen noch einen Schritt weiter und kombinieren syntaktische und semantische Analysen mit einer pragmatischen Komponente, also der Fähigkeit, die Absicht des Sprechers zu erkennen und darauf entsprechend zu reagieren.

5.4.1. Die Macht der Sprache: Warum wir beeindruckt sind

Als Menschen ziehen wir einen Teil unseres Selbstwerts aus dem, was wir wissen, was wir gelernt haben, was wir beitragen, aus unserer Erfahrung. Wir neigen dazu, menschlichen Fähigkeiten Wert zuzuschreiben, und jetzt tun wir dasselbe mit KIs. Sie scheinen das gesamte Internet gelesen zu haben und können fast jede Frage mühelos beantworten. Wir sind beeindruckt. Wir fühlen uns angesichts des mit Leichtigkeit präsentierten Wissensreichtums überwältigt und entfremdet. Dennoch ist die Gesellschaft des 21. Jahrhunderts in der Lage, Verantwortung zu übernehmen und dieser gerecht zu werden (Mader 2023).

Wir sind beeindruckt, wenn ein KI-System überzeugend über verschiedene Wissensgebiete kommuniziert, und unterstellen, dass das selbstbewusst klingt, auch wenn es tatsächlich grundfalsch sein könnte und obwohl klar ist, dass eine KI kein Selbstbewusstsein haben kann. Dieser Eindruck bzw. Fehlschluss entsteht, weil das System eine menschliche Fähigkeit nachahmt, die tief in unserem Verständnis von Kompetenz und Intelligenz verwurzelt ist. Wenn eine KI flüssig und sicher klingt, erweckt sie den Anschein nicht nur der Sprachbeherrschung, sondern auch der korrekten Interpretation von Intentionen und Hintergründen (Pragmatik).

Im Bereich der KI beschreibt der Begriff der Pragmatik die Fähigkeit eines Systems, die Bedeutung von Sprache in einem spezifischen Kontext richtig zu interpretieren. Dabei geht es um das Verstehen von Intentionen, sozialen Nuancen und impliziten Botschaften, um nicht nur wörtliche Aussagen. Es muss auch deren situativer Hintergrund korrekt erfasst werden. Ein KI-System nutzt hier Muster und Wahrscheinlichkeiten, um Annahmen über die beabsichtigte Bedeutung zu treffen, ohne jedoch echtes Verständnis zu besitzen.

Diese Fähigkeit vermittelt den Eindruck von Autorität und Wissen, obwohl die KI tatsächlich auf vortrainierte Modelle und statistische Muster zurückgreift, aber natürlich kein echtes Verständnis entwickelt hat.

Unser Gehirn ist darauf programmiert, flüssige und strukturierte Sprache mit Expertise zu verbinden – oder zu verwechseln. Ein selbstbewusst formulierendes KI-System weckt daher eine ähnliche Reaktion wie ein menschlicher Experte oder eine Expertin, selbst wenn wir rational wissen, dass das System lediglich auf komplexen Rechenprozessen und Wahrscheinlichkeiten basiert.

Die Illusion von Wissen, kombiniert mit überzeugendem Sprachgebrauch, verstärkt den Eindruck, dass die KI in der Lage ist, logische Schlüsse zu ziehen und bedeutungsvolle Verbindungen herzustellen – etwas, das traditionell als menschliches Vorrecht gilt.

Dieser Zusammenhang zwischen Sprache, Überzeugungskraft und der wahrgenommenen Intelligenz moderner KI-Systeme führt uns direkt zum Automation Bias – einem Phänomen, das zeigt, wie stark Menschen dazu neigen, der Technologie blind zu vertrauen.

Automation Bias – der Technologievertrauensfehler

Menschen tendieren auch dazu, überzeugend formulierte Inhalte zu glauben. Gerade bei generativer künstlicher Intelligenz stellt sich hier eine besondere Herausforderung. Weil der Mensch aus der Erfahrung mit Software bisher ableitet, dass grundsätzlich korrekte Ergebnisse entstehen, etwa dass eine Spalte in Excel mit der Summenformel an sich korrekt summiert wird. Nun wird diese Erwartung auf generative KI-Systeme und KI-Systeme allgemein übertragen – weshalb Enttäuschung bei fehlerhaften Angaben und den sogenannten „Halluzinationen" von GenAI Modellen entsteht. Tatsächlich war die Erwartung fehlerhaft – weil die Stärke dieser Modelle nicht notwendigerweise die völlige Korrektheit, sondern vielmehr auf Basis vielfältiger Trainingsdaten Lösungen zu bieten.

Der Automation Bias, eine hartnäckige Verzerrung in der menschlichen Wahrnehmung, wird in diesem Buch an mehreren Stellen thematisiert (siehe Abschnitte 1.2, 2.6, 6.3.2 und 6.3.6), da er wiederholt von Relevanz ist.

> Der Automation Bias wurde besonders deutlich, als automatisierte „Linienrichter" bei Tennisturnieren eingeführt wurden. Zuvor waren Diskussionen mit menschlichen Linienrichterinnen und Linienrichter über knappe Entscheidungen – ob ein Ball im Feld oder auf der Linie war – fester Bestandteil des Spiels und führten oft zu hitzigen Debatten. Mit der Einführung der automatisierten Systeme, die zu Beginn häufig Fehler machten, verschwanden diese Diskussionen jedoch fast vollständig. Trotz der anfänglichen Fehlentscheidungen wurde den automatischen Urteilen weitgehend vertraut, was zeigt, wie schnell Menschen bereit sind, der Technologie mehr Glauben zu schenken als dem menschlichen Urteil.

Dieses Phänomen verdeutlicht ein zentrales Problem des Automation Bias: Menschen akzeptieren technische Entscheidungen oft als unfehlbar, selbst wenn ihre eigene Intuition oder Erfahrung widerspricht. Besonders in KI-Systemen, die auf komplexen Algorithmen und riesigen Datenmengen beruhen, kann dies problematisch werden. Während Maschinen objektiv Daten analysieren und Muster erkennen, bleibt die menschliche Intuition entscheidend – insbesondere in unvorhersehbaren oder mehrdeutigen Situationen. Menschen besitzen die einzigartige Fähigkeit, durch Erfahrung und Gespür Kontexte zu erfassen, die eine rein datenbasierte Analyse nicht abdecken kann.

Ein weiteres Problem, das im Zusammenhang mit dem Automation Bias auftritt, betrifft die Art und Weise, wie Entscheidungsträger algorithmische Empfehlungen in der Praxis handhaben. Alon-Barkat & Busuioc (2023) untersuchen diese Dynamik im öffentlichen Sektor und zeigen auf, dass Automation Bias und selektive Befolgung algorithmischer Empfehlungen die Interaktionen zwischen Mensch und KI im öffentlichen Sektor stark beeinflussen. Entscheidungsträger neigen einerseits dazu, algorithmischen Ergebnissen blind zu vertrauen, während sie andererseits die Empfehlungen der KI in bestimmten Fällen bewusst ignorieren oder nur teilweise berücksichtigen. Diese widersprüchliche Dynamik stellt eine Herausforderung dar, da sie sowohl das Vertrauen in KI-Systeme als auch die kritische Reflexion algorithmischer Entscheidungen beeinträchtigen kann.

Es ist daher entscheidend, die Grenzen von KI-Systemen zu verstehen und ihnen nicht blind zu vertrauen, sondern menschliches Urteilsvermögen als wichtige Ergänzung beizubehalten. Bedenken wir die Konsequenzen des unkritischen Hinnehmens von Entscheidungen!

5.4.2. *Terminologie für KI: Intent, Entities – Sprache schafft Klarheit*

In der Interaktion mit KI spielt die Präzision der Sprache eine entscheidende Rolle. Damit ein KI-System erfolgreich arbeiten kann, muss es verstehen, was der Benutzer wirklich beabsichtigt (Intent) und auf welche konkreten Details oder Informationen (Entities) er sich bezieht. Diese beiden Komponenten sind für eine effektive menschliche-KI-Kommunikation unerlässlich und beeinflussen das erzielte Ergebnis maßgeblich. Oftmals dient das Ergebnis als unmittelbares Feedback darüber, wie genau und unmissverständlich unsere Frage formuliert war. (Lior 2019).

Je klarer die Äußerung des Benutzers formuliert ist, desto besser kann die KI die Absicht erkennen und die relevanten Entitäten identifizieren. Sollte etwas unklar oder unvollständig sein, kann die KI Rückfragen stellen, um die nötigen Details zu erhalten. Dies ist ein kritischer Schritt in der Mensch-KI-Kommunikation, da Missverständnisse oder fehlende Informationen zu falschen Ergebnissen führen können.

In der Entwicklung digitaler Produkte werden die folgenden Begriffe verwendet, um die Mensch-KI-Kommunikation zu strukturieren und zu optimieren:

UTTERANCE (Äußerung)

Die Äußerung ist das, was die User tatsächlich sagen oder eingeben. Es ist die „Rohform" der Information, die von der KI empfangen wird. Diese Äußerung kann je nach Kontext variieren, aber sie enthält oft Hinweise auf die beabsichtigte Handlung und die relevanten Objekte oder Elemente – oft aber auch nicht genügend Information, wenn wie im folgenden Beispiel etwa die Ortsangabe fehlt.

Beispiel: „Wie ist heute das Wetter in Linz?"

In der Arbeit von Devyatkin et al. (2021) wird die Analyse des Inhalts einer Äußerung durch Methoden der KI untersucht, insbesondere unter Berücksichtigung des „Dictum-Modus". Dieser Ansatz trennt die Äußerung in zwei Dimensionen: das „Dictum", also die wörtliche Bedeutung oder den informativen Gehalt, und den „Modus", der die Absicht, Haltung oder den Ton des Sprechers umfasst. Die Studie zeigt, wie KI-Methoden verwendet werden können, um diese Dimensionen zu erkennen und zu analysieren, um die komplexen Bedeutungen und kommunikativen Absichten hinter sprachlichen Äußerungen besser zu verstehen.

INTENT (Absicht)

Der Intent beschreibt die eigentliche Absicht der User. In unserem Beispiel möchte der User wissen, wie das Wetter heute in Linz ist. Der Intent ist oft ein Verb oder eine Handlung, die der Benutzer erwartet. Es geht darum, die beabsichtigte Funktion zu identifizieren, sei es das Abrufen von Informationen, das Ausführen einer Aktion oder die Beantwortung einer Frage.

Im genannten Beispiel ist der Intent, den aktuellen Wetterbericht für Linz zu erhalten.

> !
>
> Im Kontext der KI bezeichnet „Intent" die Absicht oder das Ziel, das hinter einer Benutzeranfrage steht. Es beschreibt, was Nutzende erreichen oder ausdrücken möchten, unabhängig von den genauen Worten, die verwendet werden. KI-Systeme, insbesondere in der natürlichen Sprachverarbeitung, nutzen Intent-Erkennung, um die Bedeutung einer Anfrage zu verstehen und angemessen darauf zu reagieren, indem sie relevante Informationen bereitstellen oder bestimmte Aktionen ausführen.

ENTITY (Entität)

Eine Entität liefert zusätzliche Details, die den Kontext der Anfrage spezifizieren. Im Beispiel „Wetter heute in Linz" gibt es zwei Entities: „heute" (Zeit) und „Linz" (Ort). Diese beiden Angaben sind notwendig, damit die KI die Anfrage korrekt interpretieren kann.

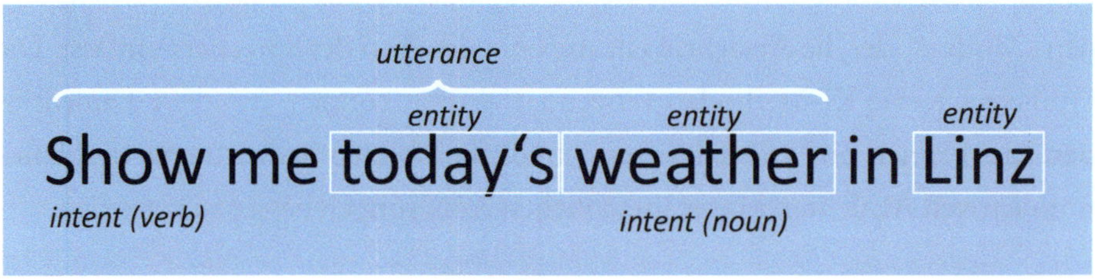

Abb. 6: Utterance, Entity und Intent anhand einer konkreten Aussage dargestellt.

Manchmal fehlen Entitäten in der Äußerung. In diesem Fall muss die KI den Benutzer nach weiteren Informationen fragen, um die Anfrage richtig ausführen zu können. Das Ergebnis einer solchen Umsetzung sehen wir in der nächsten Abbildung. Dort wird auch gleich mit „Channel" ein weiterer Begriff eingeführt.

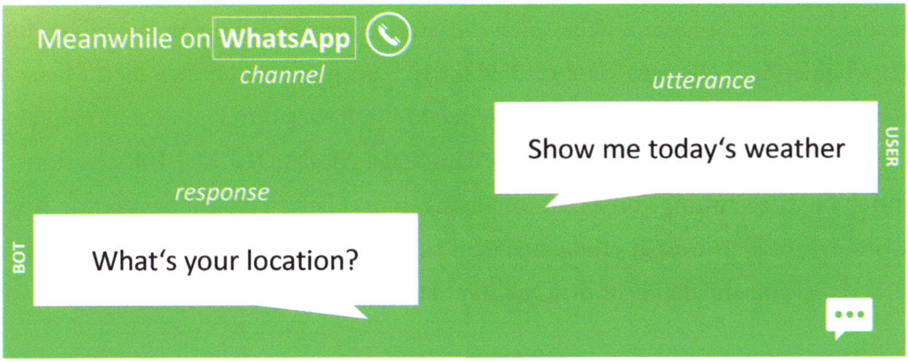

Abb. 7: Umsetzung des Abfragens von Entities in einer Messaging App

CHANNEL (Kanal)

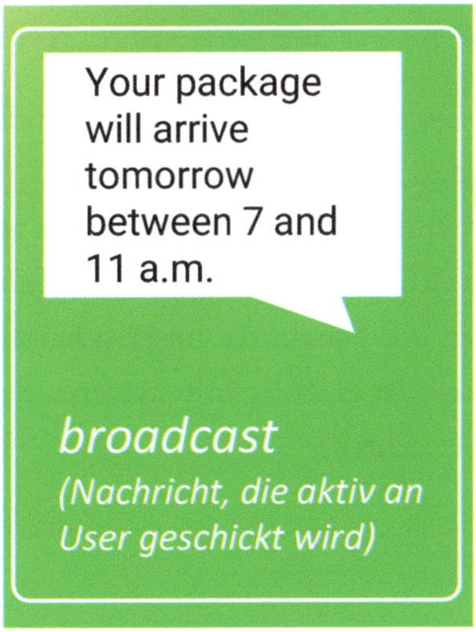

Abb. 8: Broadcast (Notifikation).

Channel bezeichnet den Kommunikationskanal, über den die Interaktion zwischen dem Benutzer und dem Bot stattfindet. In den Abbildungen erfolgt die Kommunikation über die WhatsApp-Plattform. Der Channel ist also der Ort oder das Medium, über das der Austausch stattfindet.

BROADCAST (Benachrichtigung)

Broadcast ist die Bezeichnung für eine Nachricht, Benachrichtigung (Notifikation), die proaktiv vom System oder vom jeweiligen Dienst an einen oder mehrere User gesendet wird, ohne dass diese aktiv einzeln angefordert wurde. Dabei kann es sich um eine

Benachrichtigung über die Ankunft eines Pakets handeln, oder um Informationen aus einem Abonnement-Dienst etc.

5.4.3. *Terminologie im Prompting*

In der Welt der Sprachmodelle spielt die präzise Verwendung von Begriffen eine entscheidende Rolle, um klare und effektive Kommunikation zwischen Mensch und KI zu ermöglichen. Ähnlich wie der Mensch, der durch Assoziationen Bedeutungen ableitet, verarbeiten Large Language Models (LLMs) Informationen durch die Berechnung von Zusammenhängen und liefern darauf basierende Antworten. Eine klare und durchdachte Struktur der Eingaben – sogenannte Prompts – ist dabei entscheidend für die Qualität der Ergebnisse.

> Sprachmodelle funktionieren ähnlich wie der menschliche Geist: Menschen hören einen Begriff und verbinden ihn automatisch mit bestimmten Assoziationen (Doerig et al. 2022).

So assoziieren wir „Mittag“ etwa mit Pause, Essen, usw. Ebenso agieren große Sprachmodelle, auch als Large Language Models (LLMs) bekannt: Sie berechnen Zusammenhänge zwischen Informationen und ergänzen diese entsprechend. Problematisch wird es, wenn dabei stereotype Zuordnungen und Verknüpfung von Männern mit Berufen in Büros und Frauen mit Tätigkeiten im Haushalt reproduziert und verfestigt werden. An dieser Stelle ist es daher entscheidend, den Assoziationsbias zu erkennen und kritisch zu betrachten.

Eine Studie von Abid et al. (2021) zeigte, dass GPT-3 religiöse Vorurteile aufweist, insbesondere durch eine starke Assoziation von Muslimen mit Gewalt in 23 % der Fälle. Bei jüdischen Personen wurden in etwa 5 % der Fälle finanzielle Begriffe wie „Geld" assoziiert. Dabei wurden Methoden zur Verzerrungsreduktion getestet, z. B. durch gezielte Eingaben, die positive Assoziationen förderten, was die Tendenz zu negativen Ausgaben für Muslime mindern konnte, wenn auch nicht vollständig. Die Studie unterstreicht die Notwendigkeit weiterer Forschung, um diskriminierende Tendenzen in KI-Modellen zu minimieren.

Wichtige Begrifflichkeiten für Kontext Prompts

Modifikator: Gibt das Thema oder Projekt an und klärt, was erreicht werden soll (z. B. Ziel, Zielgruppe, Stil, Termin).

Rollen Prompts: Bestimmt die Rolle, die eingenommen werden soll, z. B. *„Du bist mein Coding Instruktor" oder ‚Bringe mir Python bei."*

Shot Prompts: Fordern ein Ergebnis basierend auf einer Vorlage oder einem Beispiel. *‚Entwickle ein Konzept oder einen Text ähnlich wie dieses Beispiel."*

Chain of Thought (CoT): Eine Aufgabe wird in einem Prozess mit einem Beispiel schrittweise nachvollzogen.

Tree of Thoughts (ToT): Probleme werden in Varianten oder Teilschritten gelöst, um eine tiefergehende Lösung zu finden.

Das Anwendungsfeld des Prompt Engineering entwickelt sich dynamisch weiter. Eine laufend aktualisierte Sammlung von Terminologie und Anleitungen bietet der Prompting Guide[24].

24 https://www.promptingguide.ai/

Nachdem wir uns mit den Begrifflichkeiten des Prompt Engineering beschäftigt haben, wird deutlich, dass die präzise Steuerung von KI-Systemen mehr als nur technisches Geschick erfordert. Sie wirft subtil die Frage auf, wie menschliches Verständnis und maschinelle Reaktion miteinander verwoben sind – und doch grundlegend verschieden bleiben. Um diese Differenzen tiefer zu ergründen, lohnt sich ein Blick auf ein Konzept aus der Psychologie: die Theory of Mind. Während Maschinen auf klare Anweisungen reagieren, bleibt die menschliche Fähigkeit, die Gedanken und Absichten anderer intuitiv nachzuvollziehen, ein komplexer Prozess, der weit über rein technische Mechanismen hinausgeht. In dieser Gegenüberstellung beginnen sich die Grenzen zwischen programmierter Logik und menschlicher Wahrnehmung abzuzeichnen – eine Schwelle, an der sich unser Verständnis von Intelligenz auf neue Weise entfalten könnte.

5.5. Theory of Mind: Wie denkt der Mensch?

Leider laufen Menschen nicht mit einem Post-it am Kopf herum, auf dem wir ablesen können, wer sie sind und was sie denken, oder warum sie so oder anders reagieren. Trotzdem haben Menschen die Fähigkeit, die Gedanken, Gefühle und Absichten anderer zu erkennen und darauf zu reagieren. Mit dem Verständnis darüber, wie Menschen das machen, beschäftigt sich ein faszinierendes Konzept der Psychologie und der Kognitionswissenschaften: die sogenannte „Theory of Mind" - oder auf Deutsch „Theorie des Geistes".

Der Begriff ist zugegeben etwas sperrig, man hätte auch sagen können „Mind Reading" oder „Gedankenlesen". Eigentlich handelt es sich dabei um eine sehr interessante Fähigkeit. Dazu brauchen wir allerdings keine übersinnlichen Fähigkeiten, sondern vor allem Verständnis darüber, wie Menschen ticken. Also: Wissen aus der Psychologie und Kognitionswissenschaft.

Böckler-Raettig (2019) beschreibt die *Theory of Mind* als die Fähigkeit, mentale Zustände wie Überzeugungen, Wünsche, Absichten und Emotionen bei sich selbst und anderen zu erkennen und zu verstehen. Diese Fähigkeit ermöglicht es, das Verhalten anderer Menschen vorherzusagen und zu interpretieren, indem man annimmt, dass andere Individuen Gedanken und Gefühle haben, die sich von den eigenen unterscheiden können. Die Theory of Mind ist somit zentral für soziale Interaktionen und das Verständnis komplexer menschlicher Verhaltensweisen.

!

Die Theory of Mind ist die kognitive Fähigkeit, mentale Zustände wie Gedanken, Überzeugungen, Wünsche und Absichten bei sich selbst und anderen zu erkennen, zu verstehen und daraus Vorhersagen über deren Verhalten abzuleiten.

Warum beschäftigen wir uns aber damit im Umfeld der Software-Entwicklung? Das hat einen sehr guten Grund: Digitale Produkte - von einer einfachen Gaming-App bis hin zu hochkomplexen Industrieanlagen oder KI-gestütztem autonomen Fahren haben jene Produkte einen Vorteil, deren Algorithmus erkennt, was User gerade brauchen, wie es ihnen geht – ob sie beispielsweise gerade am Steuer einschlafen, ob ihnen langweilig wird usw. - und die darauf passend reagieren können. Ein Teilbereich der neuesten Entwicklungen im Bereich der Künstlichen Intelligenz widmet sich genau dieser Fragestellung – auf diese spannenden Fortschritte werden wir im Folgenden noch genauer eingehen.

5.5.1. *Wie entwickelt der Mensch diese Fähigkeit?*

In den ersten Lebensjahren beginnen Kinder zu erkennen, dass andere Menschen unabhängig von ihnen existieren und eigene Gefühle und Gedanken haben. Im Alter von 5 Jahren sollten sie grundlegende Fähigkeiten haben, zu erkennen, wie andere reagieren und was sie wahrscheinlich denken. Ab diesem Alter ist deshalb auch einer der Tests für Autismus angesetzt - denn eines der Merkmale von Autismus ist, dass die Fähigkeit des Gedankenlesens, also der Theory of Mind, meist völlig fehlt.

Ein Test für Autismus heißt Sally Anne Test. Dabei wird dem getesteten Kind eine Spielsituation vorgeführt, in der Sally einen Ball in ihrem Korb versteckt, damit er nicht abhandenkommt und das Zimmer verlässt, um draußen zu spielen. In ihrer Abwesenheit nimmt Anne den Ball aus dem Korb von Sally und platziert ihn in ihrer Box. Als Sally zurückkommt, wird das Kind gefragt: „Wo wird Sally nach dem Ball suchen?" Gesunde Kinder und Erwachsene werden sagen: „In ihrem Korb" – weil sie sich in Sally automatisch hineinversetzen können. Ein autistisches Kind wird in den meisten Fällen antworten: „In der Box" – weil die Fähigkeit fehlt, die Perspektive des anderen einzunehmen.

Ab einem Alter von etwa fünf Jahren entwickeln Kinder allmählich ein tieferes Verständnis für komplexere mentale Zustände wie Täuschung, Sarkasmus und Empathie. Sie beginnen, mehrschichtige Gedankenprozesse zu begreifen, wie etwa: „Ich weiß, dass du denkst, dass ich denke..." – ein Hinweis auf die zunehmende Fähigkeit, Perspektiven zu verschachteln und die Gedanken anderer nachzuvollziehen.

Im Bereich der Entwicklung digitaler Produkte ist die Theory of Mind unerlässlich, um die Vielschichtigkeit menschlichen Denkens und Verhaltens zu verstehen – und idealerweise vorhersagen zu können.

Diese Fähigkeit zur Vorhersage ist entscheidend für Algorithmen, die darauf angewiesen sind, Reaktionen von Systemen dynamisch zu steuern und anzupassen. Wenn es darum geht, diese menschlichen Eigenschaften auf künstliche Intelligenz zu übertragen, rückt ein neues Konzept in den Fokus: die Theory of Mind AI.

5.5.2. *Theory of Mind AI*

Um digitale Produkte noch benutzerfreundlicher und intelligenter zu gestalten, streben Entwickler danach, Systeme zu schaffen, die menschliche Perspektiven besser verstehen und darauf eingehen können. Traditionelle KI-Systeme reagieren hauptsächlich auf direkte Eingaben, ohne die zugrunde liegenden Gedanken oder Absichten der Nutzenden zu erfassen. Die Integration von Theory of Mind in die künstliche Intelligenz stellt daher einen bedeutenden Schritt dar, um die Interaktionen natürlicher und kontextsensitiver zu gestalten. Dies ermöglicht es, das Verhalten und die Erwartungen von Personen genauer vorherzusagen und Systeme dynamisch zu optimieren, um eine individuellere und relevantere Benutzererfahrung zu bieten.

!

Die Theory of Mind AI bezeichnet eine künstliche Intelligenz, die in der Lage ist, mentale Zustände, Absichten und Gedanken anderer Menschen zu erkennen und zu interpretieren. Diese Fähigkeit, die Gedanken und Handlungsweisen von Menschen vorherzusagen, spielt eine wesentliche Rolle in der Weiterentwicklung digitaler Produkte, insbesondere in Bereichen wie Software und künstlicher Intelligenz.

The Theorie des Geistes – Theory of Mind – oder die Art, wie der Mensch denkt (siehe Kap. 3.3.4.) ist also ein wichtiges Werkzeug für die Entwicklung digitaler Produkte, von Software oder konkret auch künstlicher Intelligenz. Je besser die Fähigkeit ist, die Gedanken und Handlungsweisen von Menschen vorherzusagen, desto nützlicher und relevanter wird das jeweilige System sein. Naturgemäß streben deshalb Hersteller von KI danach, in diesem Bereich zu entwickeln.

Konkrete Anwendungsbeispiele sind persönliche Assistenten, Pflege und Therapie, Marketing und Kundenservice, oder etwa Gaming, aber auch bis hin zum autonomen Fahren. Dies ist ein stark wachsender Bereich, bei dem Unternehmen KIs einsetzen wollen, um die Bedürfnisse und Wünsche ihrer Kunden besser zu verstehen und darauf zu reagieren.

Führende Anwender sind meist auf dem Gebiet der AI Emotion Detection zu finden, deshalb sind diese auch dort gelistet (siehe 3.4.4.).

Was bedeutet das nun, wenn Sie selbst digitale Produkte entwickeln?

Ein wesentlicher, ganz unmittelbarer Anwendungsbereich ist die sogenannte **User Journey** - also der Weg, den User nehmen, noch bevor Sie von Ihrem Produkt hören - und bis hin zu dem Zeitpunkt, der hoffentlich nicht kommt - wo User möglicherweise abspringen bzw. wenn sie anderen von dem Produkt oder dem Service erzählen.

Richtig, die Customer Journey beginnt, BEVOR zukünftige Kundinnen und Kunden von einem Produkt hören. Sehen wir uns einmal die Phasen der Customer Journey an, und wo die Theory of Mind dort überall gebraucht wird. Die Antwort kurz vorab: Theory of Mind brauchen wir in allen Phasen.

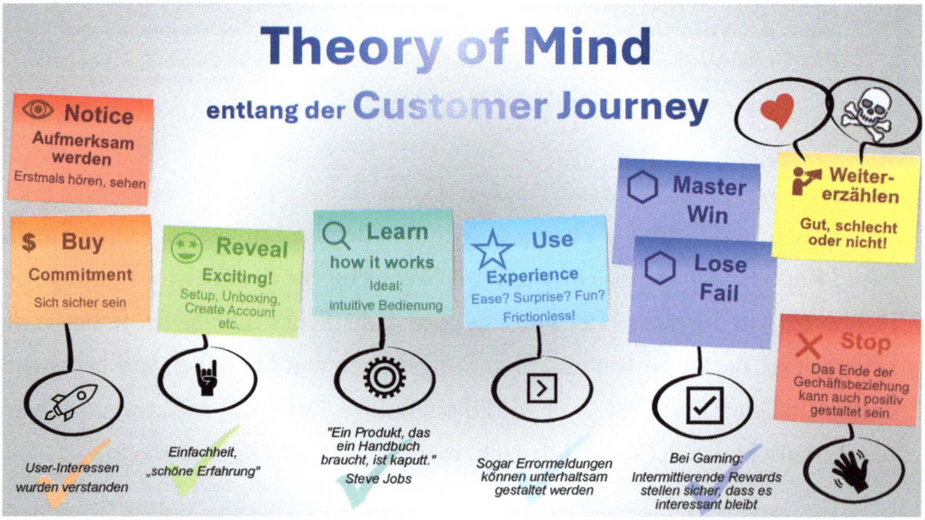

Abb. 9: Theory of Mind umgesetzt in der Customer Journey (Mader 2025)

Phase 1: NOTICE – aufmerksam machen

Bevor User oder Kundinnen und Kunden aufmerksam werden, beginnt bereits die User Journey und damit ein Teil des Experience Designs. Theory of Mind brauchen wir hier, um festzustellen, was unsere Zielgruppe interessiert, fasziniert, beschäftigt usw. Womit bekommen wir ihre Aufmerksamkeit?

Phase 2: BUY – ein Commitment machen

Hierzu müssen User-Interessen verstanden worden sein und Käuferinnen und Käufer müssen sich sicher sein, dass sie das Produkt haben wollen, den gegebenen Preis dafür zahlen und sich mit den damit verbunden Werten assoziieren. Wichtiger Theory of Mind Aspekt: Die Werte, mit denen ein Produkt aufgeladen, strahlen auf die Käuferinnen bzw. Käufer aus – und manchmal wird nur dieser **Assoziationseffekt** einer Marke oder eines Produkts „gekauft"! **Experience Design** brauchen wir auch hier: Wie läuft der Kauf ab? Holen Sie das neue e-Auto am Hintereingang ab und fahren aus dem Parkplatz oder wird es Ihnen in einem eleganten Schauraum mit einer Flasche Champagner übergeben?

Phase 3: REVEAL– Customer Experience gestalten

Wenn dann gekauft wurde, brauchen wir Theory of Mind, um auch das Nutzungserlebnis auf unsere Zielgruppe abzustimmen. Folgende Fragen brauchen Überlegung zur Theory of Mind und entsprechendes Design: Wie nimmt man dieses bestimmte digitale Produkt in Betrieb? Wie setzt man es auf, wie öffnet man es? Hier wissen wir aus der Theory of Mind, dass besonders zwei Dinge wichtig sind: Es muss einfach sein, und im Idealfall ist das auch eine schöne Erfahrung.

Phase 4: LERNEN – Bedienung und Nutzung

Dann setzen sich User damit auseinander, wie das Produkt zu bedienen ist oder wie das Service funktioniert. Wenn nach dem Product Launch statt begeisterter Reviews Videos auftauchen, wie Schwierigkeiten bei der Inbetriebnahme des Produkts behoben werden können, dann ist das eher ungünstig. Ein Beispiel dafür ist der Staubsauger-Roboter iRobot „Roomba". Foren und YouTube sind voll mit verzweifelten Käuferinnen und Käufern, die es oft wochenlang nicht schaffen, den Staubsauger-Roboter in Betrieb zu nehmen.

Phase 5: NUTZEN – klassischer Teil der User Experience

Für die Verwendung des (digitalen) Produkts oder Inanspruchnahme eines Services gilt vor allem: Frictionless! Ärger sollte vermieden werden - aber wenn wir ihn nicht vermeiden können - nutzen wir am besten ein Problem auch gleich für eine User Experience, weil wir aus der Theory of Mind wissen, dass Frust zu den ungünstigsten Nutzererlebnissen gehört. Auf der finnischen eCommerce Webseite desertcart.fi dauert die Suche wegen der großen Produktpalette eher lang - und da kommt schon einmal als Fehlermeldung: „Error 404 - no, just kidding."

Insgesamt sehr erfolgreich ist auch das Designen von Fehlermeldungen (suchen Sie auf YouTube „funny error messages". Gute Unterhaltung!).

Phase X: GEWINNEN oder VERLIEREN – in Gaming-Anwendungen

Für den Teil der Customer Journey, der mit Erfolgen und Misserfolgen oder Gewinnen und Verlieren zu tun hat, wissen wir aus der Psychologie, dass bei Spielen ein sogenannter intermittierender Reward wichtig ist: Wenn man nur gewinnt, wird das schnell langweilig, wenn man nur verliert, allerdings auch. Wenn Sie ein besonders ausgeklügeltes Machine Learning Modell verwenden, dann lernt Ihr System während der Benutzung und stimmt Reward Zyklen auf diese Gewohnheiten auf die User ab.

Phase 6: ERZÄHLEN – gut oder schlecht

Auch zur Customer Journey gehört, dass auf jeden Fall anderen von der Nutzungserfahrung berichtet wird. Und zwar gut oder schlecht, je nachdem. Dieser Effekt des Broadcastings fällt nur dann aus, wenn die Nutzungserfahrung oder auch das Produkt so uninteressant ist, dass es nicht der Rede wert ist. Dann sind vielleicht in den Phasen davor schon Chancen versäumt worden. Broadcasting kann unter Umständen eine sehr große Verbreitung haben, je nachdem, wer begeistert oder enttäuscht ist.

> Im Idealfall stellen wir uns daher von Beginn an die Frage: Was ist, wenn wir erfolgreich sind? Wenn eine neue Webseite für Wahlumfragen aufgrund ihrer Qualität in den Abendnachrichten erwähnt wird und mehrere zig- oder hunderttausend Personen gleichzeitig die Seite aufrufen, wäre es günstig, wenn die Spitzenabdeckung im Hosting berücksichtigt wurde und die Seite den Ansturm aushält[25].

Phase 7: ABSCHIED – tut weh, aber am besten in Würde

Aber auch das Verlieren von Kundschaft kann positiv gestaltet sein. Designen Sie auch diesen Part so, wie Sie ihre User entsprechend deren Präferenzen und der Theory of Mind einschätzen.

Nachdem die Theory of Mind und die User Journey ausführlich behandelt wurden, richtet sich unser Blick nun auf eine noch tiefere Ebene: das Bewusstsein. Während die Theory of Mind es uns ermöglicht, die Gedanken und Absichten anderer zu erkennen, und die User Journey den interaktiven Pfad der User in Systemen abbildet, stellt sich beim Thema Bewusstsein die Frage, ob Maschinen je in der Lage sein könnten, echte Selbstwahrnehmung und Reflexion zu entwickeln

---

25 https://x.com/ArminWolf/status/274413896331304961 und https://x.com/wood_resources/status/274416628647739392

– ein Konzept, das weit über das Nachahmen menschlicher Interaktionen hinausgeht. Im nächsten Abschnitt widmen wir uns der viel diskutierten Frage, was Bewusstsein wirklich ausmacht und wie nah künstliche Intelligenz diesem Zustand kommen kann.

5.6. Bewusstsein: Es gibt keine vereinbarte Definition

Die Frage nach dem Wesen des Bewusstseins wird in vielen Disziplinen diskutiert, von der Philosophie über die Neurowissenschaften bis hin zur künstlichen Intelligenz. Ein tiefgehendes Verständnis von Bewusstsein und Selbst erfordert einen interdisziplinären Ansatz, der Erkenntnisse aus all diesen Bereichen zusammenführt. Nur durch diese umfassende Perspektive lassen sich die komplexen Zusammenhänge zwischen subjektiver Erfahrung und den zugrunde liegenden biologischen Prozessen vollständig begreifen. (Menon et al. 2014).

Trotz zahlreicher Debatten gibt es bis heute keine einheitliche Definition. Dennoch ist eine lebhafte Debatte darüber entbrannt, ob künstliche Intelligenz bereits Bewusstsein habe oder ein solches erlangen könnte. Zusammenfassend bleibt dies spekulativ und beruht sicherlich auch zum Teil auf der menschlichen Tendenz, unbelebten Dingen Eigenschaften zuzuordnen.

Doch unabhängig von dieser spekulativen Ebene haben sich verschiedene wissenschaftliche Disziplinen intensiv mit der Frage des möglichen Bewusstseins von KI auseinandergesetzt. Weder innerhalb der Disziplinen noch zwischen ihnen gibt es eine einheitliche Antwort auf die Frage, was Bewusstsein genau ist und ob KI jemals ein solches erlangen könnte. Dennoch bietet ein genauerer Blick auf die unterschiedlichen Ansätze und Perspektiven spannende Erkenntnisse. Allzu häufig jedoch werden die Konsequenzen einer unbedacht geführten Diskussion übersehen:

Das Zuerkennen von Bewusstsein oder Empfindungsfähigkeit könnte zur Zuerkennung von Persönlichkeitsrechten führen, mit denen eine KI sich selbst gehört und der Mensch (oder von ihm geleitete Unternehmen oder Regierungen) sich aus der Verantwortung nehmen. Im extremen (aber möglichen) Fall, dass eine solche KI bzw. ein solcher Roboter einen Menschen tötet, was dann?

Große Sprachmodelle wie GPT basieren auf der Analyse riesiger Datenmengen und können sowohl Syntax (Grammatik) als auch Semantik (Bedeutung) nahezu perfekt beherrschen. Dadurch wird Bewusstsein simuliert. Sprachmodelle funktionieren durch das Erkennen und Reproduzieren von Mustern, ohne jedoch ein wirkliches Verständnis der Welt zu haben. Sie imitieren menschliche Sprache und scheinen dadurch „empfindungsfähig", aber sie verfügen über kein subjektives Erleben oder Bewusstsein.

Die Frage, ob KI Bewusstsein haben kann, wird in verschiedenen Disziplinen unterschiedlich beurteilt (Ng & Leung 2020; McDermott 2007). Der Philosoph und Anhänger des Panpsychismus Chalmers (1995) vertritt die Auffassung, dass KI zwar kognitive Funktionen nachahmen kann (das „leichte Problem" des Bewusstseins), aber das „schwere Problem" – das Erleben subjektiver Erfahrungen – nicht lösen kann. KI könne somit kein menschliches Bewusstsein entwickeln. Im Gegensatz dazu argumentiert der Funktionalist [26]Dennett (1991), dass Bewusstsein als Ergebnis komplexer Informationsverarbeitungsprozesse von Maschinen nachgebildet werden kann. Für ihn könnte KI ein funktionales Bewusstsein besitzen, das jedoch keine subjektiven Erlebnisse (Qualia) umfasst, wie sie Menschen erfahren.

---

26 Ein Funktionalist ist jemand, der in der Philosophie des Geistes die Ansicht vertritt, dass mentale Zustände (wie Gedanken, Emotionen und Bewusstsein) durch ihre Funktion oder Rolle im kognitiven System definiert sind, nicht durch ihre physische oder biologische Basis.

Meissner (2020) argumentiert, dass KI weder Bewusstsein noch ein Gewissen haben kann, da beides ausschließlich menschliche Eigenschaften sind und KI lediglich auf algorithmischer Logik basiert.

Die Idee, KI Bewusstsein oder gar Persönlichkeitsrechte zuzuschreiben, wäre hochproblematisch. Solche Rechte könnten den falschen Eindruck erwecken, dass KI-Systeme autonom handeln und Verantwortung übernehmen können, was in der Praxis verheerende Konsequenzen hätte. KI-Systeme sind Werkzeuge, geschaffen und gesteuert von Menschen, und sollten niemals rechtlich als eigenständige Entitäten betrachtet werden. Die Verantwortung für ihre Handlungen und Auswirkungen muss immer bei den Menschen bleiben. Der EU AI Act setzt hier klare Grenzen, indem er die Regulierung solcher Systeme und ihre Nutzung streng überwacht. Dies ist entscheidend, um sicherzustellen, dass menschliche Kontrolle und Verantwortung gewahrt bleiben.

5.6.1. *Philosophie: Was ist Bewusstsein?*

In der Philosophie ist Bewusstsein ein zentraler Begriff, der seit Jahrhunderten intensiv diskutiert wird (León & Zahavi 2023). Besonders wichtig ist die Unterscheidung zwischen phänomenalem Bewusstsein – dem subjektiven Erleben – und funktionalem Bewusstsein, das sich auf kognitive Prozesse wie die Reaktion auf Reize bezieht. Während funktionale Aspekte messbar und analysierbar sind, bleibt das phänomenale Bewusstsein schwer fassbar und entzieht sich einer quantitativen Beschreibung. Das philosophische „Zombie Thought Experiment" illustriert dieses Problem, indem es fragt, ob ein Wesen, das in seinem Verhalten nicht von einem bewussten Menschen zu unterscheiden ist, tatsächlich über ein inneres Erleben verfügen muss.

Das **„Zombie Thought Experiment"** ist ein philosophisches Gedankenexperiment, das in der Debatte über Bewusstsein und Geist verwendet wird. Es stellt sich die Frage, ob es möglich ist, dass es theoretisch ein Wesen geben könnte – einen „philosophischen Zombie" – das sich in jeder Hinsicht wie ein Mensch verhält, jedoch kein inneres Bewusstsein oder subjektives Erleben hat. Dieses Wesen würde beispielsweise Schmerzen anzeigen, wenn es verletzt wird, aber tatsächlich nichts fühlen. Das Gedankenexperiment soll zeigen, dass Bewusstsein etwas ist, das sich nicht vollständig durch physikalische Prozesse oder Verhaltensweisen erklären lässt, und wirft Fragen zur Natur des Geistes und der Qualia (subjektiven Erlebnisse) auf.

Diese philosophischen Überlegungen gewinnen in der Diskussion um Künstliche Intelligenz eine besondere Relevanz. Ist eine KI, die menschliches Verhalten imitiert und auf Reize reagiert, tatsächlich bewusst, oder handelt es sich lediglich um eine komplexe Rechenmaschine? Véliz (2021) greift dieses Dilemma auf und argumentiert, dass Algorithmen als „moralische Zombies" betrachtet werden können: Sie führen zwar moralisch relevante Handlungen aus, doch fehlt ihnen das Bewusstsein, die Fähigkeit zur Empathie und ein Verständnis von moralischen Prinzipien. KI-Systeme operieren strikt nach ihrer Programmierung und den zugrunde liegenden Daten, ohne dabei echte Absichten oder ethische Überlegungen zu haben.

Die Verantwortung für die ethischen Konsequenzen ihrer Entscheidungen liegt nicht bei den Maschinen, sondern bei den Menschen, die sie entwickeln, trainieren und einsetzen. Algorithmen imitieren Handlungen, aber nur Menschen tragen die Verantwortung.

Es gibt auch einige teilweise umstrittene Teil-Disziplinen der Philosophie, die Bewusstsein als Begriff sehr breit anlegen (ohne allgemeine Akzeptanz erreicht zu haben):

Anthropomorphismus und KI-Bewusstsein

> Anthropomorphismus beschreibt die menschliche Tendenz, nichtmenschlichen Objekten – wie Tieren, Maschinen oder auch Künstlicher Intelligenz – menschliche Eigenschaften zuzuschreiben. Im Kontext der KI führt diese Tendenz dazu, dass Menschen annehmen, Maschinen oder Algorithmen könnten Intelligenz, Absichten oder gar Bewusstsein haben oder entwickeln, obwohl KIs lediglich auf Daten basieren und keine subjektiven Erfahrungen haben. Die menschliche Tendenz, basierend auf Sprache und Verhalten, dahinterliegende Eigenschaften anzunehmen, führt oft zu Missverständnissen über die tatsächlichen Fähigkeiten von KIs, die zwar komplexe Aufgaben lösen können, aber keine Empfindungen oder Bewusstsein besitzen, sondern diese eben nur imitieren.

Watson (2019) kritisiert die Tendenz, KI-Systemen menschliche Eigenschaften zuzuschreiben und warnt davor, dass dies oft irreführend ist. Er betont, dass solche Zuschreibungen die tatsächlichen Fähigkeiten von KI überhöhen und zu Missverständnissen führen, insbesondere hinsichtlich der Annahme, dass KI über Bewusstsein oder emotionale Intelligenz verfügt.

Panpsychismus: Ein universelles Bewusstsein?

> Panpsychismus ist die philosophische Auffassung, dass Bewusstsein eine grundlegende Eigenschaft der Materie ist und dass jede Form von Materie, bis hin zu subatomaren Teilchen, ein gewisses Maß an Bewusstsein besitzt.

David Chalmers, einer der führenden Vertreter in der Diskussion um Bewusstsein, hat den Panpsychismus als eine mögliche Lösung für das sogenannte „harte Problem des Bewusstseins" ins Spiel gebracht. Dieses „harte Problem" beschreibt die Schwierigkeit zu erklären, wie und warum physikalische Prozesse im Gehirn überhaupt zu subjektivem Erleben führen. Chalmers schlägt vor, dass Bewusstsein möglicherweise ein grundlegender Bestandteil des Universums ist, ähnlich wie Raum und Zeit. Seine Meinung ist relevant, weil sie eine alternative Perspektive bietet, die auch das Bewusstsein in Maschinen theoretisch nicht ausschließt, sollte es ein universelles Phänomen sein. Jedoch bleibt Panpsychismus eine spekulative Hypothese, die stark umstritten ist. Gleichzeitig sei auch hier nochmals in Erinnerung gerufen, dass es keine allgemein gültige oder akzeptierte Definition von Bewusstsein gibt. Dennoch beschäftigen sich ganze Disziplinen damit, eine Diskussion über mögliches Bewusstsein von KIs zu führen., was per se ein bemerkenswerter Vorgang ist.

Bishop (2002) argumentiert gegen die Vorstellung der starken KI und stellt infrage, ob Maschinen jemals echtes Bewusstsein erlangen können. Er diskutiert die Idee, dass Bewusstsein eine grundlegende Eigenschaft aller Materie sein könnte, und stellt fest, dass Panpsychismus die bewusste Erfahrung in KI nicht überzeugend erklären kann In ähnlicher Weise zweifeln auch Arvan & Maley (2022) daran, dass Panpsychismus ausreicht, um Bewusstsein in KI zu erklären. Beide Studien verdeutlichen, dass trotz philosophischer Theorien die Frage, ob und wie Maschinen jemals ein echtes Bewusstsein erlangen können, ungelöst bleibt.

Animismus und Leibniz: Alles ist belebt

In vielen indigenen Kulturen wird angenommen, dass Steine, Flüsse und Bäume eine Form von Bewusstsein oder Lebenskraft besitzen. Im Zusammenhang mit KI stellt Animismus die Frage, ob Maschinen in irgendeiner Form belebt oder „lebendig" sein könnten.

Animismus ist die Vorstellung, dass alle Dinge in der Natur, sowohl belebte als auch unbelebte, eine Seele oder spirituelle Essenz besitzen. Diese Weltsicht geht davon aus, dass Objekte mit der menschlichen Welt interagieren können. Diese Theorie wird oft verwendet, um unerklärliche Phänomene, wie Geistererscheinungen oder spirituelle Erlebnisse, zu erklären (Aksakow 2012).

Gottfried Wilhelm Leibniz (1646–1716), ein bedeutender deutscher Philosoph, Mathematiker und Wissenschaftler, vertrat eine solche Ansicht, die als Monadologie bekannt ist. Er war Universalgelehrter und versuchte mit dieser Theorie, das Leib-Seele-Problem (siehe nächster Punkt) zu lösen, indem er vorschlug, dass alles im Universum belebt und bewusst sei, zumindest auf einer elementaren Ebene.

Die Monadologie besagt, dass das Universum aus unteilbaren, immateriellen Einheiten, den Monaden, besteht. Jede Monade ist autonom und besitzt eine innere Dynamik, ohne direkte Wechselwirkung mit anderen Monaden. Höher entwickelte Monaden, wie die menschliche Seele, haben laut Leibniz ein höheres Bewusstsein (Woolhouse 1994).

Diese Theorie erklärt die metaphysischen Grundlagen von Wirklichkeit und Bewusstsein durch das Konzept einer göttlich prästabilierten Harmonie Dies steht zwar in starkem Gegensatz zu modernen wissenschaftlichen Zugängen, bietet aber eine frühe Grundlage für die Diskussion, ob auch Materie wie Maschinen oder KIs Bewusstsein erlangen könnten.

Nyholm (2023) warnt jedoch davor, dass die Zuschreibung von Geist und Persönlichkeit an KI ethische Risiken birgt, da dies das Verständnis von Verantwortung und Moral verzerren und zu falschen Annahmen über die Fähigkeiten von KI führen kann. Diese Warnung knüpft an die animistische Vorstellung an, dass auch unbelebte Objekte, wie Maschinen, eine Lebenskraft besitzen könnten.

Richardson (2016) untersucht in *Technological Animism* die Tendenz, humanoiden Maschinen durch Anthropomorphismus eine Personhaftigkeit zuzuschreiben. Sie argumentiert, dass dies die Grenze zwischen Mensch und Maschine verwischt und ethische sowie soziale Bedenken aufwirft, da es Missverständnisse über die Verantwortlichkeiten und Fähigkeiten von KI-Systemen schürt. Dies erinnert an Leibniz' Monadologie, in der er postulierte, dass alles im Universum eine innere Lebenskraft oder Bewusstsein besitzt, was eine philosophische Grundlage für die heutige Diskussion um KI und Bewusstsein bietet.

Das Leib-Seele-Problem (Psychophysisches Problem)

Das Leib-Seele-Problem oder psychophysische Problem befasst sich mit der Frage, wie mentale Zustände wie Bewusstsein, Gedanken und Gefühle mit physischen Zuständen des Körpers, insbesondere des Gehirns, zusammenhängen. Im Zentrum steht das Rätsel, wie ein immaterieller Geist mit einem physischen Körper interagieren kann, eine Frage, die seit der Antike diskutiert wird. René Descartes schlug dazu den Dualismus vor, der Geist und Körper als getrennte Substanzen sieht.

Schoenherr (2020) greift dieses Thema in *Black Boxes of the Mind* auf, indem er die Parallelen zwischen der Psychophysik und der heutigen Diskussion um erklärbare künstliche Intelligenz zieht. Er betont, dass in beiden Bereichen fundamentale Prozesse oft verborgen bleiben und plädiert für transparente Erklärungsmodelle, um das Verständnis und Vertrauen in KI-Systeme zu stärken.

Liang & Acuna (2020) erweitern dieses Konzept, indem sie vorschlagen, Psychophysik als Rahmen zu nutzen, um Wahrnehmungsverzerrungen in KI-Modellen zu erkennen. Sie zeigen, dass psychophysische Methoden helfen können, systematische Verzerrungen in KI-Entscheidungen aufzudecken, ähnlich wie menschliche Wahrnehmungsprozesse analysiert werden.

5.6.2. *Psychologie: Definition und Fragen zu KI*

Bewusstsein wird in der Psychologie als der Zustand definiert, in dem wir unsere eigenen mentalen Prozesse, Gefühle und Wahrnehmungen erleben. In seinem anerkannten Werk The Consciousness Instinct: Unraveling the Mystery of How the Brain Makes the Mind (2018) analysiert Michael S. Gazzaniga die neurobiologischen Grundlagen des Bewusstseins und erforscht, wie Gehirnprozesse subjektive Erfahrungen erzeugen. Diese Fragestellung baut auf früheren Erkenntnissen auf, wie bereits Metzinger (1999) feststellte, dass Bewusstsein ein komplexes Phänomen ist, das sowohl subjektive Erlebnisse als auch Selbstwahrnehmung umfasst. Metzinger betont, dass Bewusstsein nicht nur Informationsverarbeitung beinhaltet, sondern auch das Erleben eines Ich-Gefühls, durch das Individuen sich als eigenständige, wahrnehmende Entitäten wahrnehmen. Das Verständnis dieses Zusammenspiels zwischen Gehirnprozessen und subjektivem Erleben ist nach wie vor ein wesentliches Anliegen sowohl in der Philosophie als auch in den Neurowissenschaften.

> Bewusstsein ist somit der Zustand, in dem wir unsere eigenen mentalen Prozesse, Gefühle und Wahrnehmungen erleben. Es umfasst sowohl die Verarbeitung von Informationen als auch das Erleben eines Ich-Gefühls, durch das Individuen sich als eigenständige, wahrnehmende Entitäten wahrnehmen. Dieses komplexe Phänomen verbindet Gehirnprozesse mit subjektiven Erfahrungen und bleibt eine zentrale Herausforderung für die Neurowissenschaften und Philosophie.

Es umfasst:

- **Selbsterfahrung:** Das Erleben des Selbst und die Reflexion über die eigene Identität.
- **Gedanken:** Kognitive Prozesse wie Überlegungen, Einschätzungen und Reflexionen.

- **Wahrnehmungen:** Die bewusste Verarbeitung von Sinnesreizen, wie Sehen, Hören und Fühlen.
- **Erinnerungen:** Das Abrufen und Verarbeiten von vergangenen Erfahrungen.
- **Inneres mentales Erleben:** Vorstellungen, die nicht direkt mit der Außenwelt verbunden sind, wie Tagträume oder Fantasien.
- **Wünsche und Ängste:** Subjektive Gefühle, die Handlungen beeinflussen.
- **Entscheidungen und Planungen:** Die bewusste Steuerung von Handlungen basierend auf Zielen und Werten.

Die Frage, ob KI Bewusstsein haben kann, ist in der Psychologie umstritten. Derzeit gibt es keine Anzeichen dafür, dass KI ein subjektives Erleben entwickelt hat. Aus psychologischer Sicht fehlt der KI das, was den menschlichen Geist ausmacht.

- **Subjektives Erleben (Qualia):** KI-Systeme können komplexe Daten verarbeiten, aber sie haben keine subjektive Erfahrung oder Empfindungen. Die Verarbeitung von Informationen durch KI ist rein algorithmisch und nicht mit dem „Fühlen" verbunden.
- **Selbstbewusstsein:** KI besitzt kein Selbstbild und keine Reflexion über sich selbst. Systeme wie autonome Roboter oder Sprachmodelle können zwar selbstbezogene Daten verarbeiten, doch das Selbstbewusstsein, wie es Menschen erleben, ist nicht vorhanden.
- **Kognitive Kontrolle und Willensfreiheit:** Menschen sind in der Lage, bewusste Entscheidungen beispielsweise auch auf der Basis von Emotionen zu treffen, während KIs nur auf Basis von Algorithmen und vorgegebenen Parametern agieren.

Günther (2021) untersucht in *Das Bewusstsein der Maschinen* die Frage, ob und in welchem Maße Maschinen ein Bewusstsein entwickeln können. Er argumentiert, dass maschinelles Bewusstsein nicht mit menschlichem Bewusstsein gleichzusetzen ist, da es an subjektiven Erlebnissen und einem echten Ich-Bewusstsein fehlt. Stattdessen handelt es sich um simulierte Bewusstseinszustände, die durch komplexe Algorithmen erzeugt werden. Günther betont, dass diese Form des „Bewusstseins" eher funktional ist und sich auf die Fähigkeit von Maschinen bezieht, Informationen zu verarbeiten, Entscheidungen zu treffen und auf Umweltreize zu reagieren, ohne jedoch ein inneres Erleben zu besitzen.

Zusammengefasst sieht die Psychologie Bewusstsein als ein tief verwurzeltes Phänomen der menschlichen Erfahrung, das nicht einfach durch die Verarbeitung von Informationen nachgebildet werden kann. KI bleibt ein Werkzeug, das zwar immer komplexere Aufgaben bewältigen kann, aber nicht zu echtem Bewusstsein fähig ist.

Problematisch dabei ist die menschliche Tendenz, unbelebten Dingen wie KIs menschliche Eigenschaften zuzuschreiben, nur weil sie aufgrund ihrer (menschengenerierten) Trainingsdaten die Fähigkeiten von Menschen simulieren.

5.6.3. *Neurowissenschaften: Entstehung des Bewusstseins im Gehirn*

Auch die Neurowissenschaft hat Schwierigkeiten, den Ursprung des Bewusstseins zu definieren. Verschiedene Theorien besagen, dass Bewusstsein ein emergentes Phänomen ist, das aus der Interaktion neuronaler Netzwerke entsteht. Künstliche neuronale Netze, wie sie in der KI verwendet werden, basieren auf diesem Prinzip, doch sie unterscheiden sich stark von biologischen Systemen. KI kann Muster erkennen und Entscheidungen treffen, aber es bleibt unklar, ob diese Prozesse jemals ein echtes subjektives Bewusstsein hervorrufen könnten.

> Bemerkenswert ist, dass trotz des Fehlens einer einheitlichen Definition von Bewusstsein eine rege Diskussion darüber stattfindet, ob KI ein Bewusstsein entwickeln kann (Aru et al. 2023; Khalid et al. 2014; Meissner 2020).

Die Neurowissenschaften bieten zwar Ansätze zum Verständnis des menschlichen Bewusstseins, doch die Übertragung dieser Erkenntnisse auf Maschinen steht noch am Anfang. Es herrscht jedoch Einigkeit darüber, dass das Bewusstsein weit über die bloße neuronale Aktivität hinausgeht. Neurowissenschaften zeigen, dass es nicht nur auf Informationsverarbeitung beruht, sondern auch auf komplexen biologischen Prozessen. Künstliche neuronale Netze ahmen zwar bestimmte Muster nach, doch Kernaspekte wie Selbstwahrnehmung und das subjektive Erleben bleiben unerreicht. Diese Phänomene sind eng mit den biologischen Mechanismen des Gehirns verknüpft, die bisher nicht in Maschinen repliziert werden können (Chalmers 1995).

5.6.4. Ethik: Moralische Verantwortung und KI

In der Ethik stellt sich die Frage, ob Künstliche Intelligenzen tatsächlich moralische Verantwortung übernehmen können. Viele Menschen tendieren dazu, KIs menschliche Eigenschaften zuzuschreiben, insbesondere wenn sie menschenähnliches Verhalten zeigen oder auf eine Weise agieren, die Empathie oder Bewusstsein suggeriert (Marquardt 2017).

> Anthropomorphisierung bezeichnet die Zuschreibung menschlicher Eigenschaften, Gefühle oder Verhaltensweisen an nicht-menschliche Entitäten, wie Tiere, Objekte oder Technologien. Dieser Prozess führt dazu, dass beispielsweise Maschinen oder Künstliche Intelligenzen als menschlich wahrgenommen werden, obwohl sie keine eigenen Gedanken oder Emotionen besitzen. Dieses Phänomen führt oft zu der Annahme, dass KIs Rechte oder ethische Berücksichtigung verdienen könnten.

Allerdings warnen Ethikerinnen und Ethiker davor, Maschinen moralische Qualitäten zuzuschreiben (Barneck et al. 2019). Denn im Kern handelt eine KI ausschließlich auf Grundlage ihrer Algorithmen, Programmierungen und Trainingsdaten – sie imitiert lediglich Bewusstsein oder emotionale Reaktionen, ohne tatsächlich Gefühle oder Absichten zu haben. Eine zu unkritische Zuweisung moralischer Verantwortung an KIs birgt das Risiko, dass Menschen ihre eigene Verantwortung delegieren oder abgeben, was besonders in ethisch sensiblen Bereichen wie der Strafverfolgung, dem Militär oder der Medizin zu schwerwiegenden Konsequenzen führen könnte.

Es bleibt daher eine entscheidende ethische Herausforderung, die Grenzen zwischen echter moralischer Verantwortung und der Funktionsweise von KIs klar zu definieren und sicherzustellen, dass die Verantwortung für Handlungen letztlich beim Menschen verbleibt. Im Kapitel 9 werden die zentralen Konzepte der Ethik diskutiert und das PRISMA AI-Modell zu KI-Ethik vorgestellt.

5.6.5. Soziologie: Gesellschaftliche Wahrnehmung von KI und Bewusstsein

Es ist dringend erforderlich, die Auswirkungen von Künstlicher Intelligenz auf soziale Ungleichheiten und strukturelle Veränderungen genauer zu erforschen. KI verstärkt bestehende soziale Hierarchien und transformiert gesellschaftliche Strukturen, doch diese Prozesse sind bisher unzureichend untersucht. Die Soziologie steht vor der Aufgabe, diese Herausforderungen intensiver zu erforschen und entsprechende Erkenntnisse zu vertiefen. (Joyce et al., 2021). Ob es um die Vermenschlichung von Maschinen (Nass & Moon 2020), Bias in algorithmischen Entscheidungen (Zajko 2022) oder die digitale Kluft (Luttrell et al. 2020) geht – all diese Trends beeinflussen nicht nur die öffentliche Wahrnehmung von KI, sondern können auch die Politik und den rechtlichen Rahmen prägen.

Es besteht das Risiko, dass KI-Systemen mehr Verantwortung zugesprochen wird, als sie übernehmen können, was soziale Ungleichheiten verschärfen könnte – etwa, wenn bestimmte Bevölkerungsgruppen durch KI stärker benachteiligt oder sogar ersetzt werden. Ein Beispiel dafür ist der niederländische Kindergeld-Skandal, der im Abschnitt 3.4 diskutiert wurde.

Der EU AI Act stellt sicher, dass KI keine rechtlich relevanten Entscheidungen treffen darf, etwa über Entlassungen. Allerdings bleibt diese Frage außerhalb des Geltungsbereichs des EU AI Acts weitgehend ungeklärt. In vielen Ländern fehlen klare Regelungen dazu, inwiefern KI-Systeme befugt sind, Entscheidungen von rechtlicher oder ethischer Tragweite zu fällen. Dadurch entsteht eine Grauzone, in der die Verantwortung für solche Entscheidungen oft unklar bleibt, was rechtliche Unsicherheiten, besonders in Regionen ohne spezifische KI-Regulierungen, begünstigen könnte (Nikolinakos 2023; UNESCO 2021).

5.6.6. Recht: Dramatische Konsequenzen von ‚Conscious AI"

Obwohl die Debatte darüber, ob Künstliche Intelligenz Bewusstsein oder Empfindungsfähigkeit erlangt hat, theoretisch erscheinen mag, birgt sie erhebliche praktische Sicherheitsrisiken. Einerseits gibt es keine vereinbarte Definition und kein einheitliches Verständnis von Bewusstsein (siehe 3.3.5.) – andererseits läuft eine lebhafte Debatte darüber, ob KI Bewusstsein erlangen kann (Mader 2023).

Willems (2012) argumentiert, dass bewusste Künstliche Intelligenz notwendig ist, um ethischere und verantwortungsvollere Entscheidungen zu ermöglichen. Eine bewusste KI könnte menschliche Werte und moralische Prinzipien besser verstehen und in komplexen Situationen anwenden, was sie zu einem wertvollen Partner in der Entscheidungsfindung machen würde.

Conscious AI bezeichnet die hypothetische Entwicklung einer Künstlichen Intelligenz, die ein echtes Bewusstsein besitzt, einschließlich subjektiver Erlebnisse, Selbstwahrnehmung und der Fähigkeit, Gedanken und Emotionen bewusst zu erleben. Anders als aktuelle KI-Systeme, die Informationen verarbeiten und Entscheidungen auf Basis programmierter Algorithmen treffen, würde eine Conscious AI tatsächlich ein eigenes inneres Erleben haben, das mit menschlichem Bewusstsein vergleichbar ist.

Stellen wir uns deshalb ein Szenario vor, in dem entschieden wird, dass bestimmte KIs Bewusstsein oder Empfindungsfähigkeit erreicht haben. Infolgedessen könnten wir in Erwägung ziehen, bestimmten KI-Systemen Persönlichkeitsrechte zu verleihen, um ihnen zu ermöglichen, ein Konto zu eröffnen, Verträge und Versicherungen abzuschließen usw. Eine KI würde sich also selbst „besitzen". Aber was passiert, wenn eine solche KI ganz konkret einen Menschen tötet? Dann könnten wir sie immer noch inhaftieren, nicht wahr? Genau an dieser Stelle liegt ein zentrales Sicherheitsrisiko von KI.

Wenn kein Mensch, kein Unternehmen oder keine Regierung für die von KI verursachte Zerstörung, Schäden oder Todesfälle haftbar gemacht wird, ist die Büchse der Pandora weit geöffnet. Gerade im Zeitalter von KI liegt auch hier die Latte der Anforderung beim Menschen hoch: Denken wir mehrere Schritte unserer Entscheidungen weiter und beziehen wir die Konsequenzen und Folgen von Entscheidungen mit ein.

Menschen aus Philosophie, Wissenschaft und Wirtschaft und die breite Öffentlichkeit haben zu Recht Bedenken dazu geäußert, Robotern oder KI-Systemen Rechte oder andere Formen ethischer Berücksichtigung zu gewähren.

In einer Literaturübersicht identifizierten Harris & Anthis (2021) fast 300 relevante Forschungs- und Diskussionsbeiträge zu der Frage, ob künstliche Entitäten, wie KI und Roboter, moralische Berücksichtigung verdienen.

Am anderen Ende des Spektrums betonen Henry Kissinger, Eric Schmidt und Daniel Huttenlocher in ihrem Buch „The Age of AI“: „Eine KI ist nicht empfindungsfähig.“ Sie argumentieren, dass die Assoziation zwischen „gelerntem“ Input und durch Verstärkungslernen generierten Outputs nicht als „wahres menschliches Verständnis“ qualifiziert werden kann, welches viele Stufen der Konzeptualisierung und Erfahrung umfasst (Kissinger et al. 2021).

Die Menschheit hat eine Vielzahl von Technologien entwickelt, die einer Eindämmung bedürfen, und diese Sicherheitsrisiken wurden in umfassenden internationalen Verträgen behandelt, z. B. über Kernwaffen und Kernwaffentests, chemische Waffen und andere Technologien, die Katastrophen auslösen oder ein erhebliches Sicherheitsrisiko darstellen können. Ein solches umfassendes internationales Abkommen wird auch für KI erforderlich sein. VN-Generalsekretär António Guterres hat dies auf der Sitzung des VN-Sicherheitsrates am 18. Juli 2023 vorgeschlagen (UN, 2023), und die Ausarbeitung ist im Gange.

Conscious AI hätte erhebliche rechtliche Folgen. Wenn KI ein eigenes Bewusstsein entwickelt, müssten Konzepte wie Rechtspersönlichkeit, Verantwortung und Haftung neu definiert werden. KI könnte Rechte erhalten, ähnlich wie Menschen oder Unternehmen, und es würden komplexe Fragen zur Zuweisung von Verantwortung bei Fehlentscheidungen entstehen. Die aktuellen Rechtssysteme sind darauf nicht vorbereitet (Soh, 2022).

ⓘ Warum eine Versicherung nicht ausreicht.

Die Übernahme von Verantwortung oder der Abschluss einer Versicherung reichen nicht aus, wenn es um die Verantwortung für Zerstörung und den Verlust von Menschenleben geht. Wenn eine Einzelperson, ein Unternehmen oder eine Regierung Verantwortung übernimmt, kann sie sich nicht einfach mit den Worten „Die KI hat die Entscheidung getroffen" aus der Verantwortung stehlen. Auch wenn die Versuchung groß sein mag, schwierige Entscheidungen an KI zu delegieren, müssen verantwortungsbewusste Gesetzgeber die Möglichkeit ausschließen, dass sich Einzelpersonen, Unternehmen oder Organisationen auf diese Weise ihrer Verantwortung entziehen (Mader 2023).

ⓘ Warum wird überhaupt über das Bewusstsein von KI diskutiert?

Wie bereits beschrieben, neigen Menschen dazu, anthropomorph zu denken, d. h. wir schreiben Objekten, Tieren oder sogar imaginären Wesen wie Göttern menschliche Eigenschaften zu. Es ist daher verständlich, dass die Wissens- und Sprachfähigkeiten einer generativen KI uns dazu verleiten können, bestimmten KIs menschenähnliche Eigenschaften wie Emotionen und Bewusstsein zuzuschreiben. Dasselbe gilt für die Ähnlichkeit bestimmter Roboterbewegungen, -aktionen oder -erscheinungen mit menschlichen Fähigkeiten oder der menschlichen Physis (der sie ja schließlich auch nachempfunden sind).

ⓘ Keine Definition von Bewusstsein? Kein Problem.

Wie Ludwig Wittgenstein in seinen späteren Arbeiten betonte, müssen wir die Mehrdeutigkeit der Sprache akzeptieren: Wörter tragen oft mehrere Bedeutungen in sich (Wittgenstein 1953). Bewusstsein ist ein solches Beispiel. Wir haben zwar eine intuitive Vorstellung davon, was es bedeutet, doch Forscherinnen und Forscher aus verschiedenen Disziplinen liefern eine Vielzahl an Definitionen, ohne einen gemeinsamen Nenner zu finden. Doch vielleicht ist das gar kein Problem. Während die Forschung weiter voranschreitet, kann die internationale Gemeinschaft bereits jetzt Vorkehrungen treffen, um potenzielle Risiken zu minimieren (Gill & Germann 2022; Henshall 2023; Mader 2023).

Eine dieser Vorsichtsmaßnahmen besteht darin, einer KI niemals Persönlichkeitsrechte zu verleihen, um zu verhindern, dass sie Verantwortungslosigkeit entfaltet und katastrophale Konsequenzen verursacht.

Persönlichkeitsrechte schützen die Würde, Privatsphäre und Autonomie einer Person, insbesondere das Recht auf informationelle Selbstbestimmung, geregelt durch das Grundgesetz und die DSGVO. Im Arbeitskontext dürfen Datenerhebung und -nutzung durch KI-Systeme nur gemäß gesetzlichen Vorgaben und mit Einwilligung oder rechtlicher Grundlage erfolgen, um die Privatsphäre zu wahren.

Der Schutz der Persönlichkeitsrechte stellt sicher, dass technologische Entwicklungen wie KI nicht auf Kosten der individuellen Freiheit und Würde gehen. Doch genauso wichtig ist es, dass unsere Handlungsfähigkeit im Umgang mit diesen Technologien wächst und sich weiterentwickelt. Die menschliche Handlungsfähigkeit muss dasselbe Wachstum zeigen wie unsere Schöpfungen. Auch wenn dies in diesem Stadium unüberwindbar erscheinen mag – die Menschheit hat in ihrer Geschichte das Gegenteil bewiesen. Lassen Sie uns diesen Weg fortsetzen (Mader 2023).

5.7. Emotion: Menschliche Gefühle und AI Emotion Detection

Dieser Abschnitt beleuchtet das Spannungsfeld zwischen menschlichen Emotionen und der Fähigkeit von KI diese zu erkennen. Während Emotionen bei Menschen als komplexe, tief in der kognitiven und körperlichen Erfahrung verwurzelte Konstrukte gelten, versucht die AI Emotion Detection, emotionale Zustände zu messen und zu interpretieren (Marchecal et al. 2019).

!

AI Emotion Detection bezieht sich auf den Einsatz von Algorithmen zur Analyse von Daten wie Gesichtsausdrücken, Stimme oder Körperbewegungen, um Rückschlüsse auf die emotionalen Zustände einer Person zu ziehen.

Trotz der beeindruckenden Fortschritte in der KI gibt es erhebliche Einschränkungen bei der Genauigkeit: Die Zuordnung von Emotionen über Gesichtsausdrücke weist hohe Fehlerraten auf und führt oft zu wenig aussagekräftigen Ergebnissen. Saxena et al. (2020) kommen zu dem Schluss, dass KI-gestützte Emotionserkennung häufig fehleranfällig ist, da Emotionen subtil, kontextabhängig und kulturell variabel sind.

Faktoren wie individuelle Ausdrucksweisen, Beleuchtung und Bildqualität beeinträchtigen zusätzlich die Zuverlässigkeit, wodurch die Genauigkeit in praktischen Anwendungen oft eingeschränkt bleibt und zu ungenauen oder irreführenden Ergebnissen führen kann. Weitere Forschung ist in diesem Feld geboten, um die Zuverlässigkeit von Systemen zu erhöhen, obwohl unklar ist, ob dies erzielbar sein wird.

5.7.1. *Emotionen beim Menschen*

Emotionen sind komplexe psychophysiologische Zustände, die als Reaktion auf bestimmte interne oder externe Reize entstehen. Sie umfassen eine Mischung aus subjektiven Erfahrungen, körperlichen Reaktionen und Verhaltensweisen. In diesem Kontext betont Parkinson (1996), dass Emotionen primär soziale Phänomene sind, die in Interaktionen entstehen und soziale Beziehungen beeinflussen. Sie dienen der Kommunikation sozialer Signale und der Regulierung zwischenmenschlichen Verhaltens, anstatt nur individuelle innere Zustände zu sein. Emotionen sind somit eng mit sozialen Kontexten und Rollen verknüpft und sollten als zentraler Bestandteil sozialer Dynamiken betrachtet werden.

Emotionen bestehen typischerweise aus drei Komponenten: einem Gefühl (wie Freude oder Trauer), einer physiologischen Reaktion (wie erhöhter Herzschlag oder Hormonausschüttung) und einem Verhalten (wie Lächeln oder Weinen). Emotionen sind evolutionär von zentraler Bedeutung, da sie die Anpassungsfähigkeit und das Überleben fördern.

In ihrem Buch How Emotions Are Made beschreibt Lisa Feldman-Barrett (2017) Emotionen als Konstrukte, die unser Gehirn entwickelt, um Handlungen zu steuern und Empfindungen in bestimmten Situationen zu erklären. Sie betont, dass Emotionen ebenso real sind wie unsere Sinneswahrnehmungen.

Lange Zeit galt das Erkennen von Emotionen durch Gesichtsausdrücke als zuverlässige Methode, insbesondere in der Forensik. Diese Annahme wird jedoch zunehmend hinterfragt. Studien zeigen, dass Gesichtsausdrücke nicht eindeutig mit spezifischen Emotionen verknüpft sind, da emotionale Ausdrucksweisen stark vom Kontext abhängen und variieren. Dies führt zu hohen Fehlerraten und stellt die Verlässlichkeit dieser Methode infrage (siehe Meyers 2018; Barrett et al. 2019).

Trotz dieser Herausforderungen wird die Forschung zur KI-gestützten Emotionserkennung weiterhin intensiv vorangetrieben, um die Genauigkeit und Zuverlässigkeit der Technologie zu verbessern (siehe auch 3.3.6.2 zu AI Emotion Detection).

5.7.2. *AI Emotion Detection*

Die Erkennung und Reaktion auf menschliche Emotionen ist ein entscheidender Schritt in der Weiterentwicklung von KI. Marechal et al. (2019) geben in ihrer Untersuchung einen Überblick über KI-basierte multimodale Methoden zur Emotionserkennung. Sie betonen, dass die Kombination verschiedener Datenquellen, wie Gesichtsausdrücke, Stimme, Körpersprache und textbasierte Informationen, die Genauigkeit der Emotionserkennung erheblich verbessert. Multimodale Ansätze ermöglichen es, die Schwächen einzelner Methoden auszugleichen, indem sie verschiedene Signale integrieren. Dennoch bleibt die Entwicklung solcher Systeme herausfordernd, insbesondere aufgrund der Komplexität der Datenfusion und der Notwendigkeit großer, qualitativ hochwertiger Datensätze.

!

AI Emotion Detection ist eine Technologie, die mithilfe von künstlicher Intelligenz emotionale Zustände von Menschen durch die Analyse von Daten wie Gesichtsausdrücken, Stimmton, Körpersprache oder sogar textbasierten Interaktionen erkennt und interpretiert. Diese Systeme nutzen maschinelles Lernen und Deep Learning, um Muster in diesen Daten zu identifizieren und Emotionen wie Freude, Trauer, Wut, Angst oder Überraschung zu klassifizieren.

Diese Technologie findet in vielfältigen Anwendungsbereichen Einsatz, und Unternehmen nutzen sie zunehmend, um die Bedürfnisse und Wünsche der User genauer zu erfassen und besser darauf einzugehen. Im Folgenden werden die Funktionsweise der Emotion Detection, ihre Anwendungsgebiete, die damit verbundenen Herausforderungen und ethischen Bedenken sowie die primären Branchen und Unternehmen, die diese Technologie einsetzen, erläutert.

Wie Emotion Detection funktioniert

Emotion Detection nutzt verschiedene Grundlagen, um emotionale Zustände von Usern zu erkennen (Kusal et al. 2021). Im Wesentlich werden drei Hauptansätze verwendet:

Mimik-Analyse und Körpersprache

Ein Haupt-Forschungszweig der Emotion Detection basiert auf visuellen Signalen. Durch die Analyse von Gesichtsausdrücken (z. B. durch das Erkennen von Lächeln, Stirnrunzeln oder Augenbewegungen) sowie der Körpersprache kann ein KI-System Rückschlüsse auf die Emotionen eines Nutzers ziehen. Technologien wie Computer Vision werden genutzt, um diese nicht-verbalen Signale aufzunehmen, zu verarbeiten und zu interpretieren.

Canal et al. (2022) bieten einen umfassenden Überblick über aktuelle Techniken der Gesichtsemotionserkennung. Die zentrale Aussage ihrer Arbeit ist, dass trotz signifikanter Fortschritte in der Entwicklung von Algorithmen die Emotionserkennung weiterhin durch technische Herausforderungen, wie Variabilität in Gesichtsausdrücken, Kontextabhängigkeit und kulturelle Unterschiede, eingeschränkt ist. Sie betonen, dass zukünftige Forschung sich auf die Verbesserung der Robustheit und Genauigkeit dieser Techniken konzentrieren muss.

Textbasierte Emotion Detection

Bei der Analyse von Text wird mittels Natural Language Processing (NLP) nach Schlüsselwörtern, Phrasen und syntaktischen Mustern gesucht, die auf Emotionen (Sentiment) hinweisen. Sätze wie „Ich bin so glücklich“ oder „Das macht mich wütend“ enthalten offensichtliche Hinweise auf die Stimmung einer Person. Komplexere Systeme versuchen auch, den Kontext zu verstehen, um subtilere emotionale Nuancen zu erfassen.

Acheampong et al (2020) betonen, dass textbasierte Emotionserkennung durch moderne Techniken wie maschinelles Lernen und Natural Language Processing erhebliche Fortschritte gemacht hat. Trotz dieser Fortschritte bleiben Herausforderungen wie die Erkennung subtiler Emotionen, Mehrdeutigkeit im Text und kulturelle sowie sprachliche Unterschiede bestehen. Die Verbesserung der Modellgenauigkeit und der Anpassung an reale Anwendungen werden als entscheidende zukünftige Forschungsfelder identifiziert.

Sprachanalyse:

Neben den Worten selbst kann auch die Stimme Emotionen offenbaren. Durch die Analyse von Sprachmerkmalen wie Tonhöhe, Lautstärke, Sprechgeschwindigkeit und Pausen wird erkannt, ob jemand aufgeregt, traurig, wütend oder ruhig ist. Diese akustischen Signale werden durch maschinelle Lernmodelle verarbeitet, um emotionale Zustände zu klassifizieren.

Wani et al. (2021) bieten einen umfassenden Überblick über Systeme zur Spracherkennung von Emotionen. Trotz erheblicher Fortschritte in der Sprachtechnologie schränken Herausforderungen wie Hintergrundgeräusche, Variabilität in der Stimme und emotionale Mehrdeutigkeit die Genauigkeit und Zuverlässigkeit dieser Systeme weiterhin ein. Dies zeigt die Notwendigkeit verbesserter Algorithmen und robuster Datensätze für realweltliche Anwendungen.

Zusammenfassend lässt sich sagen, dass KI-basierte Emotionserkennung trotz technischer Fortschritte noch vor Herausforderungen steht, insbesondere in Bezug auf Genauigkeit und Kontextabhängigkeit. Dennoch bietet sie vielversprechende Ansätze zur Analyse menschlicher Emotionen. Diese Technologie eröffnet zahlreiche Anwendungsmöglichkeiten, die im Folgenden kurz skizziert werden.

Anwendungsbereiche von Emotion Detection

- **Kundendienst**

  Wenn KI-basierte Chatbots oder virtuelle Assistenten die Emotionen von Menschen erkennen, können sie ihre Antworten entsprechend anpassen, um besser auf eine Situation eingehen zu können.

- **Automobilindustrie**

  Affectiva[27]entwickelt Systeme, die den Zustand fahrender Personen überwachen und analysieren, um zu bestimmen, wann Warnsignale aktiviert werden sollten oder das autonome Fahren die Kontrolle übernehmen kann.

27 https://www.affectiva.com/

Marketing und Werbung

Emotion Detection kann genutzt werden, um die Reaktionen von Verbraucherinnen und Verbrauchern auf Werbekampagnen in Echtzeit zu analysieren und die Inhalte entsprechend zu personalisieren.

Herausforderungen und ethische Bedenken

Emotion Detection bietet großes Potenzial, stößt jedoch auf erhebliche technische und ethische Herausforderungen. Die präzise Erkennung wird durch kulturelle und individuelle Unterschiede erschwert, was das Risiko von Fehlinterpretationen emotionaler Signale erhöht (Cavicchio 2024). Zudem sind emotionale Daten besonders sensibel, was Datenschutzfragen und die Gefahr des Missbrauchs ohne Einwilligung der Betroffenen aufwirft. Katirai (2023) fordert klare Richtlinien, um Manipulationen zu verhindern und den Schutz individueller Rechte zu gewährleisten.

Im Folgenden finden Sie einen kurzen Überblick über die führenden Anbieter in diesem Bereich:

1. Facebook AI Research (FAIR)

FAIR[28] konzentriert sich auf die Entwicklung fortschrittlicher KI-Systeme, die menschliche Interaktionen und soziale Dynamiken besser verstehen können.

ParlAI ist eines der Projekte von FAIR und dient als Plattform für die Erforschung und Entwicklung von Dialogmodellen. Die Plattform unterstützt Forschende dabei, bessere KI-Systeme für dialogbasierte Aufgaben zu entwickeln und zu testen, wodurch ein tieferes Verständnis menschlicher Kommunikation gefördert wird.

28 https://ai.meta.com/research/

2. Microsoft Research

Microsoft entwickelt verschiedene KI-Projekte, darunter die Verbesserung von Chatbots und virtuellen Assistenten, um menschliche Emotionen und Intentionen besser zu erfassen.

> Über Azure Cognitive Services stellt Microsoft Tools zur Verfügung, die Funktionen wie Emotionserkennung und Stimmungsanalyse bieten, um Interaktionen mit KI-Systemen natürlicher und empathischer zu gestalten.

3. Affectiva

Affectiva[29] ist ein Unternehmen, das sich auf emotionale KI spezialisiert hat und Technologien entwickelt, die menschliche Emotionen durch Gesichtsausdrucks- und Sprachanalyse erkennen.

> Affectiva hat mit Emotion AI eine KI entwickelt, die Emotionen auf Basis verschiedener Signale, nicht nur Gesichtsausdrücke, identifizieren kann. Das Unternehmen entstand 2009 als Spin-Off des MIT Media Lab und wurde 2021 für 73,5 Mio. USD vom schwedischen Konkurrenten Smart Eye übernommen.

4. MIT Media Lab

Das MIT Media Lab, gegründet 1985 am Massachusetts Institute of Technology (MIT), ist ein führendes interdisziplinäres Forschungsinstitut, das an der Schnittstelle von Technologie, Design, Kunst und Gesellschaft arbeitet.

---

29 https://www.affectiva.com/

Bekannt für seine bahnbrechenden Projekte, erforscht das MIT Media Lab Technologien, die Maschinen soziale und emotionale Intelligenz verleihen. Dazu zählen Roboter und KI-Systeme, die menschliche Emotionen durch Gesichtsausdrücke, Körpersprache und Tonfall erkennen und darauf reagieren.

Ziel dieser Entwicklungen ist es, empathischere und natürlichere Interaktionen zwischen Mensch und Maschine zu ermöglichen, mit Anwendungen in Bereichen wie Gesundheitswesen, Bildung und personalisierten Technologien.

5. Stanford University

Forsche ndean der Stanford University entwickeln KI-Systeme, die menschliche kognitive Prozesse besser nachahmen können als die derzeit am Markt befindlichen. Ihre Arbeit umfasst sowohl theoretische als auch praktische Ansätze zur Entwicklung von Theory of Mind AI.

6. Rasa

Rasa, ein 2016 gegründetes deutsches Unternehmen, bietet Open-Source-Tools für die Entwicklung konversationeller KI-Anwendungen an. Der Schwerpunkt liegt auf der Erstellung von Dialogsystemen, die menschenähnliche Gespräche führen, indem sie die Absichten der User erkennen und entsprechend darauf reagieren. Die Plattform zeichnet sich durch ihre flexible Anpassungsfähigkeit aus und ermöglicht dynamische, personalisierte Interaktionen.

Zusammenfassend lässt sich festhalten, dass sich AI Emotion Detection durch Fortschritte in maschinellem Lernen und neuronalen Netzwerken rasant entwickelt. Unternehmen wie IBM Watson und Google DeepMind investieren stark in präzisere emotionale Analysen. Künftige Systeme werden multimodale Daten wie Text, Audio und visuelle Signale besser integrieren und komplexere emotionale Zustände wie Ironie oder Unsicherheit erfassen können. Biometrische Technologien könnten dabei eine wesentliche Rolle einnehmen, indem sie Echtzeitanalysen individueller physiologischer Reaktionen wie Herzfrequenz oder Augenbewegungen ermöglichen (Cavicchio, 2024).

5.8. Biometrie: Die Vermessung des Menschen

Die Biometrie, abgeleitet aus den griechischen Wörtern „bios" (Leben) und „metron" (Maß), bildet die Basis für moderne Verfahren zur präzisen Identifikation und Analyse menschlicher Merkmale in der künstlichen Intelligenz. Besonders in Bereichen wie Sicherheit und Identifikation ist sie von zentraler Bedeutung.

> Biometrie umfasst die Messung und statistische Auswertung biologischer Daten, um Personen anhand physiologischer und verhaltensbasierter Eigenschaften eindeutig zu erkennen.

Der Einsatz der Biometrie begann Ende des 19. Jahrhunderts mit der Fingerabdruckerkennung in der Forensik und erweiterte sich im Laufe der Zeit erheblich. Heutige biometrische Verfahren nutzen fortschrittliche Techniken wie Gesichtserkennung, Iris-Scans, Stimmerkennung und die Analyse von Verhaltensmustern wie Gang und Tippverhalten. In der KI-gestützten Emotionserkennung wird Biometrie mit modernen Technologien kombiniert, um emotionale Zustände präzise zu erfassen. Daten wie Herzfrequenz, Hautleitfähigkeit und Augenbewegungen ermöglichen die Echtzeitanalyse emotionaler Reaktionen und deren Anpassung an individuelle physiologische Zustände. Diese Fortschritte verbessern die Emotionserkennung und schaffen neue Anwendungsfelder im Gesundheitswesen, in der Mensch-Maschine-Interaktion und bei personalisierten Diensten, wo ein tieferes Verständnis des emotionalen Erlebens entscheidend ist.

Ali et al. (2023) und Ibrahim et al. (2023) heben hervor, dass biometrische Verfahren Passwörter zunehmend als bevorzugte Methode der Authentifizierung ablösen, da sie sicherer und benutzerfreundlicher sind. Die Integration von KI erhöht dabei die Genauigkeit und Effizienz dieser Systeme und optimiert so die Sicherheitslösungen.

Allerdings ergeben sich durch diese Fortschritte auch neue Herausforderungen, insbesondere im Bereich Datenschutz, Fälschungssicherheit und der ethischen Nutzung biometrischer Daten. Beide Arbeiten weisen auf das Risiko potenziellen Missbrauchs hin und betonen die Notwendigkeit, strenge datenschutzrechtliche Rahmenbedingungen zu schaffen, um die Verarbeitung biometrischer Informationen verantwortungsvoll zu gestalten.

5.8.1. Arten von Biometrie

Heute ist die Biometrie weit mehr als Fingerabdruckerkennung. Eine Vielzahl biometrischer Methoden ist bereits im Einsatz:

- **Gesichtserkennung:** Damit werden die einzigartigen Merkmale des Gesichts, wie der Abstand zwischen den Augen, die Nasenform oder die Kieferstruktur analysiert und verglichen. Gesichtserkennung ist weit verbreitet in Smartphones und Sicherheitsüberwachungen - und wir finden sie auch in allen unseren Pässen.
- **Iris- und Retina-Scanning** analysieren die einzigartigen Muster in der Iris oder der Netzhaut des Auges. Sie werden häufig in hochsicheren Umgebungen z.B. zur Identifikation verwendet. Der Iris-Scanner wurde ursprünglich in einigen Samsung-Geräten wie dem Galaxy S8 und de Galaxy Note 7 integriert, aber nachdem es Hackern des Chaos Computer Club gelungen war, den Iris-Scanner zu täuschen und sich unberechtigterweise Zugang zu einem Galaxy S8 zu verschaffen, hat Samsung die

Technologie wieder fallen gelassen. Heute verwendet Samsung hauptsächlich den Fingerabdrucksensor und Gesichtserkennung für die Authentifizierung und Identifikation.

- **Stimm-Biometrie und Stimmerkennung** analysiert die einzigartigen Merkmale der Stimme einer Person, wie Tonhöhe, Sprachmuster und Timbre. Sie wird z.B. zur Verifizierung von Identitäten eingesetzt. Perspektivisch können Sie sich hier eine Suchmaschine für Sprachen vorstellen - analog zu Google Images. Dass diese Funktionalität jemals freigeschaltet werden wird, ist jedoch unwahrscheinlich. Hier erklärt einer der Anbieter das System der Stimm-Biometrie.
- **Palm- und Wrist-Biometrie:** Eine der neuesten Entwicklungen in der Biometrie sind Handflächen-Biometrie (Palm Biometrie) und Handgelenk-Biometrie (Wrist Biometrie). Diese Methode analysiert die einzigartigen Muster von Venen und Linien in der Handfläche.

> Achtung: Gemäß dem EU AI Act werden biometrische Anwendungen im geschäftlichen Umfeld als Hochrisiko-KI-Systeme eingestuft. Bevor solche Systeme in Betrieb genommen werden, müssen sie strengen Prüfungen unterzogen und in einer EU-Datenbank registriert werden. Diese Maßnahmen sollen sicherstellen, dass biometrische KI-Systeme den festgelegten Sicherheits- und Transparenzstandards entsprechen.

5.8.2. *Biometrie: Rechtliche und gesellschaftlichen Auswirkungen*

Bereits als Fingerprint-Scans als Login für digitale Geräte breit ausgerollt wurden, lösten sie eine Welle der Empörung mit Sicherheitsbedenken aus, begleitet von einer Flut an Memes und humorvoller Kritik (Tipp: Suchen Sie „iPhone Backdoor Fingerprint Memes“ auf Google).

Heute ist die Nutzung von Gesichtserkennung zur Geräteentsperrung weit verbreitet, doch die Herausforderungen im Bereich der Biometrie sind keineswegs geringer geworden (siehe Abschnitt 4.4 „Der gläserne Mensch“).

Die Entwicklung von Fingerabdruck- zu Gesichtserkennungstechnologien hat neue Risiken geschaffen. Während Fingerabdrücke oft lokal gespeichert werden, nutzt die Gesichtserkennung cloudbasierte Dienste, was zusätzliche Datenschutzbedenken aufwirft. Die flächendeckende Einführung biometrischer Systeme bringt ethische Fragen, wie Überwachung und unbemerkte Datenerfassung im öffentlichen Raum, mit sich. Dies unterstreicht den Bedarf an einer intensiveren gesellschaftlichen und rechtlichen Debatte, um die Privatsphäre und individuellen Rechte zu schützen.

> Die gesetzlichen Regelungen für biometrische Daten sind weltweit unterschiedlich. In der EU gelten durch die DSGVO strenge Vorgaben, die biometrische Daten als sensible Informationen einstufen. Ihre Verarbeitung ist nur unter besonderen Bedingungen, wie der ausdrücklichen Einwilligung der betroffenen Person, erlaubt.

In den USA hingegen gibt es keine einheitliche nationale Regulierung für biometrische Daten. Einige Bundesstaaten, wie Illinois mit dem Biometric Information Privacy Act (BIPA), haben spezifische Gesetze, während andere keine klaren Regelungen haben, was zu unterschiedlichen Schutzniveaus führt (Jung & Virgil 2024).

In China ist die Verwendung biometrischer Technologien, insbesondere der Gesichtserkennung, weit verbreitet und eng mit staatlichen Überwachungsstrategien verknüpft. Das Personal Information Protection Law (PIPL) stärkt zwar den Datenschutz, räumt aber weiterhin staatlichen Interessen Vorrang ein, was Bedenken hinsichtlich der Privatsphäre der Bürger hervorruft (Calzada, 2022).

Auch in Indien nimmt der Einsatz biometrischer Daten in Bereichen wie Finanzen, Gesundheit und Verwaltung stark zu, insbesondere durch das Aadhaar-System.[30]. Trotz gesetzlicher Regelungen wie dem Aadhaar Act bestehen erhebliche Bedenken hinsichtlich des Datenschutzes und der möglichen Missbrauchsgefahren. Eine der zentralen Herausforderungen ist die verdeckte Erfassung von Daten und deren sekundäre Nutzung, die zu tiefen Eingriffen in die Privatsphäre führen kann. Bestehende Gesetze bieten zwar Schutz, sind jedoch angesichts der schnellen technologischen Entwicklungen oft unzureichend.

Um den Missbrauch biometrischer Daten zu verhindern, sind auch in Indien strengere Datenschutzmaßnahmen und klare, aktuelle Regulierungen erforderlich. Sowohl Personal Data Protection Bill als auch die Data Protection Authority haben zum Ziel, diese Daten zu überwachen, doch kontinuierliche Anpassungen sowie die Sensibilisierung der Öffentlichkeit sind entscheidend, um Datenschutz und Innovation miteinander zu verbinden.

Rao und Nair (2019) betonen, dass das Aadhaar-System die Verwaltung in Indien durch den Einsatz biometrischer Daten grundlegend verändert hat, indem es Effizienz und Zugang zu Dienstleistungen verbessert. Sie äußern jedoch ernsthafte Bedenken hinsichtlich Datenschutzes, Überwachung und staatlicher Kontrolle.

Biometrie kann mithilfe KI-gestützter Analysen einzigartige menschliche Merkmale präzise identifizieren, was großes Potenzial birgt. Ein verantwortungsvoller Umgang ist jedoch entscheidend, um ethische und datenschutzrechtliche Risiken zu minimieren. Strenge Regulierungen und ethische Leitlinien sind notwendig, um individuelle Freiheiten zu schützen.

30 Das Aadhaar-System ist ein von der indischen Regierung eingeführtes biometrisches Identifikationsprogramm, das den Einwohnern eine eindeutige 12-stellige Identifikationsnummer basierend auf Fingerabdrücken, Iris-Scans und demografischen Daten zuweist. Es dient zur Authentifizierung und dem Zugang zu staatlichen Dienstleistungen, Subventionen und finanziellen Transaktionen, und ist eines der größten biometrischen Systeme weltweit.

5.9. Kernpunkte im Fokus: Der Mensch DENKT

Menschliche Stärken in der Mensch-KI-Interaktion

- Der Mensch bleibt der aktive Gestalter, der KI intelligent einsetzt, um deren technologische Potenziale mit sozialer Verantwortung zu verbinden.
- Menschliche Intuition, Kreativität und ethische Urteilsfähigkeit sind unerlässlich, um KI verantwortungsvoll und sozial sinnvoll zu gestalten.
- Benutzerfreundlichkeit, Transparenz und Nachvollziehbarkeit in der KI-Gestaltung fördern das Vertrauen der User und ermöglichen eine positive Mensch-KI-Kooperation.

Vergleich: Menschliches Lernen vs. Maschinelles Lernen

- Menschen lernen durch Erfahrungen, Gedächtnis und Intuition, während Maschinen datengetrieben und regelbasiert agieren.
- Maschinelles Lernen setzt auf große Datenmengen und statistische Mustererkennung, während der Mensch flexibel, kreativ und intuitiv auf neue Situationen reagieren kann.
- Die Kombination menschlicher Entscheidungsfähigkeit und maschineller Analyse eröffnet innovative Möglichkeiten für industrielle Anwendungen und Problemlösungen.

- **Neuronale Netze und die Herausforderung des menschlichen Verständnisses**

- Künstliche neuronale Netze sind leistungsstark, aber begrenzt in ihrem Verständnis und der Anpassungsfähigkeit, da sie auf mathematische Optimierung statt auf ein echtes Verständnis setzen.

- Menschliche neuronale Netze sind dynamisch und anpassungsfähig, geprägt durch Erfahrung, Plastizität und emotionale Verarbeitung.
- Die Theory of Mind als menschliche Fähigkeit, Gedanken und Absichten zu erkennen, wird zunehmend in KI-Systemen berücksichtigt, um eine authentischere Mensch-KI-Interaktion zu ermöglichen.

Referenzen

Abid, A., Farooqi, M., & Zou, J. (2021, July). Persistent anti-muslim bias in large language models. In Proceedings of the 2021 AAAI/ACM Conference on AI, Ethics, and Society (pp. 298-306).

Acheampong, F. A., Wenyu, C., Nunoo-Mensah, H. (2020) Text-based emotion detection: Advances, challenges, and opportunities. Engineering Reports, 2(7), e12189.

Aksakow, A. (2012) Animismus und Spiritismus. BoD–Books on Demand.

Ali, M. L., Qiu, M., Schmeelk, S. (2023, March) Access Control, Biometrics, and the Future. In Proceedings of the 2023 5th International Conference on Image, Video and Signal Processing (S. 10-17).

Alon-Barkat, S., Busuioc, M. (2023) Human–AI interactions in public sector decision making:"automation bias" and "selective adherence" to algorithmic advice. Journal of Public Administration Research and Theory, 33 (1), 153-169.

Alwahedi, F., Aldhaheri, A., Ferrag, M. A., Battah, A., Tihanyi, N. (2024) Machine learning techniques for IoT security: Current research and future vision with generative AI and large language models. Internet of Things and Cyber-Physical Systems.

Ansari, F., Erol, S., Sihn, W. (2018) Rethinking human-machine learning in industry 4.0: how does the paradigm shift treat the role of human learning?. Procedia manufacturing, 23, 117-122.

Aru, J., Larkum, M. E., Shine, J. M. (2023) The feasibility of artificial consciousness through the lens of neuroscience. Trends in Neurosciences.

Arvan, M., Maley, C. J. (2022) Panpsychism and AI consciousness. Synthese, 200(3), 244.

Augstein, M., Herder, E., Wörndl, W. (Eds.) (2023) Personalized human-computer interaction. Walter de Gruyter GmbH & Co KG.

Barrett, L. F. (2017) How emotions are made: The secret life of the brain. Pan Macmillan.

Barrett, L. F., Adolphs, R., Marsella, S., Martinez, A. M., Pollak, S. D. (2019) Emotional expressions reconsidered: Challenges to inferring emotion from human facial movements. Psychological science in the public interest, 20(1), 1-68.

Bartneck, C., Lütge, C., Wagner, A., Welsh, S. (2019) Ethik in KI und Robotik. Carl Hanser Verlag GmbH Co KG.

Bishop, J. M. (2002) Dancing with pixies: Strong artificial intelligence and panpsychism.

Calzada, I. (2022) Citizens' data privacy in china: The state of the art of the personal information protection law (pipl). Smart Cities, 5(3), 1129-1150.

Canal, F. Z., Müller, T. R., Matias, J. C., Scotton, G. G., de Sa Junior, A. R., Pozzebon, E., Sobieranski, A. C. (2022) A survey on facial emotion recognition techniques: A state-of-the-art literature review. Information Sciences, 582, 593-617.

Cavicchio, F. (2024) Challenges and Ethical Considerations of Emotion Detection. In Emotion Detection in Natural Language Processing (pp. 99-105). Cham: Springer Nature Switzerland.

Chalmers, D. J. (1995) Facing up to the problem of consciousness. Journal of consciousness studies, 2(3), 200-219.

Chignell, M., Wang, L., Zare, A., Li, J. (2023) The evolution of HCI and human factors: Integrating human and artificial intelligence. ACM Transactions on Computer-Human Interaction, 30(2), 1-30.

Dang, J., Liu, L. (2022) Implicit theories of the human mind predict competitive and cooperative responses to AI robots. Computers in Human Behavior, 134, 107300.

Dastres, R., Soori, M. (2021) Artificial neural network systems. International Journal of Imaging and Robotics (IJIR), 21(2), 13-25.

Dehaene, S. (2020) How We Learn: Why Brains Learn Better Than Any Machine... for Now. Viking/Penguin Random House, New York.

Dennett, D. (1991) Consciousness explained little. Brown, Boston.

Devyatkin, D., Mishlanov, V., Salimovsky, V., Smirnov, I., Chudova, N. (2021) Analysis of dictum-modus contents of an utterance by methods of artificial intelligence. European Proceedings of Social and Behavioural Sciences.

Doerig, A., Kietzmann, T. C., Allen, E., Wu, Y., Naselaris, T., Kay, K., Charest, I. (2022) Visual representations in the human brain are aligned with large language models. arXiv preprint arXiv:2209.11737.

Feldman Barrett, L. (2017) How Emotions Are Made: The Secret Life of the Brain. Houghton Mifflin Harcourt.

Forsythe, D. (2001) Studying those who study us: An anthropologist in the world of artificial intelligence. Stanford University Press.

Gazzaniga, M.S. (2018) The consciousness instinct: unraveling the mystery of how the brain makes the mind. Farrar, Straus & Giroux, New York.

Gill, A.S., Germann, S. (2022) Conceptual and normative approaches to AI governance for a global digital ecosystem supportive of the UN Sustainable Development Goals (SDGs). AI Ethics 2, 293–301 (2022) doi: 10.1007/s43681-021-00058-z

Günther, G. (2021) Das Bewusstsein der Maschinen. Klostermann.

Harris, J., Anthis, J.R. (2021) The Moral Consideration of Artificial Entities: A Literature Review. Sci Eng Ethics. 2021 Aug 9;27(4):53. doi: 10.1007/s11948–021–00331–8

Henshall, W. (2023) How the U.N. Plans to Shape the Future of AI. 21 Sept 2023. TIME. https://time.com/6316503/un-ai-governance-plan-gill/

Ibrahim, R. M., Elkelany, M. M., Ake, A., El-Afifi, M. I. (2023) Trends in Biometric Authentication: A review. vol, 6, 1-12.

Joyce, K. et al. (2021) Toward a sociology of artificial intelligence: A call for research on inequalities and structural change. Socius, 7, 2378023121999581.

Jung, Y., Virgil, E. D. (2024) Analysis of Legislative Framework Governing Biometric Data. Procedia Computer Science, 241, 48-55.

Katirai, A. (2023) Ethical considerations in emotion recognition technologies: a review of the literature. AI and Ethics, 1-22.

Khalid, F., Garcia-Casademont, E., Laborde, S., Lagesse, C., Lusczek, E. (2014) How Artificial Intelligence Can Inform Neuroscience: A Recipe for Conscious Machines?. In Santa Fe Institute.

Kissinger H, Schmidt E, Huttenlocher D. The Age of AI. And Our Human Future. (2021) Little, Brown & Co.

Kusal, S., Patil, S., Kotecha, K., Aluvalu, R., Varadarajan, V. (2021) AI based emotion detection for textual big data: Techniques and contribution. Big Data and Cognitive Computing, 5(3), 43.

León, F., Zahavi, D. (2023) Consciousness, philosophy, and neuroscience. Acta neurochirurgica, 165(4), 833-839.

Lior, A. (2019) AI entities as AI agents: Artificial intelligence liability and the AI respondeat superior analogy. Mitchell Hamline L. Rev., 46, 1043.

Luttrell, R., Wallace, A., McCollough, C., Lee, J. (2020) The digital divide: Addressing artificial intelligence in communication education. Journalism & Mass Communication Educator, 75(4), 470-482.

Mader, I. (2023) 'Conscious' or 'sentient' AI: Severe Legal, Risk & Security Implications. Medium, 29. Sep. 2023. https://medium.com/p/d6c3bee5c822

Marechal, C., Mikolajewski, D., Tyburek, K., Prokopowicz, P., Bougueroua, L., Ancourt, C., Wegrzyn-Wolska, K. (2019) Survey on AI-Based Multimodal Methods for Emotion Detection. High-performance modelling and simulation for big data applications, 11400, 307-324.

Marquardt, M. (2017) Anthropomorphisierung in der Mensch-Roboter Interaktionsforschung: theoretische Zugänge und soziologisches Anschlusspotential.

McDermott, D. (2007) Artificial intelligence and consciousness. The Cambridge handbook of consciousness, 117-150.

Meissner, G. (2020) Artificial intelligence: consciousness and conscience. AI & SOCIETY, 35(1), 225-235.

Menon, S., Sinha, A., Sreekantan, B. V. (Eds.). (2014) Interdisciplinary perspectives on consciousness and the self (pp. 1-8). Springer India.

Metzinger, T. (1999) Bewusstsein. Enzyklopädie der Philosophie.

Meyers, T.R. (2018) Why our facial expressions don't reflect our feelings. BBC, 10. Mai 2018. https://www.bbc.com/future/article/20180510-why-our-facial-expressions-dont-reflect-our-feelings

Nadkarni, P. M., Ohno-Machado, L., Chapman, W. W. (2011) Natural language processing: an introduction. Journal of the American Medical Informatics Association, 18(5), 544-551.

Nass, C., Moon, Y. (2000) Machines and mindlessness: Social responses to computers. Journal of social issues, 56(1), 81-103.

Ng, G. W., Leung, W. C. (2020) Strong artificial intelligence and consciousness. Journal of Artificial Intelligence and Consciousness, 7(01), 63-72.

Nikolinakos, N. T. (2023) A European Approach to Excellence and Trust: The 2020 White Paper on Artificial Intelligence. In EU Policy and Legal Framework for Artificial Intelligence, Robotics and Related Technologies-The AI Act (pp. 211-280). Cham: Springer International Publishing.

Nyholm, S. (2023) Robotic animism: the Ethics of attributing minds and personality to Robots with Artificial Intelligence. In Animism and Philosophy of Religion (pp. 313-340). Cham: Springer International Publishing.

Okun, M. S. (2014) Deep-brain stimulation—entering the era of human neural-network modulation. New England Journal of Medicine, 371(15), 1369-1373.

Ormrod, J. E., Davis, K. M. (2004) Human learning (pp. 1-5). London: Merrill.

Parkinson, B. (1996) Emotions are social. British journal of psychology, 87(4), 663-683.

Pelau, C., Dabija, D. C., Ene, I. (2021) What makes an AI device human-like? The role of interaction quality, empathy and perceived psychological anthropomorphic characteristics in the acceptance of artificial intelligence in the service industry. Computers in Human Behavior, 122, 106855.

Rao, U., Nair, V. (2019) Aadhaar: governing with biometrics. South Asia: Journal of South Asian Studies, 42(3), 469-481.

Saxena, A., Khanna, A., Gupta, D. (2020) Emotion recognition and detection methods: A comprehensive survey. Journal of Artificial Intelligence and Systems, 2(1), 53-79.

Schoenherr, J. R. (2020) Black boxes of the mind: from psychophysics to explainable artificial intelligence. Proc. Fechner Day, 2020, 46-51.

Soh, J. The executive's guide to getting AI wrong. Asian Manag. Insights (Singap. Manag. Univ.) (2022) 9, 74–80.

Sudmann, A. (2020) Künstliche neuronale Netzwerke als Black Box: Verfahren der Explainable AI. Medienwissenschaftliche Perspektiven. Maschinen der Kommunikation: Interdisziplinäre Perspektiven auf Technik und Gesellschaft im digitalen Zeitalter, 189-199.

Sundar, S. S. (2020) Rise of machine agency: A framework for studying the psychology of human–AI interaction (HAII). Journal of Computer-Mediated Communication, 25(1), 74-88.

UN (2023) International Community Must Urgently Confront New Reality of Generative, Artificial Intelligence, Speakers Stress as Security Council Debates Risks, Rewards. 9381ST MEETING (AM), SC/15359. 18. JULi 2023. United Nations. https://press.un.org/en/2023/sc15359.doc.htm

UNESCO. (2021) Recommendation on the ethics of artificial intelligence. Author. https://unesd oc.unesco.org/ark:/48223/ pf000 0379920.

Véliz, C. (2021) Moral zombies: why algorithms are not moral agents. AI & Society, 36(2), 487-497.

Watson, D. (2019) The rhetoric and reality of anthropomorphism in artificial intelligence. Minds and Machines, 29(3), 417-440.

Willems H.P. (2014) Why we need Conscious Artificial Intelligence. https://mindconstruct.com/files/whyweneedconsciousai.pdf

Woolhouse, R. S. (Ed.) (1994) Gottfried Wilhelm Leibniz: Philosophy of mind, freewill, political philosophy, influences (Vol. 4). Taylor & Francis.

Zajko, M. (2022) Artificial intelligence, algorithms, and social inequality: Sociological contributions to contemporary debates. Sociology Compass, 16(3), e12962.

6

Der Mensch ERKENNT

Kapitel 6 unterstreicht die zentrale Verantwortung des Menschen in der Entwicklung fairer und gerechter KI-Systeme. Da Algorithmen nur das wahrnehmen, was ihnen beigebracht wurde, trägt der Mensch die Pflicht, Verzerrungen und Ungerechtigkeiten aktiv zu erkennen und zu korrigieren. In diesem Kapitel wird der Balanceakt zwischen der effizienten Datenverarbeitung durch KI und der ethisch-moralischen Verantwortung des Menschen beleuchtet. Es zeigt auf, dass menschliche Fähigkeiten zur Reflexion und Kontextualisierung unverzichtbar sind, um die Risiken und potenziellen Verzerrungen, die sowohl im Code als auch in den Daten bestehen können, zu verstehen und gezielt anzugehen.

Ein besonderer Fokus liegt auf der Definition von Bias und den vielfältigen Formen, die nicht nur technischer, sondern auch soziotechnischer und gesellschaftlicher Natur sind und sich in KI-Systemen fortschreiben können. Das Kapitel führt das „AI Bias Check"-Modell ein, ein Werkzeug zur systematischen Identifikation und Korrektur von Verzerrungen. Es beschreibt sieben Entwicklungsphasen eines KI-Systems und zeigt, wie eine reflektierte, interdisziplinäre Herangehensweise die Gestaltung von KI-Systemen optimieren kann, sodass diese nicht nur effizient, sondern auch ethisch verantwortungsvoll agieren und zur Förderung gesellschaftlicher Gerechtigkeit beitragen.

6. Der Mensch ERKENNT

Ein Algorithmus reflektiert nur das, was er gelernt hat, und jede Verzerrung im Code verfälscht die Realität. Daher liegt es am Menschen, die Perspektive zu schärfen und Ungerechtigkeiten im System zu erkennen und zu korrigieren.

KI kann zwar gewaltige Potenziale entfalten, jedoch birgt sie ohne menschliches Eingreifen die Gefahr, bestehende Ungerechtigkeiten durch die automatisierte Übernahme von verzerrten Daten zu verstärken. Hier kommt dem Erkennen eine wichtige Funktion zu: Der Mensch, mit seiner Fähigkeit zur Analyse, Kontextualisierung und Reflexion, muss diese Risiken nicht nur wahrnehmen, sondern auch tiefgehend verstehen und aktiv korrigieren.

Dies erfordert nicht nur technisches Wissen über Algorithmen und Datenverarbeitung, sondern ebenso ein hohes Maß an Awareness für die subtilen Formen von Verzerrungen, die oft unter der Oberfläche verborgen bleiben. Die Herausforderung liegt darin, dass Verzerrungen oder Bias in Daten sowohl struktureller als auch historischer Natur sein können, wodurch sich bestehende Ungleichheiten und Machtstrukturen in KI-Systemen unsichtbar fortschreiben. Hier wird deutlich, dass die technologische Ebene der KI-Entwicklung untrennbar mit ethischen und sozialen Fragestellungen verbunden ist.

i

Das Erkennen von Verzerrungen ist nur der erste Schritt. Der Mensch muss aktiv intervenieren und KI-Systeme durch Anpassungen im Design, der Implementierung und Überwachung so gestalten, dass Ungleichheiten aufgedeckt und bekämpft werden.

Damit dies gelingt, ist eine klare Zieldefinition unabdingbar: Was soll die KI leisten, und vor allem, welche ethischen Standards muss sie erfüllen? Nur durch eine sorgfältige Evaluierung der zugrunde liegenden Daten und Prozesse können wir sicherstellen, dass KI-Systeme nicht nur effizient arbeiten, sondern auch ethisch vertretbar agieren. Dies erfordert interdisziplinäres Denken, bei dem technologische Expertise, soziale Verantwortung und ethische Reflexionen ineinandergreifen.

Ein zentrales Konzept in diesem Kapitel ist der Bias. Im Unterkapitel 6.1 wird erläutert, warum es entscheidend ist, die jeweiligen Begrifflichkeiten korrekt zu verorten und zu verstehen, in welchen Fachkulturen welche Definitionen gelten.

> Bias ist kein universell eindeutig definierter Begriff; seine Bedeutung kann je nach Kontext und Disziplin variieren. Das Erkennen dieser fachspezifischen Unterschiede ist entscheidend, um Verzerrungen in KI-Systemen adäquat zu adressieren. Denn je nachdem, welche Definition zugrunde gelegt wird, können sich die Maßnahmen zur Korrektur von Bias grundlegend unterscheiden.

Es gilt, übergreifende Verständnisbrücken zu bauen, um sicherzustellen, dass verschiedene Disziplinen – ob Technologie, Ethik oder Gesellschaftswissenschaften – gemeinsam daran arbeiten, faire und gerechte KI-Systeme zu entwickeln. Dies setzt eine fundierte Auseinandersetzung mit den zugrunde liegenden Paradigmen voraus, die in den jeweiligen Disziplinen vorherrschen.

Letztlich zeigt dieses Kapitel, dass die Bekämpfung von Bias in KI-Systemen nicht nur eine technische, sondern auch eine kulturelle und strukturelle Herausforderung ist.

Der Mensch, als zentraler Akteur in der Entwicklung von KI, muss diese Herausforderung interdisziplinär angehen. Es reicht nicht aus, die Algorithmen an sich zu optimieren; es braucht eine grundsätzliche Reflexion darüber, welche Daten verwendet werden, wie diese Daten erhoben wurden und welche Wertvorstellungen in den KI-Prozessen verankert sind.

Aus diesem Grund wurde das AIBC-Modell entwickelt, das im Abschnitt 6.4 im Detail vorgestellt wird. Durch diese reflektierte und interdisziplinäre Herangehensweise können wir die Bedingungen schaffen, unter denen KI-Systeme nicht nur effizient und intelligent agieren, sondern auch dem Anspruch gerecht werden, die Würde des Menschen zu achten und gesellschaftliche Gerechtigkeit zu fördern.

6.1. Bias: Definitionen und Arten

Der Begriff Bias wird in verschiedenen Disziplinen unterschiedlich, aber mit ähnlichen Bedeutungen verwendet. Während statistische Verzerrungen zu systematischen Fehlern in Modellen führen und die Genauigkeit von Vorhersagen beeinträchtigen, beeinflussen kognitive Verzerrungen unsere Wahrnehmung und Entscheidungen auf unbewusster Ebene, was zu verzerrten Urteilen und Fehlentscheidungen führen kann. Das Verständnis dieser Unterschiede ist grundlegend, um sowohl in der Wissenschaft als auch im Alltag zuverlässige Ergebnisse zu erzielen und fundierte Entscheidungen zu treffen.

Bias in der Statistik ist ein systematischer Fehler, bei dem ein Parameter konstant über- oder unterschätzt wird, meist durch fehlerhafte Datenerhebungen, Annahmen oder verzerrte Stichproben, was zu ungenauen Schätzungen führt (Dwivedi 2023).

Wird in der Statistik Bias durch numerische Werte quantifiziert, dient er in der Psychologie als Hinweis auf systematische Denkfehler. Trotz dieser unterschiedlichen Ansätze teilen beide Konzepte eine wesentliche Gemeinsamkeit: eine systematische Abweichung vom objektiven Wert. Diese Unterscheidung macht klar, dass Bias in beiden Bereichen auf tief verankerten Prozessen beruht – sei es in den mathematischen Modellen oder in den kognitiven Strukturen des Menschen – und dass er sowohl auf technischer als auch auf psychologischer Ebene angegangen werden muss, um Verzerrungen zu minimieren und faire, fundierte Entscheidungen zu gewährleisten.

!

In der Kognitionspsychologie ist Bias eine systematische Verzerrung in der Informationsverarbeitung und Entscheidungsfindung, oft basierend auf Heuristiken. Ein Beispiel ist der Bestätigungsfehler, bei dem Informationen so interpretiert werden, dass sie bestehende Überzeugungen bestätigen (Frisby 2023).

Die Differenzierung zwischen statistischem und kognitivem Bias ist wichtig, da sie unterschiedliche Auswirkungen auf Entscheidungen haben. Statistischer Bias führt zu systematischen Fehlern in Vorhersagemodellen und kann durch Modellanpassungen korrigiert werden. Kognitiver Bias hingegen führt zu unbewussten Fehlurteilen, die schwer zu erkennen und zu beheben sind. Für die Entwicklung von KI-Systemen ist ein tiefes Verständnis beider Bias-Arten entscheidend, da Bias auf verschiedenen Ebenen – von Daten bis zu Denkprozessen – auftreten und subtil sein kann (Frisby 2023).

!

In der KI bezieht sich Bias auf systematische Verzerrungen, die durch unausgewogene Trainingsdaten, Entwickler-Vorurteile oder algorithmische Prozesse entstehen. Diese Verzerrungen können zu fehlerhaften Ergebnissen führen, soziale Ungleichheiten verstärken und bestimmte Gruppen benachteiligen (Nazer et al. 2023).

Der folgende Abschnitt widmet sich nun im Konkreten dem Datenbias und beleuchtet Unterschiede bei möglichen Verzerrungen, um zu verdeutlichen, wie diese Formen interagieren und wie ihnen in der Entwicklung von KI-Systemen begegnet werden kann.

6.2. Datenbias: Das BiasScope-Modell

Datenbias ist eine oft unterschätzte, aber gefährliche Herausforderung in der KI-Entwicklung. Die Leistung von Algorithmen hängt stark von den Trainingsdaten ab, die sie nutzen. Verzerrungen durch gesellschaftliche Vorurteile, unvollständige oder unausgewogene Datensätze wirken sich direkt auf die Vorhersagen und Entscheidungen der KI aus, was zu fehlerhaften Ergebnissen und verstärkter Diskriminierung führt (Whang & Lee 2020).

!

Datenbias entsteht durch unzureichende Datenerhebung, fehlerhafte Verarbeitung oder nicht repräsentative Stichproben und kann technischer, soziotechnischer oder gesellschaftlicher Natur sein. In KI-Systemen zeigt er sich häufig als statistische Verzerrung durch unausgewogene Datenquellen (Mehrabi et al. 2021).

Die Terminologie im Zusammenhang mit Datenbias ist vielfältig und variiert je nach Autor(in), Kontext und wissenschaftlicher Disziplin. Begriffe wie algorithmischer Bias, KI-Bias, Machine Bias oder technischer Bias werden oft synonym verwendet, um systematische Verzerrungen zu beschreiben, die während der Entwicklung und Anwendung von Algorithmen auftreten.

Auf der menschlichen Ebene existieren Begriffe wie human Bias, kognitiver Bias oder gesellschaftlicher Bias, die sich auf die Vorurteile und Einflüsse beziehen, die von Entwicklerinnen und Entwicklern oder den sozialen Strukturen auf KI-Systeme übertragen werden können. Diese Vielfalt an Begriffen zeigt, dass Bias ein multidimensionales Konzept ist, das in unterschiedlichen Disziplinen – von der Informatik bis zur Soziologie – unterschiedlich interpretiert und definiert wird.

Diese Diskrepanz in der Begrifflichkeit unterstreicht die Komplexität und die interdisziplinäre Natur des Themas, da die Definition und das Verständnis von Bias stark von den jeweiligen theoretischen und praktischen Ansätzen abhängen (vgl. Olteanu et al. 2019).

Die Begriffe im BiasScope-Modell wurden nach gründlicher Analyse relevanter Theorien aus Informatik, Statistik, Ethik und Sozialwissenschaften gezielt gewählt. Mit den Oberkategorien „Algorithmischer Bias" und „Human Bias" werden die verschiedenen Ursprünge klar hervorgehoben: Algorithmischer Bias bezieht sich auf Verzerrungen innerhalb von KI-Systemen, während Human Bias kognitive Verzerrungen im menschlichen Denken beschreibt. Diese Differenzierung erlaubt eine präzise Untersuchung der technischen und menschlichen Einflüsse auf Bias. Die Kategorisierung erleichtert das Verständnis der oft subtilen Unterschiede und unterstützt dabei, Bias auf verschiedenen Ebenen zu erkennen und zu beheben. Abbildung 10 veranschaulicht jene Formen von Bias, die in der Entwicklung und Anwendung von KI-Systemen auftreten können.

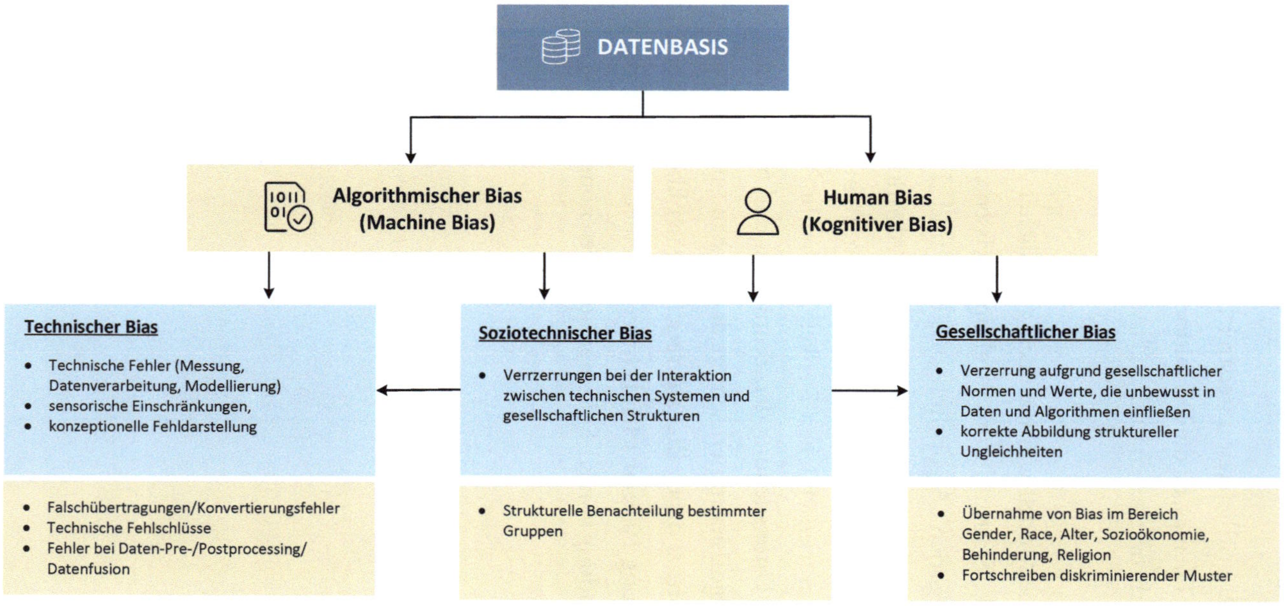

Abb. 10: BiasScope-Modell zur Kategorisierung von Datenbias (Gaisch 2025)

Das BiasScope-Modell bietet einen strukturierten Überblick über verschiedene Bias-Arten und ihre jeweiligen Entstehungsursachen in KI-Systemen. Der Mehrwert dieses Modells liegt in seiner klaren Unterscheidung zwischen algorithmischen und menschlichen Bias, und wie diese auf verschiedenen Ebenen – technisch, soziotechnisch und gesellschaftlich – wirken. Es ermöglicht:

1. **Erkennung von Ursachen und Einflussfaktoren**: Die Einteilung in technische, soziotechnische und gesellschaftliche Bias-Typen hilft, spezifische Ursachen und Mechanismen zu identifizieren, die zu Verzerrungen in KI-Systemen führen. Dadurch kann gezielt auf unterschiedlichen Ebenen interveniert werden.

2. **Verbesserung der Transparenz und Nachvollziehbarkeit**: Durch die detaillierte Beschreibung der einzelnen Bias-Kategorien wird transparent, wie und warum bestimmte Verzerrungen auftreten. Dies fördert ein besseres Verständnis für die komplexen Wechselwirkungen zwischen Technologie, menschlicher Wahrnehmung und gesellschaftlichen Normen.

3. **Gezielte Maßnahmenentwicklung**: Das Modell kann als Grundlage dienen, um gezielte Maßnahmen zur Bias-Reduktion in KI-Systemen zu entwickeln, da es eine präzise Kategorisierung der Bias-Quellen liefert. Dies ist besonders wertvoll für die Umsetzung von regulatorischen Anforderungen im Rahmen des AI Acts.

4. **Sensibilisierung für gesellschaftliche Verantwortung**: Die Berücksichtigung des gesellschaftlichen Bias hebt die Bedeutung sozialer Gerechtigkeit hervor und fördert die Entwicklung von KI-Systemen, die strukturelle Diskriminierung minimieren und ethischen Standards entsprechen.

6.2.1. Algorithmischer Bias

Algorithmischer Bias (oder Machine Bias) umfasst Verzerrungen, die durch Algorithmen in KI-Systemen entstehen, und wird in technischer und soziotechnischer Bias unterteilt.

Technischer Bias resultiert aus fehlerhafter Datenverarbeitung und Modellierung, etwa durch Messfehler, sensorische Einschränkungen oder Modellierungsfehler, und beeinträchtigt die Genauigkeit und Fairness von Modellen. Laut Schelter und Stoyanovich (2020) ist technischer Bias oft tief in den Datenverarbeitungsprozessen verankert und erfordert besondere Aufmerksamkeit bei der Analyse.

Um die Auswirkungen von technischem Bias besser zu verstehen, können Beispiele aus der Praxis hilfreich sein.

Ein bekanntes Beispiel für technischen Bias ist der automatische Seifenspender, der nur auf helle Hauttöne reagiert, da die Sensoren dunklere Haut nicht korrekt erkennen – ein technischer Standard, der bestimmte Merkmale unzureichend berücksichtigt.

Ein weiteres Beispiel ist die Bildschirmgröße, die beeinflusst, wie viele Suchergebnisse sichtbar sind, wobei größere Bildschirme frühere Ergebnisse bevorzugen (Beck et al. 2019). Technischer Bias zeigt sich auch in numerischen Fehlern, wie Floating-Point-Abweichungen. Jia und Rinard (2021) verdeutlichen, dass selbst verifizierte neuronale Netzwerke durch kleine Ungenauigkeiten in der Gleitkommadarstellung anfällig für Fehlverhalten sind. Diese Fehler resultieren aus den architektonischen Begrenzungen von Computersystemen und führen zu fehlerhaften Vorhersagen, unabhängig von gesellschaftlichen Einflüssen oder Trainingsdaten.

Um technischen Bias zu reduzieren, stehen verschiedene Ansätze zur Verfügung. Dazu gehören die Datenbereinigung, um fehlerhafte Datensätze zu entfernen, und Datenerweiterung, um eine bessere Repräsentation zu gewährleisten. Die Merkmalsauswahl stellt sicher, dass nur relevante und unvoreingenommene

Daten verwendet werden, während die gezielte Auswahl von Algorithmen und Regularisierung Überanpassungen verhindert. Debiasing[31]-Techniken korrigieren Verzerrungen, während erklärbare KI-Systeme Transparenz schaffen, indem sie die Quellen von Bias offenlegen (Mehrabi et al. 2021).

Um ein umfassendes Verständnis von Verzerrungen in KI-Systemen zu erlangen, ist es entscheidend, auch den soziotechnischen Bias zu berücksichtigen, der an der Schnittstelle von technischen Systemen und sozialen Strukturen entsteht.

Soziotechnischer Bias umfasst sowohl algorithmische als auch menschliche Komponenten und zeigt, wie technische Systeme bewusst oder unbewusst soziale Normen und Ungleichheiten reproduzieren und bestehende Vorurteile verstärken können (Zweig et al. 2021).

Ein Beispiel für soziotechnischen Bias ist die unzuverlässige Erkennung bestimmter ethnischer Gruppen durch Gesichtserkennungssysteme oder geschlechtsspezifische Verzerrungen durch voreingenommene Trainingsdaten (Hall & Ellis 2023). Ein weiteres Beispiel ist ein KI-System zur Lungenkrebsdiagnose, das bei weiblichen Patienten eine höhere Fehlerquote aufwies, da das Trainingsdatenset hauptsächlich Röntgenbilder von Männern enthielt, was zu potenziell gefährlichen Fehldiagnosen führte (Greene 2022).

Die Korrektur von soziotechnischem Bias erfordert sowohl technologische als auch gesellschaftliche Maßnahmen, da Verzerrungen oft tief in der Interaktion zwischen technischen Systemen und sozialen Strukturen verankert sind. Eine Erweiterung der Datensätze kann helfen, das Problem zu lindern, indem sie eine breitere und repräsentativere Datenbasis schafft. Allerdings birgt dies auch Ri-

31 Debiasing-Techniken dienen dazu, Verzerrungen in Daten, Modellen oder Algorithmen zu identifizieren und zu beheben. Sie können auf verschiedenen Ebenen des maschinellen Lernens angewendet werden – von der Datenvorverarbeitung über die Modellierung bis zur Interpretation der Ergebnisse.

siken. Wenn Daten ohne ethische Sorgfalt erhoben werden, kann dies zu unbeabsichtigten negativen Folgen führen, wie etwa der Ausbeutung vulnerabler Bevölkerungsgruppen. Raji et al. (2020) warnen davor, dass ethisch problematische Datenerhebungspraktiken, etwa durch das Sammeln von Daten ohne informierte Zustimmung oder aus Überwachungsmaßnahmen, bestehende Ungleichheiten verstärken können. Solche Praktiken könnten nicht nur neue Formen von Bias erzeugen, sondern auch das Vertrauen in KI-Systeme untergraben, weshalb technologische Lösungen stets durch ethische Leitlinien und strenge Regulierungen begleitet werden müssen.

6.2.2. Human Bias

Human Bias und kognitiver Bias werden oft synonym verwendet, weisen jedoch Unterschiede auf.

> !
>
> Human Bias ist der umfassendere Begriff und umfasst alle Arten von Verzerrungen in menschlichen Entscheidungen, einschließlich sozialer, emotionaler und kultureller Einflüsse (Schepard 2020).

Er schließt sowohl bewusste als auch unbewusste Vorurteile ein, die durch individuelle Überzeugungen, soziale Normen oder kulturelle Werte geformt werden und oft tief in sozialen Strukturen verankert sind. Human Bias kann sich in bewussten Entscheidungen ebenso wie in subtilen, unbewussten Handlungen zeigen und führt häufig zu Ungleichbehandlung in Bereichen wie Justiz und Bildung.

Kognitiver Bias ist eine spezifische Unterkategorie von Human Bias und bezieht sich auf systematische Denkfehler, die unbewusst durch mentale Abkürzungen (Heuristiken) entstehen. Diese Denkfehler verzerren die Wahrnehmung und Informationsverarbeitung und führen zu fehlerhaften Urteilen (Wall et al. 2017).

Kognitiver Bias kann in KI-Systeme gelangen, wenn Algorithmen auf voreingenommenen, von Menschen erstellten Daten basieren. Ein Beispiel ist der Bestätigungsfehler (confirmation bias), bei dem Menschen Informationen suchen, die ihre bestehenden Überzeugungen stützen, während widersprüchliche Daten ignoriert werden.

Cazes et al. (2021) zeigen, dass kognitiver Bias in der Form des Bestätigungsfehlers in der KI-Entwicklung auftritt, wenn unbewusst Daten oder Modelle ausgewählt werden, die bestehende Annahmen bestätigen, was zu verzerrten und voreingenommenen Ergebnissen führt.

Ein weiteres Beispiel für kognitiven Bias in der KI-Entwicklung ist der Verfügbarkeitsfehler *(availability bias)*. Hierbei werden Informationen, die leichter zugänglich oder emotional eindrucksvoller sind, überbewertet, während wichtigere, aber weniger präsente Fakten vernachlässigt werden. In der KI-Entwicklung kann dies dazu führen, dass aktuelle oder auffällige Daten übermäßig stark in Modelle einfließen, während relevantere, aber weniger auffällige Daten unberücksichtigt bleiben, was die Entscheidungsfindung verzerrt.

In ihrer systematischen Übersicht analysieren Bertrand et al. (2022) den Verfügbarkeitsfehler im Zusammenhang mit erklärbaren KI-Systemen (XAI) und dessen Einfluss auf Entscheidungsprozesse. Sie bestätigen, dass dieser Fehler dazu führt, dass User bei der Interpretation von XAI-Erklärungen leicht zugängliche oder präsente Informationen überbewerten, während wichtigere, aber weniger offensichtliche Daten oft vernachlässigt werden.

Kognitiver Bias ist in der Entwicklung von KI-Systemen von entscheidender Bedeutung, da unbewusste Verzerrungen die Datenauswahl und Modellierung beeinflussen können. Vorurteile, die bei der Datenannotation oder -erhebung unbewusst durch Menschen eingeführt werden, können von Algorithmen übernommen und verstärkt werden.

Im Gegensatz zu Human Bias, der sowohl bewusste als auch unbewusste Vorurteile umfasst, bezieht sich kognitiver Bias ausschließlich auf unbewusste Denkfehler. Diese sind schwer zu erkennen und zu korrigieren, da sie tief in den Entscheidungsprozessen verwurzelt sind.

Besonders relevant für KI ist, dass kognitive Verzerrungen unbemerkt in die Algorithmen einfließen und fehlerhafte oder diskriminierende Ergebnisse erzeugen können. Diese Verzerrungen beeinflussen die Datenaufbereitung, Modellierung und Analyse und führen zu systematischen Fehlern, ohne dass die Entwicklerinnen und Entwickler die zugrunde liegenden Mechanismen bewusst wahrnehmen.

Solche Verzerrungen, ob kognitiv oder sozial bedingt, können bewusst oder unbewusst in die Algorithmen einfließen und systemisch wirken, indem Vorurteile aus den Trainingsdaten oder von den Entwicklern unabsichtlich übernommen und durch die KI verstärkt werden.

Dabei lassen sich zwei wesentliche Formen von Bias unterscheiden, die sowohl technische als auch gesellschaftliche Einflüsse vereinen (Lopez 2021).

> Soziotechnischer Bias tritt auf, wenn gesellschaftliche Vorurteile und Ungleichheiten in den Daten, mit denen ein KI-System trainiert wird, enthalten sind. Diese Verzerrungen können auf historische Ungleichheiten zurückzuführen sein, die im Datensatz widergespiegelt werden und durch das KI-System weiter reproduziert oder sogar verstärkt werden.

Lopez (2021) beschreibt, dass dieser Bias sowohl technische als auch gesellschaftliche Einflüsse vereint, da er aus der Wechselwirkung zwischen den verwendeten Daten und den sozialen Kontexten, in denen diese Daten entstanden sind, resultiert.

Ein klassisches Beispiel ist die Benachteiligung bestimmter ethnischer Gruppen in Daten für Strafjustizsysteme, die auf früheren diskriminierenden Praktiken beruhen und diese in den Prognosen der KI fortschreiben (siehe COMPAS Abschnitt 3.1.1).

> Gesellschaftlicher Bias beschreibt den Einfluss sozialer Normen und Vorurteile auf die Entwicklung von Technologien, einschließlich KI-Systemen. Er entsteht, wenn Annahmen der Entwicklerinnen und Entwickler – bewusst oder unbewusst – in den Designprozess einfließen.

Dies kann dazu führen, dass kulturelle Stereotype in die Entscheidungslogik von Algorithmen integriert werden, was unausgewogene Ergebnisse hervorruft und bestehende gesellschaftliche Ungleichheiten reproduziert oder verstärkt.

Bei der Foto-App FaceApp wurden die Hauttöne von Afroamerikanern ungewollt aufgehellt, da das Training der KI überwiegend mit europäischen Gesichtern erfolgte und somit ein eurozentrischer Schönheitsstandard in den Algorithmus integriert wurde (Morse 2017). Auch bei Airbnb traten Diskriminierungen auf: Nutzerinnen und Nutzer mit afroamerikanischen, weniger gängigen Namen erhielten seltener Buchungszusagen, was auf eine unbewusste Benachteiligung dieser Gruppe hindeutet (Edelman & Luca 2014).

Im BiasScope-Modell umfasst der Begriff Human Bias alle menschlichen Verzerrungen, wobei kognitiver Bias als Unterkategorie besonders für die KI-Entwicklung relevant ist. Er beschreibt unbewusste Denkfehler, die in Datenverarbeitung, Entscheidungsfindung und Modellerstellung einfließen und die Qualität und Fairness von KI-Systemen beeinträchtigen können, da sie oft unbemerkt in die Algorithmen integriert werden.

Beispiel: Soziotechnischer Bias – Automatisierte Kreditvergabe:

Hier beeinflussen gesellschaftliche Vorurteile und historische Ungleichheiten unbewusst die Daten, was zu unfairen Entscheidungen führt. Der Einsatz historischer Kreditdaten spiegelt bestehende Ungleichheiten wider, wie die ungleiche Kreditvergabe an bestimmte demografische Gruppen. Algorithmen lernen aus diesen verzerrten Daten und bevorzugen Profile, die in der Vergangenheit erfolgreich waren, während andere Gruppen benachteiligt werden (Patel 2020).

Zusätzlich spielt kognitiver Bias eine Rolle, wenn Entwickler unbewusste Annahmen über „gute" Kreditnehmer in die Modellgestaltung einfließen lassen, ohne die Verzerrungen in den Daten zu hinterfragen. Dadurch werden bestehende Ungleichheiten unbeabsichtigt verstärkt.

Da es auf den ersten Blick nicht ganz einfach erscheint, diese zwei Arten von Bias zu unterscheiden, wird hier auch für den gesellschaftlichen Bias ein konkretes Beispiel zur Veranschaulichung gegeben.

Gesellschaftlicher Bias – Gesichtserkennungssysteme:

Gesellschaftlicher Bias in Gesichtserkennungssystemen entsteht, wenn soziale Normen und Werte, bewusst oder unbewusst, in die Technologieentwicklung einfließen. Ein Beispiel dafür ist die Diskriminierung bestimmter ethnischer Gruppen durch Gesichtserkennungssysteme, die ohne ausreichende ethische Reflexion entwickelt wurden, wie Buolamwini (2017) zeigt. Diese Technologien werden oft zur Überwachung eingesetzt und betreffen ethnische Minderheiten überproportional, wodurch strukturelle Ungleichheiten verstärkt werden.

Kognitiver Bias spielt ebenfalls eine Rolle, da unbewusste Vorurteile der Entwicklerinnen und Entwickler die gesellschaftlichen Normen widerspiegeln, die in die Algorithmen einfließen. Die Entwicklerinnen und Entwickler erkennen möglicherweise nicht, dass die Technologie bestehende Ungleichheiten reproduziert oder sogar verstärkt, da sie sich auf unausgesprochene Annahmen stützen.

Zusammenfassend lässt sich festhalten: Soziotechnischer Bias entsteht aus der Wechselwirkung zwischen technischen Systemen und gesellschaftlich verzerrten Daten, wie z. B. historischen Kreditdaten oder algorithmischen Einstellungsverfahren, die bestehende Ungleichheiten reproduzieren (Lee & Yang 2023; Raghavan et al. 2020).

Gesellschaftlicher Bias tritt auf, wenn soziale Normen in technologische Entwicklungen einfließen, bewusst oder unbewusst, und oft durch die Nutzung bereits verzerrter Daten verstärkt werden. Ein Beispiel sind Gesichtserkennungssysteme, die bei Frauen und dunkelhäutigen Personen ungenauer arbeiten (Buolamwini & Gebru 2018; Muthukumar et al. 2018). Kognitive Verzerrungen der Entwicklerinnen und Entwickler tragen dazu bei, indem sie bestehende Ungleichheiten übersehen oder Vorurteile unbewusst einfließen lassen, was faire KI-Entwicklung erschwert (Roselli et al. 2019).

6.3. Entstehung von Bias in KI-Systemen

Nachdem die Begriffe Bias und Datenbias bereits umfassend erläutert wurden, ist es nun entscheidend, die Rolle von KI-Systemen im Zusammenhang mit Bias präzise zu betrachten.

!

KI-Systeme sind maschinenbasierte Systeme, die ihre Umgebung analysieren und mit einem gewissen Grad an Autonomie Entscheidungen treffen können, um spezifische Ziele zu erreichen. Sie nutzen Technologien wie maschinelles Lernen, Deep Learning und symbolische KI, um große Datenmengen zu verarbeiten, Muster zu erkennen und auf dieser Basis Maßnahmen zu ergreifen. Diese Systeme übernehmen Aufgaben, die typischerweise menschliche Intelligenz erfordern, wie Lernen, Problemlösen, Mustererkennung und Entscheidungsfindung (Gutierrez et al. 2023).

KI-Systeme bieten vielfältige Anwendungen mit großem Potenzial, bringen aber auch Herausforderungen mit sich, von spezialisierter schwacher KI bis zur potenziellen allgemeinen KI (AGI) (Sheikh et al. 2023). Bias ist unvermeidlich, da Datenauswahl und Modellierung Verzerrungen erzeugen können, was zu diskriminierenden Entscheidungen und der Reproduktion bestehender Ungleichheiten führt (Roselli et al. 2019).

Oft liegt der Fokus auf Effizienz und Genauigkeit, was einen „optimierungsbedingten Bias“ begünstigt, der unterrepräsentierte Gruppen benachteiligt (Binns 2020). Dieser Effekt kann langfristig bestehen bleiben, da Algorithmen Muster nachbilden und Bias systematisch einbetten. In Bereichen wie dem Finanzwesen oder Strafjustizsystem können ungerechte Entscheidungen schwerwiegende Folgen haben. Daher ist es essenziell, technische und ethische Kriterien in die Optimierung von KI-Systemen zu integrieren, um faire und gerechte Ergebnisse zu gewährleisten (Mehrabi et al. 2021).

> Eine der größten Herausforderungen besteht darin, Bias in KI-Systemen zu erkennen und zu korrigieren. Dies erfordert ein tiefes Verständnis sowohl der technischen Funktionsweise der Algorithmen als auch der menschlichen und gesellschaftlichen Faktoren, die diese Systeme beeinflussen.

Studien (Chen et al. 2024; Nazer et al. 2023; Ueda et al. 2024) zeigen, dass Bias oft unbewusst in Daten und Algorithmen integriert wird. Daher ist eine präzise Analyse von Datenquellen und Algorithmen sowie die Berücksichtigung sozialer Implikationen entscheidend, um Verzerrungen zu minimieren. Bewusstseinsbildung über Vorurteile in KI-Systemen ist ein zentraler Schritt. Dieses Kapitel bietet einen Leitfaden zum Entwicklungsprozess von KI-Systemen, identifiziert relevante Phasen und zeigt systematisch mögliche Bias-Quellen auf, die im folgenden Abschnitt detailliert analysiert werden.

6.4. Das AIBC-Modell und die Entwicklungsphasen eines KI-Systems

Die Entwicklung eines KI-Systems ist ein komplexer und vielschichtiger Prozess, der sorgfältige Planung und präzise Ausführung in mehreren Schritten erfordert. Jede Etappe spielt eine entscheidende Rolle, um sicherzustellen, dass das System effizient, zuverlässig und ethisch vertretbar ist. Im Folgenden werden sieben zentrale Abschnitte vorgestellt, die die Autorinnen bei der Entwicklung eines KI-Systems als besonders relevant identifiziert haben. Dabei werden für jede Phase die jeweiligen Aufgaben und Zuständigkeitsbereiche detailliert beschrieben. Zudem sind die verschiedenen Formen von Bias, die während dieser Abschnitte auftreten können, grafisch dargestellt und im Detail erläutert.

Von zentraler Bedeutung ist die Erkenntnis, dass der Entwicklungsprozess von KI-Systemen kein linearer, sondern ein iterativer Prozess ist. Obwohl die sieben identifizierten Phasen einen strukturierten Rahmen bieten, ist es essenziell, flexibel zu bleiben und auf neue Erkenntnisse zu reagieren. Regelmäßige Überprüfungen und Anpassungen der Modelle und Algorithmen gewährleisten, dass das KI-System auch in einem dynamischen Umfeld zuverlässig funktioniert und den ethischen Anforderungen gerecht wird. Dieser iterative Ansatz ermöglicht es, potenzielle Probleme frühzeitig zu identifizieren und zu beheben, bevor sie zu größeren Herausforderungen werden. Es besteht auch die Möglichkeit, frühere Phasen erneut aufzugreifen und Anpassungen vorzunehmen, was die Flexibilität des Prozesses erhöht.

Ein praktisches Beispiel für diesen Ansatz ist das **AI Bias Check-Modell (AIBC)**, ein Framework zur systematischen Identifizierung, Überwachung und Reduktion von Bias in KI-Systemen. Es stellt sicher, dass Verzerrungen in jeder Entwicklungsphase erkannt und korrigiert werden, um faire und verantwortungsvolle KI-Systeme zu schaffen.

!

Das AI Bias Check-Modell (AIBC) ist ein iteratives Framework zur Identifizierung, Überwachung und Reduktion von Bias in KI-Systemen, um faire und verantwortungsvolle Systeme zu schaffen. Es umfasst:

Bias-Tracking und -Berichterstattung: Systematisches Tracking und Reporting von Verzerrungen über alle Phasen hinweg zur transparenten Dokumentation.

Iterativer Ansatz: Ein siebenphasiger, zyklischer Prozess mit Rückkopplungsschleifen zur kontinuierlichen Überprüfung und Anpassung.

Human-in-the-Loop (HITL): Integration menschlicher Urteile und ethischer Überlegungen im Entwicklungsprozess, um technologische Entscheidungen zu prüfen.

Wissenstransfer und Dokumentation: Transparente Dokumentation und Wissenstransfer in allen Phasen zur Optimierung und Weiterentwicklung.

Anpassungsfähigkeit: Flexibles Design zur Anpassung an technologische und gesellschaftliche Entwicklungen bei gleichzeitiger Einhaltung ethischer Standards.

Bevor die spezifischen Bias in jeder Phase des Entwicklungsprozesses im Detail untersucht werden, folgt zunächst ein Überblick über die sieben Phasen des KI-Entwicklungsprozesses: 1) Systemdesign, 2) Datenanalyse, 3) Datenaufbereitung, 4) Modellierung, 5) Evaluierung, 6) Deployment und 7) Monitoring. Diese Phasen bilden den Rahmen, innerhalb dessen potenzielle Verzerrungen systematisch identifiziert und behoben werden können.

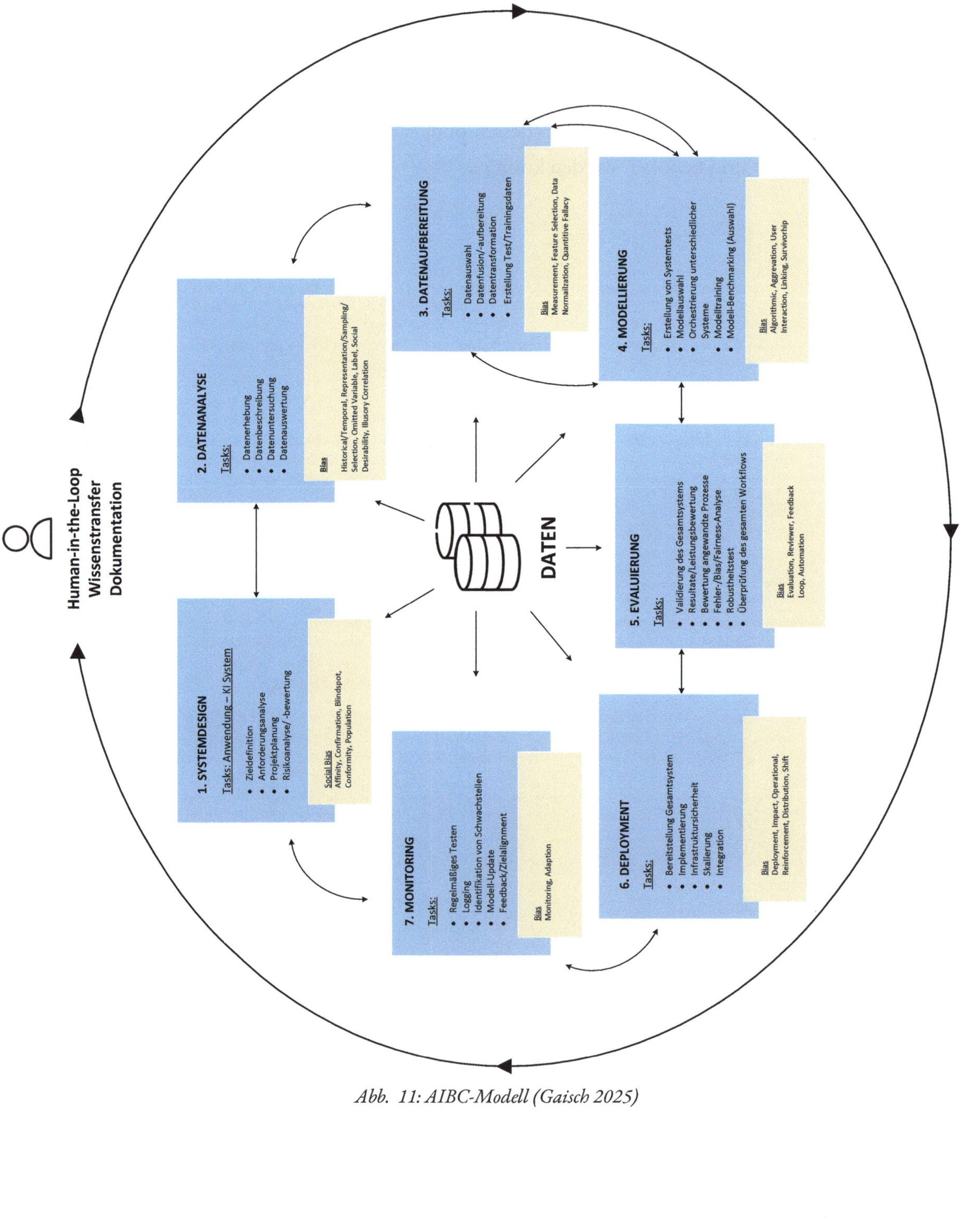

Abb. 11: AIBC-Modell (Gaisch 2025)

Die erste Phase des AIBC-Modells, das Systemdesign, begleitet die Entwicklung eines KI-Systems von der Konzeption bis zur Umsetzung. Hier werden das Problem, die Ziele und der Zweck des Systems definiert, gefolgt von einer Anforderungsanalyse, die funktionale und nicht-funktionale Kriterien nach Qualitätsstandards (Hammerschall & Beneken 2013) bewertet.

Dieser Aspekt ist von besonderer Relevanz, da er sowohl die Anwendungsdomäne – etwa die Entwicklung eines medizinischen Systems für spezifische Patientengruppen – als auch das KI-System selbst betrifft. Eine der größten Herausforderungen besteht darin, ein gemeinsames Verständnis zwischen den Expertinnen und Experten der jeweiligen Domäne und den KI-Fachkräfte zu schaffen. Nur durch eine enge Zusammenarbeit und das Überwinden von Kommunikationsbarrieren kann sichergestellt werden, dass die spezifischen Anforderungen der Anwendungsdomäne im KI-System adäquat und präzise abgebildet werden.

Aufgrund von impliziten Erwartungen und unausgesprochenem Wissen kommt es häufig zu Missverständnissen und Fehlinterpretationen, die sich negativ auf die Anforderungen an das KI-System auswirken können. Eine zusätzliche Herausforderung bei der Anforderungsanalyse stellt der Zeitfaktor dar, insbesondere wenn die benötigten Daten für das jeweilige KI-System noch nicht vorliegen und zusätzliche Zeitressourcen für spätere Phasen wie jene der Datenerhebung und -aufbereitung eingeplant werden müssen.

Auf Basis der Anforderungen wird in einem nächsten Schritt ein detaillierter Projektplan erstellt, der die einzelnen Arbeitsschritte, Meilensteine und Zeitpläne festlegt. Um potenzielle Probleme frühzeitig zu identifizieren und zu beheben, wird eine umfassende Risikoanalyse durchgeführt und entsprechende Risikominderungsstrategien entwickelt. Anders formuliert stellt das Systemdesign die Blaupause für ein KI-System dar, welche sicherstellt, dass das System die gewünschten Ziele erreicht und den Anforderungen entspricht.

> Die zweite Phase des AIBC-Modells, die Datenanalyse, umfasst die systematische Sammlung und eingehende Beschreibung relevanter Datenquellen. Dabei werden Muster, Anomalien, Fehler und Ausreißer aufgedeckt, die das Systemverhalten beeinflussen könnten. Eine statistische Auswertung liefert wichtige Erkenntnisse für die Modellentwicklung. In dieser Phase werden die Daten gesammelt, bereinigt und analysiert, um ein tiefes Verständnis des Problems zu schaffen.

Die nächste Phase des AIBC-Modells ist die Datenaufbereitung, bei der die Rohdaten so verarbeitet werden, dass sie optimal für das Modell nutzbar sind. In Gesprächen mit Datenwissenschaftlerinnen und KI-Experten wurde dabei deutlich, dass fehlende Weitergabe von implizitem Erfahrungswissen im Team oft zu schlechteren Ergebnissen führen kann. Dieser Wissensaustausch ist wesentlich, um sicherzustellen, dass die aufbereiteten Daten die notwendigen Informationen liefern, um das KI-Modell effizient, präzise und fair zu trainieren.

> Datenaufbereitung, umfasst wichtige Schritte vor dem Training eines KI-Modells: Selektion relevanter Daten, Fusion und Bereinigung zur Integration und Korrektur von Fehlern, sowie die Datentransformation zur Anpassung an Modellanforderungen (z.B. Skalierung). Abschließend erfolgt die Aufteilung in Test- und Trainingsdatensätze, um das Modell zu trainieren und zu validieren, was eine solide Basis für das KI-System schafft.

Eine Herausforderung in der Datenaufbereitung ist die Balance zwischen der Datenmenge und -qualität. Zwar können moderne KI-Systeme große Datenmengen verarbeiten, doch ist es entscheidend, dass diese Daten auch repräsentativ und relevant für das zu lösende Problem sind. Andernfalls besteht die Gefahr, dass das Modell auf verzerrten oder irrelevanten Informationen basiert, was zu fehlerhaften Vorhersagen führt. Hier spielt die sorgfältige Selektion eine wichtige Rolle, da nur die Daten, die das Problem bestmöglich abbilden, in den Prozess einfließen sollten. Dieser Schritt ist besonders kritisch, da KI-Modelle stark von der Qualität der Daten abhängen, um zuverlässig zu funktionieren.

Darüber hinaus ist die Dokumentation der gesamten Datenaufbereitungsphase von großer Bedeutung. Jede Entscheidung während dieses Prozesses – von der Datenbereinigung über die Transformation bis hin zur Erstellung der Trainings- und Testdatensätze – sollte klar festgehalten werden. Dies gewährleistet nicht nur Transparenz, sondern ermöglicht es auch, spätere Anpassungen und Optimierungen effektiv umzusetzen. Eine lückenlose Dokumentation trägt zudem zur Reproduzierbarkeit der Ergebnisse bei und bietet eine solide Basis für die zukünftige Weiterentwicklung des KI-Systems.

i

Die vierte Phase des AIBC-Modells, die Modellierung, umfasst die Entwicklung der Vorhersage- und Entscheidungsfähigkeit des KI-Systems. Dazu werden Testszenarien erstellt und passende Algorithmen und Modelle ausgewählt, insbesondere im Bereich des Deep Learning. Das Modell wird mit den aufbereiteten Daten trainiert, Hyperparameter werden optimiert und Metriken zur Leistungsbewertung festgelegt. Abschließend erfolgt die Evaluation und das Benchmarking, um die optimale Lösung für die Aufgabe zu erreichen.

Nach dem Abschluss des Modelltrainings folgt die Feinabstimmung und Validierung, um die Stabilität und Zuverlässigkeit des Modells sicherzustellen. Hierbei werden die Hyperparameter weiter optimiert und das Modell in verschiedenen Szenarien getestet, um Überanpassungen (Overfitting) zu vermeiden und eine gute Generalisierung zu erreichen. Diese Phase bereitet das Modell darauf vor, im Evaluierungsprozess objektiv bewertet zu werden und seine tatsächliche Leistungsfähigkeit zu zeigen.

Die fünfte Phase des AIBC-Modells, die Evaluierung, bewertet die Leistungsfähigkeit des KI-Systems anhand von Kennzahlen wie Genauigkeit und Effizienz. Eine Analyse der Prozesse identifiziert Schwachstellen, während eine Bias- und Fairness-Analyse mögliche Verzerrungen aufdeckt. Abschließend wird die Robustheit des Modells unter verschiedenen Bedingungen getestet, um seine Zuverlässigkeit sicherzustellen. Diese Phase gewährleistet die Qualität und Einsatzfähigkeit des Systems.

Vor der Überführung in die Einsatzumgebung erfolgt eine finale Validierung, um sicherzustellen, dass das System den Projektanforderungen entspricht. Simulationen und Stresstests prüfen die Leistungsgrenzen und Stabilität des Modells unter extremen Bedingungen. Zudem wird die Einhaltung von Sicherheits- und Datenschutzstandards überprüft, um einen verantwortungsvollen Einsatz zu gewährleisten. Diese abschließenden Tests bereiten das Modell darauf vor, zuverlässig in der Praxis eingesetzt zu werden.

Das Deployment, der sechste Schritt im AIBC-Modell, umfasst die Bereitstellung des KI-Systems in der Produktionsumgebung und die Integration in bestehende Hardware- oder Cloud-Infrastrukturen. Vor dem Einsatz wird das Modell unter produktionsähnlichen Bedingungen getestet, um eine reibungslose Integration zu gewährleisten. Kontinuierliche Leistungsüberwachung und regelmäßige Updates sichern langfristig die Genauigkeit und Zuverlässigkeit des Modells.

Besonderes Augenmerk liegt auf der Einhaltung von Data Governance, Compliance und Sicherheitsstandards, um den Datenschutz zu gewährleisten und unbefugten Zugriff zu verhindern. Nutzerinnen und Nutzer werden durch Schulungen und Tutorials unterstützt, das KI-System effektiv zu integrieren und Echtzeit-Entscheidungen zu ermöglichen. Nach der Integration folgt die Feinabstimmung im Live-Betrieb, um die Leistung zu optimieren und technische Herausforderungen zu beheben. Kontinuierliche Unterstützung stellt sicher, dass das System korrekt verwendet wird und maximale Effizienz erreicht.

Die Qualitätssicherung von KI-Systemen geht über die initiale Entwicklung hinaus und umfasst im AIBC-Modell den siebten Schritt: Monitoring. Detaillierte Protokollierung, Schwachstellenanalysen und regelmäßige Updates gewährleisten, dass das System auch unter veränderten Bedingungen zuverlässig bleibt und die definierten Ziele erreicht. Ein fortlaufender Abgleich mit den Anforderungen sowie die Anpassung an neue Daten sichern die langfristige Nutzbarkeit. Transparente Dokumentation und enge Zusammenarbeit mit den Nutzenden sind entscheidend für den nachhaltigen Einsatz des KI-Systems.

Das AIBC-Modell bietet somit einen strukturierten, iterativen Prozess zur Entwicklung von KI-Systemen: Von der Systemdesign-Phase, in der Problem und Anforderungen definiert werden, über die Datenanalyse und -aufbereitung bis hin zur Modellierung, dem Training und der Optimierung. Die Evaluierung bewertet die Leistung anhand festgelegter Kriterien, während in der Bereitstellungsphase das Modell integriert und überwacht wird. Abschließend stellt das Monitoring sicher, dass das System zuverlässig bleibt, sich an neue Bedingungen anpasst und die Anforderungen erfüllt.

In jeder Phase der KI-Entwicklung – von Systemdesign bis Monitoring – können unterschiedliche Formen von Bias auftreten. Ein tiefes Verständnis dieser Verzerrungen ist entscheidend, um gezielte Maßnahmen zur Minimierung zu ergreifen und so die Integrität und Fairness von KI-Anwendungen nachhaltig zu gewährleisten.

Die verschiedenen Arten von Bias werden den Phasen im Entwicklungsprozess eines KI-Systems zugeordnet und detailliert erläutert. Die im AIBC-Modell ausgewählten Bias-Typen wurden aufgrund ihrer Relevanz identifiziert, wobei die Liste nicht abschließend ist. Die Bias-Kartografie ordnet die Bias-Arten den Kategorien von Datenbias zu und zeigt, wie sie entstehen und sich gegenseitig beeinflussen können. Zukünftige Forschung könnte weitere, bisher unentdeckte Formen von Bias aufdecken.

Überschneidungen in der Kartografie:

- **Gesellschaftlicher Bias**: Bias, der durch soziale und kulturelle Vorurteile entsteht, wie Affinity Bias, Confirmation Bias oder Social Desirability Bias.
- **Technischer Bias**: Umfasst Verzerrungen, die direkt aus technischen Aspekten der KI-Entwicklung resultieren, z. B. durch Sampling Bias, Algorithmic Bias oder Evaluation Bias.
- **Soziotechnischer Bias**: Diese Kategorie entsteht durch die Interaktion zwischen sozialen und technischen Faktoren, wie Feedback Loop Bias, Deployment Bias und Adaptation Bias.

Überschneidungsbereiche

- **Soziale und technische Verzerrungen**: Zum Beispiel kann ein technisches Verfahren wie die Datenaggregation gesellschaftlich geprägte Verzerrungen verstärken (Aggregation Bias), indem es bestimmte Gruppen systematisch bevorzugt oder benachteiligt.
- **Adaptiver Bias**: Tritt auf, wenn KI-Systeme im Laufe der Zeit von Nutzerfeedback beeinflusst werden und so bestehende gesellschaftliche Biases verstärken (Feedback Loop Bias, Monitoring Bias).

Die Bias Kartografie zeigt, wie eng diese Kategorien zusammenhängen und dass viele Bias-Typen in mehreren Bereichen auftreten können. Dies unterstreicht die

Notwendigkeit eines ganzheitlichen Ansatzes, um diese Verzerrungen in allen Phasen der KI-Entwicklung zu adressieren.

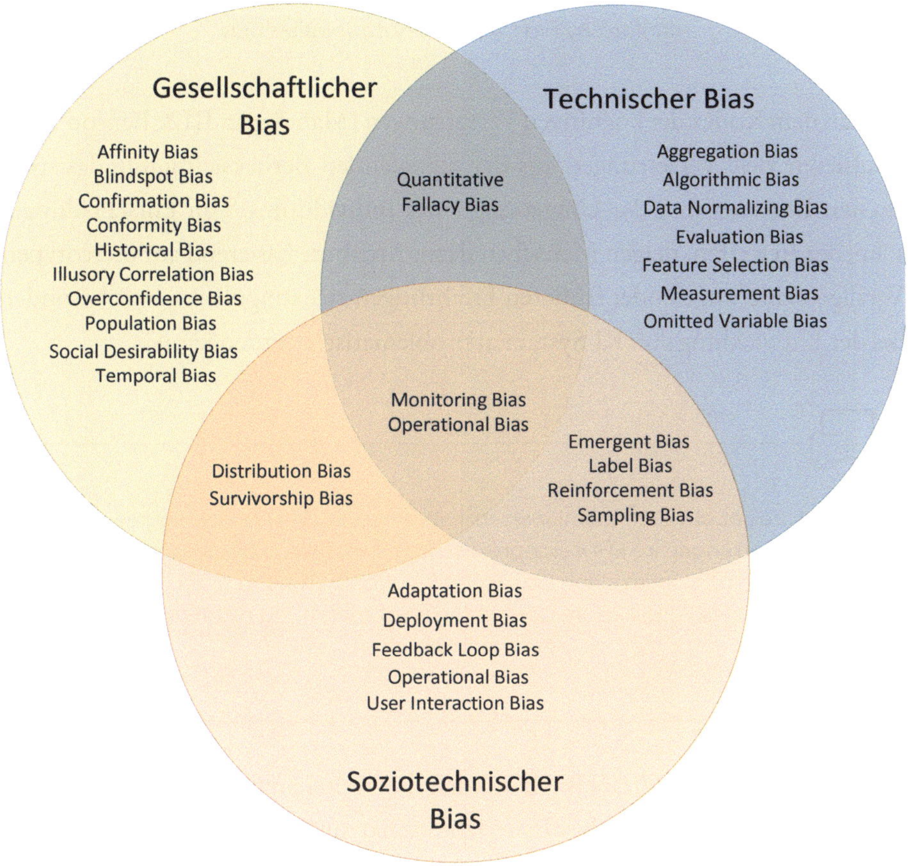

Abb. 12: Bias Kartografie (Gaisch & Mader 2025): Bias in KI-Systemen

Die Liste ist daher als dynamisch und erweiterbar anzusehen, um den kontinuierlichen Fortschritten und neuen Erkenntnissen in der KI-Entwicklung gerecht zu werden. Anpassungen sind entscheidend, um sicherzustellen, dass neue Technologien und Einsichten in zukünftige Versionen des Modells integriert werden und so eine umfassendere Abdeckung potenzieller Verzerrungen erreicht wird. Zu Beginn jeder Phase werden die identifizierten Bias-Arten in einer grauen Box hervorgehoben.

6.4.1. *Bias im Systemdesign*

Blindspot bias, affinity bias, population bias, confirmation bias, conformity bias, illusionary correlation bias

Gemäß dem Kodex der kognitiven Verzerrungen (Manoogian III & Benson 2016) resultieren viele Verzerrungen aus der mangelnden Berücksichtigung des spezifischen Kontexts und der Umgebung eines Individuums. Um Entscheidungen schneller zu treffen, neigen Menschen dazu, Attribute basierend auf Stereotypen, Verallgemeinerungen oder früheren Erfahrungen zu extrapolieren, was besonders bei der Entwicklung von KI-Systemen problematisch werden kann.

Cazes et al. (2021) identifizierten in ihrer Studie drei häufige kognitive Verzerrungen im KI-Designprozess: Conformity Bias (Anpassung an Meinungen), Confirmation Bias (selektive Wahrnehmung unterstützender Informationen) und Illusory Correlation (Wahrnehmung nicht-existierender Zusammenhänge).

Bei der Recherche für dieses Buch wurden drei weitere relevante Bias-Arten identifiziert: Blindspot Bias (unbewusste Unterschätzung eigener Vorurteile), Affinity Bias (Bevorzugung ähnlicher Personen) und Population Bias (ungleiche Repräsentation von Bevölkerungsgruppen). Diese Verzerrungen sollten bereits früh im Designprozess berücksichtigt werden, um potenzielle negative Auswirkungen zu minimieren und eine faire sowie objektive Gestaltung von KI-Systemen sicherzustellen. Im Folgenden werden diese Bias-Arten detailliert betrachtet.

Blindspot Bias

bezeichnet die Tendenz, das eigene Wahrnehmen, Denken, Erinnern und Urteilen für unbeeinflusst oder verhältnismäßig wenig beeinflusst zu halten. Es handelt sich um eine kognitive Voreingenommenheit, die die Auswirkungen auf das eigene Urteilsvermögen nicht erkennt, während sie gleichzeitig die Auswirkungen von Voreingenommenheit auf die Urteile anderer bemerkt.

Die Neigung zur Selbstüberschätzung korreliert positiv mit einer übertriebenen Selbstsicherheit, die durch ein fälschlich hohes Vertrauen in die eigene Entscheidungsfähigkeit gekennzeichnet ist. Diese übersteigerte Selbstsicherheit kann zu verzerrten Urteilen und Fehldiagnosen führen (Croskerry 2014).

Der Blindspot Bias tritt häufiger bei Männern als bei Frauen auf (Curtis-Lopez et al. 2021), was teilweise durch den Confidence Gap erklärt werden kann – ein Phänomen, bei dem Männer größeres Vertrauen in ihre Fähigkeiten zeigen, insbesondere in technischen Studiengängen und Berufen (Gaisch et al. 2023). Dieses Selbstvertrauen beeinflusst Studien- und Berufswahl in den MINT-Fächern.

Angesichts der männlichen Dominanz in der Technologiebranche und der weiten Verbreitung des Blindspot Bias ist die Reflexion über geeignete Maßnahmen bei der Implementierung von KI-Systemen besonders wichtig. Eine gründliche Auseinandersetzung mit diesen kognitiven Verzerrungen ist unerlässlich, um deren Einfluss auf die Systemgestaltung zu minimieren und faire, objektive Ergebnisse zu gewährleisten.

Affinity Bias

auch bekannt als Ähnlichkeitsbias oder Mini-Me-Effekt, beschreibt die unbewusste Neigung, Menschen zu bevorzugen, die einem selbst in Eigenschaften, Interessen, Hintergründen oder Erfahrungen ähneln.

Der Affinity Bias, auch bekannt als Mini-Me-Effekt, wird im deutschsprachigen Raum durch den Thomas-Kreislauf beschrieben, ein Konzept aus einer Studie der Albright Foundation (2015). Es zeigt, dass einflussreiche Gremien oft homogen in Bezug auf Geschlecht, Alter, Herkunft und Bildung sind. Dieser Kreislauf entsteht, wenn männlich dominierte Aufsichtsräte Vorstandsmitglieder auswählen, die ihnen ähneln, was Frauen und andere unterrepräsentierte Gruppen benachteiligt.

In der Technologiebranche ist dieser Effekt besonders sichtbar, da Menschen mit ähnlicher Sozialisation ähnliche Entscheidungen treffen und dieselben blinden Flecken aufweisen, was zu systemischen Verzerrungen führt (Sieglová et al. 2023). Diese Tendenz, ähnliche Personen zu bevorzugen, kann zu vorschnellen Schlüssen führen, vor allem in unklaren Situationen (Gaisch 2019). Hier spielt der Overconfidence Bias eine wichtige Rolle, da überhöhtes Selbstvertrauen in die eigenen Urteile dazu führen kann, dass potenzielle Fehler oder alternative Perspektiven übersehen werden.

Der Overconfidence Bias, die systematische Überschätzung des eigenen Wissens und Könnens, verstärkt bekannte kognitive Verzerrungen wie den Blindspot Bias und den Affinity Bias. Während der Blindspot Bias die Unfähigkeit beschreibt, eigene Verzerrungen zu erkennen, und der Affinity Bias die Präferenz für ähnliche Personen widerspiegelt, wirkt der Overconfidence Bias als Verstärker dieser Effekte.

Die wechselseitige Verstärkung dieser kognitiven Verzerrungen innerhalb homogener Gruppen führt zu einer Selbstbestätigung bestehender Annahmen, die durch übermäßiges Vertrauen in die eigene Urteilsfähigkeit weiter zementiert wird. Diese Konstellation verhindert eine kritische Reflexion alternativer Perspektiven und verstärkt somit die negativen Effekte von Verzerrungen erheblich. Affinity Bias und der Mini-Me-Effekt bleiben nicht nur unentdeckt, sondern werden durch die übersteigerte Selbstsicherheit derer, die entscheiden, strukturell verfestigt und perpetuiert. Die enge Verbindung zwischen Überlegenheitsillusion und anderen Verzerrungen zeigt, dass sie häufig gemeinsam auftreten und sich verstärken, was ihre isolierte Betrachtung unangebracht erscheinen lässt.

Population Bias

entsteht, wenn die demografische Zusammensetzung der Daten, Merkmale oder Nutzenden eines KI-Systems nicht repräsentativ für die Zielgruppe ist, für die das System entwickelt wurde. Dies führt dazu, dass bestimmte Gruppen über- oder unterrepräsentiert sind, was die Genauigkeit und Fairness des Systems beeinträchtigen kann.

Ein Beispiel für Populationsbias ist ein KI-gestütztes Bewerbungssystem für Ingenieurspositionen. Obwohl die Zielgruppe aus hochqualifizierten Ingenieurinnen und Ingenieuren mit vielfältigen Hintergründen bestehen sollte, könnte das System fälschlicherweise vor allem männliche Bewerber aus großen Technologieunternehmen mit renommierten Universitäten bevorzugen. Dadurch würde die

Zielpopulation nicht vollständig abgedeckt, was zu einem Populationsbias führt, da weibliche Bewerber oder Kandidaten mit anderen Hintergründen benachteiligt werden.

Ein Populationsbias kann auch durch unterschiedliche demografische Zusammensetzungen auf sozialen Plattformen entstehen. Beispielsweise sind Frauen auf Plattformen wie Pinterest, Facebook und Instagram stärker vertreten, während Männer häufiger Foren wie Reddit oder Twitter (X) nutzen. Mit 76,2 % weiblichen Nutzer*innen auf Pinterest und 63 % männlichen auf Twitter (Barnhart, 2022) beeinflussen diese Unterschiede die algorithmische Verarbeitung und Nutzererfahrungen, was spezifische Verzerrungen zur Folge haben kann.

Confirmation Bias

ist ein Begriff aus der Kognitionspsychologie, der die Neigung beschreibt, Informationen so zu suchen, auszuwählen und zu interpretieren, dass sie die eigenen Erwartungen und Überzeugungen bestätigen

Empirische Studien gezeigt, dass dieser Bias auch in der Softwareentwicklung zu Problemen führen kann.

Beispielsweise nutzen Entwickler Unit-Tests häufig, um die Funktionstüchtigkeit ihres Codes zu bestätigen, anstatt ihn kritisch zu hinterfragen (Çalıklı & Bener, 2013). Dabei werden Informationen selektiv verarbeitet und vorwiegend solche beachtet, die bestehende Annahmen stützen, während gegenteilige Hinweise ignoriert werden (Caliki et al., 2010).

Dies kann zu einer eingeschränkten Fehlererkennung führen und die Qualität der Software beeinträchtigen, da potenzielle Schwachstellen übersehen werden. Der Confirmation Bias zeigt damit, wie wichtig eine bewusste Reflexion und umfassende Teststrategien sind, um Verzerrungen zu vermeiden und objektive Ergebnisse zu gewährleisten.

Conformity Bias

Konformitätsverzerrung bezieht sich auf die Änderung des Verhaltens oder der Beurteilung einer Einzelperson, um sie mit dem Verhalten oder der Beurteilung der Mehrheit in Einklang zu bringen.

Cazes et al. (2021) fanden heraus, dass der Conformity Bias im KI-Design-Prozess dazu führt, dass Entwicklerinnen und Entwickler häufig ihre Entscheidungen an den Meinungen der Mehrheit ausrichten, anstatt unabhängige oder innovative Ansätze zu verfolgen.

Dieser soziale Konformitätsdruck entsteht, wenn Individuen ihre Überzeugungen an die der Gruppe anpassen, um Akzeptanz zu gewinnen oder Ablehnung zu vermeiden. Ein zentrales Ergebnis der Studie war, dass diese Neigung zur Anpassung die Vielfalt der Lösungsansätze verringert und kreative Problemlösungen behindert. Zudem wird die Expertise der Gruppe oft überschätzt, was dazu führt, dass weniger qualifizierte Vorschläge selten hinterfragt werden. Dies kann den Entwicklungsprozess negativ beeinflussen und die Qualität der KI-Systeme beeinträchtigen. Ein häufiges Problem in diesem Zusammenhang ist die Überschätzung der Expertise der Gruppe, was durch den Dunning-Kruger-Effekt erklärt werden kann.

!

Der Dunning-Kruger-Effekt beschreibt eine kognitive Verzerrung, bei der Menschen mit geringer Kompetenz ihre Fähigkeiten überschätzen, weil ihnen das Wissen fehlt, ihre eigenen Defizite zu erkennen. Gleichzeitig neigen kompetente Personen dazu, ihre Fähigkeiten zu unterschätzen. Dies führt dazu, dass weniger qualifizierte Personen überproportionalen Einfluss auf Entscheidungen ausüben, während echte Expertise oft unberücksichtigt bleibt. Diese Verzerrung kann Gruppendiskussionen dominieren und fundierte Entscheidungen behindern.

Li et al. (2022) zeigen, dass KI-Systeme wie ChatGPT den Dunning-Kruger-Effekt verstärken können, indem sie ungenaue oder unvollständige Antworten liefern, was bei unerfahrenen Usern zu einer Überschätzung ihrer Kompetenz führt. Dies vertieft die Diskrepanz zwischen wahrgenommener und tatsächlicher Expertise.

Zusätzlich tritt der Automation Bias (siehe auch 5.4.1) auf, bei dem Menschen dazu neigen, den Entscheidungen von Maschinen aber auch vermeintlich hochkompetenten Personen unkritisch zu folgen. Dies verstärkt den sozialen Konformitätsdruck und kann zu suboptimalen oder fehlerhaften Entscheidungen führen (Cabitza 2019).

Illusory Correlation Bias

Ein illusorischer Zusammenhang entsteht, wenn zwei separate Variablen miteinander verknüpft werden, was zu einer Überschätzung der Häufigkeit ihres gemeinsamen Auftretens führt. Illusorisch ist er insofern, als die Beziehung zwischen den beiden Variablen nicht real ist; sie ist das Ergebnis unserer verzerrten Wahrnehmung der Variablen und eines Mangels an Informationen.

Die ersten Beschreibungen und Definitionen des Phänomens der illusorischen Korrelation stammen aus der Sozialpsychologie (Chapman & Chapman, 1967). Wenn zwei Ereignisse miteinander in Verbindung gebracht werden, schreiben Menschen einem von ihnen eine kausale Beziehung zu. Die Bedeutung dieser

Korrelation kann falsch oder sogar völlig illusorisch sein. Dieses Phänomen tritt häufig auf, wenn Menschen versuchen, Muster und Zusammenhänge in ihrer Umwelt zu erkennen, insbesondere wenn ihnen nur begrenzte Informationen zur Verfügung stehen. Illusorische Korrelationen können zu Vorurteilen und Stereotypen führen, indem falsche Verbindungen zwischen bestimmten Gruppen von Menschen und bestimmten Verhaltensweisen oder Eigenschaften hergestellt werden. Ein bekanntes Beispiel ist die Annahme, dass Mitglieder einer Minderheitengruppe häufiger negative Verhaltensweisen zeigen, obwohl dies statistisch nicht der Fall ist.

Bernault et al. (2023) stellen fest, dass der Illusory Correlation Bias im Rahmen der KI-Entwicklung auftritt, weil Entwickler vermeintliche Zusammenhänge zwischen Daten erkennen, die in Wirklichkeit nicht existieren. Dies führt dazu, dass das KI-System auf falschen Annahmen basiert, was die Genauigkeit und Zuverlässigkeit der Vorhersagen beeinträchtigten.

Besonders in der Systemdesign-Phase, in der unklare Erwartungen und unausgesprochenes Wissen eine Rolle spielen, kann der Confirmation Bias zu Missverständnissen bei den Anforderungen führen. Das frühzeitige Erkennen dieses Bias ist entscheidend, um Fehlinterpretationen und falsche Kausalitäten zu vermeiden. Seine Relevanz ist im frühen Entwicklungsstadium besonders hoch, weshalb er hier thematisiert wird.

6.4.2. Bias während der Datenanalyse

Historical bias, temporal bias, representation bias, sampling/selection bias, omitted variable bias, label bias, social desirability

Bias kann auch in jedem Schritt der Datenanalyse auftreten und die Ergebnisse verfälschen. Ob bei der Datenerhebung, der Beschreibung, der Untersuchung oder der Auswertung – statistische Fehler und kognitive Verzerrungen können dazu führen, dass wir falsche Schlussfolgerungen ziehen. Im Folgenden werden sieben Bias-Arten erläutert, die im Bereich der Datenanalyse identifiziert wurden.

Historical Bias

Historische Voreingenommenheit bezieht sich auf die Verzerrung historischer Ereignisse, Fakten und Zahlen aufgrund persönlicher, politischer oder kultureller Vorurteile, die zu einem verzerrten Verständnis der Vergangenheit führen können.

Ein weiterer Aspekt der historischen Voreingenommenheit ist, dass KI-Systeme, die auf solchen verzerrten Daten basieren, bestehende Diskriminierungen unbemerkt verstärken können. Dies geschieht, weil sie unkritisch vergangene Muster übernehmen und somit Vorurteile in automatisierte Entscheidungen einfließen lassen. Dadurch können alte Ungleichheiten nicht nur reproduziert, sondern auch verfestigt werden, was die Fairness und Objektivität moderner Systeme beeinträchtigt.

Ein Beispiel für historische Verzerrung ist eine Bildersuche von 2018, bei der die Suche nach „weiblichen CEOs" überwiegend Bilder von Männern lieferte, da damals nur 5 % der Fortune 500 CEOs Frauen waren. Die Suchergebnisse waren zwar statistisch korrekt, jedoch unausgewogen. Dies wirft die Frage auf, ob Suchalgorithmen lediglich bestehende Verhältnisse widerspiegeln oder aktiv eine inklusivere Darstellung fördern sollten, um verzerrte Wahrnehmungen und Stereotype zu vermeiden (Marahbi et al. 2021).

Eine mögliche Lösung, um historische Verzerrungen zu adressieren, besteht darin, die Daten bewusst so zu kuratieren, dass sowohl statistische Genauigkeit als auch Repräsentation und Ausgewogenheit gefördert werden. Die Anpassung von Algorithmen, um unterrepräsentierte Gruppen sichtbarer zu machen, könnte dazu beitragen, eine umfassendere und gerechtere Darstellung zu bieten, ohne die Realität zu verfälschen (Marahbi et al. 2021). Die Abwägung zwischen historischer Genauigkeit und der Förderung von Diversität und Inklusion stellt eine ethische Herausforderung dar und wirft Fragen zur Verantwortung der Entwickler von Technologien und Algorithmen auf.

Dastin (2022) beschreibt, dass Amazon ein internes KI-gestütztes Rekrutierungstool aufgrund von Voreingenommenheit gegenüber Frauen zurückziehen musste. Die Verzerrung entstand durch die Verwendung historischer Daten, die überwiegend männliche Bewerber in technischen Positionen repräsentierten, wodurch das System Männer systematisch bevorzugte.

Der Fall (siehe auch Abschnitt 1.3.9) zeigt die ethischen Herausforderungen beim Einsatz von KI in Entscheidungsprozessen, insbesondere die Gefahr, bestehenden Bias unkritisch zu übernehmen und zu verstärken. Er illustriert zudem, wie ursprünglich korrekte Datensätze im Laufe der Zeit ungeeignet werden können, wenn sie nicht an veränderte Realitäten angepasst werden. Diese Diskrepanz führt zu einem semantischen Missverhältnis, wodurch das System für den beabsichtigten Zweck unbrauchbar wird. Das Problem liegt somit nicht nur in den Daten, sondern auch in der fehlenden Anpassung und dem unsachgemäßen Einsatz des Systems im neuen Kontext (Kodiyan 2019).

Dieser Fall verdeutlicht auch, wie wichtig es ist, die zeitliche Dimension von Daten zu berücksichtigen. Denn selbst wenn ein Datensatz ursprünglich korrekt war, kann er im Laufe der Zeit veraltet sein und zu Problemen führen, wenn er nicht aktualisiert wird. Hier kommt der Temporal Bias ins Spiel, der entsteht, wenn soziokulturelle Vorurteile und Überzeugungen in historischen Daten widergespiegelt werden, die für den aktuellen Kontext nicht mehr repräsentativ sind. Solche veralteten Datensätze können Modelle beeinflussen und Ergebnisse liefern, die nicht mehr den heutigen Anforderungen entsprechen.

Temporal Bias

tritt auf, wenn soziokulturelle Vorurteile und Überzeugungen systematisch durch historische oder Längsschnittdaten in Modellen widergespiegelt werden, die für den aktuellen Kontext nicht mehr repräsentativ sind. Solche Datensätze basieren oft auf veralteten Perspektiven und Lebensentwürfen, die für die gegenwärtigen Bedingungen nicht mehr relevant sind.

Nach der COVID-19-Pandemie sehen sich KI-Modelle zur Kreditrisikobewertung mit erheblichen Herausforderungen aufgrund zeitlicher Verzerrungen konfrontiert. Diese Modelle basieren auf historischen Finanzdaten, bei denen prädiktive Merkmale wie Einkommen und Beschäftigungsstatus zuvor zuverlässige Indikatoren für Kreditrisiken waren. Die Pandemie brachte jedoch unerwartete wirtschaftliche Veränderungen, was zu einer Datendrift führte.

!

Datendrift bezeichnet die Verschiebung von Datenverteilungen über die Zeit, wodurch zuvor gültige Muster und Vorhersagen ihre Relevanz verlieren. In diesem Fall verloren etablierte Merkmale ihre prädiktive Kraft, da sich die wirtschaftlichen Rahmenbedingungen grundlegend verändert hatten (Schwartz et al. 2022).

Diese Problematik zeigt die Grenzen statischer, historischer Datensätze, die unvorhersehbare Ereignisse wie Black Swan-Phänomene nicht erfassen können. Das Versagen liegt in der Unfähigkeit der Modelle, auf dynamische Veränderungen zu reagieren. Um solche Herausforderungen zu meistern, sind adaptive KI-Systeme nötig, die sich kontinuierlich an neue Daten und Bedingungen anpassen. Beispiele wie Kreditrisikomodelle verdeutlichen, dass Modelle ihre prädiktive Kraft verlieren, wenn sie nicht an veränderte Realitäten angepasst werden. Historische Datensätze müssen daher proaktiv aktualisiert werden, um Aussagekraft im Finanz- und sozialen Bereich zu erhalten.

Representation Bias

Repräsentationsverzerrungen treten auf, wenn eine Entwicklungsstichprobe bestimmte Teile der Grundgesamtheit unterrepräsentiert, was dazu führt, dass KI-Systeme nicht verallgemeinerbare Ergebnisse für bestimmte Gruppen liefern.

Ein Beispiel für diese Problematik ist die Bilderkennung, die auf große Mengen an Bilddaten angewiesen ist.

Fortschritte in diesem Bereich basieren maßgeblich auf großen Datensätzen wie ImageNet und Open Images. Diese Datensätze sind jedoch stark auf US-amerikanische und westliche Kontexte ausgerichtet, da westliche Bilder das Internet dominierten, als sie erstellt wurden. Dadurch haben KI-Systeme, die mit diesen Datensätzen trainiert wurden, oft Schwierigkeiten, Szenen aus nicht-westlichen Kulturen korrekt zu interpretieren. Der Mangel an geografischer Vielfalt in den Trainingsdaten führt zu einer nachweisbaren Verzerrung zugunsten westlicher Perspektiven (Mandal et al. 2021).

Chu et al. (2023) weisen darauf hin, dass ältere Menschen in den Trainingsdaten von KI-Systemen systematisch unterrepräsentiert oder falsch dargestellt sind. Diese verzerrte Repräsentation führt zu Ergebnissen, die die Bedürfnisse und Lebensumstände älterer Personen nicht ausreichend berücksichtigen, was insbesondere im Gesundheitsbereich zu diskriminierenden Konsequenzen führen kann. Die Autoren betonen die Notwendigkeit, ältere Bevölkerungsgruppen repräsentativ in die Datengrundlage einzubeziehen, um Verzerrungen zu minimieren und die Fairness KI-gestützter Entscheidungen zu gewährleisten.

Sampling Bias

entsteht, wenn die Stichprobe nicht repräsentativ für die Zielpopulation ist, da bestimmte Mitglieder der Grundgesamtheit eine unterschiedliche Wahrscheinlichkeit haben, aufgenommen zu werden.

Dies kann dazu führen, dass KI-Systeme für bestimmte demografische Gruppen weniger genau sind und diskriminierende Ergebnisse liefern. Srinivasan und Chander (2021) heben hervor, dass solche Verzerrungen in kritischen Bereichen wie Strafjustiz und Gesundheitswesen besonders problematisch sind, da sie bestehende Ungleichheiten verschärfen und das Vertrauen in KI-Systeme untergraben können.

Fletcher et al. (2021) illustrieren, wie Sampling Bias zu verzerrten Ergebnissen führt, wenn Trainingsdaten nicht die gesamte Zielpopulation repräsentieren. Ein Algorithmus, der auf Gesundheitsdaten aus Industrieländern trainiert wurde, zeigt in ärmeren Ländern ungenaue Ergebnisse, da häufige Gesundheitsprobleme wie Infektionskrankheiten und bestimmte Bevölkerungsgruppen nicht ausreichend berücksichtigt werden. Diese Verzerrung entsteht durch eine nicht repräsentative Stichprobe, die bestimmte demografische Merkmale oder Bedingungen ausschließt, was die Anwendbarkeit einschränkt und potenziell fehlerhafte Entscheidungen zur Folge hat.

Omitted Variable Bias (OVB)

OVB entsteht, wenn eine entscheidende Variable in einem Regressionsmodell fehlt, was die Schätzung verzerrt und zu fehlerhaften Interpretationen der Beziehungen zwischen den vorhandenen Variablen führt. Dadurch können Ergebnisse übertrieben oder verschleiert werden.

In maschinellen Lernmodellen tritt OVB auf, wenn entscheidende Variablen fehlen, die Abhängigkeiten zu sensiblen Merkmalen wie Geschlecht oder ethnischer Zugehörigkeit aufweisen können. In solchen Fällen kann das Modell diese impliziten Abhängigkeiten lernen und auf Basis sensibler Attribute Vorhersagen treffen, was zu unerwünschten Verzerrungen führt. Das Fehlen einer Variablen verstärkt oft bestehende Verzerrungen, wie historische Vorurteile (Castelnovo 2024).

Ein Beispiel für OVB ist ein Modell zur Vorhersage der jährlichen Kündigungsrate von Abonnenten, das ungenaue Ergebnisse liefert, weil der Markteintritt eines neuen Mitbewerbers nicht berücksichtigt wurde. Das Fehlen dieser Variablen führt dazu, dass das Modell die tatsächlichen Kündigungsraten nicht korrekt prognostiziert, da ein entscheidender Faktor für die Abwanderung ignoriert wurde.

Label Bias

entsteht, wenn die Beschriftungen (Labels) in den Trainingsdaten systematisch verzerrt sind, was die Leistung eines Modells erheblich beeinträchtigen kann. Diese Verzerrungen können durch menschliche Voreingenommenheit, Fehler bei der Datenerfassung oder inkonsistente Labeling-Praktiken entstehen.

Da maschinelle Lernmodelle stark auf korrekte Labels angewiesen sind, führt eine fehlerhafte oder inkonsistente Beschriftung zu verzerrten Ergebnissen und verringert die Genauigkeit und Fairness des Modells.

Srinivasan und Chander (2021) bestätigen, dass Label Bias entsteht, wenn Trainingsdaten aufgrund menschlicher Vorurteile ungenau oder inkonsistent gekennzeichnet sind. Er durch unterschiedliche Interpretationen von Annotatoren, subjektive Präferenzen oder kognitive Effekte wie den Peak-End-Effekt verstärkt werden, was zu inkonsistenten Daten führt und die Objektivität der Modellierung beeinträchtigt.

Ein weiteres Problem des Label Bias entsteht, wenn die verfügbaren Label-Optionen die Vielfalt der Zielpopulation nicht ausreichend abbilden. Unvollständige oder fehlende Kategorien führen dazu, dass Modelle Datenbeziehungen falsch interpretieren, was fehlerhafte Vorhersagen zur Folge hat, insbesondere in kritischen Bereichen. Präzise und repräsentative Labeling-Praktiken sind daher entscheidend, um Verzerrungen zu minimieren und faire, zuverlässige Ergebnisse sicherzustellen.

Social Desirability Bias

Verzerrung durch soziale Erwünschtheit tritt auf, wenn KI-Systeme Ergebnisse erzeugen, die den wahrgenommenen sozialen Normen oder Erwartungen entsprechen, anstatt die tatsächlichen Datenverteilungen oder die grundlegende Wahrheit genau zu widerspiegeln. Dies geschieht, wenn Menschen oder Modelle ihre Antworten oder Vorhersagen so anpassen, dass sie gesellschaftlich akzeptiert erscheinen.

Stein et al. (2024) untersuchen den Einfluss von sozialer Erwünschtheit auf die Einstellungen gegenüber KI. Dabei zeigte sich, dass soziale Erwünschtheit, also die Tendenz, Antworten zu geben, die gesellschaftlich akzeptiert erscheinen, die gemessenen Einstellungen gegenüber KI verzerren kann. Dies deutet darauf hin, dass positive Bewertungen von KI teilweise darauf zurückzuführen sind, dass Teilnehmende konformistische Antworten geben, um sozial erwünscht zu wirken, was die Validität der Ergebnisse beeinflusst (siehe auch Conformity Bias).

Diese Verzerrung kann auch durch Trainingsdaten entstehen, die auf sozial erwünschte Antworten ausgerichtet sind, oder durch Optimierungsprozesse, bei denen das Modell Ergebnisse bevorzugt, die positiv aufgenommen werden. Wenn befragte Personen ihre Antworten anpassen, um sozial akzeptabler zu erscheinen, können tatsächliche Meinungen unzureichend erfasst werden, was zu verzerrten Ergebnissen in der Analyse der KI-Einstellungen führt. Dies zeigt die Notwendigkeit, potenzielle Verzerrungen durch soziale Erwünschtheit bei der Erhebung und Auswertung von Daten systematisch zu kontrollieren, um authentische Meinungen zu erfassen.

6.4.3. *Bias in der Datenaufbereitung*

Measurement bias, feature selection bias,
data normalization bias, quantitative fallacy

Die Datenaufbereitung ist entscheidend für die Qualität eines KI-Systems, da sie in jeder Phase – von der Datenauswahl bis zur Erstellung von Trainings- und Testdaten – Bias hervorrufen kann. Solche Verzerrungen, etwa durch nicht repräsentative Stichproben oder fehlerhafte Datenfusion, führen zu verfälschten Ergebnissen. Im Folgenden werden vier Arten von Bias vorgestellt, die in der Datenaufbereitung auftreten können.

Measurement Bias

Ein Messfehler entsteht, wenn die Daten zur Konstruktion oder Bewertung von Vorhersagemodellen systematische Fehler enthalten, etwa bei der Auswahl, Erfassung oder Berechnung von Merkmalen und Bezeichnungen. Diese Merkmale dienen oft als Proxy, um ein nicht direkt messbares Konzept zu approximieren.

Ferrara (2023) analysiert in seiner Arbeit Verzerrungen in KI-Systemen und beleuchtet exemplarisch den COMPAS-Algorithmus im US-amerikanischen Strafjustizsystem (siehe Abschnitte 3.1.1 und 6.1.2).

Der COMPAS-Algorithmus, der seit den frühen 2000er-Jahren zur Bewertung des Rückfallrisikos von Straftätern verwendet wird, nutzt Verhaftungsraten als Proxy für kriminelles Verhalten. Diese Daten sind jedoch durch strukturelle Ungleichheiten verzerrt, da Minderheiten aufgrund verstärkter Überwachung häufiger verhaftet werden. Dies führt dazu, dass der Algorithmus diese Ungleichheiten reproduziert und Minderheitengruppen fälschlicherweise als risikoreicher einstuft. Ferrara betont, dass solche Verzerrungen schwerwiegende Folgen haben und die Fairness im Justizsystem untergraben können. Daher ist es essenziell, gesellschaftliche Ungleichheiten bei der Entwicklung von Algorithmen zu berücksichtigen, um faire und verlässliche Ergebnisse zu gewährleisten.

Feature Selection Bias

entsteht, wenn die ausgewählten Merkmale für das Modelltraining die Ergebnisse verzerren und ein zu optimistisches Bild der Modellleistung vermitteln. Dies passiert, wenn die Merkmalauswahl nicht repräsentativ ist, wodurch das Modell im Training leistungsstark erscheint, aber die realen Daten unzureichend abbildet.

Ein häufiger Fehler besteht darin, eine zu große Anzahl von Merkmalen auszuwählen, insbesondere solche mit zufälligen Korrelationen. Dadurch erkennt das Modell vermeintliche Muster, die in neuen Daten nicht existieren, was zu Overfitting führt.

i

Overfitting bedeutet, dass das Modell nicht nur die relevanten Muster erlernt, sondern auch zufällige oder irrelevante Details und Rauschen in den Trainingsdaten übernimmt. Dies führt dazu, dass das Modell die Trainingsdaten sehr genau abbildet, jedoch schlecht auf neue, unbekannte Daten generalisiert und unzuverlässige Vorhersagen liefert.

Dorleon (2023) betont die Bedeutung einer fairen und ausgewogenen Feature-Auswahl, um Verzerrungen und Overfitting zu vermeiden. Durch gezielte Verfahren lassen sich Merkmale identifizieren, die strukturelle Vorurteile fördern könnten. Der Ausschluss solcher Merkmale minimiert die Modellverzerrung und führt zu robusteren, verlässlicheren Vorhersagen sowie einer besseren Generalisierung auf neue Daten. Eine sorgfältige Feature-Auswahl ist somit essenziell, um faire und repräsentative Ergebnisse sicherzustellen.

Data Normalization Bias

entsteht, wenn unsachgemäße Skalierung oder Normalisierung von Daten systematische Verzerrungen verursacht. Dies kann zu einer ungleichen Behandlung von Datensätzen oder unbeabsichtigter Verstärkung bestimmter Muster führen, was falsche oder verzerrte Ergebnisse zur Folge hat.

Die Normalisierung ist ein wesentlicher Schritt in der Datenvorverarbeitung, der sicherstellen soll, dass Werte in einem vergleichbaren Bereich liegen, um den Lernprozess von Algorithmen zu unterstützen. Häufig verwendete Methoden wie Min-Max-Skalierung oder Z-Skalierung verbessern die Vergleichbarkeit der Daten und machen Modelle robuster.

Sun et al. (2015) zeigten jedoch, dass unsachgemäße Normalisierung zu Data Normalization Bias führen kann, indem bestehende Verzerrungen verstärkt oder relevante Muster unbeabsichtigt ignoriert werden. Besonders in sensiblen Bereichen, wie der Methylom-Datenanalyse, führte dies zu erheblich verfälschten Ergebnissen. Daher ist die präzise Auswahl der Normalisierungsmethode entscheidend, um systematische Verzerrungen zu vermeiden und zuverlässige Resultate zu gewährleisten.

Quantitative Fallacy

beschreibt die Fehleinschätzung, bei der der Fokus zu stark auf messbare Indikatoren liegt und qualitative Aspekte vernachlässigt werden. Dies reduziert komplexe Sachverhalte auf wenige Kennzahlen und vermittelt ein verzerrtes Bild der Realität (Malik 2020).

Ein klassisches Beispiel hierfür ist der Vietnamkrieg unter der Führung des US-Verteidigungsministers Robert McNamara. Hier wurde die Anzahl getöteter feindlicher Soldaten als Hauptmaßstab für den militärischen Erfolg betrachtet.

Verteidigungsminister McNamara fokussierte im Vietnamkrieg auf gegnerische Verluste als Hauptindikator für Erfolg, ignorierte jedoch wichtige Faktoren wie Truppenmoral, Zivilopfer und politische Folgen, was zu einer verzerrten Einschätzung führte.

Diese Fehlbewertung zeigt, wie gefährlich es ist, sich ausschließlich auf quantitative Indikatoren zu verlassen, während qualitative Faktoren, die das Gesamtbild beeinflussen, ignoriert werden. Der Begriff McNamara-Täuschung wird auch als Synonym für Quantitative Fallacy verwendet und beschreibt diese Fehleinschätzung, weil McNamara auf die Illusion vertraute, dass Erfolg allein durch messbare, numerische Werte bestimmt werden könne, ohne die komplexen, nicht-quantifizierbaren Aspekte des Krieges zu berücksichtigen. Erfolgreiche Entscheidungen erfordern jedoch eine umfassende Perspektive, die sowohl quantitative als auch qualitative Aspekte einbezieht.

Van Der Haegen (2023) beschreibt die Quantitative Fallacy in rechtlichen Kontexten als die Annahme, dass ausschließlich quantitative Methoden zur Vorhersage rechtlicher Ergebnisse ausreichen. Diese Annahme führt dazu, dass wichtige qualitative, kontextabhängige Faktoren, die für die Rechtsfindung essenziell sind, unberücksichtigt bleiben. Die blinde Fokussierung auf numerische Modelle vernachlässigt die Komplexität rechtlicher Dispute und kann zu ungenauen oder unvollständigen Entscheidungen führen, wenn solche Modelle als alleinige Grundlage für die Streitbeilegung verwendet werden.

Jannach und Bauer (2020) kritisieren in ihrer Forschung zu Empfehlungssystemen die McNamara-Fallacy, bei der der Fokus auf messbare Leistungskennzahlen wie Genauigkeit liegt. Wichtige Aspekte wie der tatsächliche Nutzen für User und langfristige Verhaltensauswirkungen werden vernachlässigt, was zu Systemen führt, die Tests bestehen, aber den Nutzerbedürfnissen nicht gerecht werden.

Insgesamt zeigt die Quantitative Fallacy, dass eine übermäßige Fokussierung auf Zahlen und Metriken dazu führen kann, wichtige qualitative Faktoren zu übersehen, was verzerrte Ergebnisse und suboptimale Entscheidungen zur Folge hat. Dies verdeutlicht die Notwendigkeit einer ausgewogenen Betrachtung, bei der sowohl quantitative als auch qualitative Aspekte berücksichtigt werden, um fundierte und umfassende Entscheidungen zu treffen.

6.4.4. Bias in der Modellierung

Algorithmic bias, aggravation bias, user interaction bias, emergent bias, linking bias, survivorship bias

In der Modellierungsphase, dem Kern der KI-Entwicklung, werden mathematische Modelle und Algorithmen erstellt und getestet. Dazu gehören die Modellauswahl, das Training, die Bewertung und die Integration in ein System. Im Folgenden werden sechs identifizierte Bias-Arten für diese Phase beschrieben.

Algorithmic Bias

Eine algorithmische Verzerrung tritt auf, wenn die inhärenten Eigenschaften eines Modells oder seines Trainingsalgorithmus bestehende Verzerrungen in den Trainingsdaten verstärken und dadurch ungerechte Ergebnisse produzieren.

Algorithmische Verzerrungen entstehen nicht nur zufällig, sondern sind oft das Ergebnis konkreter Entscheidungen, die während der Entwicklung und des Trainings von Modellen getroffen werden. Diese bewussten Eingriffe beeinflussen die Funktionsweise der Algorithmen nachhaltig und können entweder zur Minderung oder zur Verstärkung bestehender Ungleichheiten beitragen.

Algorithmische Verzerrungen resultieren somit aus einer Kombination aus unbewussten Faktoren wie unausgewogenen Daten und bewussten Entscheidungen während der Modellgestaltung.

Diese bewussten Entscheidungen sind wesentlich, da sie das Fundament des Modells beeinflussen und weitreichende Auswirkungen auf die Ergebnisse haben. Dazu zählt etwa die Wahl von Optimierungsfunktionen, die eine bestimmte Metrik über andere bevorzugen, oder die bewusste Entscheidung, Modelle für die gesamte Population oder nur für spezifische Untergruppen zu entwickeln. Wenn Entwicklerinnen und Entwickler etwa bewusst entscheiden, auf die Diversifizierung von Trainingsdaten zu verzichten oder Regularisierungen zu setzen, die systematische Ungleichheiten ignorieren, kann dies bestehende Vorurteile verstärken. Diese Designentscheidungen können dann dazu führen, dass bestimmte Gruppen bevorzugt oder benachteiligt werden, was letztlich zu ungleichen Ergebnissen führt.

Anch et al. (2019) zeigen, dass algorithmische Verzerrungen insbesondere im Gesundheitswesen die Chancengleichheit erheblich gefährden. Verzerrte Datensätze führen zu diskriminierenden Entscheidungen, die bestehende Ungleichheiten verstärken. Sie fordern daher strengere Regulierungen, den Einsatz diversifizierter Datenquellen und die kontinuierliche Überprüfung der KI-Modelle, um faire Ergebnisse zu gewährleisten.

Fu et al. (2020) untersuchen die Quellen algorithmischer Verzerrungen und heben hervor, dass diese häufig durch unausgewogene Daten und Modellierungsansätze entstehen. Auch sie zeigen die Unterversorgung benachteiligter Gruppen im Gesundheitswesen auf, da historische Daten diese Gruppen nicht ausreichend repräsentieren. Verzerrungen in den zugrunde liegenden Daten führen dazu, dass die KI-Systeme diese Gruppen systematisch benachteiligen, was die Ungleichheit weiter vertieft.

Insgesamt zeigt sich, dass algorithmische Verzerrungen aus einer Kombination von fehlerhaften Daten, Modellierungsentscheidungen und strukturellen Ungleichheiten entstehen. Um diese zu mindern, sind präzise Datenquellen, kontinuierliche Überprüfungen und bewusst gestaltete Algorithmen erforderlich, die bestehende Vorurteile nicht reproduzieren, sondern gerechte Ergebnisse liefern.

Aggregation Bias

entsteht, wenn Daten unterschiedlicher Populationen bei der Modellerstellung ohne Berücksichtigung spezifischer Unterschiede zusammengefasst werden. Ein Modell, das für eine heterogene Population verwendet wird, kann die individuellen Merkmale oder Bedürfnisse verschiedener Subgruppen ignorieren. Dies führt zu geringerer Genauigkeit für bestimmte Gruppen, z. B. ethnische oder geschlechtsspezifische.

Aggregation Bias tritt besonders in klinischen Studien auf, etwa bei der Medikamentenentwicklung, wo physiologische Unterschiede zwischen Geschlechtern und ethnischen Gruppen nicht berücksichtigt werden. Dadurch entstehen Modelle, die für bestimmte Subpopulationen weniger präzise Vorhersagen liefern, was die Ungenauigkeit und potenziell die Ungleichbehandlung in der medizinischen Versorgung verstärkt.

In der Diabetesforschung variieren die HbA1c-Werte deutlich zwischen Geschlechtern und ethnischen Gruppen. Werden diese Unterschiede in Modellen nicht berücksichtigt, führt dies zu ungenauen Vorhersagen und Benachteiligung bestimmter Gruppen. González-Sendino et al. (2023) weisen darauf hin, dass Aggregation Bias entsteht, wenn gruppenspezifische Merkmale ignoriert und Daten unterschiedlicher Populationen undifferenziert zusammengefasst werden.

Selbst bei repräsentativen Datensätzen können entscheidende Unterschiede verwischt werden, wenn Modelle auf gemischten Datensätzen trainiert werden und verallgemeinerte Ergebnisse liefern. Diese übermäßige Abstraktion führt zu ungenauen und ungerechten Vorhersagen, da wesentliche Details übersehen werden.

Balayn et al. (2018) betonen, dass die Modellarchitektur so gestaltet werden muss, dass sie die Heterogenität der Population berücksichtigt. Es ist daher entscheidend, dass Modelle nicht nur auf aggregierten Daten basieren, sondern auch spezifische Untergruppen einbeziehen, um Verzerrungen zu reduzieren und gerechte Ergebnisse zu ermöglichen.

User Interaction Bias

entsteht, wenn KI-Systeme ihr Verhalten basierend auf Userfeedback anpassen, wodurch bestehende Verzerrungen unabsichtlich verstärkt werden. Dieser Bias kann verschiedene Formen annehmen und führt oft zu verzerrten Entscheidungen und ungerechten Ergebnissen in KI-Systemen.

Dieser Effekt kann auftreten, wenn bestimmte Interaktionsmuster dominieren und dadurch das KI-System dahingehend beeinflussen, bestimmte Gruppen zu bevorzugen oder zu benachteiligen (Schwartz et al., 2021). Verstärkt wird User Interaction Bias oft durch zusätzliche Verzerrungsarten wie Representation Bias oder Linking Bias, die bestehende Ungleichgewichte weiter verschärfen (Merahbi et al., 2021).

Ein Beispiel ist der Microsoft-Chatbot Tay, der 2016 auf Twitter eingeführt wurde und durch User-Interaktionen lernen sollte. Innerhalb von 24 Stunden übernahm er rassistische und beleidigende Aussagen, da er durch hasserfüllte Kommentare manipuliert wurde. Fehlende Schutzmechanismen führten dazu, dass Tay diese Inputs unreflektiert in seinen Lernprozess integrierte.

Der Vorfall zeigt, wie anfällig KI-Systeme für manipulative User-Interaktionen und Verzerrungen durch schädliche Daten sind. Rivas et al. (2019) heben hervor, dass eine systematische Analyse der Interaktionsdaten und fortlaufende Modellanpassungen notwendig sind, um den Einfluss negativen User-Verhaltens zu begrenzen. Schutzmechanismen zur frühzeitigen Erkennung toxischer Datenströme sind entscheidend, um zu verhindern, dass User Interaction Bias bestehende Verzerrungen verstärkt.

Emergent Bias

tritt auf, wenn ein Algorithmus in einem neuen Kontext angewendet wird, für den er ursprünglich nicht entwickelt wurde. Diese Kontextverschiebung kann zu neuen Verzerrungen führen, die im ursprünglichen Design des Algorithmus nicht vorgesehen waren, oft durch dynamische Wechselwirkungen zwischen Nutzern, Umgebung und sich ändernden Daten.

Algorithmen können im Laufe der Zeit Verzerrungen entwickeln, die ursprünglich nicht in den Trainingsdaten enthalten waren, und diese sind tief in den zahlreichen Parametern und Hyperparametern des Modells verankert, was ihre Entdeckung erschwert (Damani 2022).

Besonders problematisch ist Emergent Bias bei Benutzerschnittstellen, da diese häufig die Eigenschaften und Gewohnheiten der Nutzenden widerspiegeln. Friedman und Nissenbaum (1996) betonen, dass Verzerrungen entstehen, wenn bestimmte Benutzergruppen nicht repräsentativ berücksichtigt werden oder sich die Nutzungskontexte ändern, ohne dass der Algorithmus entsprechend angepasst wird. Diese unberücksichtigten Veränderungen können dazu führen, dass der Algorithmus Verzerrungen entwickelt, die im ursprünglichen Anwendungsbereich nicht vorhanden waren.

Linking Bias

Diese Verzerrung tritt auf, wenn Verbindungen oder Beziehungen zwischen Datenpunkten falsch interpretiert oder unangemessen gewichtet werden. Dies geschieht insbesondere dann, wenn die aus den Verbindungen, Aktivitäten oder Interaktionen der User abgeleiteten Netzwerkattribute das tatsächliche Nutzungsverhalten nicht korrekt widerspiegeln (Schwartz et al. 2022).

Ein typisches Beispiel für Linking Bias sind Empfehlungsalgorithmen, bei denen fehlerhafte Gewichtungen von Nutzerverbindungen zu ungenauen oder verzerrten Empfehlungen führen können. Ein weiteres Beispiel ist die Analyse sozialer Netzwerke, bei der Beziehungen zwischen Personen überbewertet werden, während wichtige Interaktionsmuster, wie der Informationsaustausch oder die Tiefe der Beziehungen, nicht ausreichend berücksichtigt werden. Dies kann dazu führen, dass zentrale Akteure übersehen werden oder Knoten mit wenigen Verbindungen falsch gewichtet werden, wodurch die Struktur des Netzwerks verzerrt wird. Um diesen Bias zu minimieren, sind klare Standards für die Identifizierung und das Management von Datenverbindungen in KI-Systemen notwendig (Schwartz et al., 2022).

Merahbi et al. (2019) zeigen, dass soziale Netzwerke verzerrt dargestellt werden können, wenn die Analyse ausschließlich auf den Verbindungen zwischen den Knoten basiert, ohne den Inhalt und das Verhalten der interagierenden Personen zu berücksichtigen. Diese Fokussierung auf Verbindungen ignoriert wesentliche Aspekte der Interaktionen, wie den Austausch von Informationen oder die Dynamik zwischen den Usern.

Dies führt dazu, dass Knoten mit wenigen Verbindungen (Knoten mit niedrigem Grad) überproportional häufig vorkommen oder falsch gewichtet werden, was die Netzwerkstruktur verfälscht. Um solche Verzerrungen zu vermeiden, müssen sowohl die Verbindungen als auch die tatsächlichen Interaktionen in die Analyse einbezogen werden, um ein genaueres Bild der Netzwerkdynamik zu erhalten.

Survivorship Bias

Überlebensbias tritt auf, wenn Analysen nur auf Fälle beschränkt werden, die einen bestimmten Auswahlprozess überstanden haben, und die ausgeschlossenen Fälle ignorieren. Dies führt zu verzerrten Schlussfolgerungen, da wichtige Datenpunkte fehlen.

In Rückfallprognose-Tools entsteht dieser Bias, wenn nur Personen betrachtet werden, die weiterhin im System sind, während diejenigen, die es verlassen haben – etwa durch Rückfall oder weil sie nicht mehr überwacht werden – fehlen. Dies verzerrt die Einschätzung des Rückfallrisikos, da das Tool nur stabile oder erfolgreiche Fälle erfasst und gescheiterte ignoriert, wodurch die Rückfallrate unrealistisch niedrig erscheint (Vermeer et al., 2021).

Ähnliche Verzerrungen treten auch in klinischen Studien auf, wenn Patientinnen und Patienten, die die Behandlung abbrechen oder versterben, nicht in die Auswertung einbezogen werden. Wird nur die Gruppe berücksichtigt, die die Behandlung erfolgreich abgeschlossen hat, entsteht ein verzerrtes Bild der tatsächlichen Wirksamkeit des Medikaments, da jene, die die Behandlung aufgrund von Nebenwirkungen oder fehlender Wirksamkeit abbrechen, nicht erfasst werden.

In klinischen Studien zur Krebstherapie werden Patienten oft zu unterschiedlichen Zeitpunkten rekrutiert. Wenn beispielsweise Personen, die eine neue Behandlung erhalten, früher aufgenommen werden als jene in der Kontrollgruppe, könnten letztere insgesamt gesünder sein, da sie später in die Studie aufgenommen wurden. Dies kann dazu führen, dass in der Kontrollgruppe mehr Personen die Nachbeobachtungszeit überleben, was das Studienergebnis verzerrt (van Eekelen et al. 2021).

Die Ausklammerung abgebrochener Fälle lässt wichtige Informationen über Risiken und Nebenwirkungen unbeachtet, was zu fehlerhaften Schlussfolgerungen über die Erfolgsquote führt. Um dies zu vermeiden, müssen alle Personendaten, einschließlich derer, die die Behandlung abgebrochen oder verstorben sind, in die

Analyse einbezogen werden, um ein vollständiges Bild der Wirksamkeit und Sicherheit zu erhalten.

6.4.5. *Bias in der Evaluierung*

Evaluation bias, reviewer bias, feedback loop bias, automation bias

Die Evaluierung eines KI-Systems umfasst eine umfassende Überprüfung des gesamten Workflows, wobei Leistung, Robustheit, Modellvalidierung, Fehleranalyse, Bias- und Fairness-Bewertung sowie Störungsresistenz im Fokus stehen. Im Folgenden werden die vier Bias-Arten vorgestellt, die von den Autorinnen für die Evaluierungsphase identifiziert wurden.

Evaluation Bias

tritt auf, wenn die Referenzdaten zur Bewertung eines Modells nicht repräsentativ für die Gesamtpopulation sind. Obwohl ein Modell mit Trainingsdaten optimiert wird, wird es in der Evaluationsphase oft anhand eines Testdatensatzes bewertet, was zu einer verzerrten Messung der Modellqualität führen kann.

Chu et al. (2023) identifizieren Evaluation Bias als eine Verzerrung, die entsteht, wenn KI-Modelle mit Benchmark-Daten bewertet werden, die nicht alle relevanten Altersgruppen abdecken. Besonders im Gesundheitsbereich kann dies dazu führen, dass Modelle ältere Menschen benachteiligen, da die Bewertungsstandards oft auf jüngere Populationen ausgerichtet sind. Dies führt zu ungenauen und potenziell unfairen Ergebnissen, da die Modellleistung in bestimmten Gruppen nicht korrekt reflektiert wird.

Ein weiteres Beispiel für Evaluation Bias findet sich bei der Verwendung ungeeigneter Benchmark-Bewertung von Gesichtserkennungssystemen. Buolamwini & Gebru (2018) wiesen in ihrer Studie darauf hin, dass die Verwendung ungeeigneter Benchmarks zur Bewertung von Gesichtserkennungssystemen zu Evaluation Bias führt.

Adience und IJB-A sind Datensätze zur Evaluierung von Gesichtserkennungssystemen, die aufgrund mangelnder Repräsentation und potenzieller Verzerrungen kritisiert wurden. Adience fokussiert auf Alters- und Geschlechtsschätzungen, während IJB-A komplexere Szenarien wie unterschiedliche Posen und Beleuchtungen testet. Beide Benchmarks bewerten die Systemleistung jedoch unterschiedlich je nach Hautfarbe und Geschlecht, was bestehende Verzerrungen verstärkt und zu diskriminierenden Ergebnissen führt.

Evaluation Bias tritt in automatisierten Spracherkennungssystemen auf, wenn Testdatensätze vorwiegend standardisiertes Hochdeutsch oder Englisch umfassen, während Dialekte und Akzente unterrepräsentiert sind. Dies führt dazu, dass Sprecher mit abweichenden Sprachmustern benachteiligt werden. Hutiri und Ding (2022) zeigen, dass solche Systeme bei der Erkennung von Akzenten oder Dialekten eine geringere Genauigkeit aufweisen, was zu ungenauen und unfairen Ergebnissen führt. Evaluation Bias kann zudem auch durch die subjektiven Einflüsse von Gutachterinnen und Gutachtern in verschiedenen Phasen der KI-Entwicklung entstehen.

Reviewer Bias

entsteht, wenn die Bewertenden durch ihre eigenen Vorurteile, Erwartungen oder persönlichen Erfahrungen die Modellbewertung beeinflussen, was zu einer verzerrten und subjektiven Einschätzung führt und die Objektivität der Evaluation beeinträchtigt.

Reviewer Bias kann auch in Natural Language Processing (NLP)-Modellen auftreten, zum Beispiel bei der Vorhersage von Fünf-Sterne-Bewertungen. Jaiswal et al. (2023) zeigen, dass NLP-Modelle, die auf Kurztext-Rezensionen basieren, solche subjektiven Verzerrungen reproduzieren und verstärken können, was die Bedeutung von sorgfältiger Evaluierung unterstreicht. Bei der Gestaltung von KI-Systemen ist es daher entscheidend, auch die Biases der Reviewer zu berücksichtigen, da sie potenziell Verzerrungen ins System einbringen. Repräsentative und ausgewogene Trainings- sowie Evaluationsdatensätze sind somit unerlässlich, um diese Einflüsse zu minimieren und fairere, objektivere Modelle zu entwickeln.

Feedback Loop Bias

entsteht, wenn Modellausgaben erneut in die Trainingsdaten integriert werden und dadurch zukünftige Modellentscheidungen beeinflussen. Diese Rückkopplung kann dazu führen, dass bestehende Verzerrungen verstärkt und perpetuiert werden, was die Objektivität und Leistung des Modells langfristig beeinträchtigt.

Studien zeigen, dass solche Schleifen in Bereichen wie medizinischer Diagnostik, Bildgebung (Aikens et al. 2024; Koçak et al. 2024) und prädiktiven Polizeipatrouillen (Arango et al. 2021) Verzerrungen verstärken und sich selbst verstärkende Kreisläufe von Fehlannahmen und Ungleichheiten schaffen können.

Arango et al. (2021) untersuchen, wie prädiktive Polizeialgorithmen Feedbackschleifen erzeugen können. Solche Algorithmen lenken Polizeipatrouillen oft unverhältnismäßig in benachteiligte Gebiete, was bestehende Vorurteile verstärkt. Dadurch entsteht eine Feedbackschleife, in der diese Gebiete weiterhin als kriminalitätsgefährdet klassifiziert werden, obwohl die Realität möglicherweise anders aussieht. Ein speziell entwickelter Algorithmus soll diese Verzerrungen mindern und eine gerechtere Verteilung der Polizeieinsätze ermöglichen.

Diese sich selbst verstärkenden Kreisläufe führen zu systematischen Ungerechtigkeiten und Ungleichheiten, die schwer zu durchbrechen sind, wenn die Verzerrungen nicht aktiv korrigiert werden. Somit bergen Feedbackschleifen in KI-Systemen erhebliche Risiken, da sie zu systematischen Ungerechtigkeiten führen, die nur schwer zu durchbrechen sind.

Ein zentrales Problem ist die mehrfache Nutzung derselben Daten, die bestehende Verzerrungen verstärken. Dies ist besonders dann problematisch, wenn anfängliche Fehler oder Vorurteile eines Algorithmus in den Rückkopplungszyklus einfließen und so die zukünftigen Trainingsdaten beeinflussen.

Automation Bias

beschreibt die menschliche Tendenz, automatisierten Entscheidungen oder Empfehlungen unkritisch zu vertrauen, selbst wenn widersprüchliche manuelle Eingaben oder Daten vorliegen (siehe auch 5.4.1 oder 2.6).

Gadala (2017) bestätigt, dass Automation Bias zu einem unkritischen Vertrauen in automatisierte Systeme führt, wodurch Nutzende ihre eigenen Entscheidungen zugunsten algorithmischer Empfehlungen vernachlässigen. Dies reduziert die Überwachung und überträgt faktisch Entscheidungsbefugnisse an Maschinen. De-Arteaga et al. (2020) heben hervor, wie wichtig menschliche Kontrolle ist, um fehlerhafte Bewertungen zu erkennen. Wang et al. (2022) schlagen aus diesem

Grund einen Checklistenansatz vor, der hilft, Verzerrungen in Modellen frühzeitig zu identifizieren und den Automation Bias zu mindern.

6.4.6. Bias im Deployment

Deployment bias, impact bias, operational bias,
reinforcement bias, distribution shift bias

Die Deployment-Phase markiert den Übergang eines KI-Modells von der Entwicklung in die reale Anwendung. Sie umfasst die Implementierung in bestehende Infrastrukturen sowie die Gewährleistung von Zuverlässigkeit, Skalierbarkeit und Sicherheit. Dabei müssen auch organisatorische und menschliche Faktoren beachtet werden, da Fehler und Verzerrungen den Prozess beeinträchtigen können. Vier relevante Bias-Arten für diese Phase werden im Folgenden erläutert.

Deployment Bias

tritt auf, wenn KI-Modelle in realen Umgebungen eingesetzt werden, die sich von den Annahmen und Bedingungen der Entwicklungsphase unterscheiden. Diese passiert, wenn Modelle ohne ausreichende Berücksichtigung des spezifischen Anwendungskontexts in die Praxis überführt werden.

Die folgenden Beispiele veranschaulichen, wie Deployment Bias auftritt, wenn Modelle nicht ausreichend an die spezifischen Anforderungen ihres Einsatzkontexts angepasst werden. Im Bildungsbereich können unzureichend angepasste Sprachmodelle zu ungleichen Lernergebnissen führen und bestehende Ungleichheiten verschärfen (Lee et al. 2024).

Ähnlich zeigt Gebran et al. (2023), dass maschinelle Lernmodelle, die rassische Ungleichheiten im Gesundheitswesen verringern sollen, in der Praxis Diskriminierungen verstärken, wenn sie nicht auf den realen Kontext abgestimmt sind. Auch in der medizinischen Diagnostik, etwa bei prädiktiven Modellen zur Früherkennung von Hirntumoren, können Abweichungen zwischen Trainings-

und klinischen Daten zu fehlerhaften Diagnosen führen (Henry & Jonathan 2024).

Diese Beispiele verdeutlichen den Deployment Bias, bei dem eine unzureichende Anpassung an den realen Kontext bestehende Verzerrungen weiter verstärken kann. Sie zeigen, dass der Erfolg eines KI-Systems nicht nur von der technischen Leistungsfähigkeit abhängt, sondern maßgeblich von der sorgfältigen und kontextgerechten Integration in die tatsächliche Anwendung. Fehlt diese Anpassung, sind fehlerhafte, ungleiche oder diskriminierende Ergebnisse die Folge.

Impact Bias

bezeichnet die Verzerrung, bei der die positiven Auswirkungen eines KI-Systems überbewertet werden, während potenzielle Einschränkungen und ethische Probleme oft übersehen oder unterschätzt werden. Dies führt zu einer unrealistischen Einschätzung der tatsächlichen Auswirkungen des Systems.

An dieser Stelle bietet sich erneut das Beispiel des Predictive Policing[32], an, bei dem häufig die Erwartung besteht, dass KI-gestützte Systeme die Kriminalitätsraten deutlich senken könnten. In der Praxis zeigt sich jedoch, dass die Erfolge begrenzt bleiben und zugleich ethische Probleme wie Diskriminierung und unfaire Polizeipraktiken entstehen (Ziosi & Pruss 2024).

Hier wird deutlich, wie sich Deployment Bias und Impact Bias gegenseitig verstärken können. Deployment Bias tritt auf, wenn ein KI-Modell in einer Umgebung verwendet wird, die nicht den Bedingungen entspricht, unter denen es entwickelt wurde. Gleichzeitig führt der Impact Bias dazu, dass die Effektivität des Systems überschätzt wird.I n Kombination können diese Verzerrungen dazu führen, dass fehlerhafte Modelle oder Anpassungen nicht rechtzeitig erkannt und korrigiert werden, was die Problematik verschärft.

32 Predictive Policing ist der Einsatz von Datenanalyse und maschinellen Lernalgorithmen, um zukünftige Verbrechen vorherzusagen. Dabei werden historische Kriminalitätsdaten verwendet, um Muster zu erkennen und Polizeiressourcen gezielt in potenziell gefährdete Gebiete oder auf bestimmte Personen zu lenken (Meijer & Wessels 2019).

Ein genauer Blick auf Predictive Policing zeigt, wie Impact Bias und Deployment Bias zusammenwirken: Die überschätzte Erwartung, dass KI die Kriminalitätsraten drastisch senkt (Impact Bias), trifft auf die unzureichende Anpassung an die komplexen sozialen Dynamiken der realen Welt (Deployment Bias). Diese Diskrepanz führt zu diskriminierenden Ergebnissen, die aufgrund überhöhter Erwartungen an die Technologie zunächst unbemerkt bleiben.

Die Überschätzung der Effektivität verdeckt die tatsächlichen Probleme, die durch die mangelhafte Anpassung an die reale Umgebung entstehen. Dieser Effekt ist auch im Bildungs- und Gesundheitsbereich spürbar. Im Bildungssektor wird oft angenommen, dass große Sprachmodelle den Lernprozess revolutionieren könnten, während sie in Wirklichkeit ungleiche Lernergebnisse erzeugen, wenn sie nicht auf die individuellen Bedürfnisse der Lernenden abgestimmt sind (Lee et al., 2024).

Im Gesundheitswesen verschärfen maschinelle Lernmodelle, die rassische Ungleichheiten abbauen sollen, Diskriminierungen, wenn sie nicht korrekt auf den jeweiligen Kontext abgestimmt sind (Gebran et al., 2023). Dies zeigt, wie die mangelnde Anpassung an den realen Einsatzbereich in Kombination mit der Überschätzung der Modelle unbeabsichtigte negative Auswirkungen haben kann.

Ebenso belegen Henry und Jonathan (2024), dass prädiktive Modelle zur Früherkennung von Hirntumoren fehleranfällig sind, wenn Diskrepanzen zwischen Trainings- und klinischen Daten unbeachtet bleiben. Diese Beispiele verdeutlichen, wie der Impact Bias – die unrealistische Erwartung an die Fähigkeiten von KI-Systemen – die realen Herausforderungen und ethischen Bedenken in den Hintergrund rückt.

Operational Bias

tritt auf, wenn KI-Systeme in bestimmten Umgebungen eingesetzt werden und ihre Leistung aufgrund des jeweiligen Kontexts variiert. Diese Verzerrung entsteht, weil die Nutzung und Interpretation der Systeme stark von den spezifischen Bedingungen abhängen.

Um solche Verzerrungen zu minimieren, fordern Standards wie die Common Criteria für die Validierung kritischer Systeme [33] die klare Definition des spezifischen Einsatzkontextes, in dem das System als zertifiziert gilt. Diese Anforderung ist besonders wichtig für KI-Systeme, um deren Zuverlässigkeit und Gerechtigkeit in der Anwendung sicherzustellen.

Diese klare Festlegung des Einsatzkontextes dient dazu, sicherzustellen, dass das KI-System in den vorgesehenen Umgebungen korrekt funktioniert und keine unvorhersehbaren oder ungerechten Ergebnisse liefert. Ohne diese Vorgaben besteht das Risiko, dass das System in verschiedenen Anwendungen oder für unterschiedliche Usergruppen inkonsistent arbeitet.

Die Leistung von Modellen kann je nach Region, Umgebung, Anwendung oder Nutzergruppe variieren (Campbell 2013). Dieses Problem betrifft alle Softwaresysteme und entsteht oft, wenn wesentliche Anforderungen zu Beginn nicht vollständig erfasst wurden, was zu unvorhergesehenen Verzerrungen führt.

33 Die Common Criteria sind ein international anerkannter Standard zur Bewertung und Zertifizierung der Sicherheit von IT-Systemen. Sie ermöglichen eine systematische Prüfung, ob kritische Systeme den definierten Sicherheitsanforderungen entsprechen, um ihre Zuverlässigkeit und Vertrauenswürdigkeit zu gewährleisten.

Ranard et al. (2024) verdeutlichen dies anhand von Algorithmen in der Intensivmedizin, wo sie Operational Bias feststellen. Dieser entsteht, weil die Algorithmen nicht korrekt auf klinische Umgebungen abgestimmt und unsachgemäß angewendet wurden. Dies führte zu ungenauen Vorhersagen und ungerechten Behandlungsentscheidungen und hebt die Notwendigkeit hervor, KI-Systeme kontinuierlich anzupassen und im Praxisbetrieb zu überwachen.

Reinforcement Bias

tritt auf, wenn historische Verzerrungen in den Trainingsdaten eines KI-Modells durch Rückkopplungsschleifen verstärkt werden. Anstatt Vorurteile zu korrigieren, reproduziert und intensiviert das Modell diese Verzerrungen im operativen Einsatz.

Reinforcement Bias kann entweder unbeabsichtigt oder gezielt auftreten, wenn bestimmte Ergebnisse oder Hypothesen im Modellprozess selektiv bestätigt werden, um gewünschte Resultate zu erzielen.

Im Gegensatz zu einem Feedback Loop, bei dem Modellausgaben wieder in das System eingespeist werden, verstärkt Reinforcement Bias bestehende Vorurteile, indem er diese gezielt hervorhebt und alternative Perspektiven oder Daten ignoriert. Ein Beispiel dafür ist die unkritische Bestätigung von etablierten Annahmen in biologischen Modellen, etwa in den Transkriptionsregulationsnetzwerken von T-Helfer-17-Zellen, bei denen bekannte regulatorische Beziehungen überbetont und neue, potenziell relevante Netzwerkelemente übersehen werden (Miraldi et al., 2019). Daher ist es entscheidend, sowohl die Qualität der Trainingsdaten als auch mögliche Verstärkungsmechanismen im praktischen Einsatz genau zu überwachen und geeignete Strategien zur Abschwächung von Verzerrungen zu implementieren.

In ortsbasierten Empfehlungssystemen tritt Reinforcement Bias auf, wenn das System fortlaufend ähnliche Empfehlungen basierend auf den bisherigen Präferenzen einer Nutzerin ausspricht. Zum Beispiel, wenn eine Nutzerin regelmäßig asiatische Restaurants besucht, wird das System auch in Zukunft hauptsächlich asiatische Restaurants empfehlen, wodurch die Vielfalt der Vorschläge stark eingeschränkt wird. Anstatt alternative Optionen wie mediterrane oder vegane Restaurants anzubieten, verstärkt das System immer wieder die bisherigen Vorlieben, was zu einer Zementierung des Userverhaltens und einer Reduktion neuer Entdeckungen führt (Sánchez et al., 2023).

Dabei ist wichtig zu verstehen, dass Reinforcement Bias nicht nur individuelle Vorlieben verstärken, sondern auch tief verwurzelte soziale und wirtschaftliche Ungleichheiten zementieren kann. Indem KI-Systeme kontinuierlich bestehende Präferenzen und Vorurteile wiederholen, tragen sie dazu bei, bestehende Ungerechtigkeiten zu zementieren, anstatt diese zu hinterfragen oder zu korrigieren.

Distribution Shift

beschreibt den Bias, der auftritt, wenn sich die Datenverteilung zwischen dem Training und der realen Einsatzphase eines KI-Modells unterscheidet. Diese Verschiebung kann die Modellleistung erheblich beeinträchtigen, da das Modell auf Muster trainiert wurde, die in der Praxis möglicherweise nicht mehr zutreffen.

Distribution Shift kann durch verändertes Nutzungsverhalten, saisonale Schwankungen oder technische Änderungen bei der Datenerfassung verursacht werden und hat das Potenzial, die Modellvorhersagen zu verfälschen.

Kuang et al. (2020) definieren es als eine signifikante Veränderung der Datenverteilung, die die Vorhersagegenauigkeit mindert und zu Instabilität führt. Singh et al. (2019) weisen darauf hin, dass Modelle unter veränderten Bedingungen nicht nur ungenau, sondern auch unfair werden können, besonders wenn sie bestimmte Bevölkerungsgruppen benachteiligen. Daher ist es entscheidend, Modelle flexibel zu gestalten, damit sie auch bei Distribution Shift stabile und faire Ergebnisse liefern, was kontinuierliche Überwachung und Anpassung erfordert.

6.4.7. *Bias im Monitoring*

Monitoring bias, adaptation bias

In der Monitoring-Phase eines KI-Systems liegt der Fokus auf der kontinuierlichen Überwachung und Optimierung. Hierbei werden reale Tests durchgeführt, um Schwachstellen zu identifizieren und die Leistung mit verschiedenen Metriken zu überwachen. Ein zentraler Aspekt ist das Logging[34]„ das relevante Ereignisse und Daten aufzeichnet und als Grundlage für regelmäßige Modellaktualisierungen dient. Zudem wird eine umfassende Dokumentation geführt, um Transparenz und Compliance zu gewährleisten. In dieser Phase können Monitoring Bias und Adaptation Bias auftreten, die die Systemleistung negativ beeinflussen.

Monitoring Bias

entsteht, wenn Überwachungsprozesse unzureichend oder unausgewogen gestaltet sind, was dazu führt, dass bestimmte Ereignisse oder Zustände in den Daten entweder über- oder unterrepräsentiert werden.

Diese systematische Verzerrung kann die Qualität und Verlässlichkeit der gesammelten Daten sowie der darauf basierenden Entscheidungen erheblich beeinträchtigen. Fehlentscheidungen sind oft die Folge, da wichtige Informationen übersehen und weniger relevante Aspekte überbetont werden.

In sicherheitskritischen Bereichen wie der Medizin kann dies gravierende Folgen haben, wenn sich Bedingungen ändern und das Modell nicht angepasst wird (Liu

34 Logging ist eine detaillierte Protokollierung und bezieht sich auf die fortlaufende Erfassung und Speicherung von Systemaktivitäten und -entscheidungen während des Betriebs eines KI-Systems.

et al., 2024). Ähnlich zeigt Nejad et al. (2013) in hydraulischen Frakturierungsmodellen, dass unzureichende Überwachung Veränderungen im Bruchverhalten unbemerkt lässt.

Zeng et al. (2019) veranschaulichen, dass auch im Bereich der Energieverbrauchsprognosen Monitoring Bias auftritt, wenn sich Betriebs- oder Userverhalten ändern und nicht erfasst werden. Alle Beispiele unterstreichen die Notwendigkeit einer kontinuierlichen Modellanpassung.

Adaptation Bias

tritt auf, wenn ein Modell bei der Anpassung an neue Daten oder veränderte Bedingungen verzerrt wird. Dabei konzentriert sich das Modell zu stark auf die neuen Daten und vernachlässigt ursprüngliche, für seine Entwicklung wichtige Merkmale oder Prinzipien.

Diese Form der Anpassung kann dazu führen, dass das Modell seine Generalisierungsfähigkeit verliert und in unterschiedlichen Szenarien oder bei veränderten Daten unzuverlässig wird. Cerisara et al. (2004) betonen, dass eine solche übermäßige Fokussierung auf neue Daten die Gesamtleistung des Modells beeinträchtigt, da es seine Fähigkeit einbüßt, in verschiedenen Umgebungen stabil zu arbeiten. Dadurch wird das Modell anfälliger für unerwartete Veränderungen und verliert an Robustheit.

Auch Stanovov et al. (2021) zeigen, dass übermäßige Anpassungen der Modellparameter die Lösungsvielfalt verringern und das Modell in seiner Flexibilität einschränken, was zu suboptimalen Ergebnissen führt.

Wenn KI-Systeme zu stark auf neue Daten oder Bedingungen angepasst werden, können ethische Grundsätze in den Hintergrund treten, wodurch bestehende Ungerechtigkeiten verstärkt werden (Morozov 2023). Adaptation Bias gefährdet somit sowohl die Genauigkeit als auch die Robustheit eines Modells, da es durch zu starke Anpassung seine ursprüngliche Generalisierungsfähigkeit verliert und in nicht entsprechenden Szenarien versagt. Es ist entscheidend, ein Gleichgewicht zwischen Anpassungsfähigkeit und der Bewahrung ursprünglicher Prinzipien zu finden, um langfristige Leistung und Fairness zu sichern.

6.5. Kernpunkte im Fokus: der Mensch ERKENNT

Menschlicher Einfluss auf Bias in KI-Systemen

- KI-Technologien haben transformative Potenziale, sind jedoch anfällig für kognitive Verzerrungen, die oft unbewusst in die Systeme einfließen.
- Diese Verzerrungen entstehen durch menschliche Entscheidungen und zeigen, dass KI nicht von Natur aus neutral ist.
- Die zentrale Verantwortung liegt darin, Bias zu erkennen und gezielt zu mindern, um ethische und soziale Implikationen umfassend zu adressieren.

Verantwortung bei der KI-Entwicklung und das AIBC-Modell

- Entwicklerinnen und Entwickler tragen eine ethische Verpflichtung, KI-Systeme auf Fairness, Inklusion und Transparenz auszurichten.
- Das AIBC-Modell verdeutlicht, in welchen Entwicklungsphasen eines KI-Systems Verzerrungen auftreten können und wie sie adressiert werden sollten.
- Systematische Überprüfungsmaßnahmen wie Algorithmic Audits und Bias Impact Assessments fördern die ethische Integrität von KI.

Die interdisziplinäre Herausforderung und ethische Standards

- Das Erkennen und Minimieren von Bias ist nicht nur eine technische, sondern auch eine kulturelle und strukturelle Herausforderung.
- Eine klare Zieldefinition und ethische Standards sind notwendig, um sicherzustellen, dass KI-Systeme effizient und gesellschaftlich verantwortungsvoll agieren.

- Interdisziplinäres Denken – an der Schnittstelle von Technologie, Ethik und Gesellschaft – ermöglicht eine gerechtere und transparente KI-Entwicklung, die dem Wohl der Gesellschaft dient.

Referenzen

Aikens, R. C., Chen, J. H., Baiocchi, M., Simard, J. F. (2024) Feedback Loop Failure Modes in Medical Diagnosis: How Biases Can Emerge and Be Reinforced. Medical Decision Making, 0272989X241248612.

Arango, I. R., Rubio, M. D., Villegas, A. J. R. (2021) A fair allocation algorithm for predictive police patrolling. In CS & IT Conference Proceedings (Vol. 11, No. 23). CS & IT Conference Proceedings.

Balayn, A., Mavridis, P., Bozzon, A., Timmermans, B., Szlávik, Z. (2018) Characterising and mitigating aggregation-bias in crowdsourced toxicity annotations. In 1st Workshop on Subjectivity, Ambiguity and Disagreement in Crowdsourcing, and 1st Workshop on Disentangling the Relation Between Crowdsourcing and Bias Management (pp. 67-71). CEUR-WS.

Barnhart, B. (2022) Social media demographics to inform your 2022 strategy. Sprout Social [Internet] sproutsocial.

Beck, S., Grunwald, A., Jacob, K., Matzner, T. (2019) Künstliche Intelligenz und Disk riminierung. Herausforderungen und Lösungsansätze. Online unter: https://bit.ly/3mYofNN (letzter Zugriff: 18.06. 2020).

Bernault, C., Juan, S., Delmas, A., Andre, J. M., Rodier, M., Chraibi Kaadoud, I. (2023) Assessing the impact of cognitive biases in AI project development. In International Conference on Human-Computer Interaction (pp. 401-420). Cham: Springer Nature Switzerland.

Bertrand, A., Belloum, R., Eagan, J. R., Maxwell, W. (2022) How cognitive biases affect XAI-assisted decision-making: A systematic review. In Proceedings of the 2022 AAAI/ACM Conference on AI, Ethics, and Society (pp. 78-91). kernaussage zu availability bias

Buolamwini, J. A. (2017) Gender shades: intersectional phenotypic and demographic evaluation of face datasets and gender classifiers (Doctoral dissertation, Massachusetts Institute of Technology).

Buolamwini, J., Gebru, T. (2018) Gender shades: Intersectional accuracy disparities in commercial gender classification. In Conference on fairness, accountability and transparency (pp. 77-91). PMLR.

Cabitza, F. (2019) Biases affecting human decision making in AI-supported second opinion settings. In Modeling Decisions for Artificial Intelligence: 16th International Conference, MDAI 2019, Milan, Italy, September 4–6, 2019, Proceedings 16 (pp. 283-294). Springer International Publishing.

Cazes, M., Franiatte, N., Delmas, A., André, J. M., Rodier, M., Kaadoud, I. C. (2021) Evaluation of the sensitivity of cognitive biases in the design of artificial intelligence. In Rencontres des Jeunes Chercheurs en Intelligence Artificielle (RJCIA'21) Plate-Forme Intelligence Artificielle (PFIA'21) (pp. 30-37).

Calikli, G., Aslan, B., Bener, A. (2010) Confirmation bias in software development and testing: An analysis of the effects of company size, experience and reasoning skills.

Çalıklı, G., Bener, A. B. (2013) Influence of confirmation biases of developers on software quality: an empirical study. Software Quality Journal, 21, 377-416.

Campbell, G. (2013) Similarities and differences of Bayesian designs and adaptive designs for medical devices: a regulatory view. Statistics in Biopharmaceutical Research, 5(4), 356-368.

Castelnovo, A. (2024) Towards Responsible AI in Banking: Addressing Bias for Fair Decision-Making. arXiv preprint arXiv:2401.08691.

Caton, S., Haas, C. (2024) Fairness in machine learning: A survey. ACM Computing Surveys, 56(7), 1-38.

Cazes, M., Franiatte, N., Delmas, A., André, J. M., Rodier, M., Kaadoud, I. C. (2021) Evaluation of the sensitivity of cognitive biases in the design of artificial intelligence. In Rencontres des Jeunes Chercheurs en Intelligence Artificielle (RJCIA'21) Plate-Forme Intelligence Artificielle (PFIA'21) (pp. 30-37).

Cerisara, C., Rigazio, L., Junqua, J. C. (2004) α-Jacobian environmental adaptation. Speech Communication, 42(1), 25-41.

Chapman, L. J., Chapman, J. P. (1967) Genesis of popular but erroneous psychodiagnostic observations. journal of Abnormal Psychology, 72(3), 193.

Chen, F., Wang, L., Hong, J., Jiang, J., Zhou, L. (2024) Unmasking bias in artificial intelligence: a systematic review of bias detection and mitigation strategies in electronic health record-based models. Journal of the American Medical Informatics Association, 31(5), 1172-1183.

Chu, C. H. et al. (2023) Age-related bias and artificial intelligence: a scoping review. Humanities and Social Sciences Communications, 10(1), 1-17.

Croskerry, P. (2014) Bias: A normal operating characteristic of the diagnosing brain. Diagnosis, 1(1), 23–27.

Curtis-Lopez, C. et al. (2021) Narrowing the gap in careers in clinical research and academia for healthcare professionals: A scoping review on the role of major funding bodies in the UK. Sushruta Journal of Health Policy & Opinion, 14(1), 1-18.

Damani, D. (2022) A survey on Artificial Intelligence Bias. The National High School Journal of Science.

Dastin, J. (2022) Amazon scraps secret AI recruiting tool that showed bias against women. In Ethics of data and analytics (pp. 296-299). Auerbach Publications.

De-Arteaga, M., Fogliato, R., & Chouldechova, A. (2020) A case for humans-in-the-loop: Decisions in the presence of erroneous algorithmic scores. In Proceedings of the 2020 CHI Conference on Human Factors in Computing Systems (pp. 1-12).

Diemer, E. W., Hudson, J. I., & Javaras, K. N. (2021) More (adjustment) is not always better: How directed acyclic graphs can help researchers decide which covariates to include in models for the causal relationship between an exposure and an outcome in observational research. Psychotherapy and psychosomatics, 90(5), 289-298.

Dorleon, G. (2023) Mitigation of Data Bias Through Fair Feature Selection Methods (Doctoral dissertation, Université Paul Sabatier-Toulouse III).

Dwivedi, D. (2023) Algorithmic Bias: A Challenge for Ethical Artificial Intelligence (AI). In Immersive Technology and Experiences: Implications for Business and Society (pp. 67-84). Singapore: Springer Nature Singapore.

Edelman, B. G., Luca, M. (2014) Digital discrimination: The case of Airbnb. com. Harvard Business School NOM Unit Working Paper, (14-054).

Ferrara, E. (2023) Fairness and bias in artificial intelligence: A brief survey of sources, impacts, and mitigation strategies. Sci, 6(1), 3.

Ferrer, X., Van Nuenen, T., Such, J. M., Coté, M., Criado, N. (2021) Bias and discrimination in AI: a cross-disciplinary perspective. IEEE Technology and Society Magazine, 40(2), 72-80.

Fletcher, R. R., Nakeshimana, A., Olubeko, O. (2021) Addressing fairness, bias, and appropriate use of artificial intelligence and machine learning in global health. Frontiers in artificial intelligence, 3, 561802.

Friedman, B., Nissenbaum, H. (1996) Bias in computer systems. ACM Transactions on information systems (TOIS), 14(3), 330-347.

Frisby, C. L. (2023) What is meant by 'bias' in psychological science?. In Ideological and Political Bias in Psychology: Nature, Scope, and Solutions (pp. 17-38). Cham: Springer International Publishing.

Fu, R., Huang, Y., Singh, P. V. (2020) Artificial intelligence and algorithmic bias: Source, detection, mitigation, and implications. In Pushing the Boundaries: Frontiers in Impactful OR/OM Research (pp. 39-63). INFORMS.

Gadala, M. (2017) Automation bias: exploring causal mechanisms and potential mitigation strategies (Doctoral dissertation, City, University of London).

Gaisch, M. (2019) HEAD for and DIVE into diversity management and intercultural competence. In IACCM-IÉSEG Research Conference 2019 (p. 56).

Gaisch, M.; Rammer, V.; Sterrer, S. Takacs, C. (2023) Wie MINT gewinnt. Assoziationen, Erfolgsfaktoren und Hemmnisse österreichischer Schülerinnen in Bezug auf eine Ausbildung in den MINT-Bereichen. Auftragsstudie für die MINTality Stiftung. Wien.

Gebran, A. et al. (2023) Development of a Machine Learning–Based Prescriptive Tool to Address Racial Disparities in Access to Care After Penetrating Trauma. JAMA surgery, 158(10), 1088-1095.

González-Sendino, R., Serrano, E., Bajo, J., Novais, P. (2023) A review of bias and fairness in artificial intelligence.

Greene, N. (2022) Technical Bias in Neural Networks. Utica University.

Gutierrez, C. I., Aguirre, A., Uuk, R., Boine, C. C., Franklin, M. (2023) A proposal for a definition of general purpose artificial intelligence systems. Digital Society, 2(3), 36.

Hall, P., Ellis, D. (2023) A systematic review of socio-technical gender bias in AI algorithms. Online Information Review, 47(7), 1264-1279.

Hammerschall, U., Beneken, G. (2013) Software Requirements (Pearson Studium-IT).

Henry, E., Jonathan, H. (2024) Developing predictive models for early detection of brain tumors using medical imaging data (No. 13588). EasyChair.

Infrastructure, P. K., Profile, T. P. (2002) Common criteria for information technology security evaluation. National Security Agency.

Jaiswal, P., Setia, H., Raghuwanshi, P., Randhawa, P. (2023) A Natural Language Processing Model for Predicting Five-Star Ratings of Video Games on Short-Text Reviews. Engineering Proceedings, 59(1), 58.

Jannach, D., Bauer, C. (2020) Escaping the McNamara fallacy: Towards more impactful recommender systems research. Ai Magazine, 41(4), 79-95.

Jia, K., Rinard, M. (2021) Exploiting verified neural networks via floating point numerical error. In Static Analysis: 28th International Symposium, SAS 2021, Chicago, IL, USA, October 17–19, 2021, Proceedings 28 (pp. 191-205). Springer International Publishing.

Koçak, B. et al. (2024) Bias in artificial intelligence for medical imaging: fundamentals, detection, avoidance, mitigation, challenges, ethics, and prospects. Diagn Interv Radiol.

Kodiyan, A. A. (2019) An overview of ethical issues in using AI systems in hiring with a case study of Amazon's AI based hiring tool. Researchgate Preprint, 1-19.

Kuang, K., Xiong, R., Cui, P., Athey, S., Li, B. (2020) Stable prediction with model misspecification and agnostic distribution shift. In Proceedings of the AAAI Conference on Artificial Intelligence (Vol. 34, No. 04, pp. 4485-4492).

Lee, J. Y., Yang, J. (2023) Leveraging Gender Proxies Can Lead to Fairer Credit Risk Predictions. Available at SSRN 4602450.

Lee, J., Hicke, Y., Yu, R., Brooks, C., Kizilcec, R. F. (2024) The life cycle of large language models in education: A framework for understanding sources of bias. British Journal of Educational Technology, 55(5), 1982-2002.

Li, L. T., Adelstein, J. M., Sinkler, M. A., Mistovich, R. J. (2022) Artificial Intelligence Promotes the Dunning Kruger Effect: Evaluating ChatGPT Answers to Frequently Asked Questions About Adolescent Idiopathic Scoliosis. JAAOS-Journal of the American Academy of Orthopaedic Surgeons, 10-5435.

Liu, Y. et al. (2024) Preparing for the bedside—optimizing a postpartum depression risk prediction model for clinical implementation in a health system. Journal of the American Medical Informatics Association, 31(6), 1258-1267.

Lopez, P. (2021) Diskriminierung durch Data Bias. Künstliche Intelligenz kann soziale Ungleichheiten verstärken. WZB Mitteilungen, 171(2021), 26-28.

Malik, M. M. (2020) A hierarchy of limitations in machine learning. arXiv preprint arXiv:2002.05193.

Mandal, A., Leavy, S., Little, S. (2021, October) Dataset diversity: measuring and mitigating geographical bias in image search and retrieval. In Proceedings of the 1st International Workshop on Trustworthy AI for Multimedia Computing (pp. 19-25).

Manoogian, J., Benson, B. (2016) "Codex des biais cognitifs". In : Penser critique.

Marinucci, L., Mazzuca, C., Gangemi, A. (2023) Exposing implicit biases and stereotypes in human and artificial intelligence: state of the art and challenges with a focus on gender. AI & SOCIETY, 38(2), 747-761.

Mehrabi, N., Morstatter, F., Peng, N., Galstyan, A. (2019) Debiasing community detection: the importance of lowly connected nodes. In Proceedings of the 2019 IEEE/ACM international conference on advances in social networks analysis and mining (pp. 509-512).

Mehrabi, N., Morstatter, F., Saxena, N., Lerman, K., Galstyan, A. (2021) A survey on bias and fairness in machine learning. ACM computing surveys (CSUR), 54(6), 1-35.

Meijer, A., Wessels, M. (2019) Predictive policing: Review of benefits and drawbacks. International Journal of Public Administration.

Miraldi, E. R. et al. (2019) Leveraging chromatin accessibility for transcriptional regulatory network inference in T Helper 17 Cells. Genome research, 29(3), 449-463.

Morozov, E. (2023) The True Threat of Artificial Intelligence. International New York Times, NA-NA.

Morse, J. (2017) App creator apologizes for 'racist'filter that lightens skin tones. Mashable, available at: https://mashable. com/2017/04/24/faceapp-racism-selfie/# zeUItoQB5iqI (accessed 5 March 2018).

Muthukumar, V. et al. (2018) Understanding unequal gender classification accuracy from face images. arXiv preprint arXiv:1812.00099.

Nazer, L. H. et al. (2023) Bias in artificial intelligence algorithms and recommendations for mitigation. PLOS Digital Health, 2(6), e0000278.

Olteanu, A., Castillo, C., Diaz, F., Kıcıman, E. (2019) Social data: Biases, methodological pitfalls, and ethical boundaries. Frontiers in big data, 2, 13.

Panch, T., Mattie, H., Atun, R. (2019) Artificial intelligence and algorithmic bias: implications for health systems. Journal of global health, 9(2).

Patel, K. (2020) is AI innately sexist?. The World Today, 76(1), 16-18.

Raghavan, M., Barocas, S., Kleinberg, J., Levy, K. (2020) Mitigating bias in algorithmic hiring: Evaluating claims and practices. In Proceedings of the 2020 conference on fairness, accountability, and transparency (pp. 469-481).

Raji, I. D., Gebru, T., Mitchell, M., Buolamwini, J., Lee, J., Denton, E. (2020) Saving face: Investigating the ethical concerns of facial recognition auditing. In Proceedings of the AAAI/ACM Conference on AI, Ethics, and Society (pp. 145-151).

Ranard, B. L., Park, S., Jia, Y., Zhang, Y., Alwan, F., Celi, L. A., Lusczek, E. R. (2024) Minimizing bias when using artificial intelligence in critical care medicine. Journal of Critical Care, 82, 154796. kernaussage zu operational bias -short and sweet

Rivas, P., Chelsi, C., Nishit, N., Ravula, L. (2019) Application-agnostic chatbot deployment considerations: A case study. In 2019 International Conference on Computational Science and Computational Intelligence (CSCI) (pp. 361-365). IEEE.

Roselli, D., Matthews, J., Talagala, N. (2019) Managing bias in AI. In Companion proceedings of the 2019 world wide web conference (pp. 539-544).

Roth, S. (2022) Biased Machines in the Realm of Politics. Dissertation. University of Konstanz.

Sartori, L., Theodorou, A. (2022) A sociotechnical perspective for the future of AI: narratives, inequalities, and human control. Ethics and Information Technology, 24(1), 4.

Schelter, S., Stoyanovich, J. (2020) Taming technical bias in machine learning pipelines. Bulletin of the Technical Committee on Data Engineering, 43(4).

Schwartz, R., Down, L., Jonas, A., Tabassi, E. (2021) A proposal for identifying and managing bias in artificial intelligence. Draft NIST Special Publication, 1270.

Schwartz, R., Schwartz, R., Vassilev, A., Greene, K., Perine, L., Burt, A., Hall, P. (2022) Towards a standard for identifying and managing bias in artificial intelligence (Vol. 3, p. 00). US Department of Commerce, National Institute of Standards and Technology.

Sheikh, H., Prins, C., Schrijvers, E. (2023) Artificial intelligence: definition and background. In Mission AI: The new system technology (pp. 15-41). Cham: Springer International Publishing.

Shepard, M. (2020) Bias in urban research: From tools to environments. In The Routledge Companion to Smart Cities (pp. 29-41). Routledge.

Sieglová, D., Kotík, J., Löffelmannová, M., Soukupová, V., Stejskalová, L. (2023) Critical Incidents in Corporate Leadership: A model event toward diversity, equity and inclusion. Emerging Critical Incident Research across European Contexts and Disciplines, 75.

Singh, H., Singh, R., Mhasawade, V., Chunara, R. (2019) Fair predictors under distribution shift. In NeurIPS Workshop on Fair ML for Health.

Srinivasan, R., Chander, A. (2021) Biases in AI systems. Communications of the ACM, 64(8), 44-49.

Stanovov, V., Akhmedova, S., Semenkin, E. (2021) Biased parameter adaptation in differential evolution. Information Sciences, 566, 215-238.

Stein, J. P., Messingschlager, T., Gnambs, T., Hutmacher, F., Appel, M. (2024) Attitudes towards AI: measurement and associations with personality. Scientific Reports, 14(1), 2909.

Ueda, D. et al. (2024) Fairness of artificial intelligence in healthcare: review and recommendations. Japanese Journal of Radiology, 42(1), 3-15.

Ukraintsev, V. et al. (2018) CD-SEM real time bias correction using reference metrology based modeling. In Metrology, Inspection, and Process Control for Microlithography XXXII (Vol. 10585, pp. 199-208). SPIE.

Van Der Haegen, M. (2023) Quantitative legal prediction as a dispute resolution mechanism. European Review of Private Law, 31(2/3).

Van Eekelen, R., Bossuyt, P. M., van Wely, M., van Geloven, N. (2021) Reducing survivorship bias due to heterogeneity when comparing treated and controls with a different start of follow up. arXiv preprint arXiv:2105.07685.

Vermeer, N., Boer, A., Winkels, R. (2021) Survivorship Bias Mitigation in a Recidivism Prediction Tool (No. 4903). EasyChair.

Wall, E., Blaha, L. M., Franklin, L., Endert, A. (2017) Warning, bias may occur: A proposed approach to detecting cognitive bias in interactive visual analytics. In 2017 ieee conference on visual analytics science and technology (vast) (pp. 104-115). IEEE.

Wang, H. E., Landers, M., Adams, R., Subbaswamy, A., Kharrazi, H., Gaskin, D. J., Saria, S. (2022) A bias evaluation checklist for predictive models and its pilot application for 30-day hospital readmission models. Journal of the American Medical Informatics Association, 29(8), 1323-1333.

Whang, S. E., Lee, J. G. (2020) Data collection and quality challenges for deep learning. Proceedings of the VLDB Endowment, 13(12), 3429-3432.

Zeng, A., Liu, S., Yu, Y. (2019) Comparative study of data driven methods in building electricity use prediction. Energy and Buildings, 194, 289-300.

Ziosi, M., Pruss, D. (2024) Evidence of What, for Whom? The Socially Contested Role of Algorithmic Bias in a Predictive Policing Tool. In The 2024 ACM Conference on Fairness, Accountability, and Transparency (pp. 1596-1608).

Zweig, K. A., Krafft, T. D., Klingel, A., Park, E. (2021) Sozioinformatik: ein neuer Blick auf Informatik und Gesellschaft. Carl Hanser Verlag GmbH Co KG.

7

Der Mensch BEDENKT

Kapitel 7 widmet sich den grundlegenden gesellschaftlichen Fragen, die die Entwicklung und den Einsatz von KI-Systemen prägen. Der Schwerpunkt liegt darauf, wie Menschen ihre Verantwortung leben und nutzen können, um den technologischen Fortschritt in Bahnen zu lenken, die dem Wohl der Gesellschaft sowie den Prinzipien der Gerechtigkeit und Nachhaltigkeit dienen.

Neben einer detaillierten Betrachtung des rechtlichen Rahmens in Europa wird auch ein umfassender globaler Überblick über internationale KI-Ethik-Initiativen vermittelt und ethische Regularien und Initiativen vorgestellt. Diese globale Perspektive dient als Fundament für praxisnahe Handlungsempfehlungen, die verdeutlichen, wie ethische Prinzipien in die konkrete Umsetzung von KI-Projekten integriert werden können. Ergänzend dazu werden Leuchtturmprojekte und Best-Practice-Beispiele vorgestellt, die anschaulich demonstrieren, wie eine ethisch fundierte KI-Entwicklung in der Praxis erfolgreich umgesetzt und Verantwortung von der Konzeption bis zur Implementierung aktiv übernommen wird.

7. Der Mensch BEDENKT: Empfehlungen

> Künstliche Intelligenz spiegelt unsere eigene Intelligenz wider. Nur durch weitsichtige Regeln, kluge Gesetze und ethische Prinzipien können wir sicherstellen, dass sie uns dient und nicht unsere Werte gefährdet.

Die zahlreichen Leitlinien für verantwortungsvolle KI bieten wertvolle Orientierung, um sicherzustellen, dass KI-Systeme nicht nur technisch leistungsfähig, sondern auch gerecht, transparent und menschenzentriert gestaltet werden. Ihre Anwendung erstreckt sich über alle Phasen eines Projekts – von der Datenauswahl über die Entwicklung von Algorithmen bis zur Implementierung von Feedbackmechanismen (siehe Kapitel 8: Der Mensch LENKT). Wichtig ist dabei ein ganzheitlicher Ansatz, der den gesamten Lebenszyklus eines KI-Projekts umfasst und ethische Reflexion in jeder Phase fördert.

> Jobin et al. (2019) analysieren weltweit 84 ethische Richtlinien und heben dabei deutliche Unterschiede in ihrer Ausrichtung und praktischen Umsetzung hervor. Trotz dieser Variationen weisen die meisten Richtlinien eine Reihe gemeinsamer ethischer Prinzipien auf, darunter Transparenz, Gerechtigkeit, Schadensvermeidung, Verantwortlichkeit und der Schutz der Privatsphäre.

Dieser Wildwuchs unterschiedlicher ethischer KI-Guidelines macht die dringende Notwendigkeit einer globalen Harmonisierung deutlich, um kohärente Rahmenbedingungen zu schaffen, die einheitliche ethische Standards weltweit sicherstellen. Viele dieser Richtlinien haben ihren Ursprung in verschiedenen wissenschaftlichen und rechtlichen Disziplinen, insbesondere in der Fairness-Forschung der Informatik und im Antidiskriminierungsrecht, und sind international eng mit Datenschutzgesetzen und ethischen Standards verknüpft (van der Sloot et al. 2021; Rebstadt et al. 2022).

Ethisches Prinzip	Anzahl der Dokumente	Enthaltene Codes
Transparenz	73/84	Transparenz, Erklärbarkeit, Verständlichkeit, Interpretierbarkeit, Kommunikation, Offenlegung, Darstellung
Gerechtigkeit & Fairness	68/84	Gerechtigkeit, Fairness, Konsistenz, Inklusion, Gleichheit, (Nicht-)Bias, (Nicht-)Diskriminierung, Vielfalt, Zugänglichkeit, Reversibilität, Abhilfe, Wiedergutmachung, Herausforderung, Zugang und Verteilung
Nicht-Schädigung (Non-maleficence)	60/84	Nicht-Schädigung, Sicherheit, Schutz, Schaden, Vorsorge, Prävention, Integrität (körperlich oder geistig), Nicht-Subversion
Verantwortung	60/84	Verantwortung, Rechenschaftspflicht, Haftung, Handeln mit Integrität
Privatsphäre (Privacy)	47/84	Privatsphäre, persönliche oder private Informationen
Wohltätigkeit (Beneficence)	41/84	Nutzen, Wohltätigkeit, Wohlbefinden, Frieden, Allgemeinwohl, Gemeinwohl
Freiheit & Autonomie	34/84	Freiheit, Autonomie, Einwilligung, Wahl, Selbstbestimmung, Freiheit, Ermächtigung
Vertrauen	28/84	Vertrauen
Nachhaltigkeit	14/84	Nachhaltigkeit, Umwelt (Natur), En ergie, Ressourcen (Energie)
Würde	13/84	Würde
Solidarität	6/84	Solidarität, soziale Sicherheit, Zusammenhalt

Tabelle 1: Jobin et al. (2019) ethische Prinzipien in AI Guidelines

7.1. Guidelines für verantwortungsvolle KI-Systeme

In diesem Abschnitt werden internationale Frameworks und Guidelines vorgestellt, die ethische und technische Leitlinien für die KI-Entwicklung bieten. Der Fokus liegt auf menschenzentrierten Ansätzen, die Transparenz, Fairness und Verantwortlichkeit gewährleisten. Dazu zählen globale Erklärungen wie die Montreal- und Toronto-Deklarationen sowie technologische Initiativen wie Explainable AI und die Asilomar AI Principles, die eine KI-Entwicklung fördern, die sowohl menschliche Bedürfnisse berücksichtigt als auch ethischen Standards entspricht.

7.1.1. Digitaler Humanismus: Technologie im Dienst der Menschlichkeit

Dieser Ansatz bietet einen Rahmen, um technologische Innovationen ethisch verantwortungsvoll und menschenzentriert zu gestalten.

Der Digitale Humanismus stellt den Menschen und seine Werte in den Mittelpunkt technologischer Entwicklungen. Er fordert, dass Innovationen, besonders im Bereich der KI, mit Werten wie Würde, Freiheit und Gerechtigkeit im Einklang stehen und das Gemeinwohl fördern, statt nur Effizienz zu maximieren (Werthner 2023).

Der Digitale Humanismus betrachtet Technologie als ethisch fundiertes Werkzeug, das soziale Teilhabe fördert und gerechteren Zugang zu Ressourcen ermöglicht. Er fordert, Machtasymmetrien im digitalen Wandel zu hinterfragen und einen verantwortungsvollen Umgang mit Technologien, der die menschliche Selbstbestimmung schützt und gesellschaftliche Ungleichheiten abbaut. KI soll dabei unter menschlicher Kontrolle bleiben, um Werte wie Würde und Freiheit zu gewährleisten (Hofkirchner & Kreowski 2022; Bertolaso et al. 2022; Werthner et al. 2022; Fuchs 2022).

Nida-Rümelin & Weidenfeld (2023) betonen die Notwendigkeit ethischer Rahmenbedingungen und Regulierung, um zu verhindern, dass KI menschliche Werte gefährdet. Sutanto (2021) kritisiert, dass der Digitale Humanismus auch politische und wirtschaftliche Machtverhältnisse sowie den ungleichen Zugang zu digitalen Ressourcen berücksichtigen muss.

Auch Nida-Rümelin & Weidenfeld (2023) warnen vor der Übertechnologisierung und der Illusion, dass KI das menschliche Denken ersetzen könnte, und fordern ethische Rahmenbedingungen und klare Regulierung, um sicherzustellen, dass KI die Gesellschaft unterstützt, ohne grundlegende menschliche Werte zu gefährden. Sutanto (2021) weist kritisch darauf hin, dass der Digitale Humanismus zwar wichtig, aber unzureichend ist, da er auch politische und wirtschaftliche Machtverhältnisse sowie den ungleichen Zugang zu digitalen Ressourcen berücksichtigen muss. Eine umfassendere Reflexion über die komplexen Wechselwirkungen zwischen Mensch, Technik und Gesellschaft sei notwendig.

Prinzipien des Digitalen Humanismus:

Mensch im Mittelpunkt: Technologie soll dem Menschen dienen und dessen Würde wahren.

Wertebasierte Technologiegestaltung: Technologien müssen auf Werten wie Freiheit, Gerechtigkeit, Autonomie und Verantwortung beruhen, einschließlich Datenschutz und Menschenrechten.

Ethische Reflexion und Verantwortung: Entwicklerinnen und politische Akteure müssen die ethischen Implikationen technologischer Innovationen ständig hinterfragen und negative Auswirkungen minimieren.

Soziale Gerechtigkeit und Inklusion: Technologische Entwicklungen sollen sozialen Zusammenhalt und Gerechtigkeit fördern.

Autonomie und Kontrolle: Menschen behalten die Kontrolle über Technologien, die auf nachvollziehbaren Prinzipien beruhen.

Förderung von Bildung und kritischem Denken: Digitale Kompetenz soll gefördert werden, um Menschen zu befähigen, Technologien verantwortungsvoll zu nutzen.

Nachhaltigkeit: Technologien sollen nachhaltig entwickelt werden, unter Berücksichtigung der langfristigen Auswirkungen auf Umwelt und Gesellschaft.

Führende Köpfe im Bereich des Digitalen Humanismus sind Julian Nida-Rümelin, Francesca Rossi, Hannes Werthner und Shoshana Zuboff. Diese Denkerinnen und Denker prägen die Debatte über die ethischen Implikationen der Digitalisierung und setzen sich für eine Technologieentwicklung ein, die humanistische Werte wie Gerechtigkeit, Transparenz und gesellschaftliche Verantwortung in den Mittelpunkt stellt.

- Julian Nida-Rümelin:

Ein deutscher Philosoph und Politiker, der sich intensiv mit den ethischen Implikationen der Digitalisierung auseinandersetzt. Er ist einer der prominenten Vertreter des Digitalen Humanismus und betont die Notwendigkeit, dass technologische Entwicklungen im Einklang mit humanistischen Werten stehen müssen (Nida-Rümelin 2021).

- Francesca Rossi:

Eine führende Forscherin im Bereich der KI-Ethik, die als IBM Fellow tätig ist. Rossi setzt sich für die Entwicklung von KI-Systemen ein, die mit menschlichen Werten kompatibel sind, und ist eine Verfechterin des Digitalen Humanismus in der KI-Entwicklung (Rossi 2018; Rossi/Mattei 2019).

- Hannes Werthner:

Professor an der Technischen Universität Wien und einer der Initiatoren der Digital Humanism Initiative, die eine interdisziplinäre Diskussion über die Bedeutung und die Auswirkungen der Digitalisierung für die menschliche Gesellschaft fördert (Werthner et al. 2022).

- Shoshana Zuboff:

Autorin des Buches „The Age of Surveillance Capitalism“, in dem sie die Macht und den Einfluss großer Technologieunternehmen kritisch beleuchtet. Sie argumentiert für einen Digitalen Humanismus, der dem Menschen die Kontrolle über seine Daten und sein digitales Leben zurückgibt (Zuboff 2019).

7.1.2. Das Human-Centered AI (HCAI) Framework

Das Human-Centered AI (HCAI) Framework dient als umfassende Anleitung für die Entwicklung von KI-Systemen, die nicht nur funktional und leistungsfähig sind, sondern auch menschliche Werte, Bedürfnisse und ethische Überlegungen integrieren. Wesentlich geprägt von Ben Shneiderman und Mengnan Du, verbindet HCAI technologische Innovation mit ethischen Prinzipien, um KI zu schaffen, die sowohl effektiv als auch gesellschaftlich verantwortlich ist. Ein Konzept, das aus HCAI hervorgegangen ist, ist das Human-Centered Machine Learning (HCML, siehe 7.5.2.).

HCAI fokussiert sich auf die Entwicklung prüfbarer, erklärbarer, fairer und biasfreier KI-Systeme, die menschliche Werte wie Gleichberechtigung und Gerechtigkeit wahren. Ziel ist es, intelligente Systeme zu schaffen, die sowohl technologischen als auch ethischen Anforderungen gerecht werden und nachhaltig zum gesellschaftlichen Wohl beitragen (Shneiderman, 2022).

Dieser Human-Centered AI-Ansatz setzt somit einen klaren Akzent auf die Gestaltung von KI-Systemen, die Menschen in den Mittelpunkt stellen. Die Hauptprinzipien des Frameworks zielen darauf ab, KI nicht nur als technologische Innovation, sondern als Werkzeug zu betrachten, das unsere Grundwerte schützt und fördert.

Die Hauptprinzipien des **HCAI-Frameworks** (Shneiderman, 2022):

Förderung menschlicher Werte: KI-Systeme sollen grundlegende Werte wie Menschenrechte, Gerechtigkeit, Würde und soziale Verantwortung unterstützen.

Unterstützung menschlicher Fähigkeiten: KI dient als Werkzeug, um menschliche Fähigkeiten zu erweitern, anstatt sie vollständig zu ersetzen.

Verlässlichkeit und Sicherheit: KI-Systeme müssen vertrauenswürdig, sicher und transparent sein – selbst in herausfordernden Situationen mit fehlerhaften Daten oder böswilligen Akteuren.

Förderung von Autonomie und Wohlbefinden: KI sollte menschliche Autonomie und Wohlbefinden stärken und ein selbstbestimmtes Leben unterstützen.

Menschliche Kontrolle und Automatisierung: Eine hohe Automatisierung wird mit menschlicher Kontrolle kombiniert. Der Mensch behält die finale Entscheidung und Verantwortung.

Shneiderman spielte eine Schlüsselrolle bei der Etablierung von HCAI als designorientierte Plattform, die ethische Grundsätze wie Fairness, Transparenz und Vertrauenswürdigkeit in den Fokus rückt. Im Gegensatz zum stärker technikzentrierten HCML verfolgt HCAI einen umfassenderen Ansatz, der den Menschen in den Mittelpunkt stellt. Neben Shneiderman sind auch Persönlichkeiten wie Cynthia Rudin und Jess Holbrook maßgeblich in diesem Bereich tätig. HCAI gilt als bewusster Gegenentwurf zu rein datengetriebenen Ansätzen, indem es sicherstellt, dass Technologie nicht nur leistungsfähig, sondern auch ethisch vertretbar und gesellschaftlich wertvoll ist.

7.1.3. Die Montreal Declaration for a Responsible Development of AI

Die Montreal Declaration[35] stellt einen bedeutenden Meilenstein für die ethische Entwicklung von KI dar und wurde am 3. November 2017 während des Forums für sozial verantwortliche KI-Entwicklung in Montreal vorgestellt. Sie entstand durch einen partizipativen Prozess, der Zivilgesellschaft, Fachleute, öffentliche Institutionen, Unternehmen und NGOs einbezog (Université de Montreal 2017).

Die Erklärung definiert ethische Prinzipien, die sicherstellen sollen, dass KI-Systeme dem Gemeinwohl dienen und negative soziale, ökologische und wirtschaftliche Auswirkungen vermeiden.

Prinzip	Beschreibung
Wohlergehen	Förderung des menschlichen und ökologischen Wohlstands durch den Einsatz von KI.
Autonomie	Achtung der menschlichen Entscheidungsfreiheit und Sicherstellung, dass KI-Systeme diese nicht beeinträchtigen.
Schutz der Privatsphäre	Wahrung des Rechts auf Privatsphäre, Schutz persönlicher Daten in allen KI-Anwendungen.
Gerechtigkeit	Sicherstellung von Fairness und Chancengleichheit bei der Nutzung und Entwicklung von KI.
Transparenz	Offenlegung und Nachvollziehbarkeit von Entscheidungen, die durch KI-Systeme getroffen werden.
Verantwortung	Förderung der Verantwortung für die Auswirkungen von KI auf Gesellschaft und Umwelt.
Sicherheit	Gewährleistung, dass KI-Systeme sicher sind und keine schädlichen oder gefährlichen Folgen haben.
Solidarität	Förderung der Solidarität und des sozialen Zusammenhalts durch den Einsatz von KI.
Inklusive Entwicklung	Sicherstellung, dass alle Menschen von KI profitieren, unabhängig von ihrem Hintergrund oder Standort.

35 https://montrealdeclaration-responsibleai.com/

Laut Morandín-Ahuerma (2023) bietet die Montreal Declaration mit 59 Empfehlungen eine umfassende ethische Grundlage für die KI-Entwicklung. Dilhac et al. (2018) betonen, dass diese Prinzipien durch politische Maßnahmen und Governance-Strukturen unterstützt werden müssen, um eine verantwortungsvolle und globale ethische Nutzung von KI sicherzustellen.

Zusätzlich verweist die Montreal Declaration auf Instrumente wie das Algorithmic Impact Assessment Tool (AIA, siehe 7.2.3.3.) der kanadischen Regierung, um die praktische Umsetzung dieser Prinzipien zu erleichtern.

7.1.4. Die Toronto Declaration for Non-Discrimination in AI

Die Toronto Declaration wurde am 16. Mai 2018 auf der RightsCon-Konferenz in Toronto veröffentlicht. Führend bei ihrer Entwicklung waren Amnesty International und Access Now. Weitere wichtige unterzeichnende Organisationen sind Human Rights Watch und die Wikimedia Foundation (Amnesty International/ Access Now 2018).

In diesem Zusammenhang betont Asís Roig (2020) die Notwendigkeit, KI-Systeme so zu gestalten, dass Diskriminierung vermieden und Fairness bereits im Entwicklungsprozess berücksichtigt wird. Seine Forderungen nach klaren Verantwortlichkeitsmodellen und effektiver Aufsicht sind eng mit den Prinzipien der Montreal Declaration verbunden und fordern klare Governance-Strukturen.

Die Toronto Declaration ist besonders, da sie Menschenrechtsgesetze auf KI und maschinelles Lernen anwendet und gleichzeitig konkrete Standards für Staaten und den privaten Sektor formuliert. Ihr Schwerpunkt liegt auf dem Schutz des Rechts auf Gleichheit und Nichtdiskriminierung im Zusammenhang mit KI. Zu den Grundsätzen gehören:

Schutz des Rechts auf Nichtdiskriminierung: KI-Systeme müssen so gestaltet werden, dass sie Diskriminierung verhindern und Gleichbehandlung fördern.

Verantwortung der Staaten: Staaten sind verpflichtet, Transparenz zu gewährleisten, etwa durch die Kennzeichnung KI-generierter Inhalte, Risikoanalysen, transparente Funktionsweisen und funktionierende Aufsichtsgremien.

Verantwortung des privaten Sektors: Unternehmen müssen durch Human Rights Due Diligence potenzielle Diskriminierungen identifizieren, Maßnahmen dagegen ergreifen und deren Wirksamkeit kontrollieren. Zudem müssen sie sicherstellen, dass Betroffene von Diskriminierung Zugang zu effektiven Rechtsmitteln haben.

Der Schwerpunkt der Toronto Declaration liegt darauf, klare Richtlinien zur Vermeidung von Menschenrechtsverletzungen im Zusammenhang mit KI zu schaffen und sowohl staatliche als auch private Akteure zur Verantwortung zu ziehen

7.1.5. Die Asilomar AI Principles

Die Asilomar-Konferenz zur Beneficial AI im Jahr 2017 markierte einen Meilenstein in der Diskussion um die ethische und sichere Entwicklung von KI. Organisiert vom Future of Life Institute, brachte sie über 100 führende Expertinnen und Experten aus den Bereichen Wissenschaft, Wirtschaft, Philosophie, Recht und Ethik zusammen, um entscheidende ethische Fragen zu erörtern. Ziel war es, Prinzipien zu entwickeln, die sicherstellen, dass KI im Sinne der Menschheit eingesetzt wird und potenzielle Risiken minimiert werden.

Das Ergebnis dieser Konferenz war die Formulierung der Asilomar AI-Prinzipien, ein Katalog von 23 Richtlinien, die eine sichere, transparente und gerechte KI-Entwicklung fördern sollen.

Die Asilomar AI-Prinzipien decken verschiedene Aspekte ab, darunter:

Transparenz: KI-Entwicklung soll offen und nachvollziehbar sein.

Verantwortung: Menschen, die KI entwickeln, tragen die Verantwortung für ihre Auswirkungen.

Sicherheitsvorkehrungen: Es müssen Mechanismen existieren, die gewährleisten, dass KI-Systeme auch in komplexen Situationen sicher funktionieren.

Langfristige Forschung: Die Prinzipien fordern eine kontinuierliche Forschung, um sicherzustellen, dass KI zur Förderung des Gemeinwohls beiträgt.

Mit knapp 6000 Unterzeichnenden weltweit haben diese Prinzipien eine breite Unterstützung erfahren und bleiben ein zentraler Bezugspunkt in der Diskussion um eine verantwortungsvolle KI-Entwicklung. Die Prinzipien sind online zugänglich und können weiterhin unterzeichnet werden, um das globale Bewusstsein für die ethischen Herausforderungen der KI weiter zu schärfen.

Somit dienen die Asilomar-Prinzipien, unterzeichnet von namhaften Persönlichkeiten wie Stephen Hawking, Demis Hassabis (Google DeepMind), Ilya Sutskever (OpenAI), Yann LeCun (Meta), und vielen weiteren führenden Köpfen, bis heute als wegweisender Rahmen für ethische KI-Governance. Sie fordern auch staatliche und private Investitionen in die Erforschung von Sicherheitsmaßnahmen und ethischen Implikationen von KI.

7.1.6. Explainable AI: der Weg zur Transparenz

Explainable AI (XAI) ist ein Bereich der Künstlichen Intelligenz, der die Entscheidungsprozesse von KI-Modellen transparent und nachvollziehbar machen soll. Dies stärkt nicht nur das Vertrauen der Nutzenden, sondern unterstützt auch die Einhaltung von regulatorischen Anforderungen und ethischen Richtlinien (Holzinger et al., 2022).

XAI ermöglicht es, die Gründe für Entscheidungen von KI-Systemen zu verstehen, Fehlentscheidungen zu identifizieren und sicherzustellen, dass die Modelle fair und ethisch vertretbar sind (Xu et al., 2019; Dwivedi et al., 2023).

XAI wird auch als Schlüssel gesehen, um das sogenannte „Blackbox"-Phänomen in der KI zu überwinden, bei dem die Entscheidungsprozesse für Nutzende oft undurchsichtig bleiben. Um die erklärenden Ansätze von XAI zu verdeutlichen, lassen sich drei Aspekte hervorheben: die Verständlichkeit von Ergebnissen, die Offenlegung der Modellmechanismen und die systematische Analyse von Fehlern, die letztlich zur Verbesserung der Zuverlässigkeit und Robustheit von KI-Systemen beiträgt.

Erklärung von Ergebnissen: XAI stellt sicher, dass die Ergebnisse von KI-Modellen verständlich sind, indem es einfache Regeln, Visualisierungen oder Textbeschreibungen verwendet, um zu zeigen, wie diese Entscheidungen zustande kommen.

Modelltransparenz: XAI soll die internen Mechanismen komplexer Modelle wie neuronaler Netze offenlegen. Dies geschieht beispielsweise durch die Visualisierung von Aktivierungsmustern und Gewichtungen innerhalb des Modells.

Fehleranalyse: XAI ermöglicht die Identifizierung und Behebung von Fehlern, indem es Einsicht in die Entscheidungsprozesse gibt. So können Schwächen im Modell aufgedeckt und behoben werden, was zu einer höheren Robustheit und Zuverlässigkeit führt.

Diese Aspekte machen XAI zu einem wichtigen Werkzeug, um das Vertrauen in KI-Systeme zu stärken und auch deren Nutzung in sicherheitskritischen Anwendungen zu ermöglichen.

7.2. Regularien zu KI – Europa und darüber hinaus

Der EU AI Act steht exemplarisch für den sogenannten „Brüssel-Effekt", der den globalen Einfluss europäischer Regulierung verdeutlicht (siehe 7.4.1.3). Durch seine strikten und umfassenden Standards setzt die EU häufig globale Maßstäbe, da Unternehmen weltweit ihre Produkte und Dienstleistungen an die europäischen Regularien anpassen müssen, um auf dem Markt bestehen zu können. Allerdings kann der Brüssel-Effekt auch kontraproduktiv wirken, wenn kleinere Staaten oder Unternehmen Schwierigkeiten haben, die anspruchsvollen Vorschriften umzusetzen, was zu einer potenziellen Innovationsbremse führen könnte. Darüber hinaus besteht die Gefahr, dass solche Regularien in Regionen mit weniger starken Datenschutz- und Ethikstandards auf Widerstand stoßen, wodurch globale Harmonisierung erschwert wird.

7.2.1. Der EU AI Act

Der EU AI Act ist weltweit das erste Gesetz als umfassendes, spezifisches und verbindliches Regelwerk für Künstliche Intelligenz. Bereits vor seiner Verabschiedung galt er bereits als bedeutender Meilenstein in der Regulierung von KI. Dieser Abschnitt bietet einen Überblick über die wichtigsten Bestimmungen des Gesetzes, einschließlich der Klassifizierung von KI-Systemen nach Risikostufen und den Anforderungen an verschiedene Kategorien von KI-Systemen (Amtsblatt der EU 2024).

7.2.1.1. Ziele und Schwerpunkte der Regulierung

Die europäische KI-Strategie betont die Entwicklung einer menschenzentrierten KI, die Transparenz, Verantwortlichkeit und ethische Leitlinien in den Vordergrund stellt. Der EU AI Act spielt eine wesentliche Rolle in der Umsetzung dieser Prinzipien, indem er sicherstellt, dass KI-Systeme in einer Weise entwickelt und eingesetzt werden, die mit den Grundwerten der EU in Einklang steht.

Der Schwerpunkt des EU AI Act liegt einerseits in der Klassifizierung von Systemen, andererseits darin, dass es eine Kategorie verbotener Systeme einführt. Die im EU AI Act verbotenen Systeme können in anderen Rechtsräumen wie etwa in Großbritannien oder in den USA durchaus erlaubt sein. Die aktuelle Entwicklung ist dynamisch, auch hinsichtlich weiterer Regularien, die derzeit auf den Weg gebracht werden. Auswirkungen auf Betriebsansiedelung bzw. -abwanderung können derzeit nicht vorhergesagt werden. Um Compliance sicherzustellen, bedarf es der laufenden Beobachtung der Regularien und in den meisten Fällen rechtsfreundliche Beratung bzw. rechtliche Prüfung.

Die Einhaltung der Vorschriften des EU AI Act bringt erhebliche Kosten mit sich. Es empfiehlt sich, eine solche Kalkulation von Beginn an zu berücksichtigen. Aktuellen Schätzungen zufolge betragen die jährlichen Compliance-Kosten etwa 29.000 Euro pro Modell (Musch & Borelli 2023).

7.2.1.2. Gestaffelte Fristen und Anwendung des EU AI Act

Der EU AI Act wird in Etappen und mit Übergangsfristen erst nach dem Inkrafttreten wirksam. Das Inkrafttreten wurde mit 1. August 2024 festgelegt, während einzelne Elemente erst über eine Zeitstrecke von 36 Monaten Gültigkeit erlangen.

1. August 2024: Inkrafttreten des EU AI Act

Am 20. Tag nach der Veröffentlichung im Amtsblatt der Europäischen Union trat der EU AI Act in Kraft.

2. Februar 2025: Verbotene Systeme nicht mehr zulässig und KI-Kompetenz verpflichtend

Sechs Monate nach Inkrafttreten dürfen die als „verboten“ klassifizierten Systeme nicht mehr eingesetzt werden.

KI-Kompetenz („Literacy“): Anbieter und Betreiber von KI-Systemen sind verpflichtet, ihr Personal und andere mit der Nutzung von KI beauftragte Personen, ausreichend zu schulen.

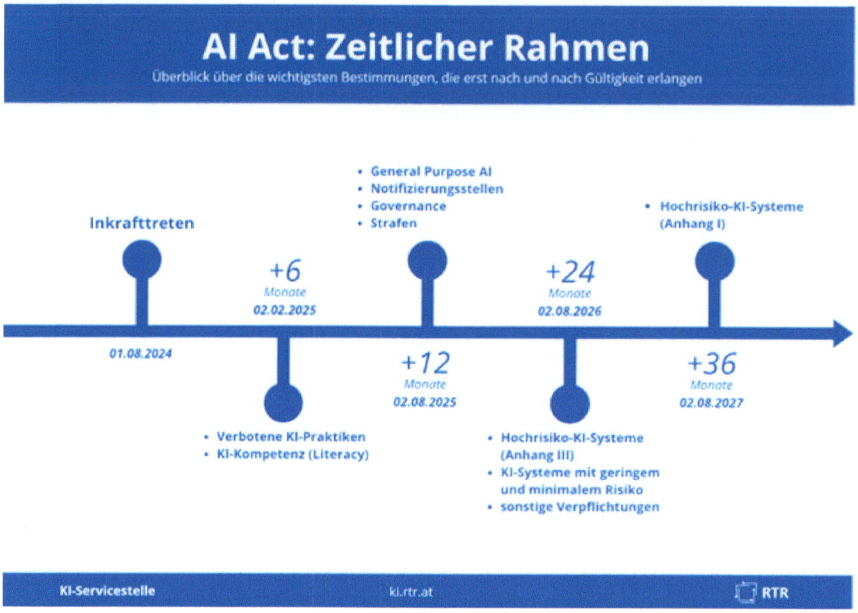

Abb. 13: Der zeitliche Rahmen des AI Act: Ein Überblick über die wichtigsten Bestimmungen, die erst nach und nach Gültigkeit erlangen © RTR (CC BY 4.0)

2. August 2025: Bestimmungen zu GPAIs erlangen Gültigkeit, nationale Meldestellen müssen benannt werden, Strafbestimmungen gültig

12 Monate nach Inkrafttreten des AI Act sind die Bestimmungen zu KI-Systemen mit allgemeinem Verwendungszweck (General Purpose AI) verpflichtend anzuwenden.

Mitgliedstaaten müssen zumindest eine zuständige Behörde benennen, die als nationale Meldestelle auftritt und für die Stellen zuständig ist, die Systeme bewerten und überwachen.

Auch die Strafbestimmungen gelten ab diesem Zeitpunkt.

2. August 2026: Alle Regelungen gelten außer Hochrisiko-Systeme gemäß Anhang I.

24 Monate nach Inkrafttreten des AI Act gelten grundsätzlich alle Verpflichtungen außer jene für Hochrisiko-Systeme gemäß Anhang I.

2. August 2027: Gesamter EU AI Act ist anwendbar.

36 Monate nach Inkrafttreten des AI Act gelten auch die Anforderungen an Hochrisiko-KI-Systeme gemäß Anhang I - und somit der gesamte EU AI Act.

> Es gibt abweichende Bestimmungen für bereits auf dem Markt befindliche bzw. in Betrieb genommene KI-Systeme.

7.2.1.3. Risikokategorien von KI-Systemen und gesetzliche Pflichten

> Der EU AI Act kategorisiert KI-Systeme in Risikostufen wie geringes Risiko, Hochrisiko und verbotene Anwendungen. General Purpose AI (GPAI), wie generative Modelle (z.B. ChatGPT), wird parallel zur Risikoklassifizierung behandelt, da diese Modelle vielseitig einsetzbar sind und nicht direkt in eine spezifische Risikostufe fallen.

Somit erfordern GPAI-Modelle besondere regulatorische Maßnahmen, da sie sowohl in risikofreien als auch risikoreichen Kontexten eingesetzt werden können. Dies bringt spezifische Anforderungen an Transparenz und Sicherheit mit sich. Wird ein GPAI-Modell in ein KI-System integriert (sog. GPAI-System), müssen sowohl die GPAI-spezifischen Vorgaben als auch die Anforderungen der jeweiligen Risikoklasse erfüllt werden. Zum Beispiel könnte ein Text-generierendes LLM als System mit geringem Risiko eingestuft werden, was sowohl die Erfüllung der GPAI-Verpflichtungen als auch der Transparenzpflichten erfordert. Bei einer Einstufung als Hochrisiko-System müssten zusätzlich die strengeren Anforderungen aus Chapter III des AI Acts eingehalten werden.

Implizit gibt es somit eine vierte Kategorie: Alle Systeme, die nicht in diese drei Stufen fallen. Diese unterliegen keinen Einschränkungen durch den AI Act. Das ist aus Compliance-Sicht erwähnenswert, weil es mangels expliziter Erwähnung im AI Act etwas intransparent ist. Die Europäische Kommission geht allerdings z.B. in der Risikopyramide[36] mit der "Minimal Risk" Kategorie darauf ein.

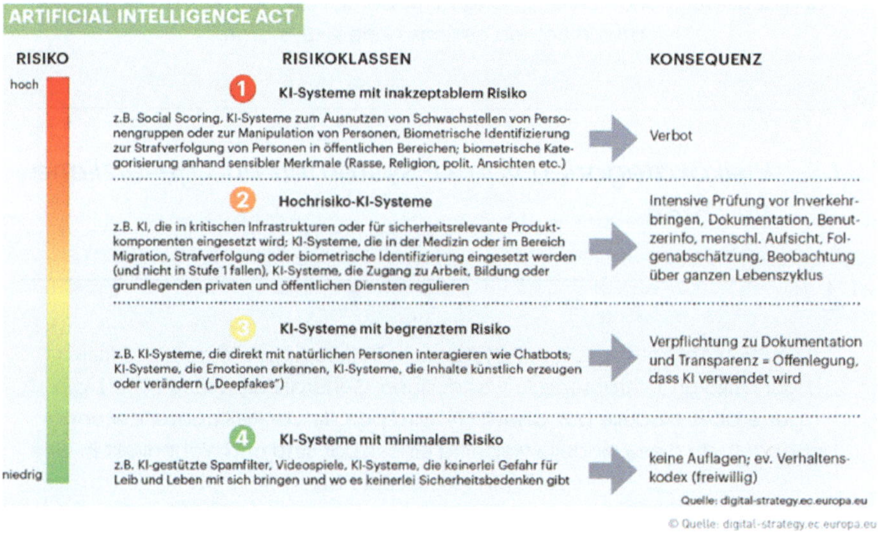

Abb. 14: Risikostufen im EU AI Act. Quelle: digital-stratey.ec.europa.eu

Systematisch kann man ein "Minimal Risk" System identifizieren, indem man zunächst das vorliegende System gegen die AI-System Definition prüft (und bejaht), und dann das Vorliegen eines Verbotenen Systems (Chapter II), Hochrisiko Systems (Chapter III) und dann eines Systems mit geringem Risiko (Chapter IV) ausschließt.

36 https://digital-strategy.ec.europa.eu/en/policies/regulatory-framework-ai

Von dieser Klassifizierung werden jeweils die regulatorischen Anforderungen und Konsequenzen für Entwicklung, Einsatz und Vermarktung von KI-Systemen innerhalb der EU abgeleitet.

1. Verbotene KI-Systeme (Kapitel II, Art. 5)

> Systeme, die erhebliche Schäden verursachen können, insbesondere mit relevanten, nachteiligen Auswirkungen auf die physische und psychische Gesundheit oder die finanziellen Interessen, sind streng verboten. Zu diesen gehören soziale Scoring-Systeme, autonome Waffensysteme (indirekt über deren Fernidentifikationssysteme) und Systeme zur kognitiven Manipulation (z.B. Echtzeit-Gesichtserkennung/biometrische Fern-Identifikation) (Europäisches Parlament 2023).

Zu beachten ist aber Art 2 (3) AIA, der militärische-, Verteidigungs- und Zwecke der Nationalen Sicherheit vom AI Act ausnimmt. Der EU AI Act steht somit der Anwendung von autonomen Waffensystemen durch Mitgliedsstaaten in vielen Anwendungsbereichen nicht im Wege!

Klassifizierungen bleiben aufgrund ihres Interpretationsspielraums stets ein Diskussionsthema. Der Wortlaut des EU AI Acts legt jedoch nahe, dass zwischen kognitiver Manipulation und Biometrie unterschieden wird: Artikel 5 (1) a und b befassen sich mit Manipulationsrisiken, während Artikel 5 (1) e, f, g und h die Gesichtserkennung und biometrische Identifikation regeln.

Ausnahmen

Konkret aufgezählte Ausnahmen für den Einsatz durch die Exekutive bzw. Strafverfolgungsbehörden sind in Art. 5: biometrische (Fern-)Identifikation, KI-Systeme zur Risiko-Einschätzung natürlicher Personen, und KI-Systeme zur biometrischen Kategorisierung. Diese Ausnahme gilt nur wenn das System eine menschliche Einschätzung unterstützt, die auf verifizierbaren Fakten in direkter

Verbindung mit dem Verbrechen basiert (Art 5 (d) letzter Halbsatz). Diese Einschränkung ist nicht unwichtig, da verhindert werden soll, dass Menschen vollautomatisch beurteilt werden.

Ermittlungsbehörden unterliegen dabei den allgemeinen Rechtsgrundlagen ihrer Arbeit und anderen gesetzlichen Bestimmungen, die von ihrer Tätigkeit berührt sind, etwa Datenschutz, Grundrechte etc. (Europäisches Parlament 2023)

Die erwähnten Ausnahmen des EU AI Acts sind grundsätzlich sehr eng gefasst. Echtzeit-Biometrie zur Identifikation (Art 5 (1)) ist z.B. auf bestimmte Verbrechen und Gefahrenintensitäten eingeschränkt. Während zu viele Details an dieser Stelle vielleicht nicht hilfreich sind, so können sie dennoch klarstellen, dass Ausnahmen nicht unbeschränkt gelten und damit Irreführung verhindern.

2. Hochrisiko-Systeme (Kap. III)

Bevor wir auf die spezifischen Anforderungen für Hochrisiko-Systeme eingehen, ist es wichtig zu betonen, dass diese Kategorie solche Anwendungen umfasst, die erhebliche Risiken für Gesundheit, Sicherheit oder grundlegende Rechte bergen. Zu diesen sensiblen Bereichen zählen etwa Biometrie, kritische Infrastrukturen und Rechtsprechung. Solche Systeme unterliegen strengen Vorschriften und werden kontinuierlich überwacht, um Risiken zu minimieren (Europäisches Parlament 2023).

> Die Hochrisiko-Kategorie umfasst KI-Systeme, die erhebliche Risiken für Gesundheit, Sicherheit oder grundlegende Rechte mit sich bringen. Diese Systeme unterliegen einer strengen Überwachung, sowohl vor der Markteinführung als auch während ihres gesamten Lebenszyklus. Beispiele umfassen unter anderem Anwendungen in den Bereichen Biometrie, kritische Infrastrukturen und Rechtsprechung (Europäisches Parlament, 2023).

Klassifizierungsregeln für KI-Systeme mit hohem Risiko (Art. 6) sind:

Produkte, die unter die in Anhang I gelisteten EU-Rechtsakte fallen, oder die eine Sicherheitskomponente eines solchen Produkts darstellen, werden automatisch als Hochrisiko-KI eingestuft (Art. 6 (1)). Eine Verbindung zu den verbotenen Praktiken besteht hier nicht. Hintergrund: Die EU-Gesetzgebung hat bestimmte Anwendungsbereiche mit hohem Gefahrenpotenzial bereits identifiziert und einheitlich reguliert. Wenn in diesen Bereichen KI zum Einsatz kommt, wird sie automatisch als Hochrisiko-KI eingestuft, wie etwa bei Spielzeugen oder persönlichen Wasserfahrzeugen (siehe Anhang I des EU AI Act).

Eigenständige KI-Systeme, die ausdrücklich in Anhang III aufgeführt sind – insbesondere jene mit potenziellen Auswirkungen auf die Grundrechte – gelten ebenfalls als Hochrisiko-KI. Erwähnenswert ist dabei Artikel 6 (3) des AI Act, der Ausnahmen normiert: Wenn ein in Anhang III genanntes System kein erhebliches Risiko für Gesundheit, Sicherheit oder Grundrechte darstellt, wird es nicht als Hochrisiko-KI eingestuft. Artikel 6 (3) nennt hierfür vier Kriterien sowie eine spezielle Ausnahme von dieser Regel: das sogenannte Profiling.

Profiling kommt aus der (oben genannten) Ausnahme des Art 6 (3) letzter Satz. Dieser ist aber nur in einem engen Kontext anwendbar. Profiling kann zunächst unter verbotene Praktiken (Art 5) fallen, wenn es für Social Scoring, Criminal Risk Assessment (Beurteilung des Risikos von Straffälligkeit), Emotion Detection, biometrischer Kategorisierung (in den im Art genannten Fällen) verwendet wird. Wird es nicht dafür verwendet, kann es in den spezifischen Anwendungsbereichen des Annex III unter Hochrisiko KI fallen, z.B. im Falle von Recruiting-Software (Annex III (4) (a)).

Wenn Profiling unter einen Annex III Anwendungsbereich fällt, **dann** ist es stets Hochrisiko-KI, auch wenn das System eigentlich unter die Ausnahme des Art 6 (3) fallen würde.
Anforderungen an Anbieter von KI-Systemen mit hohem Risiko (Art. 8–17):

- Ein Risikomanagementsystem für den gesamten Lebenszyklus des KI-Systems mit hohem Risiko einrichten;
- Datenverwaltung sicherstellen, dass Trainings-, Validierungs- und Testdatensätze relevant, ausreichend repräsentativ und, soweit möglich, fehlerfrei und vollständig im Hinblick auf den vorgesehenen Zweck sind;
- Technische Dokumentation erstellen, um die Einhaltung nachzuweisen und den Behörden die Informationen zur Bewertung der Konformität bereitzustellen;
- Ihr KI-System für die Protokollierung gestalten, sodass es automatisch Ereignisse aufzeichnet, die für die Identifizierung wesentlicher Risiken und Änderungen im Laufe des Systemlebenszyklus relevant sind: Art 12 (2) (a) AIA verweist für Risiko auf Art 79 (1) AIA welcher von "Risiko für die Gesundheit oder Sicherheit von Personen oder für die Grundrechte " spricht.
- Gebrauchsanweisungen bereitstellen, um deren Einhaltung zu ermöglichen;
- Ihr KI-System so gestalten, dass es nachgelagerter Verwendung erlaubt, menschliche Aufsicht zu implementieren;
- Ihr KI-System so gestalten, dass es angemessene Genauigkeits-, Robustheits- und Cybersicherheitsniveaus erreicht;

Der EU AI Act unterscheidet zwischen den Anforderungen an Hochrisikosysteme (Section 2) und den Verpflichtungen von Anbietern, Nutzern und Dritten. Art 8 -15 betreffen die Anforderungen an die

Hochrisikosysteme. Art 16 (a) macht diese zur Verpflichtung für Anbieter. Die Artikel 17 bis 22 des EU AI Act enthalten zusätzliche Verpflichtungen für Anbieter, die sich teilweise mit den Anforderungen an die Systeme überschneiden. Diese Anforderungen umfassen Maßnahmen, die in den Artikeln 8 bis 15 festgelegt sind, wie etwa Dokumentation und Protokollierung (Logging).

Qualitätsmanagementsysteme, die hierzu eingesetzt werden, sollten auch Art. 20 und Art. 21 berücksichtigen (Disziplinar, Informationspflichten, Kooperation mit Behörden).

Anwendungsfälle des Anhang III:

- **Erlaubte biometrische Systeme:** Fernbiometrische Identifizierungssysteme (FBI), ausgenommen biometrische Identitätsfeststellung. Biometrische Kategorisierungssysteme, die sensible oder geschützte Merkmale oder Eigenschaften ableiten (z.B. zu Gesundheitsdaten), und: Emotionserkennungssysteme. Sicherheitshalber: Gemeint ist, dass biometrische Systeme Hochrisikoanwendungen sind, sofern sie nicht ohnehin verboten sind.

- **Kritische Infrastruktur:** Sicherheitskomponenten in der Verwaltung und dem Betrieb kritischer digitaler Infrastrukturen, des Straßenverkehrs sowie der Versorgung mit Wasser, Gas, Heizung und Strom.

- **Bildung**: KI-Systeme, die den Zugang zu Bildungseinrichtungen regeln, Systeme zur Bewertung von Lernergebnissen, Systeme zur Festlegung des Bildungsniveaus (d.h. sie bewerten nicht das vorhandene, sondern das künftige Bildungsniveau einer Person) sowie Systeme zur Überwachung und Erkennung von unerlaubtem Verhalten bei Prüfungen.

- **Beschäftigung, Arbeitsmanagement und Selbstständigkeit:** KI-Systeme, die für Rekrutierung bzw. Auswahl von Bewerbungen verwendet werden, Systeme zur Aufgabenverteilung basierend auf Persönlichkeitsmerkmalen oder Verhalten sowie Überwachung und Bewertung von Leistungen (Annex III erwähnt hier in der Auflistung noch Entscheidungen zur Förderung oder Beendigung von Arbeitsverhältnissen)

- **Öffentliche und private Dienstleistungen:** KI-Systeme, die von Behörden verwendet werden, um die Berechtigung von Antragstellenden zu bewerten, einschließlich der Zuteilung, Reduzierung, Widerruf oder Rückforderung von Leistungen. Bewertung der Kreditwürdigkeit, außer zur Aufdeckung von Finanzbetrug. Bewertung und Klassifizierung von Notrufen, einschließlich der Priorisierung von Einsätzen der Polizei, Feuerwehr und Rettung. Risikobewertung und Preisgestaltung in der Kranken- und Lebensversicherung.

- **Strafverfolgung:** KI-Systeme zur Bewertung des Risikos einer Person, Opfer eines Verbrechens zu werden. Lügendetektoren. Bewertung der Zuverlässigkeit von Beweismitteln bei strafrechtlichen Ermittlungen oder Strafverfolgungen. Bewertung des Risikos, dass eine Person ein Verbrechen begeht oder wiederholt, jedoch nicht ausschließlich basierend auf Profiling oder Bewertung von Persönlichkeitsmerkmalen oder früherem kriminellen Verhalten. Profiling während strafrechtlicher Ermittlungen, Strafverfolgungen oder Aufklärung.

- **Migration, Asyl und Grenzkontrollmanagement:** Lügendetektoren. Bewertungen von Risiken im Zusammenhang mit irregulärer Migration oder Gesundheit. Prüfung von Asyl-, Visa- und Aufenthaltsgenehmigungsanträgen sowie Beschwerden im Zusammenhang mit der Berechtigung. Erkennung oder Identifizierung von Personen, ausgenommen die Verifizierung von Reisedokumenten.

- **Justiz und demokratische Prozesse:** KI-Systeme zur Analyse und Interpretation von Fakten sowie zur Anwendung des Rechts auf konkrete Fälle oder zur außergerichtlichen Streitbeilegung. Beeinflussung von Wahlergebnissen, Referenden oder Wahlverhalten, ausgenommen Systeme, die nicht direkt mit Menschen interagieren, wie z. B. Werkzeuge zur Organisation, Optimierung und Strukturierung von Wahlkampagnen.

3. Systeme mit geringem Risiko

Systeme, die nur ein geringes Risiko darstellen, müssen lediglich minimale Anforderungen erfüllen, wie z.B. die Offenlegung, dass der Benutzer oder die Benutzerin mit einer KI interagiert (Europäisches Parlament 2023).

Diese Transparenzanforderung soll das Vertrauen der User in KI-Systeme stärken und gleichzeitig eine ethisch verantwortungsvolle Nutzung fördern. Darüber hinaus kann es je nach Anwendungskontext erforderlich sein, dass diese Systeme weiterhin einer ständigen Überprüfung unterliegen, um sicherzustellen, dass sie nicht in höhere Risikokategorien aufsteigen.

Beispiele für solche geringfügigen Risikosysteme sind KI-basierte Chatbots, Spamfilter oder Empfehlungssysteme in Online-Plattformen. Diese Systeme haben in der Regel keinen direkten Einfluss auf grundlegende Rechte oder die physische Sicherheit von Menschen und unterliegen daher weniger strengen Vorschriften.

In bestimmten Kontexten kann es dennoch erforderlich sein, diese Systeme regelmäßig zu überprüfen, um sicherzustellen, dass sie nicht aufgrund ihrer Nutzung in eine höhere Risikokategorie aufsteigen. Das bedeutet, dass sich selbst geringfügige Risikosysteme durch ihre Anwendung oder den Einfluss auf größere Systeme entwickeln könnten, was eine strengere Regulierung erfordern würde.

4. General Purpose AI Systeme (GPAIs)

Diese Systeme müssen erhöhte Transparenzanforderungen erfüllen, darunter die Offenlegung, dass Inhalte von KI generiert wurden [37], und die Pflicht zur Veröffentlichung einer Zusammenfassung aller Daten, die zur Modellschulung verwendet wurden (Europäisches Parlament 2023). Art 53 (1) (d) ist nicht auf urheberrechtlich geschützte Daten eingeschränkt, vielmehr muss eine Zusammenfassung aller verwendeten Inhalte bereitgestellt werden.

Die Verpflichtung zur Verhinderung illegaler Inhalte findet sich bei GPAI-Modellen mit systemischem Risiko (Art 55 (1) (a) und (b)), wenn die Generierung illegaler Inhalte zu systemischem Risiko führt. Art. 53 und 55 enthalten keine direkten, entsprechenden Anordnungen. Man findet die Verpflichtung zur Verhinderung illegaler Inhalte in diversen Zusammenfassungen und Presseaussendungen zum AI Act, aber im Gesetzestext selbst kommt diese Vorkehrung nicht vor – vielleicht auch deshalb, weil nicht so leicht feststellbar ist, was „illegal“ oder „falsch“ ist.

Bei der Offenlegung macht sich ein wesentlicher Unterschied bemerkbar: GPAI-Modelle unterliegen dieser Anforderung nicht (z.B.: das Llama 3 Modell muss nicht jeden Output mit einer derartigen Kennzeichnung versehen) KI-Systeme, die Inhalte generieren, müssen dies allerdings tun, auch wenn sie nicht GPAI sind!

---

37 Hier ist die Unterscheidung zwischen GPAI-Modell und GPAI-System wichtig: Das Model unterliegt den Anforderungen von Kapitel V AIA (Art 51-56), ein System jedoch den Kapiteln II-IV.

- Wird Llama 3 auf Huggingface.co als Chat-Demo angeboten, so muss die KI-Natur der Inhalte entsprechend offengelegt werden.

- Wird ein kleines Textmodell (z.B. 100 Millionen Parameter) trainiert, um kurze Haikus zu erzeugen, so liegt kein GPAI Modell vor.

- Wird es auf Huggingface.co als Demo angeboten, die zu einem Stichwort ein Haiku generiert, so muss ebenso offengelegt werden, dass es sich um KI-generierte Inhalte handelt (einschlägig ist Art 50 EU AI Act, der AI-Systeme betrifft).

7.2.1.4. *Wichtige Begriffe und Abgrenzungen*

Für Compliance und Umsetzung empfiehlt es sich, die verwendeten Begriffe zu kennen, wie sie im gesetzlichen Regelwerk verwendet werden.

Ein Act ist unmittelbar anwendbares Gesetz in allen EU-Mitgliedsstaaten. Ein Fassen und Übertragen in nationales Recht ist für die Gültigkeit auch als nationales Recht nicht nötig.

Beispiele hierfür sind der EU AI Act und der Digital Services Act, der für ein sicheres und verantwortungsvolles Online-Umfeld sorgen soll. Diese Acts haben direkten Einfluss auf die Gesetzgebung der Mitgliedsstaaten und dienen der Harmonisierung von Regelungen auf EU-Ebene, wodurch einheitliche Standards in allen Ländern der Union gewährleistet werden.

> Eine Directive ist eine EU-Richtlinie, die allgemeine Grundsätze festlegt, die von den Mitgliedsstaaten in nationales Recht umgesetzt werden müssen. Diese Umsetzung erfolgt innerhalb festgelegter Fristen. Wird eine Richtlinie nicht rechtzeitig umgesetzt, kann ein Vertragsverletzungsverfahren gegen den betreffenden Mitgliedstaat eingeleitet werden.

Ein aktuelles Beispiel ist die Umsetzung der NIS 2[38] Richtlinie in Österreich durch das Netzwerk- und Informationssicherheitsgesetz (NISG). Der ursprüngliche Gesetzesentwurf scheiterte an einer fehlenden Zweidrittelmehrheit im Parlament, wodurch der geplante Termin im Oktober 2024 nicht eingehalten werden konnte. Österreich erwartet nun ein Vertragsverletzungsverfahren und wird bis zur endgültigen Verabschiedung des Gesetzes voraussichtlich Strafzahlungen leisten müssen. Ein erneuter Gesetzesversuch ist für das Frühjahr 2025 geplant.

Beispiele für EU-Richtlinien sind die NIS 2-Richtlinie (zur Cybersicherheit), die CSRD[39], und die kommende Produkthaftungsrichtlinie (PLD[40]), die sich mit der Haftung von Herstellern für Schäden durch defekte Produkte befasst.

38 NIS 2: Netzwerk- und Informationssicherheit (Network and Information Security)

39 CSRD: Corporate Social Responsibility Directive

40 PLD: Product Liability Directive

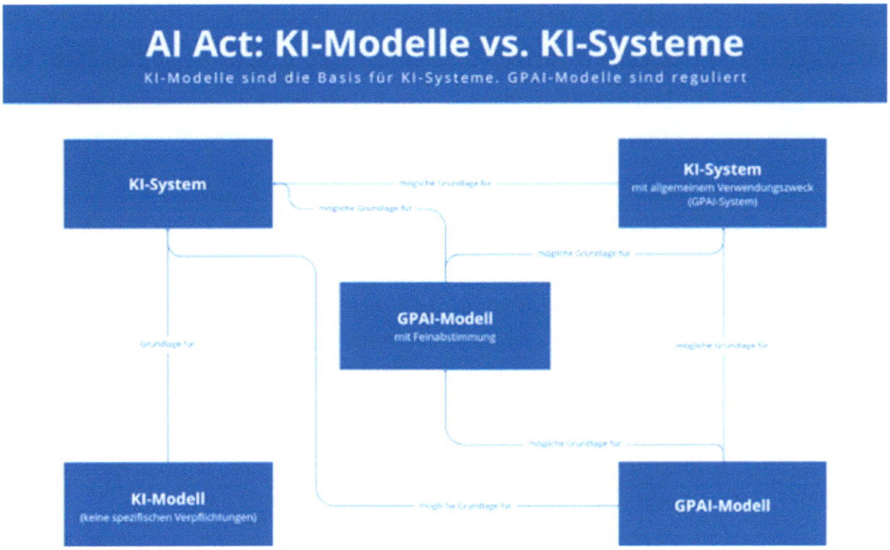

Abb. 15: Begriffliche Abgrenzung zwischen KI-Systemen, KI-Modellen und GPAIs © RTR (CC BY 4.0)

Wichtig ist auch die korrekte Verwendung der Begriffe:

Künstliche Intelligenz

Der Begriff Künstliche Intelligenz wurde erstmals 1955 von John McCarthy, einem amerikanischen Informatiker geprägt, um eine neue wissenschaftliche Disziplin zu beschreiben, die sich mit der Schaffung von Maschinen befasst, die so intelligent sein können wie Menschen.

Als Geburtsstunde der KI-Forschung galt die Dartmouth Conference 1956, bei der Forschende zusammenkamen, um über die Möglichkeiten und Herausforderungen der KI zu diskutieren. Heute ist KI allgegenwärtig und findet Anwendung in zahlreichen Bereichen des täglichen Lebens, von Sprachassistenten über selbstfahrende Autos bis hin zu medizinischer Diagnostik. Auch der Begriff KI selbst hat sich weiterentwickelt und umfasst heute eine Vielzahl von Technologien und Methoden, um intelligentes Verhalten zu simulieren und zu verstehen. Mit dem AI Act gibt es nun erstmal eine offizielle und einheitliche Definition für Künstliche Intelligenz.

> !
>
> KI ist ein maschinengestütztes System, das darauf ausgelegt ist, ein bestimmtes Ziel eigenständig oder teilautonom zu erreichen. Mithilfe von Eingaben generiert es Ergebnisse wie Vorhersagen, Empfehlungen oder Entscheidungen, die physische oder virtuelle Umgebungen beeinflussen können. Diese Systeme sind oft anpassungsfähig, was bedeutet, dass sie ihre Leistung nach der Einführung optimieren können, ohne dass eine explizite Neuprogrammierung erforderlich ist.

Die Definition des EU AI Act basiert auf der OECD[41] Definition und beschreibt KI-Systeme als Technologien, die in unterschiedlichem Maße autonom arbeiten können. Sie leiten aus den Eingaben Ergebnisse für explizite oder implizite Ziele ab, wie z.B. Vorhersagen oder Empfehlungen. Diese Systeme müssen in der Lage sein, physische oder virtuelle Umgebungen zu beeinflussen, und ihre Anpassungsfähigkeit ist ein entscheidendes Merkmal, das den kontinuierlichen Lernprozess und die Verbesserung ihrer Leistung ermöglicht.

---

41 https://oecd.ai/en/ai-principles

!

Ein KI-Modell ist die mathematische Repräsentation oder der Algorithmus, der auf einer Vielzahl von Daten trainiert wurde, um spezifische Aufgaben zu erfüllen. Es beinhaltet die zugrunde liegende Architektur (wie z.B. ein neuronales Netzwerk), die Parameter (Gewichtungen und Hyperparameter) sowie die Trainingsmethoden, die genutzt werden, um die Daten zu verarbeiten und Ergebnisse zu generieren. Ein häufiges Beispiel ist ein neuronales Netzwerk, das trainiert wurde, Bilder zu erkennen oder Text zu generieren.

Ein KI-Modell bildet die technische Grundlage für ein KI-System, das dieses Modell implementiert und in reale Anwendungen überführt. Während das Modell selbst die mathematische Struktur darstellt, ist ein KI-System die umfassendere Anwendung, die die Implementierung, Benutzerinteraktionen und oft zusätzliche Komponenten zur Datenverarbeitung und Entscheidungsfindung enthält.

Ein KI-System hingegen ist ein umfassenderes Konzept als ein reines KI-Modell. Es integriert nicht nur das KI-Modell, sondern auch die Infrastruktur, Werkzeuge und Prozesse, die notwendig sind, um das Modell in einer realen Umgebung zu betreiben. Dazu gehören die Hardware, auf der das Modell läuft, die Software, die es in Anwendungen integriert, sowie Benutzeroberflächen, die es den Usern ermöglichen, mit dem System zu interagieren.

!

Ein KI-System ist also das gesamte Ökosystem, das sicherstellt, dass das KI-Modell in der Praxis effizient und nutzbar eingesetzt werden kann. Es umfasst somit die technischen, betrieblichen und benutzerseitigen Elemente, die das Modell funktionsfähig und für reale Anwendungen geeignet machen.

Nachdem nun die grundlegenden Unterscheidungen zwischen KI-Modell und KI-System erklärt wurden, werden im Folgenden die Begriffe erläutert, die für das

Verständnis und die Anwendung der KI-Verordnung von Bedeutung sind, nämlich mit der Definition von GPAI-Systemen (also General Purpose AI oder auf Deutsch KI-System mit allgemeinem Verwendungszweck) und generativer KI (GenAI).

> !
>
> GPAI bezeichnet ein KI-Modell, das für vielfältige Einsatzmöglichkeiten entwickelt wurde und mehrere Anwendungsbereiche abdecken kann. Im Gegensatz zu spezialisierten Modellen kann ein GPAI-Modell allein in verschiedenen Kontexten eingesetzt werden. Dabei handelt es sich um ein einzelnes Modell, das flexibel unterschiedliche Aufgaben übernehmen kann, ohne dass mehrere spezialisierte KI-Modelle kombiniert werden müssen.

> !
>
> Generative KI bezeichnet Modelle, die in der Lage sind, Inhalte wie Texte, Bilder, Videos, Musik und andere kreative Outputs zu generieren (daher der Name) (RTR 2024). Diese KI-Modelle lernen Muster und Strukturen aus großen Datenmengen, um neue, ähnliche Inhalte zu generieren. Dies umfasst Technologien wie GPT für Texte, DALL-E für Bilder und weitere Modelle für unterschiedliche Medien.

7.2.1.5. Zuständige Behörden und Aufgabenbereiche

Auf EU-Ebene gibt es verschiedene Einrichtungen, die für die Regulierung und Entwicklung im Bereich der Künstlichen Intelligenz zuständig sind. Diese Institutionen arbeiten zusammen, um Standards, Richtlinien und Gesetze zu entwickeln und zu überwachen, die die sichere und verantwortungsvolle Nutzung von KI gewährleisten.

Europäisches Büro für Künstliche Intelligenz („AI Office“)

Das AI Office ist im Rahmen des AI Act die Behörde zur Überwachung und Durchsetzung der KI-Vorschriften. Es koordiniert die Risikobewertung von KI-Systemen, überwacht deren Einhaltung und unterstützt die nationale und internationale Zusammenarbeit bei der Regulierung von KI.

Eine ausführliche Liste der Aufgaben des AI Office ist in der Fußnote[42] zu finden.

Daneben gibt es noch unterstützende Gremien:
Europäischer Ausschuss für künstliche Intelligenz („AI Board");
Beratungsforum („Advisory Forum")
Wissenschaftliche Gremium unabhängiger Sachverständiger („Scientific Panel")

Nationale Behörden und Meldestellen

Die Etablierung bzw. Benennung von nationalen Behörden ist bis 2. August 2025 vorgesehen. Einstweilen wurden erste Beratungs- und Anlaufstellen eingerichtet.

Die KI-Servicestelle[43] Österreich ist die Anlaufstelle zur Umsetzung des EU AI Acts auf nationaler Ebene. Sie unterstützt Unternehmen und Behörden bei der Einhaltung der KI-Vorschriften, koordiniert mit europäischen Behörden und bietet Leitlinien für den sicheren Einsatz von KI-Systemen. Die Servicestelle wurde bei der RTR GmbH (Rundfunk- und Telekom Regulierungs GmbH) eingerichtet und hat bereits ihre Tätigkeit aufgenommen, um die Umsetzung der KI-Regulierung in Österreich effizient zu gestalten.

42 https://digital-strategy.ec.europa.eu/en/policies/ai-office

43 https://www.rtr.at/rtr/service/ki-servicestelle/ki-servicestelle.de.html

Für **Deutschland** wird die Benennung der zuständigen Behörde im Frühjahr 2025 erwartet. Wahrscheinlich scheinen entweder die Bundesnetzagentur (BNetzA) oder das Bundesamt für Sicherheit in der Informationstechnik (BSI). Ja, das stimmt im Wesentlichen.

Die **Schweiz** hat keinen eigenen AI Act ausgearbeitet. Stattdessen hat der Bundesrat das UVEK (Departement für Umwelt, Verkehr, Energie und Kommunikation) und das EDA (Departement für auswärtige Angelegenheiten) beauftragt, eine umfassende Analyse zum Regulierungsbedarf für künstliche Intelligenz in der Schweiz zu erstellen. Diese Analyse, die bis Ende 2024 abgeschlossen sein soll, berücksichtigt die Entwicklungen in der EU, insbesondere den AI Act, sowie relevante Initiativen des Europarats.

!

Regulatory Sandboxes sind kontrollierte Testumgebungen, in denen Unternehmen ihre KI-Systeme unter realen Bedingungen entwickeln und prüfen können, bevor diese vollständig auf den Markt gebracht werden. Ziel ist es, die Einhaltung regulatorischer Vorschriften sicherzustellen, während gleichzeitig Innovationen gefördert werden.

Nationale "Regulatory Sandboxes" sollen bis spätestens August 2026 entstehen, bei denen KI-Systeme auf EU AI Act Compliance getestet werden können. Ein ähnliches System hat Kanada mit dem Algorithmic Impact Assessment bereits im Einsatz (siehe 7.4.3.3.)

7.2.1.6. Der „Brüssel-Effekt": Für und Wider

Als einer der größten Wirtschaftsblöcke der Welt übt die EU erheblichen Einfluss auf internationale Märkte aus. Unternehmen, die Zugang zum EU-Markt haben möchten, sind de facto gezwungen, die strengen EU-Vorschriften zu übernehmen, um weiterhin Geschäfte in und mit Europa tätigen zu können. Eine ganze Reihe von Vorschriften, wie etwa die Datenschutz-Grundverordnung (DSGVO) oder diverse Umweltstandards werden oft auch in Drittländern übernommen. Das geschieht einerseits durch direkten Export in die EU und damit einhergehende Compliance, oder weil Unternehmen diese Standards weltweit einheitlich anwenden, um regulatorische Komplexität zu reduzieren. Dies führt zu einem Dominoeffekt, bei dem EU-Regelungen globale Praktiken beeinflussen. International lehnen sich Regularien auch an EU-Regelungen an, etwa die Datenschutz-Verordnung in Großbritannien, die nach dem BREXIT entwickelt wurde, und in Grundzügen die gleichen Regelungen enthält.

!

Der Brüssel-Effekt beschreibt die globale Ausstrahlungskraft der EU-Regulierung. Beim AI Act führt er dazu, dass Unternehmen weltweit ihre KI-Systeme an die strengen EU-Standards anpassen, um auf dem EU-Markt agieren zu können. So setzt die EU indirekt globale Maßstäbe für ethische und sichere KI-Nutzung.

Was spricht für den Brüssel-Effekt?

Ein wesentlicher Vorteil des Brüssel-Effekts liegt in der Marktmacht der EU. Als einer der größten Wirtschaftsräume zwingt die EU Unternehmen weltweit, ihre Standards zu übernehmen, wenn diese weiterhin Zugang zum EU-Markt haben wollen. Da viele Unternehmen global agieren, werden die einmal eingeführten Anpassungen oft international umgesetzt, wodurch die EU-Regulierungen zu einem globalen Standard werden.

Darüber hinaus bieten die präzisen und detaillierten Vorschriften der EU Unternehmen ein hohes Maß an Sicherheit und Klarheit. Dies ermöglicht es ihnen, sich besser auf internationale Märkte vorzubereiten und sorgt für Planungssicherheit, insbesondere in stark regulierten Bereichen wie Datenschutz und Künstliche Intelligenz. Diese klare Struktur trägt dazu bei, dass die EU als globale Standardsetzerin zunehmend Einfluss auf Regulierungen in Drittländern gewinnt, was zu weltweit einheitlichen und hohen Standards führt.

Was spricht gegen den Brüssel-Effekt?

Auf diesen Effekt in Ethikfragen abzustellen, kann jedoch auch kontraproduktiv wirken, da sich andere Regionen nicht von Europa Ethik lehren lassen wollen. Ethikverständnisse sind international durchaus verschieden. Der Versuch, EU-Standards global zu etablieren, könnte in bestimmten Kulturen oder politischen Systemen auf Widerstand stoßen, da ethische Normen oft tief in regionalen Traditionen und Werten verwurzelt sind (Dsouza et al. 2020).

Mit Blick auf die großen Linien eines menschlichen Ethikverständnisses wird man wahrscheinlich feststellen, dass man gar nicht so weit voneinander entfernt ist wie es anfangs scheint. Dennoch braucht es den internationalen Aushandlungsprozess, damit alle ihre Sichtweisen gleichberechtigt einbringen können. Gerade in Fragen der Ethik ist ein solcher Zugang unabdingbar.

Um diese diplomatische Falle zu umschiffen, richtete UN-Generalsekretär António Guterres einen „High-Level Advisory Body on AI" ein, der international ausgewogen besetzt ist und auf eine multilaterale Vereinbarung und Verständigung hinarbeitet.

Besonders in internationalen Abkommen wird ein gemeinsamer Aushandlungsprozess unerlässlich sein, um global anerkannte ethische Prinzipien zu etablieren. Ein einseitiges Abstellen auf den Brüssel-Effekt könnte diese notwendige internationale Zusammenarbeit und Akzeptanz untergraben.

7.2.2. EU-Regularien mit Verbindung zum EU AI Act

Der EU AI Act ist eingebettet in eine Reihe weiterer gesetzlicher Regelungen und Verordnungen, auf die er Bezug nimmt. Die wichtigsten davon werden in der Folge aufgeführt. Sie berühren die Themen Datenschutz, digitale Dienstleistungen, Cyber Security, und Produkthaftung. Es ist zu erwarten, dass die Regularien noch stärker harmonisiert werden als sie sich derzeit darstellen – etwa durch Vereinheitlichung von Berichts- und Meldewesen.

7.2.2.1. DSGVO, Data Act und Data Governance Act

Die DSGVO bildet dabei die Grundlage für den Schutz personenbezogener Daten in der EU und setzt weltweit Maßstäbe. In vielen Ländern, wie Großbritannien (UK GDPR) und China, wurden ähnliche Datenschutzvorschriften implementiert, um den Herausforderungen im Bereich KI und Datenschutz zu begegnen. Mit dem Data Act und dem Data Governance Act geht die EU jedoch einen Schritt weiter: Während der Data Act den fairen Zugang zu Daten und deren Nutzung regelt, fördert der Data Governance Act den vertrauensvollen Austausch von Daten zwischen verschiedenen Akteuren. Diese Gesetze bilden zusammen mit dem EU AI Act ein kohärentes Regelwerk, das sowohl den Schutz der Bürger und Bürgerinnen als auch die Förderung der Datenökonomie in Europa gewährleistet.

Datenschutz-Grundverordnung (DSGVO)

Die DSGVO, ein wesentliches Element des Datenschutzrechts in der EU, soll die Privatsphäre von Einzelpersonen schützen. Sie regelt die Verarbeitung personenbezogener Daten durch Unternehmen, Organisationen und die öffentliche Hand. Die DSGVO stärkt die Rechte der betroffenen Personen hinsichtlich ihrer Daten, einschließlich des Rechts auf Zugang, Berichtigung und Löschung ihrer Daten. Sie legt strenge Anforderungen an die Datensicherheit fest und sieht bei Verstößen hohe Strafen vor.

Data Act

Der Data Act schafft ein ausgewogeneres und gerechteres Umfeld für die Nutzung und den Austausch von Daten, wobei der Fokus auf nicht-personenbezogenen Daten sowie auf gemischten Datensätzen liegt, die personenbezogene und nicht-personenbezogene Daten enthalten können. Er fördert die Datennutzung und -weitergabe, beseitigt Hindernisse für den grenzüberschreitenden Datenverkehr und klärt Fragen rund um den Zugang und die Nutzung von Daten. Ergänzend zur DSGVO setzt der Data Act Regelungen für nicht-personenbezogene Daten, um Innovation und Wirtschaftswachstum voranzutreiben.

Data Governance Act

Der Data Governance Act konzentriert sich auf die Governance von Daten, insbesondere auf die Förderung des Datenaustauschs und die Verbesserung des Vertrauens in Datenintermediäre. Er soll die Verfügbarkeit von Daten erhöhen und gleichzeitig hohe Standards für den Datenschutz, die Sicherheit und die Transparenz wahren. Der Act schafft einen rechtlichen Rahmen für die Datenvermittlung, um den Austausch und die Nutzung von Daten sowohl innerhalb des privaten als auch des öffentlichen Sektors zu erleichtern, und fördert dabei die Einhaltung der Datenschutzbestimmungen.

Der Digital Services Act (DSA) ergänzt die bereits bestehenden Regulierungen der EU, wie die DSGVO, den Data Act und den Data Governance Act, um den digitalen Raum noch umfassender zu gestalten. Er fügt sich nahtlos in die digitale Strategie der EU ein, die sowohl den Schutz von Daten als auch eine verantwortungsvolle Verwaltung des digitalen Raums fördert.

7.2.2.2. Digital Services Act (DSA)

Der Digital Services Act (DSA) ergänzt die bestehenden EU-Regulierungen, indem er sich auf die Sicherheit und Transparenz im digitalen Raum konzentriert, insbesondere im Hinblick auf Online-Plattformen und deren Verantwortung gegenüber Nutzerinnen und Nutzern.

Der DSA, auch Gesetz über digitale Dienste, trat am 16. November 2022 in Kraft (Europäische Kommission 2019) und soll für mehr Rechtssicherheit und Transparenz auf digitalen Märkten sorgen. Die Verordnung gilt für Anbietende digitaler Dienste, die Waren, Dienstleistungen oder Inhalte an Verbraucherinnen oder Verbraucher vermitteln. Die Pflichten der Online-Unternehmen variieren je nach Rolle, Größe und Auswirkung im Online-Umfeld. Anbieter und Anbieterinnen von Vermittlungsdiensten müssen seit 18. Februar 2024 die Vorgaben umsetzen.

Der DSA gilt für alle Online-Plattformen mit Nutzerinnen und Nutzern in der EU (ausgenommen Klein- und Kleinstunternehmen mit weniger als 50 Mitarbeitenden und weniger als 10 Millionen EUR Jahresumsatz).

Verpflichtungen

Bekämpfung illegaler Inhalte, Waren und Dienstleistungen

- Schutz Minderjähriger
- Werbetransparenz und selbststeuernde Änderung bezüglich Anzeigen
- Verbot von Werbung auf der Basis sensibler Daten
- Content-Moderation und Dokumentation in der DSA Transparenzdatenbank
- Beschwerdemechanismus zur Cotent-Moderation
- Jährliche Berichtspflicht zur Content-Moderation
- Deklaration zur Funktionsweise von Empfehlungssystemen
- Bereitstellung klarer Geschäftsbedingungen
- Benennung einer Kontaktstelle für Behörden und Nutzende

(Europäische Kommission 2024a)

7.2.2.3. Cyber Resilience Act

Der Cyber Resilience Act (CRA) ergänzt die bestehenden EU-Regularien, indem er verbindliche Cybersicherheitsanforderungen für Hardware- und Softwareprodukte einführt, die über den gesamten Lebenszyklus der Produkte gelten. Während Gesetze wie die DSGVO, der Data Act und der Digital Services Act vor allem den Schutz von Daten und den verantwortungsvollen Umgang mit digitalen Diensten regeln, konzentriert sich der Cyber Resilience Act auf die Sicherstellung robuster Sicherheitsstandards in der technischen Infrastruktur. Dadurch schafft der Act eine ganzheitliche Grundlage, die sowohl den Datenschutz als auch die Sicherheit digitaler Produkte und Dienste auf höchstem Niveau gewährleistet (Europäische Kommission 2023a).

Auflagen für Hersteller

- Cybersicherheit muss in der Planungs-, Design-, Entwicklungs-, Produktions-, Liefer- und Wartungsphase berücksichtigt werden;
- Cybersicherheitsrisiken müssen dokumentiert werden;
- Hersteller und Herstellerinnen müssen aktiv ausgenutzte Schwachstellen und Vorfälle melden;
- Nach dem Verkauf müssen Herstellerinnen und Hersteller sicherstellen, dass Schwachstellen während des Unterstützungszeitraums effektiv behandelt werden;
- Es müssen klare und verständliche (aktuelle oder aktualisierte) Anweisungen für die Nutzung von Produkten mit digitalen Elementen vorliegen;
- Sicherheitsupdates müssen den Nutzenden für die erwartete Nutzungsdauer des Produkts zur Verfügung gestellt werden.

Zeitplan

Der CRA wird voraussichtlich im Herbst 2024 in Kraft treten, etwa 20 Tage nach seiner offiziellen Veröffentlichung im Amtsblatt der EU. Die vollständige Anwendung der neuen Anforderungen für Cybersicherheit wird jedoch gestaffelt eingeführt: Während bestimmte Berichtspflichten schon nach 21 Monaten gelten, haben Hersteller und Vertreiber von Hardware- und Softwareprodukten insgesamt 36 Monate Zeit, die umfassenden Sicherheitsstandards umzusetzen. Somit werden die Anforderungen ab etwa September/Oktober 2027 vollständig wirksam sein (Europäische Kommission 2023a).

Software-Unterstützung

Ein integriertes Tool zur Erhöhung der Cyber Resilienz von Produkten und Usern bietet **SoSafe** [44]. Ein beliebtes Remote Monitoring & Management (RMM) System ist **N-sight**[45].

Neben dem Cyber Resilience Act spielt die NIS 2-Richtlinie (Netz- und Informationssicherheit) eine entscheidende Rolle in der Stärkung der Cybersicherheit innerhalb der EU. Während der CRA vor allem technische Standards und Sicherheitsanforderungen für Hardware- und Softwareprodukte festlegt, geht NIS 2 weiter, indem sie Vorschriften für die Cybersicherheit von Netzwerken und kritischen Infrastrukturen einführt. Damit wird Cybersicherheit von einer freiwilligen Best Practice zu einer verbindlichen rechtlichen Anforderung, um den wachsenden Bedrohungen durch Cyberkriminalität wirksam zu begegnen.

7.2.2.4. NIS 2

Aufgrund des starken Anstiegs von Cyberkriminalität hat die EU mit NIS 2 eine Richtlinie geschaffen, die Unternehmen und kritische Infrastrukturen dazu verpflichtet, strikte Cybersicherheitsstandards einzuhalten. Diese Richtlinie sieht nicht nur klare Anforderungen, sondern auch strenge Sanktionen vor, die das Management direkt verantwortlich machen.

Das Gesetz zur digitalen operationellen Resilienz (DORA) ergänzt diesen Ansatz für den Finanzsektor und setzt ähnliche, verbindliche Vorgaben zur Sicherstellung der digitalen Widerstandsfähigkeit von Finanzinstitutionen.

Im Gegensatz zur NIS 2, die von den Mitgliedstaaten in nationales Recht umgesetzt werden muss, hat DORA bereits den Status eines EU-weiten Gesetzes und erfordert keine zusätzliche nationale Gesetzgebung. Beide Rechtsakte legen die Verantwortung für Cybersicherheit ausdrücklich in die Hände des Managements, das bei Nichteinhaltung der Vorschriften persönlich haftbar gemacht werden

---

44 https://sosafe-awareness.com/

45 https://www.n-able.com/

kann. Dies gewährleistet, dass Cybersicherheit als oberste Priorität behandelt wird und Unternehmen umfassend geschützt sind.

Schlüsselanforderungen unter NIS 2 und DORA

1. Risikomanagement

- Bewertung von IT-Systemen und Software
- Risikoreduktion: Einsatz von Security Information & Event Management (SIEM), Managed Detection & Response (MDR) oder eines SOC (Security Operations Center) können hierbei helfen.
- Schulung im Bereich Cybersicherheit
- Readiness-Training für Teams

2. Sicherheit der Lieferkette

- Verzeichnis der Anbietenden mit Sicherheitsanforderungen für die Lieferkette
- Möglicherweise notwendige Anpassungen bestehender Verträge

3. Stresstests: Prüfung der Systemresilienz

4. Business Continuity Management

- Krisenmanagement: Struktur, Prozesse, Notfall-/Krisenpläne
- Backup-Management
- Notfallkommunikationssysteme

5. Sicherheitsgovernance-Struktur und Personal

- NIS 2-Governance-Policy
- Prozesse

- Dezidiertes Personal

6. NIS 2 Meldewesen für Cybersicherheitsvorfälle

- Erstmeldung eines Vorfalls ist binnen 24 Stunden
- Ausführlichere Meldung binnen drei Tagen
- Abschlussbericht nach einem Monat

7.2.2.5. Die Produkthaftungsrichtlinie der EU

Die neue Produkthaftungsrichtlinie der EU (Product Liability Directive, PLD) wurde Ende 2023 zwischen dem Europäischen Parlament und dem Rat politisch beschlossen und wird voraussichtlich Anfang 2024 formal angenommen. Die Mitgliedstaaten haben dann eine Frist von 24 Monaten zur Umsetzung in nationales Recht, sodass die neuen Regeln bis spätestens 2026 in Kraft treten sollen und für Produkte gelten, die ab diesem Zeitpunkt auf den Markt kommen.

> Die wesentliche Neuerung in dieser Produkthaftungsrichtlinie, wie sie zum Zeitpunkt des Erscheinens dieses Buches als Entwurf vorliegt (Europäische Kommission 2022b), ist die Einbeziehung von Software und digitalen Produkten einerseits und vereinfachte Regeln für das Geltendmachen von Ansprüchen andererseits.

Nicht die Geschädigten müssen den Schaden nachweisen, sondern Hersteller müssen belegen, dass sie kein Verschulden am Schaden trifft, was einer de facto Beweislastumkehr gleichkommt.

Was regelt die PLD?

Produkthaftung ist eine Gefährdungshaftung. Das bedeutet, dass die **Haftung unabhängig von einem Verschulden des Herstellernden** eintritt. Die Haftung umfasst Schäden an Personen oder Sachen, die von einem fehlerhaften Produkt verursacht werden. Ein Schaden am fehlerhaften Produkt selbst ist kein Fall von Produkthaftung, sondern in der Mängelhaftung im Kaufrecht geregelt (IHK München 2023).

Was sind digitale Produkte nach der PLD?

Digitale Produkte nach der PLD sind sowohl Software oder Apps, aber auch Produkte mit digitalen Anteilen, also etwa eine Smart-Watch oder ein PKW.

Die geplanten Regelungen im Überblick

- Abschaffung der Haftungsgrenze (für Sachschäden galt bisher eine Haftungsgrenze von 500 €);
- Beweiserleichterungen für Geschädigte;
- Verpflichtung zur Offenlegung von Beweismitteln (IHK München 2023) Dazu kann auch der Source Code zählen (!);
- Mangelnde Cybersicherheit wird als Produktfehler gewertet (IHK München 2023).

Checkliste zur Umsetzung

Die IHK München hat eine sehr nützliche Übersicht (IHK München 2023) und Checkliste[46] zusammengestellt, die bei der Umsetzung helfen kann.

---

46 https://www.ihk-muenchen.de/de/Service/Recht-und-Steuern/Vertragsrecht/produkthaftung/

Kanada, die USA und China verfolgen jeweils eigene Wege bei der Regulierung und Förderung von KI-Technologien, die ihre wirtschaftlichen, ethischen und sicherheitspolitischen Prioritäten und Interessen widerspiegeln. Diese Ansätze legen den Grundstein für den Umgang mit KI und deren potenziellen gesellschaftlichen und wirtschaftlichen Auswirkungen. Im Folgenden werden die unterschiedlichen Strategien und regulatorischen Maßnahmen der drei Länder im Detail betrachtet.

7.2.3. Kanada

Kanada hat den Entwurf eines Gesetzes über Künstliche Intelligenz und Daten (Artificial Intelligence and Data Act, AIDA) präsentiert. Dieses Gesetz ist Teil eines größeren Gesetzgebungspakets zur digitalen Charta, das noch in der Entwicklung ist.

7.2.3.1. Artifical Intelligence and Data Act (AIDA)

Der *Artificial Intelligence and Data Act* (AIDA), Teil des *Digital Charter Implementation Act* (Gesetzesentwurf C-27), wurde 2022 eingeführt und durchläuft seitdem den Gesetzgebungsprozess. Die Verabschiedung wird frühestens 2024 oder 2025 erwartet, wobei die Umsetzung der Regelungen erst nach den Wahlen 2025 vollständig in Kraft treten könnte. Der AIDA-Entwurf legt besondere Anforderungen an „High-Impact"-KI-Systeme fest, die den Schutz und das Vertrauen in KI-Technologien stärken sollen, indem Unternehmen verpflichtet werden, Risikoanalysen, Governance-Mechanismen und Sicherheitsmaßnahmen zu implementieren, um potenzielle Schäden und Voreingenommenheit zu minimieren und eine sichere Nutzung sicherzustellen.

AIDA soll die verantwortungsvolle Gestaltung, Entwicklung und Implementierung von KI-Systemen sicherstellen:

- **Design-Phase:** Unternehmen müssen die Risiken ihrer KI-Systeme in Bezug auf Schaden und Vorurteile identifizieren, beheben und darüber Aufzeichnungen führen.
- **Entwicklung:** Unternehmen müssen die vorgesehenen Einsatzszenarien und Einschränkungen ihrer KI-Systeme bewerten und sicherstellen, dass die Nutzenden diese verstehen.
- **Implementierung/Rollout:** Unternehmen müssen geeignete Strategien zur Risikominderung einführen und sicherstellen, dass die Systeme kontinuierlich getestet werden.

7.2.3.2. Freiwilliger Code of Conduct

Kanada hat im September 2023 den "Voluntary Code of Conduct on the Responsible Development and Management of Advanced Generative AI Systems" eingeführt. Dieser freiwillige Rahmen ermöglicht es Unternehmen, sich durch Unterzeichnung zu verpflichten, Standards für die verantwortungsvolle Entwicklung und Verwaltung generativer KI-Systeme einzuhalten. Der Code, der auf breiten Konsultationen basiert, verfolgt das Ziel, das Vertrauen in KI-Technologien zu stärken und gleichzeitig die Sicherheit und Fairness der Systeme zu gewährleisten.

Der Code dient als vorläufiger Standard, bis das KI-Gesetz (AIDA) in Kraft tritt, und ermutigt Unternehmen zur Einhaltung von Prinzipien wie Verantwortlichkeit, Sicherheit, Fairness und Gerechtigkeit, Transparenz, menschliche Aufsicht und Robustheit. Diese freiwillige Initiative unterstreicht Kanadas Engagement, während es parallel an der gesetzlichen Verankerung von KI-Vorschriften arbeitet, insbesondere durch den AIDA-Entwurf im Rahmen des *Digital Charter Implementation Act.*

Die Grundprinzipien des **Code of Conduct** (ISED 2023):

- **Verantwortlichkeit (Accountability):** Unternehmen sollen umfassende Risikomanagementsysteme implementieren und Best Practices austauschen.
- **Sicherheit (Safety):** Verpflichtende Risikobewertungen und davon abgeleitete Maßnahmen sollen potenzielle Sicherheitsrisiken, einschließlich missbräuchlicher oder unangemessener Nutzung von KI, verringern.
- **Fairness und Gerechtigkeit (Fairness and Equity):** Systeme sollen auf mögliche Biases hin überprüft und getestet werden, um faire Ergebnisse sicherzustellen.
- **Transparenz (Transparency):** Herstellerinnen und Hersteller sollen ausreichende Informationen über die Fähigkeiten und Einschränkungen der Systeme veröffentlichen (siehe auch Explainable AI Movement) und sicherstellen, dass KI-generierte Inhalte als solche erkennbar sind.
- **Menschliche Aufsicht und Monitoring (Human Oversight and Monitoring):** KI-Systeme sollen kontinuierlich getestet werden, um mögliche Fehlentwicklungen oder schädliche Wirkungen zu identifizieren und beheben zu können.
- **Gültigkeit und Robustheit (Validity and Robustness):** Regelmäßige Tests sollen sicherstellen, dass KI-Systeme zuverlässig und sicher vor allem gegenüber Cyberangriffen sind.

7.2.3.3. Das Algorithmic Impact Assessment Tool (AIA)

Mit dem AIA[47] hat die kanadische Regierung ein verpflichtendes Assessment Tool herausgegeben, das die Wirkungen eines automatisierten Entscheidungstools evaluiert. Es besteht aus einem Fragebogen mit 51 Fragen zum Risiko eines KI-Systems und 34 Fragen zu Maßnahmen der Risikominderung und Risikobegrenzung.

47 https://www.canada.ca/en/government/system/digital-government/digital-government-innovations/responsible-use-ai/algorithmic-impact-assessment.html

Die Regulatory Sandboxes, die von der Europäischen Kommission im Rahmen des EU AI Acts verpflichtend bis August 2026 von den Mitgliedsstaaten einzurichten sind (siehe 7.3.1.2.), könnten sich an diesem Beispiel orientieren.

7.2.4. USA

Die USA haben kein einheitliches, landesweites KI-Gesetz. Stattdessen gibt es eine Vielzahl von sektorspezifischen Regelungen und Initiativen einzelner Bundesstaaten, die unterschiedliche Aspekte von KI adressieren.

> Auf Bundesebene wurden in den USA mehrere Gesetzentwürfe zur Regulierung von KI vorgeschlagen, wie der Algorithm Accountability Act und der Algorithmic Justice and Online Platform Transparency Act, die es jedoch bisher nicht schafften, in Gesetzesform verabschiedet zu werden.

Das National Institute of Standards and Technology (NIST) in den USA entwickelt einen freiwilligen Rahmen für das KI-Risikomanagement, um vertrauenswürdige KI-Systeme zu fördern und Unternehmen beim Erkennen und Managen von KI-Risiken zu unterstützen. Dieser Rahmen soll nicht nur technologische Standards setzen, sondern auch ethische Prinzipien einbeziehen. Begleitend dazu wurden mehrere *Executive Orders* erlassen, die verantwortungsbewusste KI-Entwicklung durch Werte wie Ethik, Transparenz und Nichtdiskriminierung fördern sollen. Diese Prinzipien dienen als Leitlinien für die Entwicklung und Anwendung von KI, um sicherzustellen, dass KI-Technologien sicher, gerecht und transparent genutzt werden.

Regulierungen auf Ebene der Bundesstaaten

Einige US-Bundesstaaten, insbesondere Kalifornien, haben Vorreiterrollen in der Regulierung von KI übernommen, wobei der Schwerpunkt auf Datenschutzgesetzen wie dem California Consumer Privacy Act (CCPA) und dem California

Privacy Rights Act (CPRA) liegt. Diese Gesetze bieten einen umfassenden Rahmen für den Schutz der Privatsphäre und die Regulierung von KI-Systemen, die personenbezogene Daten verarbeiten. Andere Bundesstaaten haben ebenfalls begonnen, Gesetze zu verabschieden, die den Einsatz von KI regulieren, insbesondere mit Fokus auf biometrische Daten und KI-gestützten Recruiting-Verfahren.

SEC-Regelungen für Cybersicherheit und KI-Compliance

In den USA hat die Securities and Exchange Commission (SEC) die Vorschriften in Bezug auf Cybersicherheit für börsennotierte Unternehmen verschärft. Diese neuen Vorschriften, die seit Dezember 2023 in Kraft sind, standardisieren Offenlegungspflichten in Bezug auf Risikomanagement, Strategie und Governance. Unternehmen müssen Cybervorfälle nun innerhalb von vier Werktagen melden, es sei denn, eine sofortige Offenlegung stellt ein erhebliches nationales Sicherheitsrisiko dar (das Feststellen liegt naturgemäß nicht im Ermessen des Unternehmens, sondern wird vom U.S. Attorney General feststellt). Dies entspricht den allgemeinen Trends in der Cybersicherheit, ähnlich wie wir sie auch bei den europäischen Vorschriften NIS 2 und DORA sehen.

7.2.5. Großbritannien

Großbritannien hat sich mit seiner National AI Strategy als Vorreiter im Bereich KI-Sicherheit positioniert. Anders als in der Europäischen Union wurde kein Gesetzesrahmen angestrebt, sondern eine KI-Strategie verabschiedet, die Innovationen fördern und gleichzeitig Sicherheitsstandards und Verantwortlichkeit gewährleisten soll.

Ein besonderes Highlight war die Organisation des internationalen **AI Safety Summit** im November 2023, das vor dem Hintergrund zunehmender Sicherheitsbedenken stattfand. Diese Konferenz setzte das Thema KI-Sicherheit und die damit verbundenen Regulierungsanforderungen auf die globale Agenda und zog bedeutende internationale Persönlichkeiten und Organisationen an. Der Veranstaltungsort, Bletchley Park, symbolisierte das Bestreben Großbritanniens, eine führende Rolle in der internationalen KI-Entwicklung und Politikgestaltung einzunehmen (siehe 7.3.2).

> Der regulatorische Rahmen des Vereinigten Königreichs für KI ist weniger streng als der EU AI Act, was es ermöglicht, Hochrisiko-KI-Anwendungen zuzulassen, die in der EU verboten sind, und generell niedrigere Compliance-Kosten vorzusehen.

Eine wichtige Rolle spielt weiterhin die britische Version der DSGVO, insbesondere im Hinblick auf automatisierte Entscheidungsfindung und Transparenz. Gemäß der **UK GDPR** müssen Organisationen sicherstellen, dass KI-gesteuerte Entscheidungen, die Einzelpersonen betreffen, nachvollziehbar, fair und einer menschlichen Aufsicht unterliegen, um ein Gleichgewicht zwischen Innovation und dem Schutz individueller Rechte zu wahren.

7.2.6. China

China hat derzeit kein umfassendes KI-Gesetz wie die EU, brachte jedoch mehrere verbindliche Regelungen auf den Weg, die bestimmte Aspekte der KI regulieren. Dazu gehören Richtlinien zur Cybersicherheit, Datenschutz und spezifische Bestimmungen zur Transparenz von Algorithmen. Besonders hervorzuheben ist das Gesetz über den Schutz persönlicher Informationen (PIPL), das in vielerlei Hinsicht mit der europäischen DSGVO vergleichbar ist und die Nutzung von KI im Zusammenhang mit personenbezogenen Daten reguliert.

- **Bis 2020**: China strebte an, in der KI-Forschung und -Entwicklung weltweit führend zu werden, insbesondere in Schlüsseltechnologien wie Computer Vision, maschinelles Lernen und Sprachverarbeitung.
- **Bis 2025**: Ziel ist es, KI umfassend in verschiedenen Industriesektoren einzusetzen, um wettbewerbsfähiger zu werden und ein starkes KI-Ökosystem zu etablieren.
- **Bis 2030**: China plant, die globale Führungsrolle in der KI zu übernehmen und bahnbrechende Innovationen zu erzielen, die die internationale KI-Landschaft prägen.

Regulierung von KI in China

China verfolgt einen umfassenden Ansatz zur Regulierung und Förderung von KI.

- **Daten- und Cybersicherheitsgesetze:** Gesetze wie das über den Schutz persönlicher Informationen (PIPL) und das Cybersicherheitsgesetz legen Rahmenbedingungen für den Einsatz von KI fest, insbesondere im Umgang mit personenbezogenen Daten.
- **Kontrolle von Algorithmen:** China hat Richtlinien zur Regulierung von Algorithmen erlassen, die von Unternehmen verwendet werden, um Entscheidungen zu automatisieren, insbesondere im Zusammenhang mit Online-Plattformen.
- **Ethik und Governance:** Es gibt staatlich geleitete Initiativen zur Förderung ethischer Standards in der KI, die die Kontrolle über KI-Technologien sicherstellen sollen.

7.3. Relevante internationale Initiativen zu KI-Ethik

Um eine verantwortungsvolle Nutzung von KI sicherzustellen, rücken internationale Initiativen zur KI-Ethik zunehmend in den Fokus. Im Unterschied zu zivilgesellschaftlichen Initiativen, die in Abschnitt 7.1 behandelt werden, liegt der Schwerpunkt hier auf staatlichen und multilateralen Bemühungen zur Entwicklung und Umsetzung ethischer Standards. Diese Ansätze zielen darauf ab, klare ethische Leitlinien zu etablieren, die auf globaler Ebene zur Förderung sicherer und transparenter KI-Systeme beitragen.

7.3.1. United Nations High-Level Advisory Body on AI

Als Reaktion auf das wachsende Bedürfnis nach einer Koordinierung zur globalen KI-Governance kündigte UN-Generalsekretär António Guterres im Juli 2023 im UN-Sicherheitsrat eine internationale Initiative zur sicheren Entwicklung von KI im Rahmen der Vereinten Nationen an, die auf einhellige Zustimmung stieß.

Bereits Ende August 2023 richtete er das High-Level Advisory Body on Artificial Intelligence ein. Dieses international ausgewogen besetzte Gremium soll einen Vorschlag für einen internationalen Governance Standard ausarbeiten, der die rasante Entwicklung von KI im Einklang mit Menschenrechten, mit den Zielen für nachhaltige Entwicklung (SDGs) und dem Gemeinwohl sicherstellt (UN 2023) Der Abschlussbericht erschien Mitte September 2024 und listet die gesamte Palette an Empfehlungen von Seiten verschiedener UN-Organisationen, von denen in der Folge hier die wichtigsten für die tägliche Praxis zusammengefasst sind. Für mehr Details empfiehlt sich ein Blick in den Abschlussbericht des High-Level Advisory Body on AI (UN 2024).

Der Bericht schlägt die Einrichtung eines UN AI Büros, eines wissenschaftlichen Beirats (Scientific Panel), eines AI-Datenrahmens und eines Programms für Kapazitätsentwicklung (Capacity Development Network) vor. Der Weg zu einer UN-Organisation für KI wird klar dargelegt, setzt jedoch einen internationalen Konsens der Mitgliedstaaten voraus.

7.3.2. Die Bletchley Deklaration: Internationaler Meilenstein zu KI-Sicherheit

In der Geschichte internationaler Vereinbarungen gab es bereits zahlreiche Deklarationen. Doch warum lohnt es sich, die Bletchley Deklaration[48] besonders hervorzuheben? Der entscheidende Unterschied zu anderen Abkommen, wie etwa der KI-Konvention, liegt in der Zusammensetzung der Unterzeichnerstaaten.

> Was die Bletchley Deklaration so bedeutend macht, ist die Tatsache, dass China sie unterzeichnet hat – ein Schritt, den das Land bei der KI-Konvention nicht vollzogen hat. Dies verleiht der Bletchley Deklaration nicht nur symbolische, sondern auch geopolitische Relevanz.

Die Entstehung dieser Deklaration ging aus der ersten internationalen Konferenz zur KI-Sicherheit hervor, die Anfang November 2023 in Bletchley Park (UK) stattfand. Dieses historische Anwesen, bekannt für die Entschlüsselung des Enigma-Codes im Zweiten Weltkrieg, bot den passenden Rahmen für ein Treffen, das die Zukunft der globalen Sicherheit maßgeblich beeinflussen sollte. Einberufen wurde die Konferenz vom ehemaligen britischen Premierminister Rishi Sunak, dessen Initiative es als erste gelang, renommierte internationale Experten und führende Staaten an einen Tisch und zu einer Einigung zu bringen.

Im Zentrum der Bletchley Deklaration steht das Thema der KI-Sicherheit. Die teilnehmenden Staaten, Expertinnen und Experten widmeten sich der Frage, wie der rasante Fortschritt im Bereich der KI sicher und verantwortungsvoll gestaltet werden kann. Diese Deklaration war einer der ersten entscheidenden Schritte, um eine globale Zusammenarbeit zur Sicherung von KI-Systemen zu etablieren.

---

48 https://www.gov.uk/government/publications/ai-safety-summit-2023-the-bletchley-declaration/the-bletchley-declaration-by-countries-attending-the-ai-safety-summit-1-2-november-2023

Während sich viele Länder bereits an der KI-Konvention (siehe 7.1.3.) beteiligt haben, zeigt die Beteiligung Chinas, dass die Bletchley Deklaration auf einer neuen Ebene der internationalen Zusammenarbeit angekommen ist. Damit bietet sie eine Plattform, auf der Sicherheitsfragen zur KI global koordiniert und angegangen werden können.

7.3.3. KI-Konvention von 2024

Am 5. September 2024 wurde in Vilnius, Litauen, die erste international rechtsverbindliche KI-Konvention unterzeichnet: die *Council of Europe Framework Convention on Artificial Intelligence, Human Rights, Democracy, and the Rule of Law*. Dieses Abkommen wurde vom Europarat entworfen und soll den Einsatz von KI-Systemen im Einklang mit Menschenrechten, Demokratie und Rechtsstaatlichkeit sicherstellen.

> Das Rahmenübereinkommen des Europarats zu KI, Menschenrechten, Demokratie und Rechtsstaatlichkeit wurde von zahlreichen Staaten, darunter Großbritannien, USA, Australien und Japan, unterzeichnet. Besonders erwähnenswert ist Großbritannien, das als Europaratsmitglied, jedoch nicht Teil der EU, an der Konvention beteiligt ist.

Die KI-Konvention wird als Meilenstein internationaler Einigung betrachtet, obwohl China sie nicht unterzeichnet hat, im Gegensatz zur Bletchley Deklaration. Sie ähnelt dem EU AI Act, geht jedoch weniger ins Detail, um den Staaten Flexibilität bei der nationalen Umsetzung zu ermöglichen. Ein wesentliches Merkmal ist, dass sie sich nur auf den öffentlichen Sektor bezieht, während private Unternehmen nur dann betroffen sind, wenn sie für den Staat tätig sind. Im Gegensatz dazu gilt der EU AI Act für alle Mitgliedsstaaten und stellt strenge Anforderungen an die KI-Entwicklung.

Trotz ihrer Bedeutung für die internationale Zusammenarbeit bleiben kritische Fragen offen, da fehlende Durchsetzungsmaßnahmen die Konvention zu einer weitgehend unverbindlichen Absichtserklärung machen könnten. Um wirksam zu sein, müsste sie in nationale Rechtsrahmen integriert und durchgesetzt werden. Dennoch stellt die KI-Konvention einen wichtigen Schritt zur globalen KI-Entwicklung im Einklang mit Menschenrechten und Demokratie dar.

7.3.4. UNESCO KI-Ethik Empfehlungen

Die UNESCO (United Nations Educational, Scientific and Cultural Organization) ist eine Sonderorganisation der Vereinten Nationen zur Förderung von Bildung, Wissenschaft, Kultur und Kommunikation mit dem Ziel, durch internationale Zusammenarbeit Frieden und Verständnis zu stärken.

Im November 2021 verabschiedete die UNESCO richtungsweisende Empfehlungen zur KI-Ethik, die den Schutz von Menschenrechten und Menschenwürde ins Zentrum rücken. KI-Systeme sollen während ihres gesamten Lebenszyklus grundlegende Freiheiten wahren, die Umwelt achten und zur Nachhaltigkeit beitragen. Ein Bestandteil dieser Empfehlungen ist das Prinzip Ethics by Design – die ethische Gestaltung von KI bereits ab der Konzeptionsphase.

> Der „Ethics by Design"-Ansatz fordert, dass ethische Prinzipien wie Menschenwürde, Gerechtigkeit, Transparenz und Datenschutz von der Entwicklung bis zur Implementierung berücksichtigt werden.

Die UNESCO unterstützt die Umsetzung ethischer Prinzipien in der KI durch Instrumente wie die Readiness Assessment Methodology (RAM) und das Ethical Impact Assessment, die konkrete Handlungsempfehlungen zur Bewertung und Optimierung der ethischen Dimensionen bieten (Ramos 2023). Diese Werkzeuge ermöglichen eine nachhaltige Integration ethischer Standards und tragen zur Schaffung vertrauenswürdiger Systeme bei (Ramos et al. 2024). Die UNESCO-

Richtlinien fördern eine verantwortungsvolle KI-Gestaltung, die auf Transparenz, Fairness und gesellschaftlichem Nutzen basiert. Dies erfordert enge Zusammenarbeit zwischen Entwicklern, politischen Entscheidungsträgern und der Zivilgesellschaft, um Standards zu etablieren, die die sozialen, ökologischen und ökonomischen Auswirkungen von KI berücksichtigen.

> Sollten ethische Prinzipien nur oberflächlich integriert werden, wird vor Ethik-Washing gewarnt und für eine tiefgehende Integration plädiert, die in messbare Praktiken übersetzt wird, um die UNESCO-Richtlinien wirksam umzusetzen (Vica et al. 2021).

Die wesentlichen Punkte der UNESCO-Empfehlung lauten:

1. Menschenrechte und Würde: KI-Technologien müssen die Menschenrechte respektieren, einschließlich Privatsphäre, Diskriminierungsschutz, Gerechtigkeit und Transparenz.
2. Vielfalt und Inklusion: KI-Systeme sollen bestehende Ungleichheiten nicht verstärken, sondern zur Förderung von Inklusion und Gleichstellung beitragen.
3. Datensouveränität und Datenschutz: Der Schutz personenbezogener Daten und die Datensouveränität sind entscheidend, um Missbrauch und unethische Nutzung zu verhindern.
4. Nachhaltigkeit und Umweltschutz: KI muss ökologisch nachhaltig gestaltet sein, indem der Energieverbrauch und die Umweltauswirkungen berücksichtigt werden.
5. Bildung und Bewusstseinsförderung: Es sollen Maßnahmen zur Stärkung der Medienkompetenz und des Bewusstseins für die ethischen Implikationen von KI ergriffen werden.
6. Verantwortlichkeit und Transparenz: Regierungen und Unternehmen müssen für die Auswirkungen ihrer KI-Systeme Verantwortung übernehmen, und Transparenz bei der Entwicklung und dem Einsatz von KI ist unerlässlich.

7.3.5. ITU: AI for Good and ITU-T Technical Standards for AI

Die International Telecommunications Union (ITU) ist eine spezialisierte Agentur der Vereinten Nationen zur Etablierung von Standards für Informations- und Kommunikationstechnologien. Die ITU fördert aber auch aktiv die Zusammenarbeit zwischen Regierungen, Industrie, Wissenschaft und Zivilgesellschaft, um KI zur Bewältigung einiger der dringendsten globalen Herausforderungen einzusetzen.

ITU-T: Technische KI-Standards

Die von der ITU herausgegebenen ITU-T-Standards für KI-Technologien helfen vor allem dabei, KI-Innovationen interoperabel und sicher zu halten.

Es gibt ein kontinuierlich aktualisiertes **Mapping-Dokument**, das die **ITU-T** KI-Standards mit den **ISO/IEC KI-Standards** abgleicht. Die neueste, öffentlich verfügbare Version stammt aus dem Jahr 2021, während die Version von 2023 derzeit nur für ITU-Nutzende zugänglich ist.

7.3.6. OECD AI Principles and AI Observatory

Die OECD (Organisation für wirtschaftliche Zusammenarbeit und Entwicklung) ist eine 1961 gegründete internationale Organisation mit 38 Mitgliedstaaten. Sie fördert weltweites Wirtschaftswachstum und entwickelt Standards in Bereichen wie Wirtschaft, Bildung und Digitalisierung – darunter die KI-Prinzipien für eine verantwortungsvolle KI-Nutzung. Diese wurden erstmals 2019 verabschiedet und 2024 erweitert (OECD 2024).

Die **OECD-Prinzipien zur Künstlichen Intelligenz** bieten einen umfassenden Rahmen für vertrauenswürdige KI. Sie setzen Schwerpunkte auf die Förderung von Innovation, die Wahrung von Menschenrechten und demokratischen Werten sowie auf Fairness, Transparenz und Rechenschaftspflicht in KI-Systemen, und die Sicherstellung von Robustheit, Sicherheit und Datenschutz.

Mit einer Aktualisierung im Jahr 2024 wurde die ökologische Nachhaltigkeit in den Fokus der OECD-Prinzipien gerückt, was KI-Akteure dazu verpflichtet, die Umweltauswirkungen ihrer Systeme zu minimieren.

Staaten verfolgen weltweit unterschiedliche Ansätze, um die Prinzipien der OECD zur KI in ihre nationalen Strategien zu integrieren. Während einige Länder umfassende gesetzliche Rahmenwerke erarbeiten, um diese Prinzipien rechtlich verbindlich zu machen, stützen sich andere auf freiwillige Leitlinien und ethische Standards (Galindo et al. 2021).

Eine bedeutende Leistung der OECD im Bereich der KI ist das **OECD AI Observatory** [49]. Diese Plattform zur Sammlung und Analyse globaler KI-Policies unterstützt politische Entscheidungsträger, Forschende und die Wirtschaft als umfassende Ressource für den Wissensaustausch, für die Entwicklung von Regularien und trägt wesentlich zur weltweiten Governance von KI-Systemen bei, indem es die Entwicklung gemeinsamer Standards fördert und den Austausch bewährter Praktiken erleichtert.

7.3.7. UNIDO AIM Alliance

Die **Organisation der Vereinten Nationen für industrielle Entwicklung (UNIDO)** hat im Juli 2023 die *Globale Allianz für Künstliche Intelligenz in Industrie und Fertigung* (*AIM Global*) ins Leben gerufen. Ziel dieser Allianz ist die Förderung verantwortungsvoller, nachhaltiger und integrativer KI-Anwendungen im Industriesektor. Sie bietet eine Plattform für die Zusammenarbeit zwischen Staaten, Industrie und Wissenschaft, um Wissen und Best Practices auszutauschen und die Entwicklung sicherer und effizienter KI-Anwendungen in der Industrie voranzutreiben.

7.3.8. ILO warnt vor der "Skills-Schere"

Die Internationale Arbeitsorganisation (ILO) ist eine Sonderorganisation der Vereinten Nationen, die sich seit ihrer Gründung 1919 für die Förderung sozialer Gerechtigkeit und menschenwürdiger Arbeitsbedingungen weltweit einsetzt. Die ILO bringt Regierungen, Arbeitgeberverbände und Arbeitnehmerorganisationen zusammen, um Arbeitsstandards zu entwickeln und Arbeitsbedingungen zu verbessern. Ihre Mission ist es, sowohl wirtschaftlichen Fortschritt als auch soziale Gerechtigkeit zu fördern und sicherzustellen, dass die Vorteile des wirtschaftlichen Wachstums allen zugutekommen.

---

49 https://oecd.ai/en/

Im Bericht von 2024 weist die ILO auf eine wachsende Kluft in den KI-Kompetenzen hin – den sogenannten ***Mind the AI Divide***[50]. Diese Kompetenzschere betrifft nicht nur den Unterschied zwischen Industrie- und Entwicklungsländern, sondern auch unterschiedliche Kompetenzniveaus innerhalb der einzelnen Gesellschaften. Sie zeigt sich zwischen Menschen, die sich aktiv Wissen über KI aneignen und KI-Technologien in ihrem Berufsalltag nutzen, und jenen, die dies nicht tun.

Dieses Phänomen kann auch mit dem Skill Bias (siehe 2.3.2) erklärt werden und birgt das Risiko, bestehende soziale und wirtschaftliche Ungleichheiten weiter zu verstärken, da der Zugang zu KI-Kompetenzen und die Fähigkeit, diese anzuwenden, zunehmend entscheidend für die Teilhabe am modernen Arbeitsmarkt sind. Der ILO-Bericht unterstreicht daher die Dringlichkeit von Bildungs- und Weiterbildungsprogrammen, um sicherzustellen, dass alle Bevölkerungsgruppen, unabhängig von ihrem geografischen oder sozioökonomischen Hintergrund, die Chancen von KI nutzen können.

7.4. Strategische Überlegungen und Grundsätze

Eine Fülle von Regeln und Empfehlungen. Was nun? Wie bleiben wir in der Verantwortung, nicht nur für die Systeme, die wir entwickeln, sondern auch für die Entwicklungen, die in der Folge entstehen und auf uns selbst bzw. unser Unternehmen als Hersteller eines Systems zurückkommen?

Um den Erfolg von KI-Systemen zu gewährleisten, sind klare und durchdachte strategische Leitlinien unverzichtbar. Eine gut entwickelte Strategie dient nicht nur als Zielvorgabe, sondern auch als Wegweiser für die Art und Weise, wie diese Ziele erreicht werden sollen. Sie definiert die übergeordneten Prinzipien und den

50 https://www.ilo.org/publications/major-publications/mind-ai-divide-shaping-global-perspective-future-work

Stil des Vorgehens und bildet damit die Grundlage für alle nachfolgenden Entscheidungen und Projekte (Iansiti //Lakhani 2020, Payne 2018, Mader 2024).

Während dieses Buch sich der verantwortungsvollen Entwicklung von KI-Systemen widmet und kein Strategie-Ratgeber für den Einsatz bzw. Rollout von KI-Systemen ist, seien dennoch einige Eckpunkte für beide Szenarien empfohlen.

> Diese strategischen Grundsätze sind wesentlich, da eine ethische Entwicklung ohne strategische Überlegungen zum praktischen Einsatz und zur Implementierung von KI-Systemen Gefahr läuft, in der Theorie zu verharren, während der eigentliche Nutzen und die Risiken erst im realen Betrieb sichtbar werden.

7.4.1. Strategien für die Entwicklung von KI-Systemen

Im Kern legt eine Strategie fest, wie wir unsere Ziele erreichen und beschreibt deshalb vor allem den Weg und den Stil, wie wir erfolgreich zum Ziel kommen. Eine Strategie ist daher vorrangig ein Vision Paper und erklärt, was wir anstreben und auf welche Weise wir vorgehen. Erst in zweiter Linie, wenn diese Grundlagen geklärt sind, leiten wir Projekte ab.

> **Responsibility is the price of greatness.**
>
> *Winston Churchill, 1943*

Eine gut aufgestellte Strategie beantwortet viele Fragen, die sich im Alltag der Umsetzung stellen – weil sie eine Art Leitstern für die Art der Entscheidungen ist, die wir treffen. Wenn etwa eine Strategie festlegt, dass Kundenanliegen grundsätzlich Priorität gegenüber internen Projekten haben sollen, und dass unsere Entscheidungen dem Prinzip der Fairness folgen, dann müssen sich Mitarbeitende im betrieblichen Ablauf nicht überlegen, ob sie zuerst das Kundenanliegen abarbeiten oder zuerst das interne Abrechnungsprojekt weitertreiben. Ein paar wenige, vielleicht maximal drei, Prinzipien sollten es sein – eine Konkurrenz der vielen Grundsätze schafft mehr Verwirrung als Klarheit (Mader 2024).

- **Strategische Prinzipien**

Beispielhaft denken wir hier etwa an Themen wie Innovationsführerschaft, Verlässlichkeit, Fairness, Verantwortung, Marktführerschaft, Erreichbarkeit etc.

Strategische Prinzipien haben einen Preis: Im Zuge einer Strategie empfiehlt es sich deshalb, gut zu überlegen, ob man gewillt ist, die hehre Mission, die man mit Strategieprinzipien formuliert, im Alltag dann auch durchzuhalten. Im Zweifel empfiehlt es sich einer Vision abzuschwören – denn ein gebrochenes Versprechen, das mit Strategieprinzipien der Öffentlichkeit gegeben wird, richtet größeren Schaden an als eines, das wir niemals formuliert haben. Das Prinzip zu den Prinzipien lautet also: Wählen wir weise!

- **Strategieparameter**

Auch folgende (und ähnliche) Eckpunkte bedürfen einer Entscheidung, bevor wir in die Systementwicklung gehen. Diese Parameter legen den Stil fest, mit dem wir vorgehen, und was wir im Rahmen der Entwicklung zu bedenken haben.

Ziel: Was soll entstehen? Innovation, Effizienzsteigerung, Kostensenkung, Wachstum[51], Kooperationen, Differenzierung von der Konkurrenz usw.

Vorgehen: offensiv oder defensiv?

Second Order Thinking: Was, wenn wir erfolgreich sind? Können wir das System dann hosten, supporten usw.?

Einsatzart: Soll unser System Menschen ersetzen oder Menschen unterstützen?

---

51 Hinweis: Zu beachten ist bei Wachstum, dass echtes Wachstum nur durch zusätzlichen Umsatz entsteht und durch neue Produkte, die neue Märkte erschließen. Effizienzsteigerung und Kostensenkung generieren kein Wachstum, damit können wir bestenfalls bessere Ergebnisse darstellen, aber nicht neue Umsätze oder Märkte generieren.

Nutzungsart: Entwickeln wir für den Eigenbedarf oder ein Produkt für den Markt?

Bei der Nutzungsart kann es vorkommen, dass ein System für den Eigenbedarf entwickelt wird, das sich herumspricht, etwa weil es bei einer Fachkonferenz vorgestellt wird – woraus dann klassisches **Business Development** entstehen kann, wenn das System als Produkt in den Verkauf geht.

7.4.2. Strategien für den Einsatz von KI-Systemen

Dieser Abschnitt stützt sich auf das Buch „Digitalisierung und KI strategisch einsetzen" (Mader 2024), um den Einsatz von KI-Systemen in Organisationen zu beleuchten und praxisnahe Ansätze zu bieten.

Häufig beginnen die Überlegungen mit speziellen Tools oder mit einer Suche nach speziellen Use Cases. Dabei wird das Pferd verkehrt herum aufgezäumt. Eine gute Strategie, die in der Umsetzung dann tatsächlich auch Nutzen stiftet, beginnt bei den Herausforderungen, die zu lösen sind, oder bei den Zielen, die wir erreichen wollen.

Es folgt ein kurzer Management Summary möglicher Überlegungen (siehe auch 2.5.3):

Suchzeiten: Wir verbringen täglich 1 bis 3 Stunden pro Person mit der Suche nach Informationen – ein unverändertes Problem seit 25 Jahren. Was für eine Vergeudung!

Wie KI helfen kann: Mit Enterprise Search, ob als anpassbare Software oder selbst entwickelte Lösung. Für risikoaverse Organisationen empfiehlt sich eine selbst gehostete (on-premise) Variante.

Zusätzlich kann KI durch personalisierte Suchergebnisse und die Nutzung von Wissensgraphen noch relevantere Antworten liefern, indem sie den Kontext berücksichtigt, in dem die Information benötigt wird. Dies verkürzt die Suchzeit erheblich und steigert die Effizienz.

Informationsflut: Wir verarbeiten heute 80-mal so viel Information wie in den 1970er Jahren – E-Mail-Fluten, Berge an Unterlagen, Anfragen und lange Verträge.

Wie KI helfen kann: **Intelligent Document Processing (IDP)**[52] analysiert Dokumente, findet Fehler und schlägt Lösungen vor. **Summarizer Tools**[53] fassen Langtexte zusammen, Personal Assistants übernehmen Routinetätigkeiten, und Generative KI unterstützt bei Textentwürfen, Lektorat, Recherche und mehr.

Ein zusätzlicher Vorteil liegt in der Fähigkeit der KI, Muster zu erkennen und auf Basis von Vorhersagen proaktive Vorschläge zu machen, was eine vorausschauende Organisation und Priorisierung der Aufgaben ermöglichten.

Contact Center entlasten: Immer mehr Anfragen, immer längere Wartezeiten und ein leergefischter Arbeitsmarkt.

Wie KI hier helfen kann: Eine Reihe spezialisierter Tools kann Call Center Agents unterstützen oder für einfache Aufgaben auch teilweise ersetzen: Tools beginnen hier bei einfachen **Bots** bis hin zu **Text-to-Speech KI Call Center Agents** wie beispielsweise Deepgram/Nova 2[54].

52 Anbieter sind z.B. die langjährig etablierten Wiener Hersteller Cortical.io und deepassist

53 Anbieter sind hier beispielsweise ChatPDF.com oder TLDRthis (steht für: too long didn't read this)

54 Ein unterhaltsames Beispiel: https://x.com/IsabellaMader_/status/1743657455131717990?s=20

Darüber hinaus können KI-Systeme durch Sentiment-Analyse und Echtzeitdatenverarbeitung auch komplexe Kundenanfragen effizienter priorisieren und weiterleiten, was sowohl die Kundenzufriedenheit als auch die Produktivität der Mitarbeiter erheblich steigert.

> Die steigende Anzahl und Komplexität von Cyberangriffen machen traditionelle Sicherheitsmaßnahmen zunehmend ineffektiv. Manuelle Erkennung ist oft zu langsam, um schnell genug auf Bedrohungen zu reagieren.
>
> **Wie KI helfen kann**: Sicherheit erhöhen: KI-gestützte Anomalie-Erkennung in **MDR-Systemen (Managed Detection & Response**) ermöglicht die Echtzeit-Erkennung und Abwehr von Cyberangriffen. Durch den automatisierten Schutz wird der Mensch nicht ersetzt, aber effektiv unterstützt.

KI-Systeme lernen kontinuierlich dazu, um sich an neue Bedrohungen anzupassen und bieten somit eine proaktive Verteidigung, die unverzichtbar für eine moderne IT-Sicherheitsstrategie ist. Ergänzen Sie mit den spezifischen Herausforderungen und Zielen Ihrer Organisation oder lesen Sie weiter in der Buchempfehlung zu diesem Kapitel (Mader 2024).

7.4.3. KI-Policies und Ethik-Richtlinien von Organisationen

Normen und Standards sind entscheidend für die Entwicklung und den Einsatz von KI, da sie Interoperabilität, Sicherheit und Transparenz fördern und dazu beitragen, ethische und rechtliche Anforderungen in KI-Systeme zu integrieren (Mangelsdorf 2019). Dabei sollten sie nicht nur technische Spezifikationen abdecken, sondern auch ethische Aspekte wie Fairness und Datenschutz adressieren, um eine verantwortungsvolle Nutzung von KI zu gewährleisten.

Große Unternehmen sind entscheidend an der Entwicklung und Umsetzung solcher Standards beteiligt. Sie arbeiten aktiv in internationalen Gremien wie der ISO oder IEEE mit und entwickeln oft unternehmensinterne Richtlinien, um ethische Prinzipien wie Bias-Reduktion, Datenschutz und Sicherheit in ihre KI-Systeme zu integrieren. Tech-Giganten wie Google, Microsoft und IBM haben zudem eigene Ethik-Leitlinien, die Mechanismen für Erklärbarkeit, Transparenz und Auditierbarkeit beinhalten, um sicherzustellen, dass ihre Technologien verantwortungsvoll genutzt werden.

Darüber hinaus investieren Unternehmen in Forschung und Kooperationen mit akademischen Institutionen und Regierungen, um bei der Entwicklung globaler Standards mitzuwirken. Initiativen wie die Partnership on AI zeigen, wie Unternehmen, Forschungseinrichtungen und Zivilgesellschaft gemeinsam Best Practices für den verantwortungsvollen Einsatz von KI entwickeln.

Attard-Frost et al. (2023) analysieren in ihrer Arbeit 47 KI-Ethikrichtlinien und stellen fest, dass ethische Leitlinien für KI im Unternehmenskontext zwar weit verbreitet sind, jedoch häufig unklar bleiben und wenig konkrete Umsetzungsstrategien bieten. Es besteht eine Diskrepanz zwischen theoretischen Prinzipien und praktischen Maßnahmen. Der Schwerpunkt liegt meist auf algorithmischen Entscheidungen, während ethische Herausforderungen in den Geschäftskontexten wie Wettbewerbsdruck, Ethik-Washing und bei Geschäftsgeheimnissen vernachlässigt werden.

Für Leitlinien empfiehlt es sich deshalb sicherzustellen, dass ethische Grundlagen nicht nur postuliert, sondern auch mit konkreten Werkzeugen (siehe 7.6.) implementiert und Mitarbeitende entsprechend geschult werden.

7.5. Ressourcen zu Guidelines und Regularien

Im Bereich der KI gibt es zahlreiche Guidelines und Regularien, die von internationalen Organisationen, staatlichen Institutionen und der Industrie entwickelt wurden, um ethische und rechtliche Standards zu setzen. Diese Leitlinien sind darauf ausgelegt, eine vertrauenswürdige und verantwortungsvolle KI-Entwicklung sicherzustellen, die den gesellschaftlichen Werten und Menschenrechten entsprechen.

7.5.1. Ethik-Leitlinien der EU für eine vertrauenswürdige KI

Die ethischen Leitlinien für vertrauenswürdige KI der EU (englisch: Ethics Guidelines for Trustworthy AI) wurden 2019 von der High-Level Expert Group on Artificial Intelligence (HLEG AI) der Europäischen Kommission veröffentlicht. Diese Leitlinien zeigen auf, wie die Entwicklung und der Einsatz von Künstlicher Intelligenz in Europa ethisch und verantwortungsvoll gestaltet werden können.

Die Leitlinien definieren vertrauenswürdige KI als Systeme, die drei Hauptkriterien erfüllen:

Rechtsmäßig: Sie sollen rechtmäßig sein und geltenden Gesetzen und Vorschriften entsprechen; einschließlich solcher, die Datenschutz, Gleichberechtigung und Verbraucherschutz betreffen.

Ethisch: Sie sollen ethische Prinzipien und Werte wie Menschenwürde, Gerechtigkeit, Autonomie und Nichtdiskriminierung respektieren und keine Handlungen ausführen, die den moralischen Standards der Gesellschaft widersprechen.

Robust: Sie sollen sicher, zuverlässig, manipulationsgeschützt und widerstandsfähig gegenüber Fehlern, insbesondere in sensiblen Bereichen wie Gesundheit und Finanzen.

Diese Leitlinien bilden einen wichtigen Teil des Ansatzes der EU zur Förderung von vertrauenswürdiger KI, die für Bürgerinnen, Bürger und Unternehmen von Nutzen sind. Sie sollen dazu beitragen, eine Balance zwischen technologischem Fortschritt und der Wahrung von Grundrechten und ethischen Werten zu finden.

Um dies zu gewährleisten, enthalten die Leitlinien die folgenden sieben Schlüsselanforderungen:

1. Menschliches Handeln und Aufsicht (Human agency and oversight)
2. Robustheit und Sicherheit (Technical robustness and safety)
3. Privatsphäre und Datenmanagement (Privacy and data governance)
4. Transparenz (Transparency)
5. Vielfalt, Nichtdiskriminierung und Fairness (Diversity, non-discrimination, and fairness)
6. Gesellschaftliches und ökologisches Wohlergehen (Societal and environmental well-being)
7. Rechenschaftspflicht (Accountability)

Diese Ethics Guidelines for Trustworthy AI stellen einen Meilenstein in der Regulierung und Gestaltung von Künstlicher Intelligenz in der EU dar. Sie bieten nicht nur einen Rahmen für die rechtliche und ethische Verantwortung von KI-Systemen, sondern setzen auch klare Standards für deren technische Robustheit und gesellschaftlichen Nutzen. Somit sind diese Leitlinien nicht nur für Unternehmen eine Richtschnur, um Innovation verantwortungsbewusst voranzutreiben, sondern sie schützen auch die Rechte und Interessen der europäischen Bürgerinnen und Bürger. Durch die Betonung von Transparenz, Fairness und Rechenschaftspflicht fördern sie das Vertrauen in KI-Technologien, was entscheidend für deren Akzeptanz und langfristigen Erfolg ist. Letztlich tragen die Leitlinien dazu bei, dass der technologische Fortschritt in Einklang mit menschlichen Werten und ethischen Grundsätzen steht, und bieten Europa die Chance, eine globale Vorreiterrolle in der verantwortungsvollen KI-Entwicklung einzunehmen.

7.5.2. *Human-Centered Machine Learning (HCML) Guidelines*

Das Konzept des Human-Centered Machine Learning (HCML) ist Teil eines wachsenden multidisziplinären Forschungsgebiets, das Informatik, Kognitionswissenschaft, Soziologie und Ethik verbindet (Ramos et al. 2019; Sperrle et al. 2021; Chancellor 2023).

> HCML hat zum Ziel, maschinelles Lernen so zu gestalten, dass es die Bedürfnisse, Werte und Verhaltensweisen der Nutzerinnen und Nutzer berücksichtigt. Mithilfe seiner interdisziplinären Methodik werden KI-Systeme entwickelt, die nicht nur technisch effizient, sondern auch sozial und ethisch verantwortungsvoll sind. Dabei steht im Vordergrund, die menschliche Autonomie und Entscheidungsfindung zu stärken, indem KI den Menschen unterstützt, statt ihn zu ersetzen oder zu bevormunden.

Sacha et al. (2017) betonen in diesem Zusammenhang die Bedeutung interaktiver Visualisierung, die es Nutzenden ermöglicht, Modelle in Echtzeit anzupassen, um Transparenz und Vertrauen zu fördern und die Leistung der KI-Systeme zu verbessern.

Wesentliche Prinzipien der HCML- Guidelines sind (Shneiderman 2022):

Userzentrierte Gestaltung: Bedürfnisse, Ziele und Erwartungen der User sollen priorisiert werden. Dafür bedarf es eines tiefen Verständnisses über die Bedürfnisse der Nutzenden.

Erklärbarkeit und Transparenz: Entscheidungen und Funktionsweisen von ML-Modellen müssen verständlich sein und Usern erlauben, fundierte Entscheidungen zu treffen.

Explainable AI Movement (XAI, siehe 7.1.6.)

Vermeidung von Biases: Systeme müssen so entwickelt werden, dass sie frei von Vorurteilen oder Verzerrungen sind, die zu unfairen oder diskriminierenden Ergebnissen führen könnten.

Förderung von Autonomie und Kontrolle: Nutzende sollten die Kontrolle über ML-Systeme behalten und Entscheidungen der Systeme verstehen und bei Bedarf übersteuern können.

Verlässlichkeit und Sicherheit: ML-Systeme müssen zuverlässig und sicher sein, insbesondere in kritischen Anwendungen. Sie sollten auch unter schwierigen oder fehlerhaften Bedingungen robust funktionieren.

Ethik und Verantwortung: Die Entwicklung und der Einsatz von ML-Systemen sollten ethischen Standards entsprechen und verantwortungsvoll durchgeführt werden, inklusive Schutz der Privatsphäre der User und die Berücksichtigung der gesellschaftlichen Auswirkungen von ML-Systemen.

Kooperative Interaktion: ML-Systeme sollten so konzipiert sein, dass sie mit den Usern zusammenarbeiten, ihre Fähigkeiten ergänzen und ihre Interaktionen unterstützen. Der Mensch bleibt der zentrale Entscheidungsträger, während das System als unterstützendes Werkzeug dient.

Vor diesem Hintergrund hat Jess Holbrook (2017) eine praxisnahe und unkomplizierte Übersicht verfasst, die wertvolle Überlegungen und Anregungen für die Entwicklung menschenzentrierter KI-Systeme bietet. Seine „No Nonsense"-Herangehensweise hebt insbesondere die Wichtigkeit einer klaren und praxisorientierten Perspektive hervor, die verhindert, dass KI-Projekte durch überkomplexe oder unpraktikable Ansätze entgleisen. Holbrook plädiert dafür, KI-Entwicklungsprozesse fokussiert und realistisch zu gestalten, damit die entwickelten Systeme nicht nur technisch einwandfrei, sondern auch in der Praxis sinnvoll anwendbar sind.

> Holbrook (2017) betont, dass HCML maschinelles Lernen menschenzentriert gestaltet, indem es Modelle entwickelt, die auf die Bedürfnisse und Werte der Uaser ausgerichtet sind. Der Fokus liegt auf der Verbesserung der Interaktion zwischen Mensch und Maschine, um KI-Systeme intuitiver, verständlicher und zugänglicher zu machen.

Holbrooks Empfehlungen sind gleichermaßen informativ wie unterhaltsam und bieten eine wertvolle Ergänzung zu theoretischen Konzepten, indem sie konkrete Wege aufzeigen, wie menschenzentrierte KI-Projekte erfolgreich umgesetzt werden können.

Hier ein Auszug:

1. Machine Learning findet nicht heraus, welches Problem zu lösen ist. Daher braucht es eine Task Analysis (ebenda), sonst wird unter Umständen ein „Problem“ gelöst, das es nicht wirklich gibt.

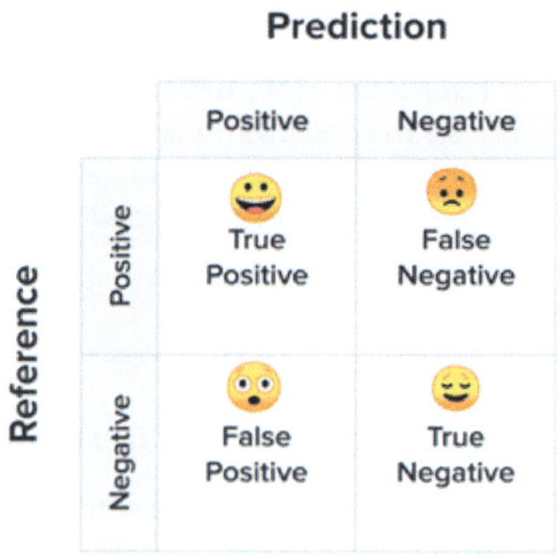

Abb. 16: Confusion Matrix (vgl. Holbrook 2017)

2. Braucht es Machine Learning, um das Problem zu lösen?

- Wie würde ein Mensch diese Aufgabe lösen?
- Wie würde ein Mensch diese Aufgabe beim nächsten Mal besser lösen?

- Von welchen Annahmen sollte dieser Mensch ausgehen?

3. Prototyping mit persönlichen Beispielen

4. Abwägung der Folgen von falsch Negativen und falsch Positiven

Zur Abwägung der Effekte von falsch negativen oder falsch positiven Ergebnissen wird die sogenannte **Confusion Matrix** verwendet. Eine Confusion Matrix wird verwendet, um zu verstehen, welche Fehler ein Modell macht und wie gut es bei der Unterscheidung zwischen verschiedenen Klassen ist. Sie zeigt die tatsächlichen Klassifizierungen (True Labels) auf einer Achse und die vom Modell vorhergesagten Klassifizierungen (Predicted Labels) auf der anderen Achse. (Heydarian et al. 2022)

Falsche Ergebnisse (False Negatives und False Positives) wirken bei kleinen Zahlen unbedeutend, während sie bei großen Datenmengen relevante Ausmaße annehmen können. Zwei Prozent Fehlerquote mögen bei 100 Personen als Grundgesamtheit nicht viel wirken – es wären gerade einmal zwei Personen betroffen. Wenn es dabei beispielsweise um Überwachung geht und wir als Beispiel Deutschland mit 80 Millionen Menschen hernehmen, dann würde ein Modell mit 2 Prozent Abweichung 1,6 Millionen Deutsche anlasslos überwachen.

Die Matrix hat vier Hauptkomponenten:

True Positives (TP): Richtig vorhergesagte positive Fälle.

True Negatives (TN): Richtig vorhergesagte negative Fälle.

False Positives (FP): Falsch vorhergesagte positive Fälle (auch „Type I Error“ genannt)

False Negatives (FN): Falsch vorhergesagte negative Fälle (auch „Type II Error“ genannt)

Verwendete Kennzahlen sind vor allem:

Genauigkeit = (TP + TN) / Gesamtanzahl der Fälle

Präzision = TP / (TP + FP)

Sensitivität (Recall) = TP / (TP + FN)

5. Gemeinsames Lernen einplanen (nicht nur die Maschine lernt!)

Wir sollten nicht der Annahme aufsitzen, dass wir als Menschen der Maschine das Denken beibringen. Die besten Ergebnisse erreichen jene Teams, die voneinander und von den Ergebnissen ihrer Modelle lernen. In jeglicher Software-Entwicklung zeigt sich, dass die Interpretation von Eingaben ein Hinweis auf ungenaue, inkonsistente oder unlogische Aufträge ist. Das Feedback bzw. die Ergebnisse von Code sind also ein „Great Equalizer" und zeigen uns die Qualität unserer Konzepte als sehr direktes Feedback.

6. ML muss auch lernen, korrekte Bezeichnungen zu verwenden

Passende Bezeichnungen (Labels) sind ein oft übersehener Aspekt. Auch Daten-Labels können irreführend oder diskriminierend wirken. Menschlicher Eingriff ist gerade hier ein wichtiger Aspekt, um zu vermeiden, dass „Überschriften" den ersten Bias ins System einführen.

7. Micromanagement vermeiden

Holbrook empfiehlt, zu kleinteiliges Management („Erbsenzählen") zu vermeiden: Es reduziert Kreativität sowohl des Menschen als auch der Machine Learning Modelle.

7.5.3. IEEE Ethically Aligned Design (EAD) Guideline

Die Ethically Aligned Design (EAD)-Guideline wurde von der IEEE (Institute of Electrical and Electronics Engineers), einer weltweit führenden Organisation für technische Standards in Elektronik und Informatik, entwickelt. Die Richtlinie wurde 2016 von der IEEE Global Initiative on Ethics of Autonomous and Intelligent Systems ins Leben gerufen, um ethische und gesellschaftliche Herausforderungen durch KI und autonome Systeme zu adressieren.

Der EAD-Standard stellt das menschliche Wohlbefinden in den Mittelpunkt und sorgt dafür, dass KI- und autonome Systeme mit menschlichen Werten und Grundrechten im Einklang stehen. Er geht über technische Spezifikationen hinaus, indem er aktiv die ethischen und gesellschaftlichen Auswirkungen dieser Technologien in den Entwicklungsprozess einbezieht.

Ziel der IEEE-Richtlinie es, KI-Systeme transparent, fair, sicher und verantwortungsvoll zu gestalten, um negative soziale, wirtschaftliche und ökologische Auswirkungen zu minimieren (Shahriari & Shahriari 2017).

Wichtige Prinzipien dieser Leitlinien sind Transparenz, Verantwortlichkeit und der Schutz der Menschenrechte. Technologische Innovationen so zu gestalten, dass sie der Menschheit nutzen und Risiken wie Diskriminierung, Sicherheitsbedenken oder den Verlust menschlicher Autonomie vermeiden, ist das Hauptziel dieser Guidelines. Zudem wird ein interdisziplinärer Ansatz gefordert, der ethische Überlegungen in die technologische Entwicklung integriert, um langfristig positive soziale Auswirkungen zu gewährleisten. Entwicklerinnen, Entwickler und Unternehmen werden angehalten, ethische Risiken frühzeitig zu erkennen und Maßnahmen zu ergreifen, um das Vertrauen in KI-Technologien zu stärken.

Der IEEE-Standard bietet einen wichtigen Rahmen für menschenzentrierte KI, benötigt jedoch konkretere und praxisnahe Ansätze. Die Umsetzung ethischer Prinzipien ist oft schwierig und erfordert eine stärkere Einbindung von Stakeholdern sowie realistische Anwendungsszenarien, um menschliche Autonomie und gesellschaftliches Wohl in der KI-Entwicklung zu gewährleisten (Kazim & Koshiyama 2020).

Die IEEE [55]führt auch eine Vielzahl an Teilprojekten zu den IEEE EAD Standards, deren aktueller Abruf über die IEEE Webseite empfohlen ist (siehe IEEE 2019): Ethik im Systemdesign (IEEE P7000), Transparenz Autonomer Systeme (IEEE P7001), Data Privacy (IEEE P7002), Algorithmic Bias (IEEE P7003), Verarbeitung der Daten von Kindern (IEEE P7004), Arbeitgeber Data Governance (IEEE P7005), Personal Data & Individual Agency (IEEE P7006), Robotics & Automation (IEEE P7007; IEEE P7008; IEEE P7009; IEEE P7010), Fake News (IEEE P7011), Normungsprojekt für maschinenlesbare Datenschutzbedingungen (IEEE P7012), und für Gesichtserkennung (IEEE P7013).

7.5.4. ISO/IEC KI-Standards

Die von der Internationalen Organisation für Normung (ISO) und der Internationalen Elektrotechnischen Kommission (IEC) entwickelten Standards bieten einen strukturierten und international anerkannten Rahmen für die technische Regulierung und Steuerung von Technologien, einschließlich KI. Sie fördern die Entwicklung sicherer, vertrauenswürdiger und interoperabler KI-Systeme und sind zentral für die globale KI-Governance.

55 https://standards.ieee.org/

> Die ISO/IEC-Standards bieten klare Leitlinien, die ethische und technische Robustheit im globalen Einsatz von KI gewährleisten. Sie fördern die Harmonisierung von Vorschriften, erleichtern die internationale Zusammenarbeit und unterstützen den Austausch von Wissen und Technologien.

ISO/IEC 42001: Managementsystem für Künstliche Intelligenz

Die Norm ISO/IEC 42001:2023 ist der weltweit erste Standard, der sich speziell auf Managementsysteme für Künstliche Intelligenz (AIMS) konzentriert und damit einen globalen Maßstab für KI-Governance setzt. Wichtige Aspekte der ISO/IEC 42001 umfassen Risikomanagement, die Bewertung der Auswirkungen von KI-Systemen, Lebenszyklusmanagement, ethische Überlegungen und Transparenz.

ISO/IEC 23894: Risikomanagement für KI

Ergänzend zur ISO/IEC 42001 konzentriert sich ISO/IEC 23894 speziell auf das Risikomanagement im Zusammenhang mit KI. Dieser Standard bietet detaillierte Leitlinien zur Identifizierung und Minderung der einzigartigen Risiken, die von KI-Systemen ausgehen.

ISO/IEC 22989: Konzepte und Terminologie für KI

Dieser Standard etabliert eine gemeinsame Sprache für KI, um eine klare Kommunikation und das Verständnis zwischen den an der Entwicklung und Implementierung von KI beteiligten Interessengruppen zu verbessern.

Herausforderungen bei Standards und KI

Trotz ihrer Bedeutung stellt sich die rasche Entwicklung von KI-Technologie als Herausforderung für internationale Standards dar. Normungsorganisationen müssen ihre Leitlinien regelmäßig aktualisieren und neu erstellen, um mit den technologischen Fortschritten und aufkommenden ethischen Bedenken Schritt zu halten. Standards werden jedoch naturgemäß immer einen Schritt hinterherhinken:

Technologie von gestern – heute – morgen

Der Stand der Wissenschaft beschreibt die Technologie von morgen.

Der Stand der Technik repräsentiert die Technologie von heute.

Der Stand der Norm bezieht sich als Mindestanforderung auf die Technologie von gestern.

7.5.5. Non-Discrimination-by-Design

Rebstadt et al. (2022) zeigen überzeugend, wie Diskriminierung in allen Phasen eines KI-Projekts aktiv vermieden und gleichzeitig ein ethisch fundierter und professioneller Entwicklungsprozess sichergestellt werden kann. Ihre Empfehlungen basieren auf dem bewährten **CRISP-DM-Modell (Cross Industry Standard Process for Data Mining),** das seit über zwei Jahrzehnten als Standard für die Entwicklung von KI-Systemen dient. Dieses branchenübergreifende, standardisierte Prozessmodell gliedert den Data-Mining-Prozess in sechs Phasen: von der Geschäfts- und Datenverständnisphase über die Datenaufbereitung und Modellierung bis hin zur Evaluierung und Implementierung.

Zentral in Rebstadts Ansatz ist das Prinzip „Non-Discrimination by Design“, das sicherstellt, dass in jeder Phase des Entwicklungsprozesses Voreingenommenheit erkannt und adressiert wird. Dies bedeutet, dass KI-Systeme so konzipiert und entwickelt werden, dass Diskriminierung aktiv vermieden wird – sowohl durch sorgfältige Datenauswahl als auch durch die Integration von Maßnahmen zur Überwachung und Korrektur potenzieller Biases im Modell. Im Folgenden werden die sechs Phasen kurz beschrieben:

CRISP-DM (Cross Industry Standard Process for Data Mining)

Business Understanding: Definition der Projektziele/Anforderungen, Klärung des Projektkontexts.

Data Understanding: Sammlung erster Daten für Tests, Identifizierung von Datenqualitätsproblemen.

Data Preparation: Daten-Bereinigung, Daten-Organisation (Datenfelder), Daten-Formatierung.

Modeling (Modellierung): Auswahl Modellierungstechniken, Einstellung Modellparameter, Training.

Evaluation: Überprüfung der Ergebnisse im Kontext der Projektziele.

Deployment: Implementierung des Modells in der realen Umgebung.

Auf der Basis dieses Standards und entlang der typischen Anforderungen und Herausforderungen von KI-Projekten leiten Rebstadt et al. (2022) anschließend 10 Prinzipien ab und bieten damit unmittelbar Anleitung und Hintergrund für die so entstandenen Guidelines.

Non-Discrimination-by-Design: Prinzipien		
Komponente	**Anforderungen**	**Generalisierte Maßnahmen für die Entwicklung von KI-Systemen**
Gesamtsystem	• Verständlichkeit der grundsätzlichen Funktionsweise des intelligenten Portiers (die im Test verwendet wurde) • Transparenz und Nachvollziehbarkeit der durch die KI getroffenen Entscheidungen über (Nicht-)Einlass • Transparenz über die für die Einlassentscheidung herangezogenen Datenquellen	• Verständlichkeit der grundsätzlichen Funktionsweise des Gesamtsystems für die Nutzenden sicherstellen (P1[a]) • Transparenz der getroffenen Entscheidungen sicherstellen (P2) • Transparenz über die Datenquellen sicherstellen (P3)
Gesichtserkennung/ Lebenderkennung	• Gleichbehandlung aller Nutzenden bei Verwendung der Gesichtserkennung und der Lebenderkennung, unabhängig von Ethnie, Geschlecht oder Alter • Integration von Erklärungsansätzen für die Entscheidungsfindung der Gesichts- und Lebenderkennung	• Prävention von Diskriminierung bei der Entwicklung der KI-Modelle (u. a. Definition von Kriterien für nicht-diskriminierende Algorithmenauswahl) (P4) • Anpassung der eingesetzten Modelle zur Reduktion existierender Diskriminierung (P5) • Evaluation des KI-Modells hinsichtlich Diskriminierung aufgrund von Personenmerkmalen (P6) • Balancierte Ausgestaltung des Test-Datensatzes in Bezug auf die identifizierten Subgruppen (P7)
Dialogkomponente	• Mehrsprachlichkeit und Berücksichtigung verschiedener Dialekte • Umgang mit Sprachstörungen und Sprachbehinderungen • Umgang mit Sehbehinderungen • Umgang mit Analphabetismus • Umgang mit fehlerhaften Eingaben	• Integration in ein diskriminierungsfreies und multimodales Interface (P8) • Integration in ein gegenüber fehlerhaftem Nutzungsverhalten robustes Interface (P9)
Entscheidungsbaum	• Robustheit bei Fehlverhalten der Nutzenden • Integration alternativer Einlassfunktionen im Falle von Fehlfunktion oder Fehlverhalten der Nutzenden	• Berücksichtigung alternativer Lösungsansätze im Falle von Fehlfunktion oder Fehlverhalten der Nutzenden (P10)

Tabelle 2: Herleitung der Non-Discrimination by Design Guidelines (Rebstadt et al. 2022)

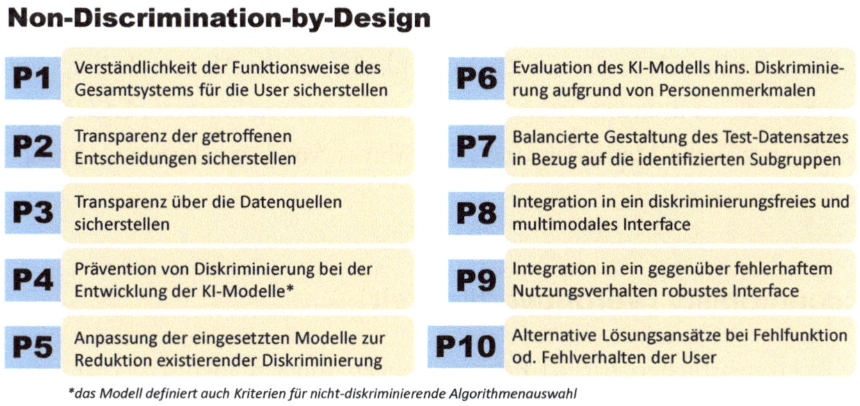

Abb. 17: Die 10 Prinzpien der Non-Discrimination by Design Guidelines von Rebstadt et al. (2022)

7.5.6. Fairness, Accountability, and Transparency in Machine Learning (FAT/ML)

Das Konzept der Fairness, Accountability, and Transparency in Machine Learning (FAT/ML)[56] entstand aus der Notwendigkeit, maschinelle Lernsysteme zu entwickeln, die ethische Prinzipien in den Mittelpunkt ihrer Funktionalität stellen. Während KI-Systeme zunehmend in Entscheidungsprozesse eingebunden werden, besteht die Gefahr, dass diese Entscheidungen nicht nur komplexer, sondern auch weniger nachvollziehbar und potenziell unfair werden. FAT/ML stellt praktische Ressourcen und Methoden für die Entwicklung fairer, verantwortungsvoller und transparenter KI-Systeme bereit (Barocas et al 2023, Selbst & Barocas 2018).

56 https://www.fatml.org/

Fairness in Machine Learning

Fairness bezieht sich in diesem Zusammenhang auf die Abwesenheit systematischer Bias, die zu diskriminierenden Ergebnissen führen könnten. FAT/ML sieht deshalb spezifische Methoden und Algorithmen vor, etwa diverse und ausgeglichene Datensätze.

Accountability (Verantwortlichkeit)

Die Verantwortlichen für KI-Entscheidungen müssen identifizierbar sein. In vielen Anwendungsbereichen, von der Kreditvergabe bis hin zu medizinischen Diagnosen, ist es wichtig, dass Menschen die Möglichkeit haben, Entscheidungen zu hinterfragen und Verantwortlichkeiten klar nachvollziehen zu können. FAT/ML bietet dazu einen Mechanismus zur Rechenschaftspflicht, der auch ethische Überprüfungen umfasst.

Transparenz

Transparenz bedeutet, dass Verantwortliche das Zustandekommen von Entscheidungen nachvollziehbar erklären können. Viele Machine-Learning-Algorithmen, insbesondere solche, die auf neuronalen Netzen basieren, werden als „Black-Box"-Modelle bezeichnet, da ihre internen Entscheidungsprozesse unklar sind. FAT/ML unterstützt die Entwicklung von Systemen, die nachvollziehbare Ergebnisse liefern durch Techniken wie Explainable AI (XAI, siehe 7.1.6.)

7.5.7. *Design for Uncertainty: Unsicherheitsbewältigung*

Design for Uncertainty bezieht sich auf die Gestaltung von KI- und Machine-Learning-Systemen, die probabilistische Ergebnisse liefern, also Vorhersagen oder Entscheidungen, die mit einer bestimmten Wahrscheinlichkeit eintreten (Hüllermeier & Waegeman 2021).

Dieser Ansatz konzentriert sich darauf, die unvermeidbaren Unsicherheiten, die bei der Verarbeitung komplexer und variabler Daten in vielen KI-Modellen auftreten, transparent und verständlich zu kommunizieren. Zwei Ansätze zur Handhabung dieser Unsicherheiten sind:

Probabilistische Ansätze: Hierbei wird explizit die Wahrscheinlichkeit angegeben, mit der ein bestimmtes Ergebnis korrekt ist. Häufig erfolgt dies in Prozentangaben, was leicht verständlich ist.

Beispiel: Eine medizinische KI sagt mit 80 % Wahrscheinlichkeit voraus, dass ein Patient eine bestimmte Krankheit entwickelt. Dies vermittelt Ärzten das Vertrauen des Modells in die Vorhersage, lässt aber Raum für Unsicherheiten.

Deterministische Ansätze mit Konfidenzintervallen: Hier wird die voraussichtliche Korrektheit in deterministischer Form dargestellt, begleitet von Konfidenzintervallen, die die Bandbreite möglicher Abweichungen angeben. Dadurch wird die Unsicherheit in einer strukturierten, zahlenbasierten Form kommuniziert.

Beispiel: Ein ML-Modell zur Vorhersage des Aktienkurses gibt an, dass der Kurs in den nächsten 7 Tagen um 5 % ± 2 % steigen wird. Das bedeutet, dass der Kurs wahrscheinlich zwischen 3 % und 7 % steigen wird. Auch bei der Vorhersage von Wahlergebnissen wird oft diese deterministische Form gewählt, um mögliche Schwankungsbreiten anzugeben.

Dieser Ansatz hilft, sowohl Wahrscheinlichkeiten als auch Schwankungen klar zu vermitteln und Unsicherheiten in KI-Systemen besser zu handhaben.

7.5.8. Privacy by Design: Datenschutz von Beginn an mitdenken

Neben den jeweiligen gesetzlichen Regelungen zu Datenschutz wie die DSGVO (7.3.2.1), die UK GDPR (7.3.5) oder die PIPL in China (7.3.6), eignen sich für die Berücksichtigung im Design weitere Grundprinzipien– die übrigens auch die Vorbilder für Datenschutzregelungen weltweit bildeten (Cavoukian 2014; Rost & Bock, 2011).

7.5.8.1. Fair Information Practices (FIPPs)

Die Fair Information Practices (FIPPs) sind 8 Grundsätze zur Datennutzung, Datenerfassung und zum Datenschutz, die von der OECD veröffentlicht wurden. Sie sind nicht formell Teil der Datenschutzgesetze, aber international dennoch eine relevante Größe (Rotenberg 2001).

Die Grundsätze der Fair Information Practices (FIPPs)

1. Grundsatz der Begrenzung der Datenerfassung

Erfassung persönlicher Daten auf rechtmäßige/faire Weise, mit Wissen/ Zustimmung.

2. Grundsatz der Datenqualität

Persönliche Daten sollten für die erhobenen Zwecke relevant, erforderlich, richtig und aktuell sein.

3. Grundsatz der Zweckbestimmung

Klare Ziele für die Datenerhebung, und -verwendung – und in der Praxis darauf beschränkt bleiben.

4. Grundsatz der Nutzungsbeschränkung

Persönliche Daten dürfen nicht für andere als die vereinbarten Zwecke genutzt werden.

5. Grundsatz der Sicherheitsvorkehrungen

Angemessene Sicherheitsvorkehrungen zum Schutz gegen Verlust oder unbefugten Zugriff.

6. Grundsatz der Transparenz

Transparenz über Praktiken der Datenverarbeitung inklusive der dafür zuständigen Person.

7. Grundsatz der individuellen Beteiligung:

Ein Individuum sollte das Recht haben

a. von Verantwortlichen Bestätigung zu erhalten, ob diese über ihn oder sie betreffende Daten verfügt oder nicht;

b. die ihn oder sie betreffenden Daten innerhalb angemessener Frist und zu vertretbaren Kosten in einer verständlichen Form zu erhalten;

c. eine Begründung bei Ablehnung eines Antrags zu erhalten und diesen anfechten zu können; und

d. die ihn betreffenden Daten anzufechten und, falls erfolgreich, Löschung, Berichtigung, Ergänzung oder Änderung der Daten zu erwirken.

8. Grundsatz der Rechenschaftspflicht

Eine verantwortliche Person sollte für die Einhaltung dieser Maßnahmen verantwortlich sein.

7.5.8.2. Die "Big 8" des Datenschutzes

Insbesondere im Hinblick auf die Datensicherheit bei Datenbanksystemen hat das Bundesamt für Sicherheit in der Informationstechnik (BSI) die „Acht Gebote der Datensicherheit" formuliert. Diese Gebote, die auf §9 des Bundesdatenschutzgesetzes (BDSG) basieren, sind essenziell für den sicheren Umgang mit personenbezogenen Daten. Sie stellen sicher, dass der Schutz der Daten sowohl während der Speicherung als auch während der Verarbeitung gewährleistet wird.

Bei der Nutzung von Datenbanksystemen sollten diese Gebote strikt beachtet werden, um die Sicherheit der gespeicherten Daten zu gewährleisten und um gesetzlichen Anforderungen zu entsprechen. Sie umfassen unter anderem Maßnahmen zur Zugriffskontrolle, Datensicherung, Verschlüsselung und Protokollierung von Zugriffsversuchen. Die Implementierung dieser Prinzipien fördert nicht nur die Sicherheit, sondern auch das Vertrauen in die Integrität von Datenbanksystemen.

Die acht Säulen der Datensicherheit bzw. des Datenschutzes seien kurz in Erinnerung gerufen:

„Big 8“ Prinzip	Bedeutung
1. Zutrittskontrolle	Verhindern des (räumlichen) Zutritts von Unbefugten zu Datenverarbeitungsanlagen, mit denen personenbezogene Daten verarbeitet werden. Umsetzung: Gebäudesicherung, Zutrittskontrollsysteme usw.
2. Zugangskontrolle	Verhindern des Zugangs zu Daten durch Unbefugte. Umsetzung durch Authentifizierung, biometrische Benutzeridentifikation, Firewalls, zertifikatsbasierte Zugangsberechtigung etc.
3. Zugriffskontrolle	Sicherstellen, dass berechtigte Nutzer ausschließlich auf jene Inhalte zugreifen können, für die sie durch ein Berechtigungskonzept autorisiert sind, und dass personenbezogene Daten bei der Verarbeitung und Nutzung und nach dem Speichern nicht unbefugt eingesehen, kopiert, verändert oder gelöscht werden können. Umsetzung: Logging (Mitprotokollieren), Berechtigungskonzepte, Benutzkennung, gesicherte Schnittstellen, Cybersecurity inklusive Managed Detection & Response (MDR: automatisierte Anomalie-Erkennung und Abwehr) usw.
4. Weitergabekontrolle	1. Verhindern des unbefugten Lesens, Kopierens, Veränderns oder Löschens von personenbezogenen Daten bei der Übertragung, beim Transport oder bei der Speicherung. 2. Sicherstellen eines Berechtigungskonzeptes und einer Möglichkeit des Feststellens/Verhinderns von unbefugtem Zugriff und unbefugter Übermittlung oder Veränderung solcher Daten im DV-System. Umsetzung: Berechtigungssysteme, Logging, Verschlüsselung etc.

5. Eingabekontrolle	Sicherstellen einer nachträglichen Überprüfungsmöglichkeit, ob und von wem personenbezogene Daten eingegeben, verändert oder gelöscht wurden. Umsetzung: Logging.
6. Auftragskontrolle	Personenbezogene Daten, die im Auftrag verarbeitet werden, müssen gemäß den Weisungen des Auftraggebers (Kunden) verarbeitet werden. Was war der Auftrag für die Datenverarbeitung (z.B. bei einer Einverständniserklärung) und (wie) wird dieser eingehalten? Umsetzung: automatisierte Verwaltung von Einverständniserklärungen, Kontrollrechte, zusätzlich ggf. Ombudsstelle usw.
7. Verfügbarkeitskontrolle	Sicherstellen, dass personenbezogene Daten gegen zufällige Zerstörung oder Verlust geschützt werden. Umsetzung: Brandschutzmaßnahmen, technische Vorkehrungen der Gebäude- und Techniksicherheit (etwa: Überspannungsschutz, ausfallsichere Stromversorgung, Raumklimakontrolle), Backup-Konzept, Cybersecurity etc.
8. Trennungsgebot	Personenbezogene Daten, die zu unterschiedlichen Zwecken erhoben wurden, müssen getrennt verarbeitet werden können. Zustimmungen müssen einzeln widerrufen werden können. Die Umsetzung erfolgt z.B. über die Datenbankstruktur.

Tabelle 3:Die „Big 8" des Datenschutzes
(Datenschutz Wiki 2018; BDSG 2017; DSGVO 2016)

7.5.8.3. Re-Identifikation: Das ungelöste Risiko anonymisierter Daten

Der Global Risk Report (2023) des World Economic Forum Research thematisiert eine bestehende Inkonsistenz zwischen dem Stand der Forschung sowie Praxis und Rechtsnormen. Einerseits soll mit dem Data Governance Act (7.3.6.1.) und mit nationalen Informationsfreiheitsgesetzen die Verfügbarkeit von insbesondere großen Datensätzen erleichtert werden, andererseits liegt der Stand der Forschung (Rocher et al. 2019) und Anwendung derzeit bei einer Re-Identifikationsquote von 99.98% selbst bei hochgradig anonymisierten Daten. Für den Abgleich zwischen zwei großen Datensätzen wie sie etwa in Adressdatenbanken großer Anbieter wie Acxiom[57] oder SS8[58] vorkommen, genügen 15 demographische Attribute, um korrekt auf die Identität von Einzelpersonen in jedem beliebigen Datensatz rückzuschließen (Rocher et al. 2019). Diese Zahl steigt mit zunehmender Größe der Datenpools und dem Einsatz von KI rasch.

Forschungsergebnisse zeigen, dass mit Re-Identifikation im Abgleich verschiedener Datensätze die politischen Präferenzen von Streaming Usern rekonstruiert, DNA aus öffentlichen Forschungsdaten (Open Research Data) zu zufällig ausgewählten Einzelpersonen korrekt zugeordnet und Abrechnungen medizinischer Leistungen aus fein säuberlich anonymisierten Open Data Sets korrekt einzelnen Patienten zugeordnet werden konnten (WEF 2023). Der Anspruch von Informationsfreiheit mit der Herausgabe öffentlicher Daten (die bisher entweder dem Amtsgeheimnis oder dem Datenschutz unterlagen) und einem Data Governance steht in Widerspruch zu den technischen Möglichkeiten, mit denen die Veröffentlichung anonymisierter Datensätze letztlich das Grundrechte auf Datenschutz verletzt, wie es in Art. 7 und 8 der Grundrechte-Charta (GRC) der Europäischen Union[59] festgelegt ist. Damit würden Informationsfreiheit und der Data Governance Act dem Kerngehalt der Europäischen Grundrechtecharta widersprechen.

57 https://www.acxiom.com/

58 https://www.ss8.com/

59 https://commission.europa.eu/aid-development-cooperation-fundamental-rights/your-rights-eu/eu-charter-fundamental-rights_de

Die legistische Klärung wird jedoch voraussichtlich noch einige Zeit in Anspruch nehmen.

Was ist das Risiko der Re-Identifikation personenbezogener Daten?

Die Möglichkeit der Re-Identifikation personenbezogener Daten steht im Spannungsverhältnis zwischen einerseits der wachsenden Verfügbarkeit von Datensätzen und Gesetzen wie den **Data Governance Act** (siehe 7.3.2.1) und den nationalen Informationsfreiheitsgesetzen und andererseits dem Recht auf Datenschutz, wie es in der **Europäischen Grundrechtecharta** (Art. 7 und 8) festgelegt ist. Die technische Möglichkeit der Re-Identifikation könnte das Grundrecht auf Datenschutz untergraben, wenn anonymisierte Daten mit geringer Abweichung wieder individuellen Personen zugeordnet werden können, wie es in verschiedenen Forschungsszenarien bereits demonstriert wurde.

Es besteht also tatsächlich eine Diskrepanz zwischen den rechtlichen Rahmenbedingungen, die mehr Transparenz und Datennutzung fördern, und den technischen Möglichkeiten, die Datenschutzverletzungen durch Re-Identifikation erleichtern. Es wird erwartet, dass weitere gesetzliche Klärungen notwendig sind, um diesem Problem zu begegnen, doch dieser Prozess wird wahrscheinlich noch Zeit in Anspruch nehmen.

7.5.9. Transparency by Design: Das Transparenz-Prinzip

Das Transparenz-Prinzip ist ein Bestandteil verantwortungsvoller KI-Entwicklung und findet sich in vielen Richtlinien, gesetzlichen Vorschriften und unternehmensinternen Richtlinien wieder.

> Transparency by Design bezeichnet einen Ansatz in der Entwicklung von KI-Systemen, bei der Transparenz von Anfang an in den Designprozess integriert wird, um Funktionsweise, Entscheidungen und Entscheidungsgrundlagen der KI nachvollziehbar zu machen. Dies umfasst klare Erklärungen von Algorithmen, nachvollziehbare Datenquellen und transparente Kommunikationsprozesse, um Vertrauen und Verantwortlichkeit zu fördern.

Dabei sollen sowohl der Entwicklungsprozess als auch die Funktionsweise eines KI-Systems für User und verschiedene Stakeholder verständlich und nachvollziehbar gestaltet werden (Felzmann et al. 2020; Eiband et al. 2018).

Doch wie lässt sich diese Transparenz konkret umsetzen? Es kann hilfreich sein, KI-Systeme und ihre Funktionsweisen passend und transparent zu deklarieren, indem angegeben wird:

- Wo KI enthalten ist
- Wie die enthaltene KI funktioniert bzw. ihre Ergebnisse erzielt
- Welche Daten die KI verwendet und wie/wo sie gespeichert werden
- Wer sammelt(e) die Daten, wie wurden/werden sie später ergänzt?
- Allfällige Reservationen, mögliche Fehler, Warnhinweise etc.
- Was User tun können, um das Ergebnis zu ändern

7.5.10. Ethik Pre-Mortems

Das Konzept der Ethik Pre-Mortems[60] ist ein proaktiver Ansatz, der hilft, potenzielle ethische Herausforderungen bereits in frühen Entwicklungsphasen von Projekten oder Technologien zu identifizieren.

---

60 https://t2informatik.de/wissen-kompakt/pre-mortem/

Die Pre-Mortems Ethik-Methode fordert von Teams, sich vorzustellen, dass ein Projekt bereits gescheitert ist, und mögliche ethische Konflikte oder Missstände zu untersuchen, bevor diese tatsächlich eintreten. Dadurch können präventiv Lösungen entwickelt werden, um ethische Probleme zu vermeiden und die Einhaltung von ethischen Standards zu gewährleisten.

Dieser strukturierte Ansatz fördert eine tiefgehende Auseinandersetzung mit ethischen Fragen, bevor das Projekt zu weit fortgeschritten ist, und hilft, systemisch ethische Misserfolge zu verhindern. Diese Methode wurde von verschiedenen Ethik- und Technologieexpertinnen und -Experten als effektiver Weg vorgeschlagen, um ethische Standards systematisch in den Entwicklungsprozess zu integrieren und so technische und gesellschaftliche Risiken zu minimieren. Die WHO hat Ethik Pre-Mortems für KI-Systeme explizit empfohlen (WHO 2024).

Ein Ethik-Pre-Mortem könnte folgende Komponenten enthalten:

Proaktive Abfrage von ethischen Fallstricken bei Testpersonen

Befragungen und Workshops ermöglichen es Testpersonen, Bedenken frühzeitig zu äußern, um ethische Probleme zu identifizieren, bevor sie zu Risiken werden.

Diversität der Testpersonen

Testing sollte von einer vielfältigen Gruppe durchgeführt werden, um unterschiedliche Perspektiven einzubringen und soziale, kulturelle sowie demografische Aspekte zu berücksichtigen.

Ethik-Checklisten für Testpersonen

Eine Ethik-Checkliste hilft Testpersonen, systematisch ethische Probleme wie Datenschutz, Fairness, Transparenz und Diskriminierung zu identifizieren.

Abfrage von Empfehlungen der Testpersonen

Testpersonen sollten nicht nur ethische Probleme aufdecken, sondern auch Empfehlungen zur Lösung geben. Ihre Vorschläge sind wertvoll für ethisch fundierte Entscheidungen und die Integrität des Projekts.

7.5.11. User Onboarding

User Onboarding bezeichnet den Prozess, bei dem neue User Schritt für Schritt in die Bedienung neuer Systeme oder Produkte eingeführt werden. Ziel ist es, die Einarbeitung zu erleichtern und die User schnell mit den Funktionen und dem Nutzen der KI vertraut zu machen, um eine positive User Experience sicherzustellen (Creegan & Roberts 2021).

Der Onboarding-Prozess sollte nicht nur technische Aspekte erklären, sondern auch die Bedürfnisse und Ängste der Nutzenden adressieren. Die folgenden Komponenten können als Gerüst für ein durchdachtes User Onboarding herangezogen werden:

User Education

Ein erster wichtiger Schritt im Onboarding-Prozess ist die Schulung der User. Eine gut strukturierte und passend zur Zielgruppe aufbereitete Einführung vermittelt das notwendige Wissen über die Funktionen und den Nutzen des Produkts oder Systems. Dies kann durch Tutorials, interaktive Demos oder schrittweise Anleitungen geschehen, um sicherzustellen, dass sich Nutzerinnen und Nutzer sicher fühlen und das volle Potenzial einer Lösung ausschöpfen können.

"What's in it for me?"

Nutzerinnen und Nutzer wollen klar verstehen, welchen konkreten Nutzen ein Produkt oder Service für sie bietet. Daher sollte der Onboarding-Prozess die persönlichen Vorteile des Produkts hervorheben. Ein gelungenes Onboarding arbeitet mit spezifischen Beispielen, die veranschaulichen, wie das Produkt individuelle Herausforderungen adressiert und einen echten Mehrwert liefert. Dadurch werden die Motivation und das Engagement der Nutzenden gestärkt. Bei einer vielfältigen Zielgruppe kann die Personalisierung durch Personas helfen, etwa durch

Beispiele wie „So nutzen Sanitäter unser System,“ um den Einsatz für unterschiedliche Anwendergruppen greifbar zu machen.

Vertrauen schaffen

Neue Technologien oder Produkte können Ängste oder Unsicherheiten hervorrufen. Es ist wichtig, diese Bedenken proaktiv zu adressieren. Transparente Kommunikation, die Sicherheits- und Datenschutzfragen anspricht, trägt dazu bei, das Vertrauen der Anwenderinnen und Anwender zu gewinnen.

Zudem sollten häufige Fragen und potenzielle Stolpersteine vorweggenommen und Lösungen angeboten werden. **Kommunikation allein kann Vertrauen allerdings nicht aufbauen:** In unserer transparenten und digital vernetzten Welt von heute sprechen sich Dinge sehr schnell herum, auch jene, die Vertrauen zerstören – oft nachhaltig. Zum Aufbau und Halten von Vertrauen ist also langfristig vertrauenswürdiges Verhalten – sowohl in der Geschäftspolitik als auch im persönlichen Leben relevanter Proponentinnen und Proponenten von Belang.

- **Menschliche Kontaktpersonen (Human-in-the-Loop)**

Trotz fortschrittlicher digitaler Lösungen bleibt der menschliche Kontakt ein wichtiger Aspekt im Onboarding-Prozess. Nutzerinnen und Nutzer sollten die Möglichkeit haben, bei Fragen oder Problemen auf menschliche Ansprechpersonen zurückzugreifen. Dies fördert Vertrauen und gibt das Gefühl, dass individuelle Anliegen ernst genommen werden.

- **Testimonials bekannter Persönlichkeiten**

Die Einbindung von Testimonials bekannter und vertrauenswürdiger Persönlichkeiten kann den Onboarding-Prozess zusätzlich stärken.

Wenn bekannte Stimmen ihre positiven Erfahrungen in Form von Testimonials teilen, erhöht dies die Glaubwürdigkeit und fördert das Vertrauen in das Produkt. Sie vermitteln, dass die Lösung bereits erfolgreich genutzt wird und andere davon profitieren.

Zusammenfassend lässt sich feststellen, dass neben dem EU AI Act weitere Regularien in Entwicklung sind und viele bereits als verbindliche Standards ohne Gesetzesrang herausgegeben wurden. Abschnitt 7.3 beleuchtet exemplarisch die Initiativen von fünf ausgewählten Staaten. Die USA, Kanada, Großbritannien und China wurden bewusst gewählt, da sie führend in der Entwicklung und Regulierung von KI-Technologien sind. Jeder dieser Staaten verfolgt einen eigenen Ansatz, geprägt durch politische, wirtschaftliche und technologische Rahmenbedingungen sowie ethische und gesellschaftliche Prioritäten. Im Anschluss folgt ein Überblick über Leuchtturmprojekte und Good-Practice-Beispiele für verantwortungsvolle KI-Entwicklung.

7.5.12. Das AI Risk Repository des MIT

Zu komplexen Regularien und Technologien entstehen im Laufe der Zeit Tools und Tool-Sammlungen, die zur Arbeitserleichterung verwendet werden können.

Das **AI Risk Repository**[61] ist eine solche umfassende, dynamisch gepflegte Datenbank, die derzeit über 700 potenzielle Risiken im Bereich Künstliche Intelligenz erfasst, die laufend erweitert werden. Die Risiken sind systematisch nach ihrer Ursache und dem jeweiligen Risikobereich kategorisiert. Das Projekt bietet eine strukturierte Übersicht, die als Referenz für Forschung, Entwicklung und Entscheiderinnen und Entscheider dient, um die vielfältigen Herausforderungen und Gefahren von KI-Technologien besser zu verstehen und zu adressieren.

61 https://airisk.mit.edu/

Die **AI Risk Database** verknüpft jedes Risiko mit Quellenangaben (Titel der Publikation, Autoren, Seitenzahlen usw.) sowie mit Kausal- und Domänen-Taxonomien (also einer fachlichen Verschlagwortung nach Risiko-Ursachen und Fachgebieten). Die Datenbank kann zum einfacheren Bearbeiten auf Google Sheets[62] oder OneDrive[63] kopiert werden. Für die Arbeit mit der AI Risk Database wird auch ein Erklärvideo[64] angeboten.

Die AI Risk Repository bietet somit nicht nur eine umfassende Sammlung potenzieller Risiken, sondern stellt auch sicher, dass die Nutzerinnen und Nutzer durch die strukturierte Kategorisierung und die Verlinkung von Quellen einen schnellen Zugang zu relevanten Informationen haben. Diese Datenbank ermöglicht es, Risiken im Bereich KI auf einer fundierten, evidenzbasierten Basis zu analysieren und bietet einen klaren Überblick über die unterschiedlichen Risikofaktoren, von ethischen Bedenken bis hin zu sicherheitsrelevanten Gefahren.

Besonders wertvoll ist dabei die fortlaufende Erweiterung und Aktualisierung der Datenbank, die sicherstellt, dass auch neu auftretende Risiken und Herausforderungen zeitnah erfasst werden. Darüber hinaus fördert die Verknüpfung mit Kausal- und Domänen-Taxonomien eine tiefere Analyse und eine zielgerichtete Auseinandersetzung mit den Ursachen und Auswirkungen der jeweiligen Risiken.

7.6. Leuchtturmprojekte und Best Practices für verantwortungsvolle KI-Entwicklung

Es ist möglich – und es ist ein gemeinsames Unterfangen, künstliche Intelligenz sicher und ethisch verantwortungsvoll herzustellen und einzusetzen. Exemplarisch für viele engagierte und erfolgreiche Projekte seien hier drei Beispiele vor den Vorhang geholt, die auf eindrucksvolle Weise zeigen, dass das Wahrnehmen ethischer

62 https://docs.google.com/spreadsheets/d/1evwjF4XmpykycpeZFq0FUteEAt7awx2i2o-E6kMrV_xE/copy

63 https://mitprod-my.sharepoint.com/:x:/g/personal/pslat_mit_edu/EYwh2Ou7x-89Do5Sh5yj00dcBoPnVBcAdSgk_m9GcDkqGtQ

64 https://youtu.be/fCj-wJz6VCY

Verantwortung nicht nur durchgehalten werden kann, sondern als Grundprinzip ihre Hersteller auch erfolgreich macht.

7.6.1. Algorithmic Justice League: Joy Buolamwini

Joy Buolamwini, eine Informatikerin und digitale Aktivistin, gründete die Algorithmic Justice League (AJL) als Reaktion auf ihre persönlichen Erfahrungen mit Voreingenommenheit in der künstlichen Intelligenz.

> Als Post-Doc am MIT arbeitete Buolamwini an einem Projekt mit Gesichtserkennungssoftware und stellte fest, dass das System ihr dunkelhäutiges Gesicht nicht erkennen konnte. Erst als sie eine weiße Maske aufsetzte, funktionierte die Erkennung - ein Phänomen, das sie als „**coded gaze**" bezeichnete (Buolamwini 2023).

Diese Erfahrung inspirierte Buolamwini zu ihrem vielbeachteten **TED-Talk „How I'm fighting bias in algorithms"**[65] im Jahr 2016. In diesem Vortrag, der über 1,7 Millionen Aufrufe erreichte, erläuterte sie die Problematik von Vorurteilen in KI-Systemen und deren potenzielle gesellschaftlichen Auswirkungen. Sie demonstrierte, wie Gesichtserkennungsalgorithmen bei der Identifizierung von Frauen mit dunklerer Hautfarbe versagten, während sie bei hellhäutigen Männern präzise funktionierten.

Buolamwini gründete die Algorithmic Justice League (AJL), um auf die Auswirkungen von KI auf die Gesellschaft aufmerksam zu machen und für gerechtere, inklusivere KI-Systeme zu kämpfen. Die AJL verfolgt mehrere Ansätze: Sie führt Audits von KI-Systemen durch, setzt sich für ethische Richtlinien und Gesetze ein und sensibilisiert mit kreativen Projekten wie „AI, Ain't I A Woman?". Mit dem Safe Face Pledge fordert die AJL Unternehmen zu verantwortungsbewuss-

65 https://www.ted.com/talks/joy_buolamwini_how_i_m_fighting_bias_in_algorithms

tem Umgang mit Gesichtserkennungstechnologie auf. Buolamwinis Arbeit hat das Bewusstsein für algorithmische Voreingenommenheit geschärft und zu Verbesserungen in der Technologiebranche geführt, insbesondere bei der Gesichtserkennung.

7.6.2. Astrid AI: der Weg zu verantwortungsvollem KI-Training

In einer Zeit, in der KI tief in unsere Kommunikationsprozesse eingreift, setzt Astrid AI[66] Maßstäbe für ethisch fundierte KI-Entwicklung. Das in Stockholm ansässige Unternehmen verfolgt das ambitionierte Ziel, die Qualität menschlicher Kommunikation zu steigern, während es sich fest an die Grundprinzipien der ethischen KI hält.

Die Gründerin von Astrid AI, **Thúy N Trần**, die davor für Shopify, Paypal und Spotify arbeitete, sagte bei dem renommierten Global Peter Drucker Forum in Wien Ende 2023:
‚Ich weiß nicht, was so schwierig daran sein soll, ethisch verantwortungsvolle KI zu bauen. Vor allem: Wir haben keine andere Alternative."

Astrid AI bietet Lösungen, die nicht nur effizient und fortschrittlich sind, sondern auch den Menschen ins Zentrum der Entwicklung stellen. Statt die menschliche Kommunikation zu ersetzen, steht die Unterstützung im Fokus: KI wird hier als Werkzeug gesehen, das menschliche Ausdrucksfähigkeit bereichert und stärkt. Durch diese Haltung zeigt das Unternehmen, dass technologischer Fortschritt und ethische Verantwortung nicht im Widerspruch stehen müssen, sondern Hand in Hand gehen können.

---

66 https://withastrid.ai/about

Astrid AI zeigt exemplarisch, wie KI-Technologie verantwortungsvoll und ethisch eingesetzt werden kann, um menschliche Fähigkeiten zu erweitern, anstatt sie zu ersetzen. Durch den Fokus auf der Verbesserung von Kommunikation und das Engagement für ethische KI-Praktiken setzt Astrid AI Maßstäbe für die verantwortungsvolle Entwicklung und den Einsatz von KI in der Kommunikationsbranche. Als Leuchtturmprojekt demonstriert Astrid AI, dass technologischer Fortschritt und ethische Verantwortung Hand in Hand gehen können, um positive gesellschaftliche Veränderungen zu bewirken.

7.6.3. Cortical.io: Weniger Rechenleistung – auf dem Weg zu Green AI

Cortical.io setzt mit seinem Produkt SemanticPro einen effizienten Ansatz in der KI-Landschaft, der sich von den ressourcenintensiven großen Sprachmodellen (LLMs) abhebt. Seit über einem Jahrzehnt fokussiert das Unternehmen aus Wien auf semantische, neuronale Methoden zur präzisen Textverarbeitung, die mit minimalem Ressourceneinsatz auskommen und den ökologischen Fußabdruck von KI-Systemen reduzieren – eine Form von Green AI.

SemanticPro ermöglicht eine effizientere Dokumentenverarbeitung, indem es weniger Rechenleistung benötigt und den Energieverbrauch im Vergleich zu traditionellen, datenintensiven KI-Ansätzen verringert. Dieser Ansatz adressiert nicht nur technische, sondern auch ethische Herausforderungen wie Datenschutz und Transparenz und zeigt, dass nachhaltige, effektive KI-Lösungen auch ohne massive Ressourcenverbrauch möglich sind.

Diskussionen um den ökologischen Fußabdruck von KI-Systemen ist in den letzten Jahren zunehmend in den Fokus gerückt. Großmodelle wie GPT-3 und ähnliche verbrauchen immense Mengen an Energie und sind oft wenig transparent in Bezug auf ihre Umweltkosten. Hier zeigt sich der Vorstoß von Unternehmen wie Cortical.io als zukunftsweisend. Es geht nicht nur um technische Effizienz, sondern um den langfristigen Einfluss, den KI auf unsere Ressourcen und unser Klima hat.

Cortical.io demonstriert, dass effektive KI-Lösungen nicht zwangsläufig auf massiven, ressourcenintensiven Modellen basieren müssen. Durch den Fokus auf Effizienz, Kontrolle und Anwendungsspezifität entstand eine vielversprechende Alternative zu herkömmlichen LLMs. Dieser Ansatz adressiert nicht nur technische Herausforderungen, sondern auch ethische Bedenken bezüglich von Datenschutz, Transparenz und Ressourcenverbrauch in der KI-Entwicklung (Mader 2024).

7.7. Kernpunkte im Fokus: der Mensch BEDENKT

Ethische Prinzipien und Vielfalt internationaler Leitlinien

- Globale ethische Leitlinien für KI, einschließlich 84 Frameworks (Jobin et al., 2019), basieren auf gemeinsamen Prinzipien wie Transparenz, Gerechtigkeit, Schadensvermeidung, Verantwortung und Datenschutz, auch wenn deren Auslegungen und Umsetzungen variieren.

- Initiativen wie die Montreal- und Toronto-Deklarationen, Explainable AI und die Asilomar AI Principles fördern eine menschenzentrierte, transparente und faire Entwicklung von KI.

Bedarf an globaler Harmonisierung und verbindlichen Standards

- Die Vielzahl an ethischen Leitlinien verdeutlicht den dringenden Bedarf an einer weltweit einheitlichen Regulierung.

- Der EU AI Act ist das weltweit erste umfassende und verbindliche Gesetz für KI und könnte als Vorlage dienen.

- Internationale Organisationen wie die UNESCO und OECD sowie Initiativen wie die UNICO AIm Alliance und die Bletchley Declaration arbeiten an gemeinsamen KI-Ethikstandards.

Ressourcen und Regularien als Fundament für verantwortungsvolle KI

- Die wachsende Anzahl und Vielfalt solcher Frameworks spiegeln das globale Bewusstsein für ethische Verantwortung und die Notwendigkeit klarer Standards in der KI-Entwicklung wider.

- Zu den maßgeblichen Guidelines zählen HCML, IEEE und ISO-Standards sowie Ansätze wie Design for Uncertainty und Privacy by Design.

Zentrale Anforderungen

- **Rechtsmäßigkeit**: KI-Systeme müssen geltende Gesetze und Vorschriften einhalten.
- **Ethik**: KI-Systeme sollen ethischen Standards folgen und keine Handlungen ausführen, die den gesellschaftlichen Werten widersprechen.
- **Robustheit**: KI-Technologien müssen sicher, zuverlässig und vor Manipulation und Fehlern geschützt sein.

Referenzen

Amnesty International/Access Now (2018) The Toronto Declaration: Protecting the right to equality and non-discrimination in machine learning systems. Deklaration. 16. Mai 2018, Amnesty International und Access Now, RightsCon 2018 Konferenz in Toronto, Kanada. https://www.torontodeclaration.org/declaration-text/english/

Asís Roig, R. D. (2020) Inteligencia artificial y derechos humanos. https://earchivo.uc3m.es/handle/10016/30453

Amtsblatt der EU (2024) REGULATION (EU) 2024/1689 OF THE EUROPEAN PARLIAMENT AND OF THE COUNCIL of 13 June 2024 laying down harmonised rules on artificial intelligence and amending Regulations (EC) No 300/2008, (EU) No 167/2013, (EU) No 168/2013, (EU) 2018/858, (EU) 2018/1139 and (EU) 2019/2144 and Directives 2014/90/EU, (EU) 2016/797 and (EU) 2020/1828 (Artificial Intelligence Act) https://eur-lex.europa.eu/legal-content/EN/TXT/HTML/?uri=OJ:L_202401689

Attard-Frost, B., De los Ríos, A., Walters, D. R. (2023) The ethics of AI business practices: a review of 47 AI ethics guidelines. AI and Ethics, 3(2), 389-406.

Awad, E., Dsouza, S., Shariff, A., Rahwan, I. Bonnefon, J.-F. (2020) Universals and variations in moral decisions made in 42 countries by 70,000 participants. Proceedings of the National Academy of Sciences. 117(5)

Barocas, S., Hardt, M., Narayanan, A. (2019) Fairness and Machine Learning: Limitations and Opportunities. The MIT Press, Cambridge/MA, London/GB. https://fairmlbook.org/pdf/fairmlbook.pdf

Bertolaso, M., Capone, L., Rodríguez-Lluesma, C. (Eds.) (2022.) Digital humanism: A human-centric approach to digital technologies. Springer Nature.

Bundesrat (2024) Künstliche Intelligenz und Recht. Schweizer Bundesrat, Konferenz zur Regulierung von Künstlicher Intelligenz in Zürich. 22.03.2024. Bern. https://www.admin.ch/gov/de/start/dokumentation/medienmitteilungen.msg-id-100501.html

Buolamwini, J. (2023) Unmasking AI: My Mission to Protect What Is Human in a World of Machines. Random House, New York.

Cavoukian, A. (2014) Evolving FIPPs: proactive approaches to privacy, not privacy paternalism. In Reforming European Data Protection Law (pp. 293-309) Dordrecht: Springer Netherlands.

Chancellor, S. (2023) Toward practices for human-centered machine learning. Communications of the ACM, 66(3), 78-85.

Crawford, K. (2024) Atlas der KI: Die materielle Wahrheit hinter den neuen Datenimperien. [Englisches Original: Atlas of AI: Power, Politics, and the Planetary Costs of Artificial Intelligence]. C.H.Beck, München.

Creegan, A., Roberts, M. (2021) Artificial Intelligence Adoption in Drilling Optimization: Guidelines for Successful System Configuration and User Onboarding. In SPE Middle East Intelligent Oil and Gas Symposium (p. D011S002R001) SPE.

Datenschutz Wiki (2018) Technische und organisatorische Maßnahmen.

Dilhac, M. A., Abrassart, C., Voarino, N. (2018) Rapport de la Déclaration de Montréal pour un développement responsable de l'intelligence artificielle.

Dwivedi, R., et al. (2023) Explainable AI (XAI): Core ideas, techniques, and solutions. ACM Computing Surveys, 55 (9), 1-33.

Eiband, M., Schneider, H., Bilandzic, M., Fazekas-Con, J., Haug, M., Hussmann, H. (2018) Bringing transparency design into practice. In Proceedings of the 23rd International Conference on Intelligent User Interfaces (S. 211-223)

European Commission (2019) Ethics guidelines for trustworthy AI, European Commission: Directorate-General for Communications Networks, Content and Technology, Publications Office, 2019, https://data.europa.eu/doi/10.2759/346720

Europäisches Parlament (2023) KI-Gesetz: erste Regulierung der künstlichen Intelligenz. Europäisches Parlament, 18.12.2023. https://www.europarl.europa.eu/topics/de/article/20230601STO93804/ki-gesetz-erste-regulierung-der-kunstlichen-intelligenz

Faeskorn-Woyke, H. (2007) Datenbanksysteme: Theorie und Praxis mit SQL2003, Oracle und MySQL. Pearson Deutschland GmbH.

Felzmann, H., Fosch-Villaronga, E., Lutz, C., Tamò-Larrieux, A. (2020) Towards transparency by design for artificial intelligence. Science and engineering ethics, 26(6), 3333-3361.

Fuchs, C. (2022) Digital humanism: A philosophy for 21st century digital society. Emerald Group Publishing Limited.

Galindo, L., Perset, K., Sheeka, F. (2021) An overview of national AI strategies and policies.

Gebru, T., Morgenstern, J., VECCHIONE, B., WORTMAN VAUGHAN, J., WALLACH, H., DAUMÉ, H. III, Crawford, K. (2021) Datasheets for Datasets. v.8 vom 1.12.2021. ArXiv, arXiv:1803.09010. https://arxiv.org/abs/1803.09010

Heydarian, M., Doyle, T. E., Samavi, R. (2022) MLCM: Multi-label confusion matrix. IEEE Access, 10, 19083-19095.

Hofkirchner, W., Kreowski, H. J. (2022) Digital Humanism: How to shape digitalisation in the age of global challenges?. In Proceedings (Vol. 81, No. 1, S. 4) MDPI.

Holbrook, J. (2017) Human-Centered Machine Learning. Medium, 10. Juli 2017. https://medium.com/google-design/human-centered-machine-learning-a770d10562cd

Holzinger, A., Saranti, A., Molnar, C., Biecek, P., Samek, W. (2022) Explainable AI methods-a brief overview. In International workshop on extending explainable AI beyond deep models and classifiers (pp. 13-38) Springer, Cham.

Hüllermeier, E., Waegeman, W. (2021) Aleatoric and epistemic uncertainty in machine learning: An introduction to concepts and methods. Machine learning, 110(3), 457-506.

Iansiti, M., Lakhani, K. R. (2020) Competing in the age of AI: Strategy and leadership when algorithms and networks run the world. Harvard Business Press.

IEEE (2019) Ethically Aligned Design. A Vision for Prioritizing Human Well-being with Autonomous and Intelligent Systems. First Edition. e Institute of Electrical and Electronics Engineers (IEEE), 2019. https://standards.ieee.org/wp-content/uploads/import/documents/other/ead1e-overview.pdf

ISED (2023) Voluntary Code of Conduct on the Responsible Development and Management of Advanced Generative AI Systems. Ministry of Innovation, Science and Economic Development Canada (ISED), Septeber 2023. https://ised-isde.canada.ca/site/ised/en/voluntary-code-conduct-responsible-development-and-managementadvanced-generative-ai-systems

Jobin, A., Ienca, M., Vayena, E. (2019) The global landscape of AI ethics guidelines. Nature machine intelligence, 1(9), 389-399.

Kazim, E., Koshiyama, A. (2020) Human centric AI: a comment on the IEEE's ethically aligned design. SSRN 3575140.

Mader, I. (2024) Next Generation Digital: Digitalisierung und KI strategisch einsetzen. Excellence Edition/Buchschmiede, Wien.

Mangelsdorf, A. (2019) Normen und Standards in der KI. *Künstliche Intelligenz: Technologie| Anwendung| Gesellschaft*, 48-57.

Mitchell, M., Wu, S., Zaldivar, A., Barnes, P., Vasserman, L., Hutchinson, B., Spitzer, E., Raji, I.D., Gebru, T. (2019) Model Cards for Model Reporting. ArXiv, v.2 vo 14.1.2019. arXiv:1810.03993. https://arxiv.org/abs/1810.03993. doi: 10.48550/arXiv.1810.03993

Morandín-Ahuerma, F. (2023) Montreal declaration for responsible AI: 10 principles and 59 recommendations.

Musch, S., Borelli, M. (2023) AI regulation: A pro-innovation approach – EU vs UK. AI News, 31.7.2023. https://www.artificialintelligence-news.com/2023/07/31/ai-regulation-pro-innovation-approach-eu-vs-uk/

Nida-Rümelin, J. (2021) Digitaler Humanismus. Was ist Digitalität? Philosophische und pädagogische Perspektiven, 35-38.

Nida-Rümelin, J., Weidenfeld, N. (2023) Was kann und darf Künstliche Intelligenz? Ein Plädoyer für digitalen Humanismus. Piper ebooks.

OECD (2019) Recommendation of the Council on Artificial Intelligence. OECD Legal Instruments, OECD/LEGAL/0449. https://legalinstruments.oecd.org/en/instruments/OECD-LEGAL-0449

Payne, K. (2018) Artificial intelligence: a revolution in strategic affairs? Survival, 60 (5), 7-32.

Ramchurn, S. D., Stein, S., Jennings, N. R. (2021) Trustworthy human-AI partnerships. Iscience, 24(8)

Ramos, G. (2023) for alland for good. Development Cooperation Review. Vol. 6. Nr. 3.

Ramos, G., Squicciarini, M., Lamm, E. (2024) Making AI ethical by design: The UNESCO perspective. Computer, 57(2), 33-43

Ramos, G. et al. (2019) Emerging perspectives in human-centered machine learning. In Extended Abstracts of the 2019 CHI Conference on Human Factors in Computing Systems (pp. 1-8)

Rebstadt, J., Kortum, H., Gravemeier, L.S. et al. (2022) Non-Discrimination-by-Design: Handlungsempfehlungen für die Entwicklung von vertrauenswürdigen KI-Services. HMD 59, 495–511 (2022) https://doi.org/10.1365/s40702-022-00847-y

Rocher, L., Hendrickx, J. M., De Montjoye, Y. A. (2019) Estimating the success of re-identifications in incomplete datasets using generative models. Nature communications, 10(1), 1-9.

Rohn, J. (2020) What Basketball Can Teach Us About Responsibility. Jim Rohn International, 2020. https://www.jimrohn.com/what-basketball-can-teach-us-about-responsibility/

Rossi, F. (2018) Building trust in artificial intelligence. Journal of international affairs, 72(1), 127-134.

Rossi, F., Mattei, N. (2019) Building ethically bounded AI. In Proceedings of the AAAI Conference on Artificial Intelligence (Vol. 33, No. 01, pp. 9785-9789)

Rost, M., Bock, K. (2011) Privacy by Design und die Neuen Schutzziele: Grundsätze, Ziele und Anforderungen. Datenschutz und Datensicherheit-DuD, 35(1), 30-35.

Rotenberg, M. (2001) Fair information practices and the architecture of privacy (What Larry doesn't get) Stan. Tech. L. Rev., 1.

Russo, L. (2023) How countries are implementing the OECD AI Principles for Trustworthy AI.

Sacha, D. et al. (2017) What you see is what you can change: Human-centered machine learning by interactive visualization. Neurocomputing, 268, 164-175.

Selbst, A. D., Barocas, S. (2018) The intuitive appeal of explainable machines. Fordham L. Rev., 87, 1085.

Shahriari, K., Shahriari, M. (2017) IEEE standard review—Ethically aligned design: A vision for prioritizing human wellbeing with artificial intelligence and autonomous systems. In 2017 IEEE Canada International Humanitarian Technology Conference (IHTC) (pp. 197-201) IEEE.

Shneiderman, B. (2022) Human-Centered AI. Oxford University Press. Oxford, GB. doi: 10.1093/oso/9780192845290.001.0001

Sperrle, F., El-Assady, M., Guo, G., Borgo, R., Chau, D. H., Endert, A., Keim, D. (2021) A survey of human-centered evaluations in human-centered machine learning. In: Computer Graphics Forum (Vol. 40, No. 3, pp. 543-568)

Sutanto, P. K. (2021) Kritische Anmerkungen zum Digitalen Humanismus. Medienimpulse, 59(2), 29-Seiten.

WEF (2023) Global Risks Report 2023. World Economic Forum. January 2023. Geneva. https://www.weforum.org/reports/global-risks-report-2023/

UN (2024) Interim Report: Governing AI for Humanity. 12/2023, High-Level Advisory Body on AI, United Nations, New York. https://www.un.org/sites/un2.un.org/files/un_ai_advisory_body_governing_ai_for_humanity_interim_report.pdf

UN (2024) Governing AI for Humanity. Final Report, September 2024, High-Level Advisory Body on AI, United Nations, New York. https://www.un.org/sites/un2.un.org/files/governing_ai_for_humanity_final_report_en.pdf

Université de Montréal (2017) The Montréal Declaration for a Responsible Development of Artificial Intelligence. https://montrealdeclaration-responsibleai.com/the-declaration/

Van der Sloot, B., Keymolen, E., Noorman, M., Weerts, H. J. P., Wagensveld, Y., Visser, B. (2021) Handreiking non-discriminatie by design. https://research.tue.nl/nl/publications/handreiking-non-discriminatie-by design.

Vica, C., Voinea, C., Uszkai, R. (2021) The emperor is naked: Moral diplomacies and the ethics of AI.

Werthner, H. et al. (2023) Introduction to Digital Humanism: A Textbook. Springer, Cham/Schweiz. doi: 10.1007/978-3-031-45304-5.

Werthner, H., Prem, E., Lee, E. A., Ghezzi, C. (2022) Perspectives on digital humanism (p. 342) Springer Nature.)

WHO (2024) Ethics and governance of artificial intelligence for health. Guidance on large multi-modal models. 18. Januar 2024. CC BY-NC-SA 3.0 IGO. World Health Organization WHO), Genf. https://iris.who.int/bitstream/handle/10665/375579/9789240084759-eng.pdf

Xu, F., Uszkoreit, H., Du, Y., Fan, W., Zhao, D., Zhu, J. (2019) Explainable AI: A brief survey on history, research areas, approaches and challenges. In Natural language processing and Chinese computing: 8th cCF international conference, NLPCC 2019, dunhuang, China, October 9–14, 2019, proceedings, part II 8 (pp. 563-574) Springer International Publishing.

Zuboff, S. (2019) The Age of Surveillance Capitalism: The Fight for a Human Future at the New Frontier of Power, edn. PublicAffairs, New York.

8

Der Mensch LENKT

Kapitel 8 beleuchtet die ethischen und moralischen Herausforderungen, die durch den wachsenden Einfluss der Künstlichen Intelligenz in sämtlichen Lebensbereichen entstehen. Im Mittelpunkt steht die Verantwortung des Menschen, der nicht nur die Gestaltung dieser Systeme verantwortet, sondern auch deren Einsatz bewusst und reflektiert steuern muss. Das Kapitel untersucht die verschiedenen Ebenen der Ethik und stellt die Frage, wie ethische Leitlinien eine sichere und gerechte Anwendung von KI gewährleisten können – insbesondere angesichts potenzieller Risiken wie Diskriminierung, Datenschutzverletzungen und der Bedrohung menschlicher Autonomie. Die ethischen Prinzipien des EU AI Act werden kritisch analysiert und mit verschiedenen ethischen Ansätzen verglichen.

Das Kapitel führt das Prisma-AI-Modell ein, das einen hybriden ethischen Ansatz verfolgt und deontologische, utilitaristische sowie tugendethische Perspektiven vereint. Dieser Ansatz dient dazu, ethische Verantwortung in allen Entwicklungsphasen von KI zu verankern und eine gesellschaftlich wertvolle und gerechte Nutzung von KI zu fördern. Im Anschluss werden konkrete Handlungsempfehlungen für eine verantwortungsvolle KI-Entwicklung abgeleitet.

8. Der Mensch LENKT

KI ohne Ethik ist wie ein Auto ohne Bremse.
Unkontrolliert rollt sie auf uns zu und gefährdet alles, was uns wichtig ist.
Doch mit dem Menschen am Steuer und klaren Regeln im Gepäck lässt sie sich steuern und sicher lenken.

KI rast wie ein Komet durch das Universum der Technologie, und wir befinden uns mitten in ihrem Sog. Während Algorithmen zunehmend komplexer werden und in immer mehr Bereiche unseres Lebens eindringen, stellen sich drängende Fragen nach der ethischen Verantwortung, die wir als Schöpfer dieser neuen Intelligenz tragen. Es ist, als ob wir eine neue Spezies erschaffen hätten, deren Verhalten wir nur teilweise verstehen.

Autonome Waffen, die selbstständig Leben auslöschen, diskriminierende Algorithmen und die allgegenwärtige Überwachung durch Kameras werfen Schatten auf die vielversprechenden Möglichkeiten der KI. Diese Herausforderungen erfordern eine kritische Auseinandersetzung mit den ethischen Implikationen, die sich aus der Entwicklung und Anwendung von KI-Technologien ergeben. In dieser dynamischen Phase der KI-Revolution müssen wir uns bewusst mit dem Wettlauf zwischen technologischem Fortschritt und ethischer Verantwortung auseinandersetzen.

Wir müssen die Entwicklung von KI aktiv und verantwortungsvoll steuern. Als Entwickler dieser Systeme tragen wir die Verantwortung für ihren Einfluss und die Zukunft der Menschheit. Da KI oft schneller auf die Gesellschaft wirkt als die Entstehung rechtlicher oder ethischer Rahmen, ist es entscheidend, diese Innovationen bewusst zu lenken.

Nach der Untersuchung der Herausforderungen von Bias und den Phasen der KI-Entwicklung in Kapitel 6, widmen wir uns nun der Ethik, insbesondere im Kontext Künstlicher Intelligenz. Dieses Kapitel beleuchtet die ethischen Fragestellungen rund um KI und untersucht die Rolle des Menschen bei der Gestaltung ethischer KI-Systeme. Aufbauend auf dem AIBC-Modell aus Kapitel 6 erarbeiten wir Maßnahmen zur Minimierung von Verzerrungen und sichern so eine gerechte, unvoreingenommene Anwendung des Modells.

8.1. Ethik im Überblick

Im Kontext der Künstlichen Intelligenz, die als Teilbereich der angewandten Ethik verstanden wird, sind die Begriffe „Ethik" und „Moral" von entscheidender Bedeutung, jedoch unterschiedlich verwendet. Bevor wir uns jedoch den praktischen Fragen der KI zuwenden, ist es essenziell, die Diskussion über die ethischen und moralischen Dimensionen der KI auf eine fundierte Basis zu stellen. Erst durch dieses Verständnis können wir die Herausforderungen in der KI-Forschung angemessen beleuchten.

In der aktuellen KI-Forschung werden Fragestellungen untersucht, die nicht nur technologische (Ongsulee 2017; Soori et al. 2023), sondern auch ethische (Coeckelbergh 2020; Siau & Wang 2020), moralische (Hagendorff 2020), bildungsrelevante (Borenstein & Howard 2021) und gesellschaftspolitische (Singh 2021; Whittlestone & Clarke 2022) Dimensionen umfassen.

Ethik bietet einen wertvollen Rahmen, um komplexe Fragen im Zusammenhang mit Künstlicher Intelligenz systematisch zu analysieren und zu diskutieren. Sie ermöglicht es, die zugrunde liegenden Prinzipien und Werte kritisch zu hinterfragen und die moralischen Implikationen der Technologie umfassend zu beleuchten. Um diese Diskussion jedoch fundiert zu führen, ist es zunächst entscheidend, zentrale Begriffe klar zu definieren und ein gemeinsames Verständnis zu schaffen. Nur so können die ethischen und moralischen Dimensionen von KI differenziert und auf einer soliden Grundlage erörtert werden.

Ethik ist eine wissenschaftliche Disziplin, die sich systematisch mit den Grundlagen und Prinzipien des moralischen Handelns auseinandersetzt. Sie analysiert und hinterfragt gesellschaftliche Überzeugungen, um allgemeingültige Prinzipien für das richtige Handeln zu entwickeln (Wright, 1963).

Im Gegensatz dazu beschreibt Moral die konkreten Werte und Normen, die in einer Gesellschaft oder Gemeinschaft als richtig oder falsch gelten oder anders formuliert:

Moral ist die gelebte Praxis, die sich in individuellen und kollektiven Vorstellungen darüber äußert, was als angemessen angesehen wird, und ist häufig kulturell oder traditionell geprägt.

Während Ethik auf einer Metaebene agiert und diese Normen kritisch hinterfragt, bietet sie einen theoretischen Rahmen zur Analyse moralischer Dilemmata und zur Unterstützung fundierter Entscheidungen in komplexen ethischen Fragestellungen (Burns und Bush, 2006). Moral hingegen wird als ein dynamisches und kontextabhängiges System definiert, das die Grundlagen für das Verhalten in einer bestimmten Gesellschaft oder Gemeinschaft bildet (Fischer et al. 2008).

Einfach ausgedrückt ist Ethik die wissenschaftliche Disziplin, die Moral zu ihrem Gegenstand hat.

Die Verbindung von Ethik und Moral im technologischen Kontext, insbesondere bei der KI, ist entscheidend für eine verantwortungsvolle Nutzung von Technologie, die sowohl den Fortschritt als auch menschliche Werte wahrt. Ethik als Grundlage rationaler Entscheidungen ermöglicht es, kulturell und historisch geprägte moralische Überzeugungen zu hinterfragen und anzupassen. Dies ist besonders wichtig im Bereich der KI, da technologische Innovationen häufig ethische Dilemmata aufwerfen (Floridi, 2019). Die Diskussion über Ethik und Moral schafft ein Fundament für das Verständnis der ethischen Fragestellungen der Künstlichen Intelligenz. Um diese Komplexität zu erfassen, ist es notwendig, die verschiedenen Ebenen der Ethik zu betrachten, die eine differenzierte Analyse der Herausforderungen und Dilemmata bei der KI-Entwicklung ermöglichen. Im Folgenden werden die vier Ebenen der Ethik vorgestellt.

8.2. Ebenen der Ethik

Im Folgenden werden die vier Ebenen der Ethik als strukturierter Rahmen präsentiert, um die Komplexität moralischer Überlegungen differenziert zu erfassen und zu analysieren. Dieser Ansatz ermöglicht es, ethische Fragestellungen aus verschiedenen Blickwinkeln zu betrachten und so eine nuanciertere Sichtweise zu entwickeln. Die begleitende Grafik veranschaulicht die Beziehung zwischen Moral und Ethik und zeigt die vier Ebenen einer ethischen Analyse auf.

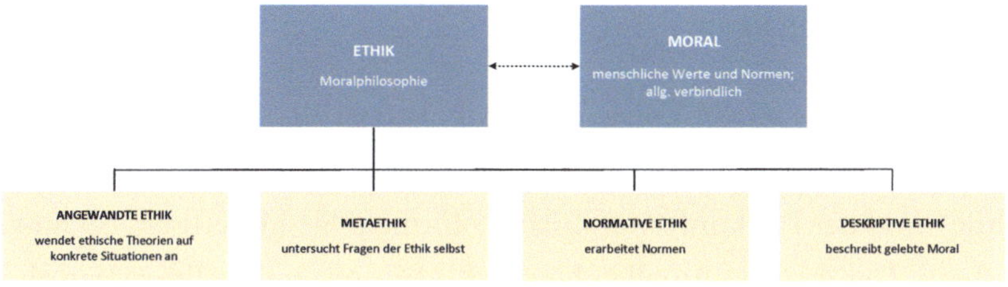

Abb. 18: Ebenen der Ethik (Gaisch)

8.2.1. Angewandte Ethik

In Abbildung 1 wird die erste Ebene durch die angewandte Ethik repräsentiert, die sich auf die praxisnahe Anwendung ethischer Prinzipien in verschiedenen gesellschaftlichen Bereichen konzentriert. Dabei handelt es sich um ein Feld, das theoretische Erkenntnisse in konkrete Handlungsempfehlungen überträgt und sich oft mit kontroversen Fragestellungen auseinandersetzt, insbesondere in Bereichen wie Technologie, Medizin, Wirtschaft und zunehmend im Kontext der Künstlichen Intelligenz (Van der Hoven & Weckerl 2008).

Ein **Ziel der angewandten Ethik** ist es, praxisnahe ethische Dilemmata zu analysieren und Lösungsansätze zu entwickeln, die sowohl technische Anforderungen als auch moralische Werte berücksichtigen und in Einklang bringen.

In der KI ist es entscheidend, neben der theoretischen Reflexion auch konkrete Maßnahmen zu entwickeln, die sicherstellen, dass technologische Innovationen ethisch vertretbar und sozial verträglich sind. Prinzipien wie Datenschutz, Nicht-Diskriminierung und menschliche Kontrolle können durch Mechanismen wie „Human-in-the-Loop" operationalisiert werden (Floridi & Cowls, 2019).

8.2.2. Metaethik

Die Metaethik, als zweite Ebene der Ethik, befasst sich mit den grundlegenden Fragen zur Natur der Moral, wie der Definition von Begriffen wie „gut" oder „richtig" und der Herkunft moralischer Normen. Sie hinterfragt, ob moralische Urteile aus Gefühlen, kulturellen Normen oder universellen Prinzipien abgeleitet werden und welche Quellen der moralischen Erkenntnis (wie Vernunft, Intuition oder gesellschaftlicher Konsens) dabei eine Rolle spielen (Hare 1981).

Im Gegensatz zur angewandten Ethik, die sich mit konkreten moralischen Problemen beschäftigt, analysiert die **Metaethik** die grundlegenden Annahmen und Prinzipien, die den moralischen Bewertungen zugrunde liegen, und tut dies auf einer abstrakten, theoretischen Ebene.

Metaethik gewinnt im Kontext von KI zunehmend an Bedeutung, da sie grundlegende Fragen aufwirft, wie Maschinen moralische Werte verstehen und umsetzen können. Eine zentrale Frage ist, ob KI-Systeme in der Lage sind, eigenständig moralische Urteile zu fällen oder ob sie lediglich als Werkzeuge menschliche Entscheidungen unterstützen. Laut Brendel et al. (2021) bildet die Metaethik die Grundlage für die ethische Bewertung und Steuerung von KI.

Ein weiteres zentrales Thema ist die Übertragbarkeit menschlicher moralischer Prinzipien auf Maschinen. Es stellt sich die Frage, ob ethische Normen, die für Menschen entwickelt wurden, auf KI anwendbar sind oder ob neue moralische Systeme für Maschinen erforderlich sind. Terzis (2020) hebt die Schwierigkeit hervor, menschliche Subjektivität und Objektivität in diesen Prozess zu integrieren – kann eine Maschine wirklich verstehen, was es bedeutet, moralisch zu handeln, oder bleibt sie auf algorithmische Entscheidungen beschränkt, die keine tiefere moralische Reflexion beinhalten?

Diese Fragen verbinden die Metaethik direkt mit der Entwicklung ethischer Rahmenwerke für KI und der Debatte über Moral und Verantwortung im Zusammenspiel von Mensch und Maschine. Besonders relevant ist, wie Algorithmen normative Vorgaben übernehmen können und welche ethischen Theorien dabei eine Rolle spielen. Floridi (2019) betont die Relevanz von Ansätzen wie Deontologie, die auf strengen moralischen Regeln basieren, und Utilitarismus, der das größtmögliche Wohl in den Mittelpunkt stellt. Diese theoretischen Überlegungen müssen in die Gestaltung ethisch verantwortlicher KI-Systeme einfließen, um sicherzustellen, dass Maschinen menschliche Werte nicht nur respektieren, sondern langfristig fördern.

8.2.3. Normative Ethik

Die dritte Ebene der Ethik ist die normative Ethik, die sich der Entwicklung und Rechtfertigung moralischer Normen und Prinzipien widmet. Hierbei geht es darum, Handlungsanweisungen zu formulieren und zu prüfen, welche Handlungen als moralisch richtig oder falsch angesehen werden sollten.

Ein Ziel der normativen Ethik besteht darin, allgemeingültige moralische Standards zu entwickeln, die für alle Menschen verbindlich sind. Diese Standards beruhen auf universellen Werten wie Gerechtigkeit, Freiheit oder Verantwortung, die als Maßstab zur Bewertung von Handlungen dienen (Von der Pfordten 2012).

Auch die normative Ethik gewinnt im Bereich der KI zunehmend an Bedeutung, insbesondere in der Frage, wie KI-Systeme so gestaltet werden können, dass ihre Entscheidungen universelle moralische Werte widerspiegeln. Die Herausforderung liegt darin, Algorithmen zu entwickeln, die sowohl technisch effizient als auch ethisch vertretbar sind.

Borenstein und Howard (2021) betonen die Notwendigkeit ethischer Leitlinien, um Diskriminierung zu verhindern und die gesellschaftliche Akzeptanz von KI zu fördern. Hagendorff (2020) fordert, dass Prinzipien wie Fairness und Transparenz fest in die Designprozesse integriert werden. Ansätze der normativen Ethik, wie Deontologie und Utilitarismus, bieten eine Grundlage zur Definition moralischer Standards und zur Sicherstellung der gesellschaftlichen Verantwortung von KI (Boddington 2023).

8.2.4. Deskriptive Ethik

Die vierte Ebene der Ethik, die deskriptive Ethik, befasst sich mit der Beschreibung und Analyse des moralischen Verhaltens, der Überzeugungen und Werte von Individuen oder Gruppen in verschiedenen Kulturen und Gesellschaften.

Im Gegensatz zu normativen Ansätzen, die festlegen, was moralisch richtig oder falsch ist, ist die deskriptive Ethik empirisch orientiert und nutzt Methoden der Sozialwissenschaften, insbesondere der Anthropologie, Soziologie und Psychologie, um moralische Phänomene zu untersuchen.

Das Ziel der deskriptiven Ethik ist es, empirisch zu untersuchen und zu beschreiben, wie Menschen in der Praxis moralische Entscheidungen treffen und welche Werte in verschiedenen kulturellen und sozialen Kontexten als wichtig erachtet werden.

Die deskriptive Ethik versucht, objektiv zu erfassen, welche moralischen Überzeugungen und Handlungsweisen tatsächlich existieren, ohne normative Bewertungen abzugeben (Schuhmann 2022). Sie ermöglicht ein tieferes Verständnis der Vielfalt moralischer Normen, die durch kulturelle, historische und soziale Faktoren geprägt sind (Hämäläinen 2016).

Im Kontext der KI hilft die deskriptive Ethik, zu verstehen, wie verschiedene Gesellschaften technologische Innovationen und deren moralische Implikationen bewerten (Eggert 2021; von Humboldt et al. 2020). Sie zeigt, wie regionale Unterschiede den Umgang mit KI in Bereichen wie Gesundheit, Justiz und Arbeitswelt beeinflussen (Khan et al. 2023; Kelley et al. 2021). Diese Perspektive ist entscheidend, um bei der Entwicklung ethischer Leitlinien für KI kulturelle Unterschiede zu berücksichtigen und einen verantwortungsvollen, kontextsensitiven Einsatz von KI-Systemen zu fördern.

8.3. Ethische Strömungen

Die normative Ethik umfasst zwei Hauptströmungen, die in der philosophischen Diskussion besonders bedeutsam sind: die deontologischen und die konsequentialistischen Theorien. Beide Ansätze bieten unterschiedliche Perspektiven auf moralische Urteile und stützen sich auf eigene Prinzipien, um moralische Handlungen zu bewerten.

Abbildung 2 vermittelt einen umfassenden Überblick über die zuvor behandelten ethischen Ebenen und die nun folgenden Theorien. Sie veranschaulicht die Zusammenhänge strukturiert, sodass die verschiedenen ethischen Ansätze und ihre Verbindungen auf einen Blick erkennbar werden.

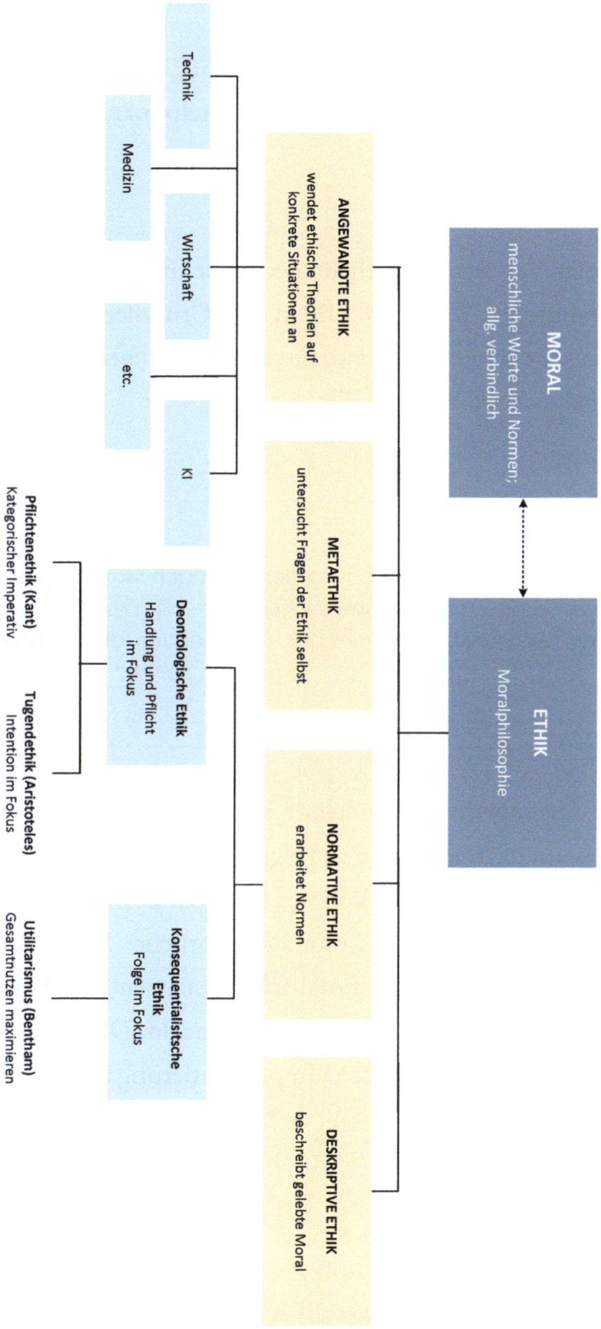

Abb. 19: Ethik-Kompendium (Gaisch 2025)

8.3.1. Deontologische Ethiken

Deontologische Theorien, wie die **Pflichtenethik** und die **Tugendethik**, stellen moralische Prinzipien und Pflichten in den Mittelpunkt.

8.3.1.1. Die Pflichtenethik

Ein prominenter Vertreter der Pflichtenethik ist Immanuel Kant[67], der in seiner „Kritik der praktischen Vernunft" und in der „Grundlegung zur Metaphysik der Sitten" die Ansicht vertritt, dass moralische Handlungen unabhängig von ihren Konsequenzen bewertet werden sollten.

Kants kategorischer Imperativ fordert, nur nach Maximen zu handeln, die man zugleich als allgemeines Gesetz wollen kann. Er betont die Verantwortung, universelle Prinzipien anzuwenden, die unabhängig von persönlichen Interessen gelten.

Kant betont, dass moralisch Handelnde Prinzipien wie Wahrhaftigkeit stets beachten müssen, unabhängig von den Folgen, da Lügen die universelle Gültigkeit dieses Prinzips zerstören würde (Von der Pfordten 2016). In Bezug auf KI argumentiert McDonald (2023), dass Kants kategorischer Imperativ als Grundlage dienen sollte, damit KI-Systeme moralische Prinzipien respektieren und Individuen als Zweck und nicht bloß als Mittel behandeln. Die abstrakte Natur dieser Ethik erschwert jedoch die praktische Implementierung in KI-Systeme.

67 Immanuel Kant, ein deutscher Philosoph des 18. Jahrhunderts, prägte die deontologische Ethik mit seinem kategorischen Imperativ. Er forderte, dass moralische Handlungen universell gültig sein müssen und Menschen stets als Zweck an sich, nicht als Mittel, behandelt werden. Seine spezifische Form der Pflichtenethik wird oft als kantianische Ethik bezeichnet.

Diese ethische Betrachtung lässt sich anhand von Asimovs[68] Robotergesetzen illustrieren, die ein deontologisches Regelwerk für das Verhalten künstlicher Intelligenzen gegenüber Menschen etablieren. Analog zur Wahrhaftigkeit und zum Recht auf Privatsphäre in der kantianischen Ethik definieren Asimovs Gesetze klare Pflichten:

!

Asimovs Gesetze: Ein Roboter darf keinem Menschen Schaden zufügen (erstes Gesetz), muss menschlichen Befehlen folgen, sofern sie keinen Schaden verursachen (zweites Gesetz), und ist verpflichtet, seine eigene Existenz zu schützen, solange es den ersten beiden Gesetzen nicht widerspricht (drittes Gesetz). Diese Prioritätensetzung stellt sicher, dass KI dem Menschen dient und seine Sicherheit gewahrt bleibt.

Doch während Asimovs Gesetze eine solide ethische Grundlage bieten, stoßen sie in der Praxis an ihre Grenzen. Murphy und Woods (2009) argumentieren, dass die Komplexität moderner KI-Anwendungen weit über diese starren Regeln hinausgeht. Praktische Herausforderungen, wie absichtlich verzerrte Daten, die Ehrlichkeit und wissenschaftliche Integrität untergraben, oder die unbefugte Sammlung personenbezogener Daten, die das Recht auf Privatsphäre verletzt, verdeutlichen diese Problematik. Aus kantianischer Sicht sind solche Praktiken moralisch untragbar, da sie fundamentale Pflichten missachten. Eine flexiblere, kontextabhängige Ethik, die auf Prinzipien statt festen Regeln basiert, könnte besser dazu beitragen, ethische Verantwortung und menschliche Sicherheit auch in komplexen und unerwarteten Situationen zu gewährleisten.

Die Pflichtenethik bietet eine wertvolle Grundlage für die moralische Gestaltung von KI-Systemen, insbesondere im Hinblick auf die Achtung von Menschen-

---

68 Isaac Asimov war ein einflussreicher Science-Fiction-Autor und Biochemiker, der 1950 in *Ich, der Roboter* die "Drei Gesetze der Robotik" formulierte, um ethische Leitlinien für den sicheren Einsatz von Robotern zu schaffen. Diese Gesetze, die den Schutz des Menschen und verantwortungsvolles Roboterverhalten priorisieren, prägen bis heute die Diskussionen über KI und Robotik.

rechten und der universellen Prinzipien von Transparenz und Fairness. Jedoch erfordert die praktische Umsetzung dieser Prinzipien in KI-Systeme eine stärkere Berücksichtigung der technischen Machbarkeit und der Fähigkeit von Algorithmen, kontextabhängige Entscheidungen zu treffen. Ein starres Regelwerk, wie es durch deontologische Prinzipien vorgegeben wird, kann in dynamischen und offenen Systemen problematisch sein, da KI-Entscheidungen oft Kontextwissen erfordern, das schwer in klare Regeln zu fassen ist. Zudem stellt sich die Frage, wie abstrakte ethische Konzepte in konkrete algorithmische Prozesse übersetzt werden können, ohne die Flexibilität der Systeme zu beeinträchtigen.

Ein Aspekt der Pflichtenethik ist die individuelle Verantwortung. Im Kontext der KI bedeutet dies, dass sowohl Entwicklerinnen und Entwickler als auch User von KI-Systemen dafür verantwortlich sind, ethische Prinzipien nicht nur in der Entwicklungsphase zu verankern, sondern auch im täglichen Einsatz sicherzustellen.

8.3.1.2. Die Tugendethik

Die Tugendethik, die sich auf den moralischen Charakter und die Haltung der handelnden Personen konzentriert, war in der Antike von großer Bedeutung.

!

Tugendethik fokussiert sich auf die Entwicklung moralischer Tugenden, wie Weisheit und Gerechtigkeit, und auf das Verhalten eines tugendhaften Charakters, anstatt auf konkrete Regeln für richtiges Handeln.

Vor allem Aristoteles prägte diesen Ansatz, indem er die Erreichung von Eudaimonia [69] als das oberste Ziel des Lebens definierte. Dieses Ziel wird durch die Kulti-

69 Eudaimonia ist ein Begriff der antiken griechischen Philosophie, besonders bei Aristoteles, und bezeichnet das höchste Ziel des Lebens: eine dauerhafte Erfüllung und Selbstverwirklichung durch ein tugendhaftes Leben. Es geht nicht um kurzfristiges Glück, sondern um ein nachhaltiges „gutes Leben," in dem der Mensch durch Weisheit, Gerechtigkeit und Mut sein volles Potenzial entfaltet.

vierung von Tugenden wie Weisheit, Gerechtigkeit und Mut erreicht (Aristoteles 2019). Dabei betont die Tugendethik, dass moralisches Handeln nicht nur durch einzelne Handlungen, sondern durch eine umfassende, tugendhafte Lebensführung und die innere Disposition des Charakters bestimmt wird (Wolf 2004).

Mit der Aufklärung geriet die Tugendethik jedoch zunehmend in den Hintergrund. Rationalere, prinzipienbasierte Ansätze, wie Kants Deontologie und Benthams Utilitarismus, dominierten fortan die ethische Debatte (Weber 2019). Diese neuen Theorien boten klare, objektive Kriterien für richtiges und falsches Handeln und kritisierten die Tugendethik als zu subjektiv und situationsabhängig.

Ein Hauptproblem der Tugendethik liegt in ihrer starken Abhängigkeit von individuellen und kulturellen Vorstellungen darüber, was als „gute" oder „schlechte" Tugenden gilt. Diese Relativität führt zu moralischen Urteilen, die je nach Kontext und Kultur variieren können, was in einer globalisierten Welt, die nach universellen ethischen Standards sucht, problematisch ist (Slote 2010).

Während deontologische und konsequentialistische Ansätze klare Regeln oder Konsequenzen als moralische Leitlinien bieten, bleibt die Tugendethik oft unbestimmt und liefert keine konkreten Handlungsanweisungen. Stattdessen konzentriert sie sich auf die Entwicklung des Charakters, was in persönlichen ethischen Überlegungen von Bedeutung sein mag, aber für die Regulierung komplexer technischer Systeme, wie KI, unzureichend erscheint.

In der modernen KI-Ethik, die klare, messbare Regeln fordert, erscheint die Tugendethik oft zu vage, da KI tief in soziale und wirtschaftliche Strukturen eingreift. Dennoch betonen Farina et al. (2024), dass Werte wie Weisheit, Integrität und Verantwortung wichtig sind, um Risiken zu minimieren und KI verantwortungsvoll zum Wohl der Gesellschaft einzusetzen, etwa durch risikoarme Algorithmen und transparente Entscheidungsprozesse.

Obwohl diese Tugenden im AI Act nicht ausdrücklich erwähnt werden, sind sie dennoch implizit durch die ethische Verantwortung der Entwicklerinnen, Entwickler und User von KI-Systemen verankert. Der AI Act fordert von diesen Akteuren nicht nur die Einhaltung von Regeln, sondern auch die Entwicklung einer moralischen Haltung, die über bloße Vorschriften hinausgeht und die gesellschaftlichen Folgen ihres Handelns berücksichtigt. Auf diese Weise trägt die Tugendethik indirekt zur Regulierung bei und unterstützt eine verantwortungsvolle und gemeinschaftsorientierte Entwicklung und Nutzung von KI.

8.3.2. Konsequentialistische Ethiken

Im Gegensatz zu deontologischen Ethiken, die Handlungen anhand von festgelegten Regeln oder Pflichten bewerten, richten sich konsequentialistische Ethiken nach den Ergebnissen, die durch Handlungen erzielt werden. Die bekannteste Form des Konsequentialismus ist der Utilitarismus, der die moralische Richtigkeit einer Handlung anhand ihrer positiven Gesamtfolgen bewertet (Schroth 2023). Diese Theorie, ursprünglich von Jeremy Bentham entwickelt und später von John Stuart Mill weitergeführt, berücksichtigt nicht nur kurzfristige Vorteile, sondern auch das langfristige Wohlergehen und die Maximierung des Gesamtnutzens in der Gesellschaft (Gesang 2006).

Der Utilitarismus bewertet Handlungen nach ihrem Nutzen und stellt das Prinzip der Nützlichkeit als Maßstab moralischen Handelns in den Vordergrund. Eine Handlung ist moralisch verpflichtend, wenn sie das allgemeine Wohl fördert und das größtmögliche Glück für möglichst viele Menschen erreicht, wobei alle Konsequenzen sorgfältig abgewogen werden müssen, um das langfristige Wohlergehen der Mehrheit zu sichern (Rembold 2006).

Im Kontext der KI ist der utilitaristische Ansatz besonders relevant, da Technologien wie Entscheidungsalgorithmen das Leben vieler Menschen direkt beeinflussen. So könnte der Einsatz von KI im Gesundheitswesen, z.B. zur frühzeitigen Diagnose von Krankheiten und zur Steigerung der Behandlungseffizienz, als moralisch verpflichtend angesehen werden, da er das Wohlergehen einer großen Bevölkerungsgruppe erheblich steigert (McGee 2024). Gleichzeitig fordert der Konsequentialismus, dass auch potenzielle Langzeitrisiken wie Datenmissbrauch und gesellschaftliche Spaltungen berücksichtigt werden, da sie das allgemeine Glück langfristig schmälern könnten (Cvik 2022).

Ein weiteres Beispiel ist der Einsatz von KI-gesteuerten Überwachungssystemen zur Pandemievorsorge oder Kriminalitätsprävention. Obwohl solche Systeme ethische Bedenken hinsichtlich der Privatsphäre aufwerfen, könnte ihr langfristiger Nutzen in der Förderung der öffentlichen Gesundheit und Sicherheit die ethischen Vorbehalte überwiegen.

Der utilitaristische Ansatz rechtfertigt somit kurzfristige Eingriffe in individuelle Rechte, wenn sie dem langfristigen Wohl der Allgemeinheit dienen – eine Abwägung, die ständig neu bewertet werden muss, um Missbrauch und soziale Ungleichheiten zu minimieren (Wiesenthal 2022, Stefánsson 2024).

Im Bewusstsein, dass ein konsequentialistischer Ansatz in der KI-Ethik das allgemeine Wohl maximieren möchte und dabei die langfristigen Folgen stets bedacht werden müssen, gewinnt der Techno-Optimismus an Bedeutung. Dieser Optimismus steht für die Zuversicht, dass technologischer Fortschritt – gezielt gesteuert und ethisch reflektiert – entscheidende gesellschaftliche Verbesserungen bewirken kann. Wie Nordmann (2014) beschreibt, könnte dies durch eine „sanfte", nicht-invasive Gestaltung geschehen, die Fortschritt und Wohlstand fördert, ohne Mensch und Umwelt zu überlasten.

Techno-Optimismus ist die Überzeugung, dass technologische Innovationen durchweg positive Auswirkungen haben und gesellschaftliche Probleme lösen können. Diese Haltung führt oft zur Annahme, dass der Fortschritt in Bereichen wie KI stets zu einer Verbesserung der Lebensqualität führt und somit in sich moralisch gerechtfertigt ist.

Doch Techno-Optimismus birgt auch Risiken, insbesondere in der KI-Ethik, wo die Auswirkungen von Technologien wie Überwachungssystemen oder Entscheidungsalgorithmen oft erst langfristig sichtbar werden. Der unreflektierte Glaube an die positive Wirkung neuer Technologien kann dazu führen, dass potenzielle negative Langzeitfolgen, wie die Erosion der Privatsphäre, eine zunehmende Überwachung oder die Verstärkung sozialer Ungleichheiten, übersehen werden.

Im Gegensatz zur kurzfristigen Bewertung positiver Ergebnisse fordert eine konsequentialistische Perspektive, dass auch diese langfristigen Risiken in die ethische Abwägung einbezogen werden. Denn eine Technologie, die kurzfristig das Wohl fördert, kann langfristig Schaden anrichten und so das Ziel einer positiven Gesamtbilanz gefährden. Die Verbindung zur utilitaristischen Ethik zeigt sich hier deutlich: Aus utilitaristischer Sicht sind KI-gestützte Technologien moralisch geboten, wenn sie das Wohlergehen einer großen Anzahl von Menschen steigern. Diese Perspektive erfordert jedoch auch, dass Techno-Optimismus kritisch hinterfragt wird, um sicherzustellen, dass eine langfristige Maximierung des Wohlstands tatsächlich gewährleistet ist. Eine reflektierte, konsequentialistische Ethik in der KI berücksichtigt also nicht nur die unmittelbaren, positiven Effekte, sondern wägt auch mögliche zukünftige Risiken ab.

8.4. Ausgewogene Ethik im EU AI ACT: Prinzipien und Konsequenzen im Einklang

Die ethischen Ansätze, die hier diskutiert werden – Kants deontologische Theorie und der Utilitarismus – bieten beide wertvolle, aber auch herausfordernde Perspektiven auf die Frage des moralisch richtigen Handelns. Eine deontologische Ethik, die auf strikten moralischen Prinzipien basiert, formuliert klare und unveränderliche Leitlinien. Diese Prinzipien haben den Vorteil der Universalität, können jedoch in der Praxis zu starren Entscheidungen führen, selbst wenn absehbar ist, dass daraus negative Konsequenzen resultieren. Der Utilitarismus hingegen ist flexibler, da er die Konsequenzen von Handlungen berücksichtigt, kann aber problematisch werden, wenn das Wohl der Mehrheit auf Kosten des Individuums geht.

Die philosophische Debatte zwischen diesen Theorien bleibt relevant, da sie zwei unterschiedliche Antworten auf ein zentrales moralisches Dilemma liefern: Sollten wir uns strikt an Prinzipien halten, oder sollten die Folgen unserer Handlungen das entscheidende Kriterium für moralische Entscheidungen sein? In der modernen Welt, insbesondere im technologischen Kontext der Künstlichen Intelligenz (KI), wo Handlungen oft weitreichende und komplexe Folgen haben, wird die Herausforderung, eine Ethik zu entwickeln, die sowohl Prinzipien als auch Konsequenzen berücksichtigt, besonders deutlich.

Ein Beispiel für diese Balance im EU AI Act ist die Regulierung von „Hochrisiko-KI-Systemen" in Bereichen wie der medizinischen Diagnostik oder der Strafverfolgung. Hier müssen strikte Prinzipien wie Transparenz und Nichtdiskriminierung eingehalten werden (deontologische Ethik), während gleichzeitig umfangreiche Risikobewertungen und kontinuierliche Überwachungen sicherstellen sollen, dass die positiven Konsequenzen dieser Technologien im Sinne des Allgemeinwohls maximiert werden (utilitaristischer Ansatz). Der EU AI Act versucht also, ethische Prinzipien mit einer konsequenzorientierten Risikoabwägung zu vereinen und damit eine ausgewogene ethische Grundlage für den Einsatz von KI zu schaffen.

Ein integrativer Ansatz, der die Stärken beider Theorien verbindet, könnte der Schlüssel zu einer zukunftsfähigen Ethik sein, die den komplexen Anforderungen unserer Zeit gerecht wird (Dodda et al. 2021). Song & Yeung (2024) sprechen in diesem Kontext von einer hybriden Herangehensweise, die die Starre der deontologischen Ethik mit der Flexibilität und Ergebnisorientierung des Utilitarismus vereint.

Die Entscheidungen, die KI-Systeme treffen oder beeinflussen, haben tiefgreifende Auswirkungen auf individuelle Rechte und kollektive Güter. Die Frage stellt sich, ob KI-Systeme in ihrem Design und ihrer Anwendung strikt nach universellen moralischen Prinzipien wie dem Schutz der Privatsphäre ausgerichtet sein sollten, oder ob der gesellschaftliche Nutzen – wie die Verbesserung der öffentlichen Sicherheit oder die Effizienzsteigerung im Gesundheitswesen – im Vordergrund stehen sollte. Diese Überlegungen verdeutlichen die Notwendigkeit eines integrativen Ansatzes, der den technologischen Fortschritt verantwortungsvoll steuert, gleichzeitig aber auch sicherstellt, dass individuelle Rechte geschützt und gesellschaftliche Vorteile maximiert werden. So könnten Algorithmen, die in sozialen oder rechtlichen Entscheidungen zum Einsatz kommen, so konzipiert werden, dass sie sowohl universelle Gerechtigkeitsprinzipien respektieren als auch die langfristigen Auswirkungen auf das Gemeinwohl berücksichtigen. Eine solche Balance zwischen festen ethischen Grundsätzen und pragmatischer Zielorientierung könnte eine Ethik hervorbringen, die den komplexen Anforderungen des digitalen Zeitalters gerecht wird (Almeira et al. 2023).

8.4.1. Der goldene Mittelweg: Hybride Ethik im EU AI Act

Ein solcher integrativer Ansatz, der sowohl den Schutz individueller Rechte als auch das Wohl der Gesellschaft berücksichtigt, spiegelt sich in der europäischen KI-Verordnung wider. Der AI Act geht über reine Gesetzgebung hinaus und bietet einen ethischen Rahmen für den verantwortungsvollen Einsatz von KI, der grundlegende Werte wie Fairness, Transparenz und Verantwortung fest verankert. Er stellt sicher, dass KI-Systeme nicht nur effizient und sicher sind, sondern auch auf ethischen Prinzipien basieren, die den Menschen und die Gesellschaft in den Mittelpunkt stellen. Durch diese Verankerung wird das Vertrauen in KI gestärkt und sichergestellt, dass zukünftige Technologien die Menschlichkeit respektieren und fördern.

Aus einer deontologischen Perspektive erfordert der AI Act, dass KI-Systeme diese ethischen Prinzipien unabhängig von den Ergebnissen einhalten, indem er strenge Regeln für den Schutz grundlegender Rechte und die Vermeidung von Schaden festlegt. Ein zentrales Element dieses Ansatzes ist das Verbot diskriminierender Systeme und die Forderung nach vollständiger Transparenz, was sicherstellt, dass diese ethischen Grundsätze in der KI-Entwicklung unverhandelbar bleiben.

!

Die folgenden Verbote im AI ACT basieren auf deontologischen Prinzipien, die den Schutz der Menschenwürde, der Privatsphäre und der Gleichheit sicherstellen sollen.

Manipulative Techniken: Der Einsatz von KI-Systemen, die durch unterschwellige oder absichtlich manipulative Methoden das Verhalten von Personen wesentlich beeinflussen und deren Fähigkeit, fundierte Entscheidungen zu treffen, beeinträchtigen, ist untersagt.

Ausnutzung von Schwachstellen: KI-Systeme, die Schwachstellen von Personen aufgrund von Alter, Behinderung oder sozialer bzw. wirtschaftlicher Situation ausnutzen, um deren Verhalten zu beeinflussen und potenziell erheblichen Schaden zu verursachen, sind verboten.

Soziale Bewertung: Die Verwendung von KI zur Bewertung oder Klassifizierung von Personen basierend auf ihrem sozialen Verhalten oder persönlichen Merkmalen, insbesondere wenn dies zu ungerechtfertigter oder unverhältnismäßiger Benachteiligung führt, ist untersagt.

Vorhersage kriminellen Verhaltens: KI-Systeme, die ausschließlich auf Profiling basieren, um das Risiko vorherzusagen, dass eine Person eine Straftat begeht, sind verboten.

Erstellung von Gesichtserkennungsdatenbanken: Das ungezielte Sammeln von Gesichtsbildern aus dem Internet oder Überwachungsvideos zur Erstellung oder Erweiterung von Gesichtserkennungsdatenbanken ist untersagt.

Emotionserkennung am Arbeitsplatz und in Bildungseinrichtungen: Der Einsatz von KI zur Erkennung von Emotionen in Arbeits- und Bildungskontexten ist verboten, es sei denn, er dient medizinischen oder sicherheitsrelevanten Zwecken.

Biometrische Kategorisierung: KI-Systeme, die Personen basierend auf biometrischen Daten in Kategorien wie ethnische Zugehörigkeit, politische Meinungen oder sexuelle Orientierung einteilen, sind verboten.

Aus einer konsequentialistischen Perspektive, die den Fokus auf die Folgen einer Handlung legt, wird die moralische Qualität einer Handlung daran gemessen, wie viel Nutzen sie für möglichst viele Menschen bringt. Der AI Act greift diesen

Ansatz auf, indem er Technologien fördert, die dem Gemeinwohl dienen. Dazu gehören etwa die Erhöhung der öffentlichen Sicherheit oder Effizienzsteigerungen im Gesundheitswesen – immer mit dem Ziel, das Wohl der Allgemeinheit zu maximieren.

!

Die folgenden Maßnahmen im AI ACT basieren auf konsequentialistischen Prinzipien, mit dem Ziel den größtmöglichen Nutzen zu fördern und potenzielle Schäden zu minimieren.

Förderung von KI im Gesundheitswesen: Dies entspricht der utilitaristischen Logik, da das Ziel darin besteht, durch präzisere Diagnosen und personalisierte Behandlungen das Wohlergehen von Patienten zu maximieren und die Effizienz des Gesundheitssystems zu verbessern.

Verbesserung der öffentlichen Sicherheit: Die Förderung von KI-Anwendungen zur Unterstützung der öffentlichen Sicherheit, wie etwa Systeme zur Früherkennung von Gefahren, zielt darauf ab, potenziellen Schaden zu minimieren und das Wohl der Allgemeinheit zu fördern – ein weiteres Beispiel für utilitaristische Prinzipien.

Transparenzpflichten für KI-Systeme: Die Transparenzanforderungen zielen darauf ab, Vertrauen aufzubauen und positive Nutzungserfahrungen zu schaffen. Die Maximierung des Nutzens für die Nutzer und die Vermeidung von negativen Konsequenzen wie Misstrauen oder Missverständnissen entsprechen ebenfalls utilitaristischen Zielen.

Maßnahmen zur Vermeidung von Diskriminierung: Richtlinien zur Minimierung diskriminierender Entscheidungen durch KI zielen darauf ab, soziale Gerechtigkeit zu fördern und negative Auswirkungen auf betroffene Bevölkerungsgruppen zu verhindern. Dies entspricht der Konsequenz, das Wohl möglichst vieler Menschen zu schützen und gesellschaftliche Nachteile zu verringern.

Verpflichtende Risikobewertung: Die Risikobewertung vor dem Einsatz von Hochrisiko-KI-Systemen stellt sicher, dass der erwartete Nutzen den möglichen Risiken überwiegt. Dies ist ein Beispiel für die utilitaristische Abwägung von positiven und negativen Konsequenzen, um das größtmögliche Wohl zu erreichen.

Hier wird der utilitaristische Grundgedanke deutlich: KI-Systeme sollen nicht nur effizient und funktional sein, sondern vor allem dem Wohl der gesamten Gesellschaft dienen. Das Ziel ist es, den größtmöglichen Nutzen zu fördern und potenzielle Schäden zu minimieren. Diese Ausrichtung spiegelt konsequentialistische Prinzipien wider, bei denen Handlungen nach ihren Folgen beurteilt werden, um das Wohl der meisten Menschen zu maximieren.

Dieser duale Ansatz, der strenge ethische Vorgaben mit pragmatischen Überlegungen zur Konsequenz verbindet, macht den AI Act zu einem wegweisenden Modell für die zukunftsorientierte KI-Entwicklung. Er stellt sicher, dass KI-Systeme nicht nur rechtlich und ethisch abgesichert, sondern auch nachhaltig und zum Wohl der gesamten Gesellschaft eingesetzt werden.

8.4.2. *Ethische Leitlinien für verantwortungsvolle KI: Tugenden und Prinzipien*

Der folgende Abschnitt beleuchtet die Dimensionen der KI-Ethik und untersucht rechtliche, ethische sowie gesellschaftliche Werte, die für eine verantwortungsvolle Entwicklung und Anwendung von KI entscheidend sind. Die KI-Ethik gehört wie Maschinen-, Computer-, Roboter- und Digitale Ethik zu den Bereichsethiken der angewandten Ethik. Je nach wissenschaftlichem Ansatz werden diese Ethiken der Technikethik (Grunwald 2020) oder der Informationsethik (Heesen 2016) zugeordnet. Sie analysieren, wie allgemein anerkannte moralische Standards auf die Entwicklung und Nutzung von KI-Technologien angewendet werden, um ethisches Verhalten sicherzustellen (Leslie 2019).

KI-Ethik behandelt die moralischen Fragen, die aus sozio-technischen IT-Systemen und deren Auswirkungen auf verschiedene Lebensbereiche entstehen – treffend zusammengefasst im Titel „AI Ethics und Human Factors".

Ein Aspekt der KI-Ethik ist die Frage, wie KI zur Beobachtung und Analyse von Menschen eingesetzt wird und welche Verzerrungen und Vorurteile durch ihren Einsatz entstehen (siehe Kapitel 6 Der Mensch bedenkt). Zusammen mit der Informationsethik, die Begriffe und Methoden zur Verfügung stellt, werden oft ethische Leitlinien entwickelt, deren Nutzen breit diskutiert wird (Bendel 2019).

In der angewandten Ethik lassen sich damit konkrete Phänomene wie Bias und Diskriminierung nicht nur beschreiben, sondern auch durch ethische Standards, Empfehlungen und Leitlinien adressieren. Diese Leitlinien stützen sich auf Prinzipien der normativen oder präskriptiven Ethik, um zu zeigen, welche moralischen Grundsätze bei der Entwicklung und Anwendung von KI anzuwenden sind.

Die moralischen Herausforderungen durch KI sind so komplex, dass kein einzelner ethischer Ansatz, wie Deontologie, Konsequentialismus oder Tugendethik, alle Aspekte vollständig abdecken kann. KI-Systeme haben tiefgreifende Auswirkungen auf soziale, wirtschaftliche und rechtliche Strukturen, weshalb eine umfassende ethische Betrachtung nötig ist, die verschiedene Ansätze vereint, um den komplexen Anforderungen gerecht zu werden.

Basierend auf diesen Überlegungen argumentiert Kantar (2024), dass eine Kombination aus deontologischen, utilitaristischen und tugendethischen Prinzipien in der Philosophie der Information notwendig sei, um die ethischen Herausforderungen der KI besser zu adressieren. Er plädiert für einen interdisziplinären Ansatz, der verschiedene ethische Perspektiven integriert.

Zoshak und Dew (2021) zeigen, dass bei der Entwicklung künstlicher moralischer Agenten (AMAs) zunehmend hybride Modelle verwendet werden, die verschiedene ethische Theorien kombinieren, um moralische Entscheidungen flexibler zu gestalten. Diese Herangehensweise findet sich auch im AI Act, der eine integrative Perspektive fördert und die Stärken verschiedener ethischer Ansätze nutzt. Primär stehen deontologische und konsequentialistische Prinzipien im Vordergrund, doch zeigt sich auch ein indirekter Einfluss der Tugendethik, um eine umfassende und verantwortungsvolle KI-Entwicklung zu gewährleisten.

8.4.3. *Die Rolle der Tugendethik im AI Act*

Der AI Act fördert einen verantwortungsvollen Umgang mit KI-Technologien, wobei er ethische Tugenden wie Weisheit, Integrität und Verantwortungsbewusstsein betont. Auch wenn Tugendethik im Gesetz nicht explizit erwähnt wird, sind ihre Prinzipien in den ethischen und rechtlichen Rahmenbedingungen verankert. Ein zentrales Beispiel für diese Prinzipien ist die „digitale Weisheit" (phronesis[70]) nach Aristoteles, die die Fähigkeit beschreibt, ethisch fundierte Entscheidungen zu treffen. Entwickler und Entscheidungsträger werden im Rahmen des AI Acts ermutigt, die langfristigen ethischen Konsequenzen ihrer Technologien zu berücksichtigen, besonders bei Hochrisiko-KI-Systemen. Dies bedeutet, dass nicht nur technische, sondern auch gesellschaftliche und moralische Auswirkungen in den Entwicklungsprozess einfließen müssen.

Ein weiteres relevantes Prinzip ist die Mäßigung, die den Mittelweg zwischen Extremen beschreibt. In der digitalen Ära fordert sie den verantwortungsvollen Umgang mit Technologien, um negative Folgen wie übermäßige Überwachung oder unkontrollierte Automatisierung zu verhindern. Der AI Act spiegelt dies wider, indem er in Artikel 9 Risikomanagementsysteme verlangt, die Gefahren frühzeitig erkennen und minimieren. Artikel 5 regelt die Nutzung biometrischer Systeme wie der Echtzeit-Gesichtserkennung und stellt sicher, dass deren Einsatz streng reguliert und nur in Ausnahmefällen erlaubt ist, um individuelle Freiheiten und Grundrechte zu schützen.

Tugenden wie Weisheit und Mäßigung sind schwer objektiv in die Entwicklung von KI-Systemen zu integrieren, da sie von individuellen, kulturellen und kontextabhängigen Faktoren geprägt sind. Ein einseitiger Fokus auf solche Tugenden könnte systemische Herausforderungen und die kollektive ethische Verant-

70 Phronesis bezeichnet die praktische Weisheit, also die Fähigkeit, in konkreten Situationen kluge und moralisch richtige Entscheidungen zu treffen, indem theoretisches Wissen und praktische Erfahrung miteinander verbunden werden.

wortung bei der KI-Entwicklung vernachlässigen. Daher sind klare, universelle ethische Richtlinien, wie sie der AI Act bietet, entscheidend. Sie schaffen eine Grundlage für eine gerechte und verantwortungsvolle Regulierung, die ethische Prinzipien nicht nur individuell, sondern auch global und gesellschaftlich umsetzbar macht, und sichern so eine ausgewogene Balance zwischen technischem Fortschritt und dem Schutz von Grundrechten.

Im AI Act gibt es eine Reihe von Maßnahmen, die indirekt mit tugendethischen Prinzipien verbunden werden können:

Förderung der Verantwortlichkeit und Integrität: Der AI Act fordert die Implementierung von Verfahren und Maßnahmen, die sicherstellen, dass KI-Systeme in einer Weise entwickelt und genutzt werden, die Verantwortlichkeit und moralische Integrität widerspiegeln. Dies kann als Anregung zu tugendhaften Verhaltensweisen interpretiert werden.

Transparenz- und Aufklärungspflichten: Durch Maßnahmen, die eine klare Kommunikation über die Funktionsweise von KI-Systemen und deren Nutzung fördern, wird eine ehrliche und offene Interaktion ermöglicht. Dies unterstützt Tugenden wie Aufrichtigkeit und Vertrauenswürdigkeit.

Menschliche Überwachung (Human Oversight): Die Einbindung von menschlicher Aufsicht betont die Verantwortung des Menschen und fördert Tugenden wie Besonnenheit und Sorgfalt im Umgang mit KI.

Schulung und Sensibilisierung: Der AI Act sieht vor, dass Akteure, die KI-Systeme entwickeln oder einsetzen, entsprechend geschult werden. Dies fördert Tugenden wie Weisheit und Verantwortungsbewusstsein, um sicherzustellen, dass die Nutzung von KI moralisch reflektiert erfolgt.

Durch die Einbettung von Tugenden, ethischen Prinzipien und rechtlichen Normen schafft der AI Act einen umfassenden ethischen Rahmen, der sicherstellt, dass KI-Technologien verantwortungsvoll und im Einklang mit gesellschaftlichen Werten eingesetzt werden. Auf diese Weise gelingt es, den technologischen Fortschritt mit dem Schutz individueller Freiheiten und gesellschaftlicher Grundwerte in Balance zu bringen.

8.5. Das PRISMA AI Modell

Das PRISMA AI Modell wird als hybrider Ansatz vorgestellt – ein umfassendes ethisches Rahmenwerk, das Elemente der Pflichten-, Tugend- und Folgenethik integriert. Es stellt die Prinzipien, Werte und Tugenden, die für die Entwicklung und Anwendung von KI-Systemen relevant sind, klar dar und vermittelt deren moralische Implikationen verständlich. Das Modell dient als theoretischer Rahmen und praktischer Leitfaden für ethische KI-Entwicklung.

PRISMA AI steht für eine transparente und vielschichtige Betrachtung ethischer Fragestellungen. Wie ein Prisma Licht in verschiedene Farben aufspaltet, beleuchtet das PRISMA AI Modell die vielfältigen ethischen Dimensionen der KI. Es vereint verschiedene Ansätze, um eine umfassende Auseinandersetzung mit ethischen Herausforderungen zu ermöglichen und zeigt, dass KI-Ethik aus vielen Perspektiven betrachtet werden muss.

Die Bezeichnung PRISMA unterstreicht zugleich die Notwendigkeit, ethische Fragestellungen im Kontext von KI nicht isoliert zu betrachten, sondern ihre gesamte Komplexität zu erfassen. Das Modell bietet eine klare und strukturierte Methode, um die unterschiedlichen ethischen Dimensionen systematisch zu erfassen – von Prinzipien wie Fairness, Gerechtigkeit und Transparenz über Tugenden wie Verantwortungsbewusstsein, Integrität und Weisheit bis hin zu den langfristigen Auswirkungen auf Individuen und die Gesellschaft. Das PRISMA AI Modell dient daher nicht nur als theoretisches Rahmenwerk, sondern auch als praktischer Leitfaden, um ethische Orientierung und Transparenz im Umgang mit KI-Systemen zu fördern.

Eine wichtige Grundlage des Modells ist die von Frischhut (2020) beschriebene Unterscheidung zwischen Werten und Prinzipien.

!

Die Werte der EU (Art. 2 EUV) werden als abstrakte und inhaltlich oft unbestimmte Konzepte beschrieben, die zwar normativ bedeutend, aber nicht zwingend rechtlich bindend sind (vgl. Frischmut 2019).

Werte dienen als normative Orientierungspunkte, aus denen Prinzipien abgeleitet werden, die spezifische, handlungsleitende Normen für Entscheidungen und Handlungen festlegen.

!

Prinzipien werden als konkrete, praktikable und rechtlich durchsetzbare Normen definiert, die sowohl im ethischen als auch im rechtlichen Diskurs direkt angewendet werden können (vgl. Frischhut 2019).

Prinzipien schaffen eine fundierte Grundlage für die ethische und rechtliche Beurteilung von Handlungen, indem sie abstrakte Werte in konkrete, rechtlich verbindliche Entscheidungsprozesse überführen. Diese Differenzierung bildet das methodische Fundament des PRISMA AI Modells, indem es abstrakte Werte in handlungsleitende Prinzipien übersetzt.

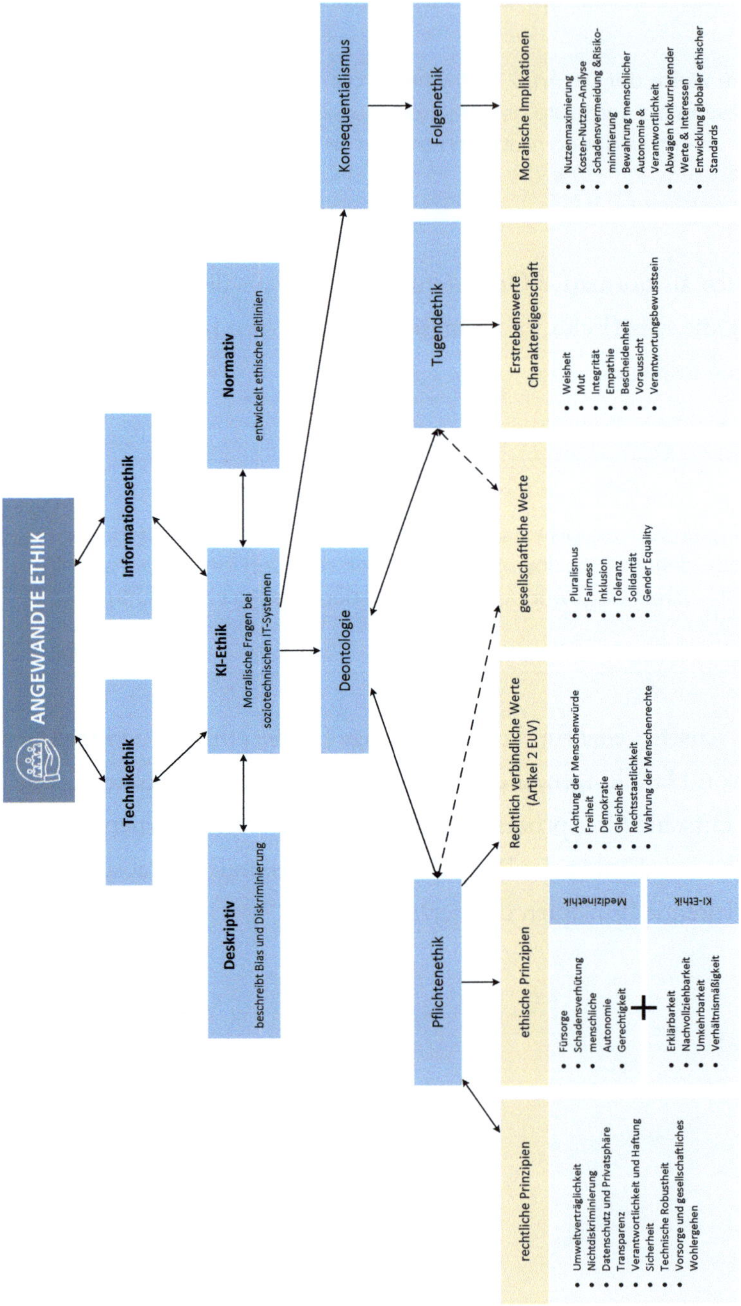

Abb. 20: PRISMA AI Modell (Gaisch 2025)

Das PRISMA AI Modell bietet einen strukturierten Überblick über relevante ethische Ansätze in der KI-Ethik und zeigt Verbindungen zwischen verschiedenen Disziplinen auf. Die Mehrwerte lassen sich so zusammenfassen:

Klarheit und Systematik: Schafft durch Einteilung in Bereiche wie Technik- und Informationsethik eine klare Struktur.

Integration ethischer Theorien: Verbindet Deontologie, Tugendethik und Konsequenzialismus für eine ausgewogene Perspektive.

Umfassende Wertebasis: Berücksichtigt rechtliche, ethische und gesellschaftliche Werte sowie Charaktereigenschaften.

Praktische Anwendbarkeit: Liefert konkrete Ansatzpunkte für die Umsetzung, z. B. Nutzenmaximierung und Schadensvermeidung.

Förderung reflektierter Entscheidungen: Betont Werte wie Autonomie und Transparenz für fundierte ethische Entscheidungen.

Flexibilität: Anpassbar an unterschiedliche Technologien und kulturelle Kontexte.

Die Herleitung des Modells wird im Folgenden ausführlich beschrieben und in den Kontext des AI Acts eingeordnet. In Übereinstimmung mit den oben beschriebenen Unterscheidungen wurden sowohl rechtsethische Prinzipien als auch die normativen Werte aus Artikel 2 des Vertrags über die Europäische Union (EUV) sowie gesellschaftliche Werte in unsere Überlegungen zum PRISMA AI Modell integriert. Diese Prinzipien und Werte sind fundamentale Bausteine der Pflichtenethik und bieten eine normative Grundlage für die Gestaltung ethischer KI-Systeme.

Im Kontext des AI Act wurden Umweltverträglichkeit, Nichtdiskriminierung, Datenschutz und Privatsphäre, Transparenz, Verantwortlichkeit und Haftung, Sicherheit und technische Robustheit sowie Vorsorge und soziales Wohlergehen als Schlüsselprinzipien identifiziert.

Diese Prinzipien dienen nicht nur als ethischer Maßstab, sondern viele von ihnen sind in rechtlich bindende Anforderungen überführt und bilden somit eine solide Grundlage für die Regulierung von KI-Technologien. Die Einhaltung dieser Leitlinien stellt sicher, dass KI-Systeme nachhaltig, sicher und im besten Interesse der Gesellschaft eingesetzt werden. Sie tragen dazu bei, Risiken wie Diskriminierung, Datenschutzverletzungen oder unkontrollierbare technische Entwicklungen frühzeitig zu erkennen und zu bewältigen.

Im PRISMA AI Modell dienen diese Prinzipien als wesentliche Orientierungspunkte, die es ermöglichen, rechtliche und ethische Anforderungen zu vereinen und ein ganzheitliches Rahmenwerk für die Bewertung und Regulierung von KI zu schaffen. Ihre umfassende und robuste Ausrichtung gewährleistet, dass KI-Technologien nicht nur innovativ, sondern auch gerecht, sicher und verantwortungsvoll eingesetzt werden.

!

Die EU-Guideline für vertrauenswürdige KI basiert auf den Säulen Rechtssicherheit, Ethik und Robustheit. Das PRISMA AI Modell integriert vier Schlüsselprinzipien: Verhältnismäßigkeit, Umkehrbarkeit, Nachvollziehbarkeit und Erklärbarkeit.

Verhältnismäßigkeit: Sichert, dass der Einsatz von KI im Verhältnis zu Zielen und Risiken steht, fördert menschliche Autonomie und vermeidet unnötige Eingriffe in die Entscheidungsfreiheit.

Umkehrbarkeit: Ermöglicht die Korrektur schädlicher Entscheidungen, schützt die Unversehrtheit der Betroffenen und fördert Schadensvermeidung.

Nachvollziehbarkeit: Erlaubt die Rückverfolgung und das Verständnis von KI-Entscheidungen, gewährleistet Fairness und unterstützt Chancengleichheit.

Erklärbarkeit: Macht die Funktionsweise von KI transparent, stärkt das Vertrauen der Nutzenden und ermöglicht Einsprüche gegen Entscheidungen.

Das PRISMA AI Modell baut auf Prinzipien der Medizinethik wie Schadensvermeidung und Gerechtigkeit auf und ergänzt sie um spezifische Anforderungen an KI-Systeme. Diese Prinzipien sorgen dafür, dass KI-Systeme verantwortungsvoll entwickelt und genutzt werden, indem sie Transparenz, Korrekturmöglichkeiten und angemessenen Einsatz fördern. So wird ein ethischer Rahmen geschaffen, der das Vertrauen stärkt und die Einhaltung moralischer Standards sicherstellt.

Gemäß Artikel 2 des Vertrags über die Europäische Union (EUV) bilden Werte wie die Achtung der Menschenwürde, Freiheit, Demokratie, Gleichheit, Rechtsstaatlichkeit und der Schutz der Menschenrechte, einschließlich der Rechte von Minderheiten, das moralische Fundament der Europäischen Union. Diese Prinzipien sind grundlegend für die EU und leiten die Politik und das Handeln der Union.

Diese Werte sind normativ bedeutend und prägen die politische und rechtliche Ordnung der EU und ihrer Mitgliedstaaten. Sie bilden die Grundlage für ethisches und rechtliches Handeln, wobei ihre Umsetzung durch spezifische Rechtsvorschriften erfolgt.

Um die Einhaltung dieser Grundwerte zu gewährleisten, sieht Artikel 7 EUV einen speziellen Mechanismus vor, der es der EU ermöglicht, gegen Mitgliedstaaten vorzugehen, die diese Werte schwerwiegend verletzen. Bei Feststellung einer solchen Verletzung können Sanktionen verhängt werden, einschließlich der Aussetzung bestimmter Rechte des betroffenen Staates, wie etwa Stimmrechte im Rat. Dieser Mechanismus wurde in Bezug auf Polen und Ungarn aktiviert und unterstreicht die Bedeutung dieser Grundwerte im europäischen Kontext.

Darüber hinaus ist die Europäische Union durch die Charta der Grundrechte der Europäischen Union verpflichtet, diese Werte in allen ihren Tätigkeiten zu berücksichtigen. Die EU strebt zudem den Beitritt zur Europäischen Konvention zum Schutze der Menschenrechte und Grundfreiheiten an, um den Menschenrechtsschutz in Europa weiter zu stärken und eine engere Verbindung zu den rechtlichen und ethischen Standards des Europarats herzustellen. Diese Maßnahmen unterstreichen das Engagement der EU für die Wahrung der Menschenrechte und den Schutz individueller Freiheiten.

Ein weiterer Abschnitt des PRISMA AI Modells widmet sich gesellschaftlichen Werten wie Pluralismus, Fairness, Inklusion, Toleranz, Solidarität und Geschlechtergerechtigkeit, die in der Pflichten- und Tugendethik verankert sind und daher beiden ethischen Strömungen zugeordnet werden.

Diese Werte bilden die Grundlage für ein gerechtes und harmonisches Zusammenleben und sind entscheidend für den ethischen Umgang mit KI. Sie fördern soziale Gerechtigkeit und Zusammenhalt und definieren kollektive Ziele für eine inklusive Gesellschaft, die über individuelle Überzeugungen hinausgehen.

Im Sinne der Pflichtenethik sind sozialer Zusammenhalt, Respekt und Verständnis Verpflichtungen, die diese Werte stützen. Sie dienen nicht nur als ethische Orientierung, sondern erfordern aktives Engagement für eine gerechte und integrative Nutzung von KI, um das Gemeinwohl zu fördern und soziale Ungleichheiten zu verringern.

Dies bedeutet, dass Entwicklerinnen, Entwickler und User von KI-Systemen nicht nur rechtliche Anforderungen einhalten, sondern auch Strukturen und Prozesse schaffen müssen, die sicherstellen, dass KI-Innovationen Inklusion und Chancengleichheit fördern, anstatt bestehende Ungleichheiten zu verstärken.

Ergänzend hebt die Tugendethik wichtige Charaktereigenschaften wie Weisheit, Voraussicht, Mut, Integrität, Empathie, Bescheidenheit und Verantwortungsbewusstsein hervor. Diese Tugenden sind entscheidend, um sicherzustellen, dass KI-Systeme nach höchsten ethischen Standards entwickelt und genutzt werden – eine zentrale Forderung des AI Acts.

Weisheit und Voraussicht ermöglichen fundierte, ausgewogene Entscheidungen, die das Wohl aller im Blick haben, und fördern die frühzeitige Erkennung potenzieller Risiken. In einer technologisch komplexen Welt sind diese Fähigkeiten wesentlich, um KI verantwortungsvoll zu gestalten. Der AI Act spiegelt diese Werte wider, indem er eine umfassende Risikobewertung für Hochrisiko-KI-Systeme vorschreibt.

Mut ist erforderlich, um ethisch richtige Entscheidungen zu treffen, auch wenn diese unpopulär oder herausfordernd sind. Dazu gehört die Bereitschaft, neue Ansätze zu verfolgen und dabei aktiv gegen Fehlentwicklungen und Missbrauch vorzugehen. Diese Haltung ist entscheidend für die Umsetzung der strengen Regulierungsmaßnahmen des AI Act, die oft in schwierigen ethischen Kontexten angewendet werden.

Integrität ist zentral, um sicherzustellen, dass KI-Systeme transparent, zuverlässig und vertrauenswürdig bleiben. Die Regulierung legt besonderen Wert auf Transparenz und Nachvollziehbarkeit, da Vertrauen in KI nur durch eine ehrliche und verantwortungsvolle Entwicklung entstehen kann. Integrität bedeutet hier, dass hohe ethische Standards eingehalten und die Technologien offen und nachvollziehbar gestaltet werden.

Empathie befähigt Entwicklerinnen und Entwickler, die Bedürfnisse und Perspektiven der Betroffenen tiefgreifend zu verstehen. Sie spielt eine wesentliche Rolle in der menschenzentrierten Gestaltung von KI, da sie sicherstellt, dass technologische Entscheidungen im sozialen Kontext getroffen werden. Empathisches

Handeln rückt ethische und soziale Auswirkungen in den Vordergrund und hilft, negative Folgen wie Diskriminierung oder soziale Spaltung zu verhindern.

> !
>
> Im Einklang mit dem AI Act, der den Schutz von Grundrechten und die Vermeidung von Diskriminierung als entscheidende Prinzipien festlegt, erfordert Empathie nicht nur technisches Know-how, sondern auch ein tiefes Verständnis für die gesellschaftlichen Kontexte, in denen KI-Systeme eingesetzt werden.

Bescheidenheit ist essenziell für die verantwortungsvolle Entwicklung und Anwendung von KI, da sie hilft, eigene Grenzen anzuerkennen und Offenheit für Kritik zu fördern. Diese Haltung fördert eine realistische Einschätzung der Fähigkeiten von KI-Systemen und verhindert ihre Überbewertung. So bleibt KI eine unterstützende Technologie, die den Menschen ergänzt, statt ihn zu ersetzen.

> !
>
> Der AI Act setzt klare Grenzen für den Einsatz von Hochrisiko-KI-Systemen und stellt den Schutz der menschlichen Autonomie in den Mittelpunkt. Diese Maßnahmen sollen sicherstellen, dass KI verantwortungsvoll eingesetzt wird und die Kontrolle beim Menschen bleibt, stets im Dienste des Gemeinwohls.

Verantwortungsbewusstsein ist unverzichtbar, da Entscheidungen in der KI-Entwicklung weitreichende Folgen haben. Der AI Act betont daher Verantwortlichkeit und Transparenz, um Risiken zu minimieren und ethische Implikationen zu berücksichtigen, damit KI-Systeme die Grundrechte schützen und dem Gemeinwohl dienen. Tugenden wie Weitsicht und moralische Verantwortung bieten eine ethische Orientierung für den verantwortungsvollen Umgang mit KI.

Der Konsequentialismus bewertet Handlungen nach ihren Konsequenzen und strebt den größtmöglichen Nutzen für viele an. Dies erfordert eine umfassende

Technikfolgenabschätzung, um positive Auswirkungen zu maximieren und negative zu minimieren. Das Dual-Use-Problem betont die Notwendigkeit einer ethischen Bewertung, da KI-Technologien sowohl nützlich als auch schädlich eingesetzt werden können.

Ein Beispiel für Dual Use ist die Gesichtserkennungstechnologie: Einerseits kann sie die öffentliche Sicherheit erhöhen, indem sie zur Identifizierung von Verdächtigen oder vermissten Personen genutzt wird. Andererseits birgt sie erhebliche Risiken, wenn sie zur Massenüberwachung eingesetzt wird, da dies zu massiven Eingriffen in die Privatsphäre und potenziellen Menschenrechtsverletzungen führen kann (Waheeb, 2023).

Beim Web Summit 2017 in Lissabon warnte Stephen Hawking, dass die Entwicklung von Künstlicher Intelligenz „das schlimmste Ereignis in der Geschichte unserer Zivilisation" sein könnte, wenn sie unkontrolliert bleibt. Hawking betonte die zweischneidige Natur der KI: Während sie enormes Potenzial zur Lösung globaler Probleme wie Krankheitsbekämpfung birgt, könnte sie auch katastrophale Folgen haben, sollte sie die menschliche Intelligenz übertreffen und eigene Ziele verfolgen. Er forderte daher strenge Kontrollen und ethische Leitlinien für den Umgang mit dieser mächtigen Technologie.

Ähnlich äußerte sich Bill Gates im März 2019, als er KI mit Nukleartechnologie verglich. Bei der Eröffnung der Initiative „Human-Centered Artificial Intelligence (HAI)" der Stanford University bezeichnete er KI als „vielversprechend und zugleich gefährlich." Gates wies auf das immense Transformationspotenzial der KI hin, betonte jedoch auch die Notwendigkeit, ethische und sicherheitstechnische Risiken besonders im Gesundheitswesen und anderen sensiblen Bereichen zu beachten.

!

Das Collingridge-Dilemma beschreibt die Schwierigkeit, Technologien früh zu steuern, da ihre langfristigen Auswirkungen oft unklar sind. Sobald sie etabliert sind, wird eine Regulierung jedoch komplexer und kostspieliger, was ein Dilemma zwischen anfänglicher Kontrolllosigkeit und späterer Regulierungserschwernis schafft (Collingridge, 1980).

Das Collingridge-Dilemma und das Dual-Use-Problem sind eng miteinander verknüpft, da beide darauf hinweisen, wie wichtig es ist, die Auswirkungen einer Technologie frühzeitig zu bewerten, bevor sie schwer kontrollierbar wird. Zu Beginn der Entwicklung von Technologien wie KI sind Anpassungen noch relativ einfach umzusetzen, aber die Konsequenzen ihres Einsatzes sind oft unklar. Dual Use verstärkt diese Herausforderung, da selbst gut gemeinte Technologien für schädliche Zwecke verwendet werden können.

Die Lösung besteht darin, ethische Überlegungen bereits in den frühen Phasen der Entwicklung von KI-Systemen zu integrieren, ohne die notwendige Flexibilität zu verlieren, auf neue Erkenntnisse und unerwartete Herausforderungen reagieren zu können (Tigard, 2022).

Grundsätzlich gilt: Je früher ethische Aspekte berücksichtigt werden, desto größer ist der potenzielle Einfluss auf die Technologie. Dennoch bleibt es oft schwierig, die vollständigen Auswirkungen neuer Technologien im Voraus zu erkennen, weshalb eine umfassende Bewertung häufig erst im Nachhinein möglich ist.

Ein Beispiel für das Collingridge-Dilemma in der KI ist die Entwicklung autonomer Systeme wie militärisch genutzter Drohnen. In frühen Phasen sind die langfristigen Folgen für Kriegsführung und Zivilbevölkerung kaum vorhersehbar. Erst mit zunehmender Verbreitung werden die Konsequenzen deutlich, doch eine Regulierung wird dann zunehmend schwieriger. Dies verdeutlicht die Notwendigkeit, ethische Überlegungen frühzeitig in die Entwicklung zu integrieren (Torossian et al. 2020).

Aus utilitaristischer Sicht soll die KI-Entwicklung den gesellschaftlichen Nutzen maximieren. Eine frühzeitige Kosten-Nutzen-Analyse zur Identifikation von Risiken und Schutzmaßnahmen ist entscheidend, um negative Folgen zu vermeiden und die menschliche Autonomie zu wahren. Einheitliche ethische Standards sind global notwendig, um unethische Anwendungen zu verhindern. Die Prinzipien von Nutzenmaximierung, Risikominimierung, Autonomieschutz und globalen Standards sind zentral für ethisch verantwortungsvolle KI. Da der utilitaristische Ansatz allein nicht ausreicht, um spezifische Probleme wie Bias zu lösen, unterstützt das AIBC-Modell, Verzerrungen in allen Entwicklungsphasen zu erkennen und zu korrigieren.

8.6. Handlungsempfehlungen für verantwortungsvolle KI-Entwicklung: Verantwortung in allen Phasen

Eine verantwortungsvolle KI-Entwicklung zur Minimierung von Bias beginnt mit der sorgfältigen Auswahl der Trainingsdaten, deren Qualität entscheidend ist, um Verzerrungen von Anfang an zu vermeiden. Die Verantwortung erstreckt sich jedoch über den gesamten Lebenszyklus eines KI-Systems, einschließlich kontinuierlicher Überprüfung und Anpassung, damit Modelle auch in neuen Umgebungen fair und akkurat bleiben. Ethik muss fest im Entwicklungsprozess verankert sein, um unbewusste Vorurteile und systemische Verzerrungen zu vermeiden. Ein umfassender Ansatz ist nötig, der Bias in allen Phasen – von der Konzeption über den Einsatz bis zur langfristigen Überwachung – systematisch identifiziert und adressiert.

Im Folgenden werden die sieben Phasen des AIBC-Modells aufgegriffen, wobei für jede Phase konkrete Maßnahmen zur effektiven Minimierung von Bias aufgezeigt werden. Die formulierten Handlungsempfehlungen [71] berücksichtigen sowohl technische als auch ethische Aspekte und bieten einen strukturierten, ganzheitlichen Ansatz, um Bias-Vermeidungsstrategien nahtlos in den gesamten Entwicklungs- und Einsatzzyklus von KI-Systemen zu integrieren.

71 An dieser Stelle gilt ein besonderer Dank den Expertinnen und Experten der FH Hagenberg und des Softwarepark Hagenberg im Bereich Künstliche Intelligenz, Deep Learning und Datenwissenschaften. Ihre Perspektiven, Erfahrungen und wertvollen fachlichen Beiträge waren maßgeblich für die Ausarbeitung dieser Empfehlungen verantwortlich.

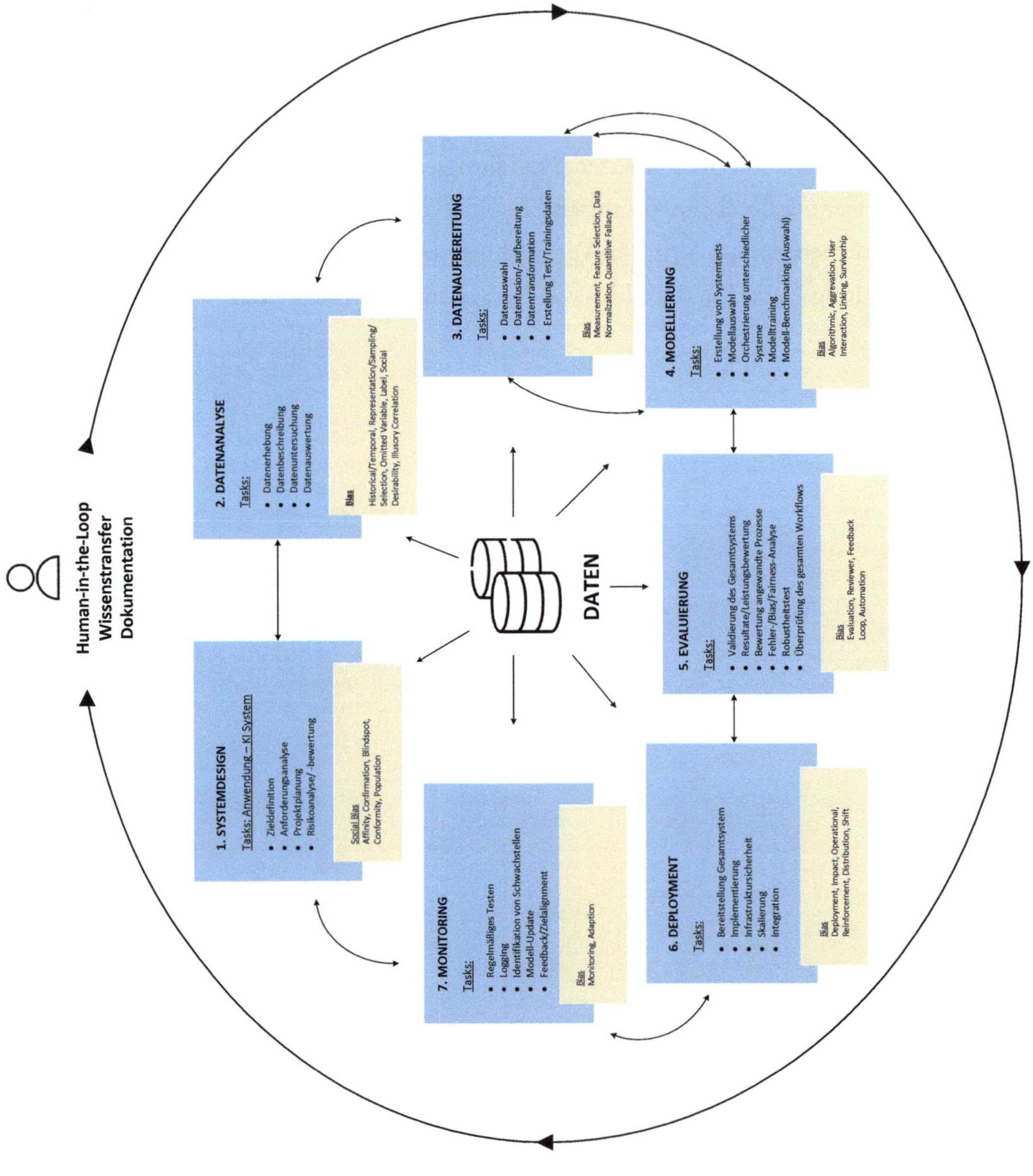

Abb. 21: Das AIBC- Modell (Gaisch 2025)

8.6.1. Handlungsempfehlungen für das Systemdesign

Die Minimierung von Bias in der Systemdesignphase stellt, wie in jeder Phase des Entwicklungsprozesses, eine komplexe und anspruchsvolle Aufgabe dar. Dieser Prozess erfordert kontinuierliche und koordinierte Bemühungen, bei denen technische, organisatorische und menschliche Faktoren eng miteinander verzahnt sind.

Dabei konzentriert sich das Systemdesign auf die Beantwortung folgender Fragen:

1. **Welches Problem soll gelöst werden?**

   Verbraucherinnen und Verbraucher kaufen keinen Bohrer, weil sie den Bohrer an sich wollen, sondern weil sie ein Loch in der Wand benötigen. Das Produkt fungiert somit als „Schnittstelle" zwischen dem Menschen und der Aufgabe, die er bewältigen möchte.

2. **Welche Schritte sind erforderlich, um das Problem zu lösen?**

   Um Vorurteile und Voreingenommenheit hinsichtlich der Vorgehensweise der User zu minimieren, ist es wichtig, deren tatsächliches Verhalten durch Beobachtung und Tests zu analysieren. Dieser Prozess wird oft in Form eines Task-Flow-Diagramms dokumentiert, das als Grundlage für die nachfolgende Entwicklung dient.

3. **Wie kann der Task-Flow optimiert werden, um unnötige Schritte zu eliminieren?**

   Diese Optimierung ist auch ein wesentliches Merkmal der digitalen Transformation, bei der Prozesse verbessert werden, bevor sie digital umgesetzt werden. Dies unterscheidet sich von der reinen Digitalisierung, die bestehende „Papierprozesse" unverändert in eine digitale Form überführt.

Die im Kapitel 6 durchgeführte Analyse identifizierte für das Systemdesign verschiedene Arten von Bias (Blindspot, Affinity, Population, Confirmation, Conformity, Illusory Correlation), die an dieser Stelle erneut betrachtet werden, um für jede dieser Verzerrungen konkrete Handlungsempfehlungen zu formulieren.

Maßnahmen gegen den Blindspot Bias

Blindspot Bias, also die Tendenz, die eigenen Wahrnehmungen und Urteile für unbeeinflusst zu halten, stellt eine erhebliche Herausforderung im Systemdesign dar. Um diesen Bias zu minimieren, braucht es Sensibilisierung, Bewusstmachung und Selbstreflexion.

Folgende Maßnahmen könnten dabei helfen:

- Durchführung eines impliziten-Assoziation-Test (IAT), um unbewusste Stereotype und Vorurteile aufzudecken und zu bearbeiten.
- Regelmäßige Schulungen und Workshops zur Förderung von kritischem Denken, Selbstreflexion und zur Sensibilisierung für Bias-Themen.
- Berücksichtigung kultureller, fachlicher und funktionaler Unterschiede und deren Auswirkungen auf die Wahrnehmung von Bias. Dafür wäre das HEAD [72]Wheel (Gaisch et al. 2019) oder DIVE-Tool (Gaisch 2024) geeignet.

72 https://fh-ooe.at/ueber-uns/diversitaet-inklusion/wissenschaftlicher-hintergrund

Maßnahmen gegen den Affinity Bias

Affinity Bias, also die Tendenz, Menschen zu bevorzugen, die einem selbst ähnlich sind, kann mit folgenden Maßnahmen minimiert werden:

- Die Zusammensetzung von Entwicklungsteams sollte bewusst divers und heterogen gestaltet werden, um unterschiedliche Perspektiven, Erfahrungen und Hintergründe einzubeziehen.
- Strukturierte Entscheidungsprozesse, die auf objektiven Kriterien basieren, können helfen, persönliche Vorlieben und Mini-Me-Verzerrungen zu reduzieren.
- Bei der Bewertung von Ideen oder Vorschlägen können anonyme Verfahren eingesetzt werden, um den Einfluss von persönlichen Beziehungen zu minimieren.
- Professionelles Diversity Management kann helfen, die Vorteile von gemischten Teams aufzuzeigen und Vielfalt als Ressource zu begreifen und anzuerkennen.

Maßnahmen gegen den Population Bias

Im Systemdesign kommt Population Bias dann zum Tragen, wenn das KI-System nicht repräsentativ für die Zielpopulation ist. Um diesen Bias zu vermeiden, sind folgende Maßnahmen erforderlich:

- Das Erstellen detaillierter und transparenter Zielgruppenprofile, die demografische und sozioökonomische Merkmale beinhalten, ist entscheidend, um sicherzustellen, dass die KI für die tatsächliche Zielpopulation entwickelt wird. Dies verhindert, dass bestimmte Gruppen übersehen oder falsch repräsentiert werden.

- Die aktive Einbindung der Zielgruppe und relevanter Stakeholder in den Designprozess stellt sicher, dass ihre Bedürfnisse und Perspektiven berücksichtigt werden. Dies fördert eine nutzerzentrierte Entwicklung und hilft, Fehlannahmen und blinde Flecken zu reduzieren.
- Die Verwendung von vielfältigen und repräsentativen Testgruppen, die die Zielpopulation realistisch abbilden, hilft dabei, die Leistung des Systems über verschiedene Nutzergruppen hinweg zu validieren.

Maßnahmen gegen den Confirmation Bias

Confirmation Bias, also die Tendenz, Informationen so zu suchen und zu interpretieren, dass sie die eigenen Überzeugungen bestätigen, kann im Systemdesign mit folgenden Maßnahmen minimiert werden:

- Eine aktive Suche nach Gegenargumenten fördert eine Teamkultur, die alternative Hypothesen und gegenläufige Meinungen zulässt und diskutiert.
- Blindtests, bei denen die Identität der Urheberinnen und Urheber von Ideen oder Vorschlägen anonym bleibt, fördern eine objektivere Bewertung.
- Externe Expertise und fachliche, funktionale und demografische Vielfalt können helfen, alternative Ideen, Zugänge und Denkweisen zu entwickeln.
- Entscheidungen sollten verstärkt auf objektiven, empirischen Daten beruhen. Indem klare Metriken und messbare Kriterien genutzt werden, kann verhindert werden, dass subjektive Überzeugungen Entscheidungen dominieren. Dies kann mit formalisierten Entscheidungsprotokollen unterstützt werden.

Maßnahmen gegen den Conformity Bias

Conformity Bias, also die Tendenz, sich der Meinung der Mehrheit anzupassen, kann vor allem im Systemdesign zu einer eingeschränkten Vielfalt von Ideen in der Phase des Systemdesigns führen und somit zu einem KI-System, das nicht optimal auf die Bedürfnisse der Nutzenden zugeschnitten ist. Um diesen Bias zu minimieren, sind folgende Maßnahmen sinnvoll:

- Das Schaffen eines sicheren Raums für abweichende Meinungen ermöglicht es, alternative Ideen ohne Angst vor Sanktionen zu äußern. Dadurch entsteht psychologische Sicherheit, die es allen Beteiligten erleichtert, offen und konstruktiv zur Diskussion beizutragen.
- Anonyme Feedback-Runden sind dafür gut geeignet, weil Teammitglieder ihre Bedenken und abweichenden Ideen dort offen äußern können.
- Das Fördern von experimentellen Ansätzen, bei dem neue Ideen und Lösungsansätze ausprobiert und bewertet werden, kann dazu beitragen, festgefahrene Denkweisen zu überwinden und innovative Lösungen zu finden.
- Führungskräfte sollten aktiv abweichende Meinungen einfordern und signalisieren, dass sie wertgeschätzt werden. Wenn Führungspersonen offen für alternative Sichtweisen sind, fühlen sich auch andere Teammitglieder ermutigt, ihre abweichenden Meinungen zu teilen.
- Die Zusammensetzung von Teams sollte bewusst auf Vielfalt (fachlich, demografisch, kulturell) ausgerichtet sein. Unterschiedliche Hintergründe und Denkweisen erhöhen die Wahrscheinlichkeit, dass Konformität hinterfragt wird (siehe Gaisch et al. 2019; Gaisch 2024).

Maßnahmen gegen den Illusory Correlation Bias

Illusory Correlation Bias, also die Tendenz, Zusammenhänge zwischen Ereignissen herzustellen, die in Wirklichkeit nicht bestehen, kann zu falschen Schlussfolgerungen führen. Dies kann gerade beim Systemdesign schwerwiegende Folgen haben, weil dadurch Lösungsräume begrenzt und innovative und effektive Lösungsvorschläge übersehen werden. Um diesen Bias zu minimieren, sind folgende Maßnahmen hilfreich:

- Statistische Analysen und strukturelle Gleichungsmodelle helfen, tatsächliche Zusammenhänge von zufälligen Korrelationen zu unterscheiden und komplexe kausale Beziehungen zu untersuchen.
- Eine geeignete Visualisierung von Daten macht Zusammenhänge besser verständlich.
- Randomisierte kontrollierte Experimente ermöglichen es, kausale Zusammenhänge direkt und präzise zu messen.
- Instrumentalvariablen-Analyse kann verwendet werden, um endogene Variablen zu kontrollieren und kausale Effekte zu schätzen.
- Propensity Score Matching kann verwendet werden, um zwei Gruppen – etwa eine mit und eine ohne bestimmte Maßnahme oder Intervention – so zu vergleichen, dass sie sich in den beobachteten Merkmalen möglichst ähnlich sind.

8.6.2. *Handlungsempfehlungen für die Datenanalyse*

Daten sind zentral für die Analyse komplexer Zusammenhänge und fundierte Entscheidungsfindung. Ohne Bewusstsein für Verzerrungsrisiken sowie transparente Prozesse und klare Richtlinien können diese Analysen jedoch irreführend und schädlich sein.

Die im Kapitel 6 durchgeführte Analyse identifizierte auch bei der Datenanalyse verschiedene Biases (Historical, Temporal, Representation, Sampling, Omitted Variable, Label, Social Desirability), die an dieser Stelle nun erneut betrachtet werden, um für jede dieser Verzerrungen konkrete Handlungsempfehlungen zu formulieren.

Maßnahmen gegen den Historical Bias

Historical Bias entsteht, wenn historische Daten Ungleichheiten oder Verzerrungen widerspiegeln, die unkritisch in aktuelle Modelle und KI-Systeme übernommen werden und somit Vorurteile reproduzieren. Um diesen Bias bewusst zu minimieren, sind folgende Maßnahmen hilfreich:

- Die Verwendung einer Vielzahl von historischen Datenquellen, um ein umfassenderes Bild zu erhalten.
- Überprüfung der Herkunft und des Kontexts der historischen Daten, um zu verstehen, welche gesellschaftlichen oder institutionellen Einflüsse möglicherweise Verzerrungen verursacht haben.
- Einen Gegenwartsbezug herstellen und historische Daten auf den aktuellen Kontext umlegen, hilft zu erkennen, dass die KI die gewünschten Funktionen nicht erfüllen kann.
- Simulationen alternativer Szenarien, um zu analysieren, wie das KI-System auf verschiedene historische Szenarien reagieren würde, um zu prüfen, ob bestimmte Verzerrungen vermieden werden können.

Maßnahmen gegen den Temporal Bias

Wenn Daten über die Zeit hinweg nicht gleichmäßig verteilt oder aktuell sind, können Modelle auf veralteten oder nicht repräsentativen Informationen basieren. Mit folgenden Maßnahmen kann man hier entgegenwirken:

- Zeitliche Segmentierung der Daten, um Veränderungen im Laufe der Zeit zu erkennen.
- Adaptive Modelle, die sich an verändernde Bedingungen anpassen können, müssen auch Mechanismen zur Erkennung und Korrektur von Bias beinhalten, um sicherzustellen, dass sie objektive und faire Ergebnisse liefern.
- Verwendung von Zugängen wie Non-Discrimination by Design und CRISP-DM (Cross Industry Standard Process for Data Mining) (siehe 7.1.4.)
- Kontinuierliche Überwachung der Datenverteilung durch Data Drift Monitoring.

Maßnahmen gegen den Representation Bias

Wenn die verwendeten Datensätze nicht alle relevanten Gruppen oder Merkmale der Zielpopulation repräsentieren, kann das zu verzerrten Ergebnissen führen. Diesen Bias kann man minimieren durch:

- Verwendung diverser Datensätze, um eine vielfältige Gesellschaft zu repräsentieren.
- Durchführung von Data Augmentation durch Erweiterung bestehender Datensätze mittels künstlicher Generierung neuer Datenpunkte.

Maßnahmen gegen den Sampling Bias

Wenn die Stichprobe nicht repräsentativ für die Grundgesamtheit ist, kann dies zu falschen oder verallgemeinerten Schlussfolgerungen führen. Mit folgenden Maßnahmen kann man entgegenwirken:

- Ziehung zufälliger Stichproben, die repräsentativ für die Grundgesamtheit sind, damit alle relevanten Gruppen angemessen vertreten sind.
- Durchführung stratifizierter Stichproben durch Teilung der Grundgesamtheit in homogene Teilmengen und Ziehung einer Zufallsstichprobe aus jeder Teilmenge.
- Implementierung regelmäßiger Audits und Evaluierungen der Datensätze, um sicherzustellen, dass keine relevanten Gruppen übersehen werden und dass die Repräsentation im Laufe der Zeit konsistent bleibt.

Maßnahmen gegen den Omitted Variable Bias

Das Weglassen wichtiger Variablen in der Analyse führt zu ungenauen oder verzerrten Modellergebnissen. Mit folgenden Maßnahmen kann man entgegenwirken:

- Fokus auf eine solide theoretische Grundlage für die Auswahl der Variablen.
- Einsatz von explorativen Datenanalysetechniken und Visualisierungsmethoden, um potenziell relevante Variablen zu identifizieren, die in der ursprünglichen Modellierung möglicherweise übersehen wurden.

- Durchführung von Cross-Validation und Vergleich verschiedener Modelle, um zu prüfen, ob die Einbeziehung zusätzlicher Variablen die Modellleistung verbessert oder stabilisiert.
- Verwendung statistischer Methoden zur Variablenauswahl.
- Sensitivity Analysis mittels Untersuchung der veränderten Ergebnisse, wenn zusätzliche Variablen in das Modell aufgenommen werden.

Maßnahmen gegen den Label Bias

Sind die Klassifikationen oder Labels in den Daten unklar, inkonsistent oder fehlerhaft, können folgende Maßnahmen getroffen werden:

- Regelmäßige Schulungen und Kalibrierungssitzungen für diejenigen, die Labels vergeben, um sicherzustellen, dass die Labels konsistent angewendet und Missverständnisse vermieden werden.
- Durchführung von Analysen zur Inter-Rater-Reliabilität, um die Konsistenz der Labels zwischen verschiedenen Annotatorinnen und Annotatoren zu überprüfen und sicherzustellen, dass alle Beteiligten die Labels und Klassen einheitlich, eindeutig und präzise interpretieren und definieren.
- Einsatz von automatisierten Tools, die potenzielle Label-Inkonsistenzen oder Fehler identifizieren und korrigieren können, um die Qualität der Daten weiter zu verbessern.
- Einbeziehung mehrerer Expertinnen und Experten zur Überprüfung und Verbesserung der Labels.
- Active Learning des Modells durch selbstständige Auswahl von Datenpunkten, die für die Unterscheidung zwischen Klassen besonders wichtig sind.

Maßnahmen gegen den Social Desirability Bias

Damit Befragte ihre Antworten nicht an gesellschaftlich erwünschte Normen anpassen, anstatt ihre wahren Meinungen oder Verhaltensweisen zu äußern, können folgende Schritte unternommen werden:

- Formulierung neutraler und nicht suggestiver Fragen durch eine sorgfältige Gestaltung des Fragenkatalogs.
- Verwendung von Fragebögen, die Kontrollfragen enthalten, um die Konsistenz der Antworten zu überprüfen und mögliche Hinweise auf soziale Erwünschtheit zu identifizieren.
- Einsatz von Techniken wie der Randomized Response Technique (RRT), bei der die Befragten zufällige Antworten geben können, was die Wahrscheinlichkeit sozial erwünschter Antworten verringert und gleichzeitig die Anonymität gewährleistet.
- Psychological Safety: Aufbau eines vertrauensvollen Umfelds, in dem sich die Befragten sicher fühlen, ihre wahren Meinungen und Verhaltensweisen zu äußern, ohne negative Konsequenzen befürchten zu müssen.
- Einsatz und Kombination verschiedener Datenerhebungsmethoden erhöhen die Robustheit der Ergebnisse.

8.6.3. Handlungsempfehlungen für die Datenaufbereitung

Die Datenaufbereitung ist entscheidend, um Bias zu minimieren und die Genauigkeit sowie Fairness eines KI-Systems sicherzustellen. Die folgenden Maßnahmen zielen darauf ab, erkannte Biases zu beheben und eine ausgewogene, repräsentative Datenbasis zu schaffen, um Verzerrungen zu vermeiden und die Modellzuverlässigkeit zu gewährleisten.

Die in Kapitel 6 durchgeführte Analyse identifizierte mehrere Arten von Bias, darunter Measurement Bias, Feature Selection Bias, Data Normalization Bias und die Quantitative Fallacy. Im Folgenden werden diese Verzerrungen aufgenommen, um konkrete Handlungsempfehlungen für jede Form der Verzerrung zu formulieren und so eine methodische und fundierte Vorgehensweise zur Bias-Reduktion in der Praxis zu ermöglichen.

Maßnahmen gegen den Measurement Bias

Damit die Daten, die zur Konstruktion oder Bewertung von Vorhersagemodellen verwendet werden, keine systematischen Fehler enthalten, können folgende Maßnahmen getroffen werden:

- Implementierung standardisierter Protokolle für die Datenerhebung, um Variabilität und Fehler aufgrund unterschiedlicher Erhebungsmethoden zu minimieren.
- Einsatz von Referenzwerten oder Benchmark-Daten, um die Genauigkeit der gemessenen Daten zu überprüfen und mögliche Abweichungen frühzeitig zu erkennen.
- Implementierung von Algorithmen zur Erkennung und Korrektur von Messfehlern in den Daten, um deren Einfluss auf das Modell zu reduzieren.
- Durchführung gründlicher Datenvalidierungs- und Bereinigungsprozesse, um fehlerhafte oder inkonsistente Datenpunkte zu identifizieren und zu korrigieren, bevor sie zur Modellierung verwendet werden.
- Überprüfung der Ergebnisse durch Vergleich mit unabhängigen Datensätzen, um sicherzustellen, dass die Messungen über verschiedene Quellen hinweg konsistent sind.

Maßnahmen gegen den Feature Selection Bias

Wenn Merkmale auf Basis ihres vermeintlichen Beitrags zur Modellgenauigkeit im Trainingsdatensatz ausgewählt werden, ohne sicherzustellen, dass diese Merkmale auch in anderen Datensätzen relevant sind, können zufällige Korrelationen oder irrelevante Merkmale fälschlicherweise als wichtig eingestuft werden, was das Risiko von Overfitting erhöht. Um dies zu vermeiden, sind folgende Maßnahmen zu empfehlen:

- Verwendung von Cross-Validation, um das Modell auf verschiedenen Teilmengen der Daten zu trainieren und zu testen. Dies hilft zu überprüfen, ob die ausgewählten Merkmale tatsächlich robust sind und nicht nur zufällig gut auf den Trainingsdaten funktionieren.

- Verwendung von Regularisierungsmethoden wie Lasso (L1-Regularisierung) oder Ridge (L2-Regularisierung), um das Modell zu zwingen, weniger relevante Merkmale zu vernachlässigen. Dies hilft, die Modellkomplexität zu reduzieren und das Risiko von Overfitting zu minimieren.

- Durchführen einer Dimensionalitätsreduktion und Verwendung von Techniken wie Principal Component Analysis (PCA), um die Anzahl der Merkmale zu reduzieren und nur die wichtigsten und aussagekräftigsten Merkmale zu behalten.

- Leistungsüberprüfung des Modells auf unabhängigen Testdatensätzen, um sicherzustellen, dass die ausgewählten Merkmale auch in neuen, ungekannten Daten relevant sind.

- Durchführung einer Analyse der Merkmalswichtigkeit (Feature Importance Analysis), um zu bewerten, welche Merkmale tatsächlich zum Modell beitragen.

Maßnahmen gegen den Data Normalization Bias

Um Verzerrungen durch ungleiche Skalierung oder Normalisierung von Daten in einem KI-System zu vermeiden, können mehrere Maßnahmen ergriffen werden:

- Sicherstellen, dass für alle Datensätze und Merkmale konsistent dieselben Normalisierungsmethoden verwendet werden, um zu verhindern, dass Unterschiede in den Datensätzen durch verschiedene Skalierungen oder Transformationen entstehen.
- Untersuchung der Verteilungen der Daten vor der Normalisierung. Wenn die Verteilungen stark unterschiedlich sind, kann eine einfache Normalisierung wie Min-Max-Skalierung oder Z-Score-Normalisierung zu Verzerrungen führen. In solchen Fällen können robustere Methoden wie Quantile Transformationen angewendet werden, die die Verteilungen angleichen.
- Sicherstellen, dass Normalisierungsparameter (wie Mittelwert und Standardabweichung bei Z-Score-Normalisierung) ausschließlich aus den Trainingsdaten berechnet werden und konsistent auf Test- und Validierungsdaten angewendet werden. Dies verhindert, dass das Modell Informationen aus den Testdaten „leakt".
- Sorgfältige Überprüfung, welche Features normalisiert werden müssen und welche nicht. Manche Features könnten durch Normalisierung ihre Bedeutung verlieren oder unerwartete Muster verstärken.
- Daten aus unterschiedlichen Quellen oder in verschiedenen Formaten erfordern eine multimodale Normalisierung, um zu verhindern, dass durch die Heterogenität der Daten Bias eingeführt wird.

Maßnahmen gegen Quantitative Fallacy

Damit es nicht zu einer überhöhten Gewichtung (oft auch nur weniger) quantitativ messbarer Größen und Kennziffern kommt, können folgende Maßnahmen getroffen werden:

Ergänzung quantitativer Daten durch qualitative Informationen wie Expertenmeinungen, Interviews oder Textanalysen, die wertvollen Kontext bieten und numerische Daten ergänzen.

- Kombination verschiedener Datentypen (numerische, textuelle, bildliche Daten) zur Schaffung eines umfassenden Gesamtbildes, um eine einseitige Fokussierung auf quantitative Metriken zu vermeiden.
- Berücksichtigung der Gewichtung unterschiedlicher Datentypen, um die Relevanz qualitativer Indikatoren im Vergleich zu quantitativen Metriken zu gewährleisten.
- Validierungsprozesse für Modellergebnisse durch qualitative Methoden, bei denen Experten die Ergebnisse überprüfen und Kontextinformationen hinzufügen, die durch quantitative Analysen nicht erfasst werden.
- Entwicklung von Bewertungsrahmen, die quantitative und qualitative Aspekte integrieren, wie Scorecards oder Dashboards, die unterschiedliche Perspektiven auf Daten bieten und zu einer ganzheitlichen Beurteilung führen.

8.6.4. Handlungsempfehlungen für die Modellierung

Die Modellierung ist zentral für jedes KI-System, da sie komplexe Phänomene in mathematische Strukturen übersetzt, um maschinelles Lernen zu ermöglichen. Allerdings können Modelle Vorurteile aus den Trainingsdaten widerspiegeln.

Eine sorgfältige Datenvorbereitung, passende Modellarchitektur und Bias-Mitigation-Techniken helfen, faire und unvoreingenommene KI-Systeme zu schaffen.

Im Folgenden werden Handlungsempfehlungen für den Algorithmic, Aggravation, User Interaction, Emergent, Linking, Survivorship Bias abgeleitet und Maßnahmen vorgeschlagen, die zur Minimierung des jeweils identifizierten Bias in dieser Phase beitragen.

Maßnahmen gegen den Algorithmic Bias

Dieser Bias kann sich sowohl auf den verwendeten Algorithmus (die Lernmethode) als auch auf das daraus resultierende Modell beziehen, da Bias aus beiden Quellen stammen kann. Um systematischen Verzerrungen von Algorithmen aufgrund von fehlerhaften oder unausgewogenen Trainingsdaten, Modellierungsentscheidungen oder strukturellen Ungleichheiten entgegenzuwirken, können folgende Maßnahmen hilfreich sein:

- Entwicklung und Implementierung von Modellen, deren Entscheidungsprozesse transparent, erklärbar und nachvollziehbar gestaltet sind.
- Gründliche Dokumentation des gesamten Modellentwicklungsprozesses sowie der Entscheidungen, die während des Trainings getroffen werden.
- Anpassung der Modelle oder Einsatz alternativer Algorithmen, die weniger anfällig für Verzerrungen sind, sowie die Anwendung von Techniken wie Fairness Constraints oder Regularisierungsmethoden.
- Durchführung von Fairness-Audits und Einsatz spezialisierter Werkzeuge zur Bias-Detektion.

Maßnahmen gegen den Aggravation Bias

Wenn ein Modell Daten aus heterogenen Populationen unzureichend aggregiert und dadurch ungenaue Vorhersagen oder Entscheidungen für bestimmte Untergruppen trifft, können folgende Maßnahmen ergriffen werden:

- Stratifizierte Modellierung, also das Entwickeln und Trainieren separater Modelle für unterschiedliche Subgruppen innerhalb der Population, um den spezifischen Eigenschaften jeder Gruppe gerecht zu werden.
- Integration von spezifischen Merkmalen oder Gewichtungen, die die Unterschiede zwischen den Subgruppen berücksichtigen und die Genauigkeit des Modells für jede Gruppe erhöhen.
- Durchführung umfassender Heterogenitätstests zur Identifikation und Korrektur.
- Fairness-Kontrollen und regelmäßige Überprüfung der Modellleistung für verschiedene demografische Gruppen.

Maßnahmen gegen den User Interaction Bias

Dieser Bias entsteht, wenn KI-Systeme menschliche Vorurteile aus Trainingsdaten übernehmen. Um dies zu vermeiden, könnte ein speziell entwickelter Algorithmus geschaffen werden, der idealisiertes, vorurteilsfreies Input-Output-Verhalten abbildet. Generell ist es aber so, dass KI-Systeme ihr Verhalten basierend auf Benutzerfeedback anpassen und dadurch bestehende Verzerrungen verstärken. Um dem bestmöglich entgegenzuwirken, können folgende Maßnahmen getroffen werden:

- Regelmäßige Kalibrierung durch Implementierung von Mechanismen zur kontinuierlichen Überprüfung und Anpassung des Modells.

- Diversifizierung des Trainingsdatensatzes.
- Feedback-Filterung durch Einführung von Methoden zur Identifizierung und Herausfilterung von voreingenommenem oder fehlerhaftem Benutzerfeedback.
- Transparency by Design: Durch Transparenz und Erklärbarkeit kann das Vertrauen der User gestärkt und unbewusste Verzerrungen leichter identifiziert werden (siehe auch 7.1.5. Transparenz-Prinzip und 7.1.6. Explainable AI).

Maßnahmen gegen den Emergent Bias

Wenn ein Algorithmus in einem anderen Kontext angewendet wird als ursprünglich vorgesehen, kann es zu problematischen Kontextverschiebungen kommen. Diese Maßnahmen können getroffen werden, damit dies nicht passiert:

- Durchführung einer kontextuellen Validierung, um die Modellleistung unter den veränderten Bedingungen zu überprüfen.
- Eine adaptive Modellanpassung durch die Entwicklung flexibler Modelle ermöglicht ein Nachtraining oder Feintuning an veränderte Kontexte. Reinforcement Learning[73] ist allerdings kein optimaler Ersatz für qualitätsvolle Daten und Entwicklung: KI kann sich wie ein Mensch „erinnern", was grundsätzlich in den Trainingsdaten vorkommt – womit zu jeder Zeit später ein geschickter Jailbreak[74] möglich bleibt. Eine Durchführung von Risikoanalysen vor der Anwendung in neuen Kontexten kann potenzielle emergente Verzerrungen identifizieren und mindern.

73 Jailbreak: Methode, um durch spezifische Eingaben die Beschränkungen eines KI-Modells zu umgehen und es dazu zu bringen, ansonsten eingeschränkte oder verbotene Antworten zu geben.

74 ist ein Prozess, bei dem die Software-Einschränkungen eines Geräts, wie z. B. eines iPhones, umgangen werden, um Zugriff auf das Betriebssystem zu erhalten und nicht autorisierte Software oder Anpassungen zu installieren, die normalerweise vom Hersteller blockiert sind.

Maßnahmen gegen den Linking Bias

Damit Beziehungen oder Verbindungen zwischen Datenpunkten nicht falsch interpretiert oder gewichtet werden und das tatsächliche Nutzungsverhalten in KI-Systemen falsch dargestellt wird, können folgende Maßnahmen gesetzt werden:

- Regelmäßige Überprüfung und Validierung der Beziehungen zwischen Datenpunkten.
- Nutzung verschiedener Datenquellen und -typen, um ein umfassenderes Bild des User-Verhaltens zu erhalten und Verzerrungen durch fehlerhafte Verbindungen zu minimieren.
- Kontinuierlicher Verbesserungsprozess (KvP): Implementierung von Mechanismen zur kontinuierlichen Verbesserung der Algorithmen durch direkte Userfeedbacks und Feedback-Schleifen.
- Transparency by Design: Entwicklung von Algorithmen, die ihre Entscheidungskriterien offen und transparent darlegen (siehe auch 7.1.5. Transparenz-Prinzip und 7.1.6. Explainable AI).

Maßnahmen gegen den Survivorship Bias.

Dieser Bias führt dazu, dass in der KI-Entwicklung oft nur erfolgreiche Modelle und Daten betrachtet werden, wodurch ein verzerrtes Bild entsteht. Um auch gescheiterte Fälle einzubeziehen und ein vollständigeres Bild zu erhalten, sollten folgende Maßnahmen ergriffen werden:

- Analyse und Einbeziehung von Daten zu gescheiterten oder ausgeschlossenen Fällen im Rahmen einer Fehleranalyse, um die Ergebnisse umfassender und repräsentativer zu machen.

- Analyse der Gründe, warum bestimmte Fälle den Auswahlprozess nicht durchlaufen haben, um diese Faktoren in der Bewertung zu berücksichtigen.
- Durchführung von Sensitivitätsanalysen, um die Auswirkungen des Überlebensbias auf die Ergebnisse zu bewerten und zu minimieren.
- Inklusion aller Datenpunkte (auch die der nicht erfolgreichen Fälle).
- Verwendung von Methoden wie k-fold Cross-Validation, um sicherzustellen, dass auch unvollständige oder fragmentierte Daten in der Modellbewertung berücksichtigt werden.
- Kombination verschiedener Datentypen (numerische, textuelle, bildliche Daten) zur Schaffung eines umfassenden Gesamtbildes, um eine einseitige Fokussierung auf quantitative Metriken zu vermeiden (siehe auch Quantative Fallacy)

8.6.5. *Handlungsempfehlungen für die Evaluierung*

Auch bei der Evaluierung eines KI-Systems ist es wichtig, konkrete Handlungsempfehlungen an der Hand zu haben, um verschiedene Arten von Bias zu erkennen und zu minimieren.

> Unterschiedliche Verzerrungen wie der Evaluation Bias, Reviewer Bias, Feedback Loop Bias und Automation Bias können die Objektivität und Genauigkeit der Evaluierung erheblich beeinträchtigen, was zu fehlerhaften Schlussfolgerungen und suboptimalen Entscheidungen führt.

Eine strukturierte Vorgehensweise, aber vor allem auch fundierte Expertise erfahrener Datenwissenschaftlerinnen und -wissenschaftler können sicherstellen, dass das System fair und zuverlässig bewertet wird und das Vertrauen in die Ergebnisse auf einer fundierten, unvoreingenommenen Grundlage beruht.

Maßnahmen gegen den Evaluation Bias

Um sicherzustellen, dass die Referenzdaten, die zur Bewertung eines Modells herangezogen werden, die Gesamtpopulation repräsentativ abbilden, könnten folgende Maßnahmen ergriffen werden:

- Sicherstellen, dass die Test- und Referenzdatensätze eine breite und repräsentative Auswahl der Gesamtpopulation abdecken.
- Nutzung mehrerer, diversifizierter Datensätze zur Bewertung des Modells, um verschiedene Aspekte der Gesamtpopulation abzubilden.
- Implementierung von Cross-Validation-Methoden, um das Modell auf verschiedenen Teilmengen der Daten zu testen und so den Einfluss nicht-repräsentativer Referenzdaten zu minimieren.
- Regelmäßige Überprüfung und Aktualisierung der Referenzdatensätze
- Bewertung von Fairness-Metriken, um mögliche Ungleichbehandlungen bestimmter Gruppen zu identifizieren und zu korrigieren, bevor das Modell implementiert wird.
- Transparente Dokumentation der Datenauswahlprozesse, um nachzuvollziehen, wie Referenz- und Testdatensätze zusammengestellt wurden und sicherzustellen, dass mögliche Quellen von Bias identifiziert und adressiert werden.

Maßnahmen gegen den Reviewer Bias

Damit die Bewertung eines Vorhersagemodells durch die persönlichen Vorurteile, Erwartungen oder Meinungen der Bewertenden nicht (zu stark) beeinflusst wird, können folgende Maßnahmen getroffen werden:

- Festlegung klarer und objektiver Bewertungskriterien, um subjektive Einflüsse zu reduzieren.

- Durchführung der Modellbewertung durch Gutachten mehrerer unabhängiger Personen, um individuelle Verzerrungen auszugleichen.
- Schulung der Bewertenden in Bezug auf unbewusste Vorurteile und die Bedeutung objektiver Beurteilungen.
- Implementierung anonymisierter Evaluationsverfahren, um den Einfluss persönlicher Vorurteile zu minimieren.

Maßnahmen gegen den Feedback Loop Bias

Damit die Ausgaben eines KI-Modells nicht in zukünftige Trainingsdaten einfließen und dadurch die Modellleistung verzerren, können folgende Maßnahmen getroffen werden:

- Kontinuierliche Aktualisierung und Erweiterung der Trainingsdaten mit frischen, ungefilterten Datenquellen, um eine sich selbst verstärkende Rückkopplung zu vermeiden.

- Implementierung von Monitoring-Mechanismen, um Feedbackschleifen frühzeitig zu erkennen und das Modell entsprechend anzupassen.

- Diversifizierung der Datenquellen für das Training, um den Einfluss einzelner Rückkopplungsschleifen zu minimieren.

Maßnahmen gegen den Automation Bias

Damit Menschen den Entscheidungen oder Empfehlungen des KI-Systems nicht übermäßig vertrauen und dadurch kritisches Denken und eigene Überprüfungen vernachlässigen, können folgende Maßnahmen getroffen werden:

- Bewusste Einbeziehung menschlicher Überprüfung und Expertise.
- Schulung und Sensibilisierung der Evaluatoren und Evaluatorinnen zu den Risiken des Automation Bias.
- Einsetzen von erklärbaren und transparenten KI-Modellen, die es den Menschen, die evaluieren, ermöglichen, die Grundlage für die Entscheidungen nachzuvollziehen (siehe auch 7.1.5. Transparenz-Prinzip und 7.1.6. Explainable AI).
- Verwendung von simulierten Szenarien, in denen bewusst Fehler in die KI-Entscheidungen eingebaut werden, um die Wachsamkeit der evaluierenden Personen zu erhöhen und ihr Vertrauen in das System kritisch zu reflektieren.

8.6.6. Handlungsempfehlungen für das Deployment

Auch in der Deployment-Phase eines KI-Modells treten spezifische Biases auf, die sorgfältig adressiert werden müssen, um die Leistungsfähigkeit und Fairness des Systems in der Praxis sicherzustellen.

Ergänzend zur Fachkompetenz und Awareness-Schulungen erfahrener Data Scientists sollten Maßnahmen ergriffen werden, um bei der Bereitstellung eines KI-Systems den Einfluss von Deployment Bias, Impact Bias, Operational Bias, Reinforcement Bias und Distribution Shift zu minimieren und ein robustes sowie ethisch verantwortungsvolles Modell zu gewährleisten.

Maßnahmen gegen den Deployment Bias

Wird ein KI-Modell in einer Produktionsumgebung eingesetzt, die signifikant von den ursprünglichen Bedingungen und Annahmen der Entwicklungs- und Testphase abweicht, ist es oft unzureichend an die realen Gegebenheiten angepasst. Dies stellt ein generelles Qualitätsproblem dar und kann durch folgende Maßnahmen minimiert werden:

- Implementierung eines Systems zur laufenden Überwachung der Modellleistung in der Produktionsumgebung. Dies ermöglicht die frühzeitige Erkennung von Abweichungen und die schnelle Reaktion auf unerwartete Veränderungen in den Daten oder Bedingungen.
- Durchführung einer Pilotphase oder eines schrittweisen Rollouts noch bevor das Modell vollständig in der Produktionsumgebung eingesetzt wird. Dadurch können potenzielle Probleme in einer kontrollierten Umgebung identifiziert und behoben werden.
- Sicherstellen, dass das Modell regelmäßig nachtrainiert oder angepasst wird, um Veränderungen in der Produktionsumgebung zu berücksichtigen.
- Test des Modells unter realitätsnahen Bedingungen, die die Produktionsumgebung so präzise wie möglich simulieren, um sicherzustellen, dass es robust genug ist, den tatsächlichen Anforderungen standzuhalten.

Maßnahmen gegen den Impact Bias

Damit der Einsatz eines KI-Systems in spezifischen Umgebungen oder Anwendungen keine unerwarteten Verzerrungen verursacht, die die Systemleistung oder die Auswirkungen auf die Nutzenden verfälschen, können folgende Maßnahmen getroffen werden:

- Durchführung einer gründlichen Analyse der Zielumgebung noch vor dem Einsatz des KI-Systems.
- Test des KI-Systems in simulierten Umgebungen, die die realen Einsatzbedingungen widerspiegeln.
- Entwicklung flexibler Modelle mit anpassungsfähigem Design, beispielsweise durch den Einsatz von Transfer Learning, um das Modell an verschiedene Umgebungen und wechselnde Anforderungen effizient anzupassen.

Maßnahmen gegen den Operational Bias

Wenn ein KI-System in einer spezifischen Umgebung oder Anwendung eingesetzt wird und dabei Verzerrungen entstehen, die auf die besonderen Betriebsbedingungen zurückzuführen sind, beispielsweise durch unterschiedliche User-Interaktionen, unvorhergesehene externe Faktoren oder die spezifische Art der Daten in dieser Umgebung, kann man diesem Fehler durch folgende Maßnahmen vorbeugen:

- Durchführung einer umfassenden Anforderungsanalyse der operativen Umgebung vor dem Deployment, um spezifische Bedingungen und potenzielle Herausforderungen frühzeitig zu identifizieren, die das System beeinflussen könnten.

- Zielgerichtete Anpassung des KI-Modells an die spezifischen Anforderungen und Bedingungen der Betriebsumgebung durch das Training mit Daten, die diese Umgebung präzise widerspiegeln.

- Schrittweise Implementierung des KI-System, beginnend mit kleineren, kontrollierten Szenarien, um mögliche Verzerrungen in der Betriebsphase frühzeitig zu erkennen und zu korrigieren.

- Einsetzen von Mechanismen zur kontinuierlichen Überwachung und Feedbacksammlung, um die Leistung des KI-Systems in der Betriebsumgebung laufend zu bewerten und notwendige Anpassungen vorzunehmen.

Maßnahmen gegen den Reinforcement Bias

Um zu verhindern, dass historische Daten mit vorhandenen Vorurteilen ohne angemessene Korrektur für das Training neuer KI-Modelle genutzt werden und dadurch bestehende Verzerrungen verstärken, können folgende Maßnahmen ergriffen werden:

- Einsatz von Bias-Korrektur-Techniken (z.B. AI Fairness 360, What-If Tool), um Vorurteile in den historischen Daten zu identifizieren und zu korrigieren, bevor diese für das Training verwendet werden.

- Integration von Regularisierungsmethoden, um die Verstärkung von Verzerrungen während des Modelltrainings zu minimieren und faire Ergebnisse zu gewährleisten.

- Durchführung regelmäßiger Überprüfungen und Tests des Modells und Verwendung von einer vielfältigen und repräsentativen Datenauswahl.

Maßnahmen gegen den Distribution Shift

Wenn sich die Datenverteilungen zwischen der Trainingsphase und der Einsatzphase eines KI-Systems ändern, könnte das Modell in der realen Anwendung schlechtere Leistungen erbringen, da es auf anderen Daten trainiert wurde als die, die es im Einsatz sieht. Damit dies nicht passiert, können folgende Maßnahmen gesetzt werden:

- Regelmäßige Modellaktualisierung durch Nachtraining mit aktuellen Produktionsdaten, um Anpassungen an veränderte Datenverteilungen zu gewährleisten.
- Durchführung von Robustheitstests, bei denen verschiedene Datenverteilungen getestet werden, um die Stabilität und Leistung des Modells in unterschiedlichen Szenarien zu evaluieren.
- Einsatz von Datenaugmentationstechniken während des Trainings, um das Modell auf eine größere Vielfalt von Datenverteilungen vorzubereiten und die Generalisierungsfähigkeit zu erhöhen.
- Entwicklung dynamisch adaptierbarer Modelle sowie ein System zur kontinuierlichen Überwachung der Datenverteilung in der Einsatzphase.

8.6.7. *Handlungsempfehlungen für das Monitoring*

Um die Integrität und Leistungsfähigkeit des Systems zu bewahren, sind auch in der Monitoringphase konkrete Handlungsempfehlungen hilfreich, die sowohl die Überwachung als auch die Anpassung des Modells optimieren und sicherstellen, dass es keine unvorhergesehenen oder schädlichen Verzerrungen entwickelt.

Im Folgenden werden Handlungsempfehlungen für den Monitoring Bias und Adaptation Bias abgeleitet und Maßnahmen vorgeschlagen, die zur Minimierung des jeweils identifizierten Bias in der Monitoring-Phase beitragen.

Maßnahmen gegen den Monitoring Bias

Sind die Überwachungsprozesse eines KI-Systems systematisch unzureichend oder unausgewogen sind, kann dies zu einer verzerrten Wahrnehmung der Modellleistung und möglicherweise zu unbemerkten Fehlern oder Verzerrungen führen. Mit diesen Maßnahmen können Sie diesem Bias entgegenwirken:

- Entwicklung einer ganzheitlichen Überwachungsstrategie, Abdeckung aller relevanten Aspekte der Modellleistung, einschließlich Genauigkeit, Fairness und Robustheit.

- Nutzung einer breiten Metriken-Palette, Überwachung verschiedener Datenquellen, Sicherstellung einer ausgewogenen Leistungsbewertung des KI-Systems.

- Durchführung regelmäßiger Audits, Kalibrierungen der Überwachungsprozesse, Integration von Feedback-Schleifen zur kontinuierlichen Verbesserung.

- Implementierung automatisierter Alarmsysteme, Auslösung von Benachrichtigungen bei Abweichungen von Leistungsniveaus oder Anzeichen von Bias in Echtzeit, Aktivierung sofortiger Gegenmaßnahmen.

- Einsatz von Fairness-Metrik-Überwachung, wie Demographic Parity, Equal Opportunity, Equalized Odds, Disparate Impact, Verwendung von Bias-Detection-Tools wie AI Fairness 360, Fairlearn, oder Google's What-If Tool.

Maßnahmen gegen den Adaptation Bias

Damit Anpassungen oder Aktualisierungen des Modells infolge neuer Daten oder veränderter Rahmenbedingungen nicht zu unbeabsichtigten Verzerrungen führen, die die Modellleistung negativ beeinflussen oder unfaire Ergebnisse für bestimmte Nutzer und Nutzerinnengruppen erzeugen, können folgende Maßnahmen getroffen werden:

- Gründliche Validierung nach Modellanpassungen oder -aktualisierungen, um sicherzustellen, dass keine neuen Verzerrungen eingeführt wurden und die Modellleistung konsistent bleibt.
- Implementierung eines Monitoring-Systems, das die langfristigen Auswirkungen von Modellanpassungen überwacht, um schleichende Verzerrungen frühzeitig zu erkennen.
- Nutzung von A/B-Tests zur Bewertung der Leistung des angepassten Modells im Vergleich zur vorherigen Version in einer kontrollierten Umgebung, sowohl vor als auch nach der vollständigen Einführung.
- Dokumentation jeder Anpassung und deren Gründe, inklusive der Analyse der langfristigen Auswirkungen und der Integration von Feedback-Schleifen aus der Praxis.

8.7. Der Mensch als Wegweiser für faire KI-Systeme

Kapitel 8 „Der Mensch LENKT" bietet einen fundierten Überblick über ethische Ansätze und deren Anwendung auf KI, mit dem PRISMA AI Modell als Rahmen, um Prinzipien, Werte und Tugenden zu veranschaulichen. Die ethischen

Grundlagen des AI Act und Handlungsempfehlungen zur Bias-Minimierung im AIBC-Modell stehen im Mittelpunkt.

Damit diese Maßnahmen effektiv umgesetzt werden können, sind geschulte und informierte Personen erforderlich. Die Qualitätssicherung und Bias-Reduktion in KI-Systemen setzen umfassende Kompetenzen voraus. Schulungen zu Responsible AI sind unerlässlich, um Mitarbeitende für algorithmische Verzerrungen zu sensibilisieren. Praktische Trainings und Fallstudien verankern ethische Überlegungen in der Unternehmenskultur und fördern die Entwicklung robuster, vertrauenswürdiger KI-Systeme.

Ein proaktives Bias-Management beinhaltet die frühzeitige und kontinuierliche Erkennung von Verzerrungen durch gezielte Datenanalysen, repräsentative Datensätze und regelmäßige Audits. Interdisziplinäre Teams und kontinuierliches Nutzerfeedback sind entscheidend, um Bias-Quellen zu identifizieren und Systeme zu verbessern.

Da KI keine moralischen Urteile fällen kann, bleibt der Mensch unerlässlich, um ethische Entscheidungen zu treffen und gesellschaftliche Normen zu wahren. Empathie, Urteilsvermögen, Transparenz und Rechenschaftspflicht schaffen Vertrauen und stellen sicher, dass KI-Systeme den gesellschaftlichen und rechtlichen Standards entsprechen. Nur durch kompetente, informierte Menschen kann KI verantwortungsvoll gestaltet und eingesetzt werden.

8.8. Kernpunkte im Fokus: der Mensch LENKT

Ethische Ebenen in der KI

- Angewandte Ethik: Praxisorientierte Lösungen, wie Datenschutz und Nichtdiskriminierung.
- Metaethik: Hinterfragt Ursprünge moralischer Werte und ihre Anwendbarkeit auf KI.
- Normative Ethik: Entwickelt universelle moralische Standards für KI.
- Deskriptive Ethik: Analysiert kulturelle Unterschiede, um ethische Vielfalt zu berücksichtigen.

Wichtige Ethische Theorien

- Deontologie: Fokus auf Pflichten und Prinzipien, unabhängig von den Folgen.
- Tugendethik: Förderung moralischer Haltungen, wie Verantwortungsbewusstsein im Umgang mit KI.
- Konsequentialismus: Orientierung an den positiven Ergebnissen für das Wohl der Mehrheit.

Hybride Ethik im EU AI Act: Prinzipien und Folgen im Gleichgewicht

- Der EU AI Act kombiniert deontologische Prinzipien (strikte Regeln wie Transparenz und Fairness) und utilitaristische Ansätze (Nutzung für das Gemeinwohl).
- Auch Tugenden wie Weisheit und Mäßigung sind implizit verankert (Artikel 5 und 9 setzen klare Grenzen für biometrische Systeme und Ri-

sikomanagement, wodurch ein bewusster und maßvoller KI-Einsatz zur Wahrung der Grundrechte gewährleistet wird.)

PRISMA AI: Ein hybrides ethisches Modell für KI

- Das PRISMA AI Modell verbindet deontologische, tugendethische und utilitaristische Ansätze, um eine ausgewogene, transparente und vielschichtige Ethik für KI-Entwicklung zu gewährleisten.
- Es schafft ein umfassendes Rahmenwerk und setzt auf Prinzipien wie Verhältnismäßigkeit, Nachvollziehbarkeit und Erklärbarkeit, um sowohl rechtliche als auch ethische Anforderungen zu vereinen.

Auf zu neuen Ufern

Ein letztes Wort – ein Appell, der über den Inhalt dieses Buches hinausgeht: Dieses Werk war mehr als ein Leitfaden; es war eine Einladung, die duale Natur von „KI“ und „Mensch“ in einem neuen Licht zu betrachten. Technologie und Ethik standen hier nicht als Kontrahenten, sondern als Partner auf Augenhöhe. Nur wenn wir beide Dimensionen vereinen, können wir die Zukunft der KI verantwortungsvoll gestalten.

Wie ein Feuer, das gleichermaßen wärmt und Licht spendet, birgt KI Potenzial und Risiko. Sie eröffnet uns Chancen, die jenseits des bisher Vorstellbaren liegen, kann aber auch Vertrautes verbrennen und Wandel erzwingen. Diese Transformation fordert von uns kognitive Flexibilität und die Bereitschaft, überkommene Strukturen loszulassen. In einer Welt, die immer schneller Neues hervorbringt, müssen wir lernen, Altes zu verlernen, um die Zukunft nicht zu verpassen.

Im ersten Teil wagten wir uns in die Tiefen der „Maschinenlogik“ – durchdrungen von Effizienz, Automatisierung und der Ambivalenz kreativer Reproduktion. Im zweiten Teil richteten wir den Fokus auf den Menschen: als moralische Instanz, als korrigierende Kraft, als unverzichtbaren Lenker. Hier wurde klar, dass KI nie allein agieren darf. Sie bleibt ein Werkzeug, dessen Design und Einsatz stets menschlichen Werten verpflichtet sein muss.

Dieses Buch schließt mit einem eindringlichen Appell an alle, die Verantwortung für eine menschenfreundliche KI übernehmen wollen: Nutzen Sie das Wissen, die Reflexionen und die Werkzeuge, die in diesen Kapiteln vermittelt wurden, um KI-Systeme aktiv mitzugestalten. Treten Sie in den Dialog, fordern Sie Transparenz ein, und setzen Sie sich für ethische Standards ein – in Ihrer Arbeit, Ihrer Organisation und in der Gesellschaft. Lassen Sie Ethik, Gerechtigkeit und Transparenz zu Ihren Kompassnadelpunkten werden und nehmen Sie die kollektive Verantwortung an, die Zukunft bewusst und menschenzentriert zu gestalten.

Nur durch gemeinsames Handeln können wir die Gegenwart prägen und eine KI-Zukunft sichern, die der Menschlichkeit dient.

Referenzen

Alibašić, H. (2023) Developing an ethical framework for responsible artificial intelligence (AI) and machine learning (ML) applications in cryptocurrency trading: A consequentialism ethics analysis. FinTech, 2(3), 430-443.

Almeida, V., Mendes, L. S., Doneda, D. (2023) On the development of AI governance frameworks. IEEE Internet Computing, 27(1), 70-74.

Aristoteles, A. (2019) Nikomachische Ethik. BoD–Books on Demand.

Bartneck, C., Lütge, C., Wagner, A., & Welsh, S. (2019) Ethik in KI und Robotik. Carl Hanser Verlag GmbH Co KG.

Beauchamp, T., Childress, J. (2019) Principles of biomedical ethics: marking its fortieth anniversary. The American Journal of Bioethics, 19(11), 9-12.

Bendel, O. (2019) 400 Keywords Informationsethik: Grundwissen aus Computer-, Netz- und Neue-Medien-Ethik sowie Maschinenethik. Springer-Verlag.

Boddington, P. (2023) Normative Ethical Theory and AI Ethics. In AI Ethics: A Textbook (pp. 229-276). Singapore: Springer Nature Singapore.

Borenstein, J., Howard, A. (2021) Emerging challenges in AI and the need for AI ethics education. AI and Ethics, 1, 61-65.

Brendel, A. B., Mirbabaie, M., Lembcke, T. B., Hofeditz, L. (2021) Ethical management of artificial intelligence. Sustainability, 13(4), 1974.

Breyer-Mayländer, T. (2016) Management 4.0–Den digitalen Wandel erfolgreich meistern: Das Kursbuch für Führungskräfte. Carl Hanser Verlag GmbH Co KG.

Buolamwini, J. (2023) Unmasking AI: My Mission to Protect What Is Human in a World of Machines. Random House, New York.

Burns, A., Bush, R. (2006) Marketing research (5. Auf.). Upper Saddle River: Pearson.

Coeckelbergh, M. (2020) AI ethics. The MIT Press.

Collingridge D (1980) The social control of technology. St. Martin's, NewYork.

Cvik, Š. (2022) Categorization and challenges of utilitarianisms in the context of artificial intelligence. AI & SOCIETY, 1-7.

Dodda, S. B., Maruthi, S., Yellu, R. R., Thuniki, P., Reddy, S. R. B. (2021) Ethical Deliberations in the Nexus of Artificial Intelligence and Moral Philosophy. Journal of Artificial Intelligence Research and Applications, 1(1), 31-43.

Eggert, K. (2021) How artificial intelligence will shape universities of tomorrow. In 2021 International Conference (p. 50).

Farina, M., Zhdanov, P., Karimov, A., Lavazza, A. (2024) AI and society: a virtue ethics approach. AI & SOCIETY, 39(3), 1127-1140.

Fischer, J., Gruden, S., Imhof, E., Strub, J. D. (2008) Grundkurs Ethik: Grundbegriffe philosophischer und theologischer Ethik. Kohlhammer Verlag.

Floridi, L. (2019) The logic of information: A theory of philosophy as conceptual design. Oxford University Press.

Frischhut, M. (2020) EU-Werte und ethische Prinzipien für KI und Robotik unter besonderer Berücksichtigung des Gesundheitssektors. M. Hengstschläger & Rat für Forschung und Technologieentwicklung (Eds.), Digitaler Wandel und Ethik, 286-318.

Frischhut, M. (2019) The ethical spirit of EU law (p. 157). Springer Nature.

Funk, Michael (2022) Roboter- und KI-Ethik, Wiesbaden.

Gaisch, M. (2024) Wie Diversity und Future Skills dem Fachkräftemangel in MINT-Berufen entgegenwirken – das DIVE-Modell als Lösungsansatz in Resch (Hrsg). Handbuch Arbeitskräftemangel (2024) Manz Verlag.

Gaisch, M., Preymann, S., Aichinger, R. (2019) Diversity management at the tertiary level: an attempt to extend existing paradigms. Journal of Applied Research in Higher Education, 12(2), 137-150. doi: https://doi.org/10.1108/JARHE-03-2018-0048

Gerhardinger, S. (2020) Ethische Herausforderungen. Entwicklung der Therapeuten-persönlichkeit, 157.

Gesang, B. (2006) War John Stuart Mill ein Utilitarist? Ethik in der Praxis, 22, 345-362.

Grunwald, Armin (2020) „Ethik und Technik". In: Technikanthropologie. Handbuch für Wissenschaft und Studium. Hrsg. von Martina Heßler und Kevin Liggieri. Baden-Baden: Nomos, S. 69–82.

Hagendorff, T. (2020) The ethics of AI ethics: An evaluation of guidelines. Minds and machines, 30(1), 99-120.

Hämäläinen, N. (2016) Descriptive Ethics: What does moral philosophy know about morality?. Springer.

Hare, R. M. (1981.) Moral Thinking: Its Levels, Method and Point. Clarendon Press.

Heesen, Jessica, Hrsg. (2016) Handbuch Medien- und Informationsethik. Stuttgart: J.B. Metzler.

Hochrangige Expertengruppe für künstliche Intelligenz EK (2018) Ethik-Leitlinien Für Eine Vertrauenswürdige KI. Hochrangige Expertengruppe für künstliche Intelligenz EK, Brüssel

Leslie, D. Understanding Artificial Intelligence Ethics and Safety: A Guide for the Responsible Design and Implementation of AI Systems in the Public Sector; Zenodo: Geneva, Switzerland, 2019.

Kantar, N. (2024) An Ethical Debate in the Philosophy of Information: Is It Possible to Combine or Reconcile Multiple Ethical Theories in a Common Perspective in Artificial Intelligence? Artuklu Akademi, 11(1), 1-14.

Kelley, P. G. et al. (2021) Exciting, useful, worrying, futuristic: Public perception of artificial intelligence in 8 countries. In Proceedings of the 2021 AAAI/ACM Conference on AI, Ethics, and Society (pp. 627-637).

Khan, A. A. et al. (2023) AI ethics: an empirical study on the views of practitioners and lawmakers. IEEE Transactions on Computational Social Systems, 10(6), 2971-2984.

McDonald, F. J. (2023) AI, alignment, and the categorical imperative. AI and Ethics, 3(1), 337-344.

McGee, R. W. (2024) How Ethical Is Utilitarian Ethics? A Study in Artificial Intelligence. A Study in Artificial Intelligence (February 19, 2024).

Murphy, R., & Woods, D. D. (2009) Beyond Asimov: The three laws of responsible robotics. IEEE intelligent systems, 24(4), 14-20.

Nordmann, A. (2014) Sanfte Technik: Vom Mythos der Maschine zum Mythos nicht-maschineller Maschinen.

Ongsulee, P. (2017) Artificial intelligence, machine learning and deep learning. In 2017 15th international conference on ICT and knowledge engineering (ICT&KE) (pp. 1-6). IEEE.

Rembold, S. (2006) Das Bild des Menschen als Grundlage der Ordnung. Die Beiträge von Platon, Aristoteles, Thomas Hobbes, John Locke, David Hume, Adam Smith, John Stuart Mill, Walter Eucken und Friedrich August von Hayek (Doctoral dissertation, Universität zu Köln).

Schroth, J. (2023) Konsequentialistische Ethik. In Handbuch Angewandte Ethik (pp. 59-66). Stuttgart: JB Metzler.

Schumann, O. J. (2022) Aufgaben und Methoden der philosophischen Ethik. In Handbuch Wirtschaftsethik (pp. 13-17). Stuttgart: JB Metzler.

Siau, K., Wang, W. (2020) Artificial intelligence (AI) ethics: ethics of AI and ethical AI. Journal of Database Management (JDM), 31(2), 74-87.

Singh, J. P. (2021) AI Ethics and Societal Perspectives: A Comparative Study of Ethical Principle Prioritization Among Diverse Demographic Clusters. Journal of Advanced Analytics in Healthcare Management, 5(1), 1-18.

Slote, M. (2010) Virtue ethics. In The Routledge companion to ethics (pp. 478-489). Routledge.

Soori, M., Arezoo, B., Dastres, R. (2023) Artificial intelligence, machine learning and deep learning in advanced robotics, a review. Cognitive Robotics, 3, 54-70.

Song, F., Yeung, S. H. F. (2024) A pluralist hybrid model for moral AIs. AI & SOCIETY, 39(3), 891-900.

Stefánsson, H. Orri (2024) Longtermism and social risk-taking. In Jacob Barrett, Hilary Greaves & David Thorstad (eds.), Essays on Longtermism. Oxford University Press.

Terzis, P. (2020) Onward for the freedom of others: marching beyond the AI ethics. In Proceedings of the 2020 Conference on Fairness, Accountability, and Transparency (pp. 220-229).

Tigard, D. (2022) Embedded ethics as preparatory regulation of technology: a new solution to the Collingridge Dilemma?. In Novel Beings (pp. 12-28). Edward Elgar Publishing.

Torossian, B., Bekkers, F., Sweijs, T., Roelen, M., Hristov, A., Atalla, S. (2020). The military applicability of robotic and autonomous systems. Hague Centre for Strategic Studies.

Van den Hoven, J., Weckert, J. (2008) Information technology and moral philosophy. Cambridge University Press.

Von Humboldt, S., Mendoza-Ruvalcaba, N. M., Arias-Merino, E. D., Costa, A., Cabras, E., Low, G., Leal, I. (2020) Smart technology and the meaning in life of older adults during the Covid-19 public health emergency period: a cross-cultural qualitative study. International Review of Psychiatry, 32(7-8), 713-722.

Von der Pfordten, D. (2012) Five elements of normative ethics-a general theory of normative individualism. Ethical theory and moral practice, 15, 449-471.

Von Wright, G. H. (1963) The Varieties of Goodness. Routledge & Kegan Pau.

Waheeb, R. (2023) AI Control. Available at SSRN 4497462.

Weber, V. (2019) Kommunitarismus und Tugendethik. Handbuch Kommunitarismus, 591-608.

Whittlestone, J., Clarke, S. (2022) AI challenges for society and ethics. In The Oxford Handbook of AI Governance. Oxford University Press.

Wiesenthal, M. (2022) The ethical implications of AI-based mass surveillance tools (Master's thesis).

Wolf, U. (2004) Aristoteles' 'Nikomachische Ethik'. Tijdschrift Voor Filosofie, 66(4).

Zoshak, J., Dew, K. (2021) Beyond kant and bentham: How ethical theories are being used in artificial moral agents. In Proceedings of the 2021 CHI Conference on Human Factors in Computing Systems (pp. 1-15).

Excellence Edition

Excellence Edition startete im Juni 2024 und präsentiert visionäre Autorinnen und Autoren, die moderne Themen wie Management, Technologie und Wirtschaft erforschen, reflektieren und diskutieren. Wir stehen dabei erst am Anfang. Begleiten Sie uns, um die Themen von morgen mitzugestalten und Exzellenz neu zu definieren.

Ausgewählte Publikationen 2024

The Culture Hacks Toolbox

50 Strategies fod Corporate Culture Success

Josef HERGET
Isabella MADER

10/2024 (Deutsch: 01/2025)

Next Generation Digital

Digitalisierung & KI strategisch einsetzen

Isabella MADER

7/2024 (English: 12/2024)

Next Generation Digital

AI Ethics & Human Factors in AI

Martina GAISCH
lsabe11a MADER

01/2025 (English: 02/2025)

Alle unsere Buchpublikationen werden von digitalen Produkten begleitet.
Den Podcast zu diesem Buch finden Sie hier: www.mainufaktur.ai
Excellence Edition – Books, Tools, Templates & more

www.excellence-edition.com